高等职业教育机电类专业系列教材

# 工程识图与制图习题集

主　编　李奉香　高会鲜　周　川
参　编　王　伟　杜露露　苏青霄
主　审　周欢伟

机械工业出版社

本习题集与李奉香主编的《工程制图与识图》配套使用，本习题集的编排顺序、内容和风格与《工程制图与识图》一脉相承。本习题集是编者在总结多年教学改革成果的基础上，按照制图能力培养与识图能力培养两条主线编写而成的，并针对高等职业院校需求，用了较多的篇幅提供训练识图能力的题目。本习题集中的题目难度由浅入深，编者制作了每个题目的详细解答过程，并提供了立体图，方便读者训练。

本习题集主要内容包括平面图绘制，基本体三视图绘制与识读，点、线、面的投影，切割体三视图绘制与识读，组合体三视图绘制与识读，机件图样图形的绘制与识读，零件图绘制与识读，装配图绘制与识读。

本习题集可作为高等职业院校的教材，也可作为中等职业学校和职业技术培训的教材。

本习题集配有习题详细解答，凡使用本习题集作为教材的教师均可登录机械工业出版社教育服务网 www.cmpedu.com，注册后免费下载。咨询电话：010-88379375。

**图书在版编目（CIP）数据**

工程识图与制图习题集 / 李奉香，高会鲜，周川主编. -- 北京 ：机械工业出版社，2025. 8. -- （高等职业教育机电类专业系列教材）. -- ISBN 978-7-111-78675-7

Ⅰ. TB23-44

中国国家版本馆 CIP 数据核字第 2025HV8332 号

机械工业出版社（北京市百万庄大街 22 号　邮政编码 100037）

策划编辑：刘良超　　　责任编辑：刘良超

责任校对：梁　静　宋　安　　　封面设计：马精明

责任印制：常天培

北京联兴盛业印刷股份有限公司印刷

2025 年 8 月第 1 版第 1 次印刷

260mm×184mm · 14. 5 印张 · 363 千字

标准书号：ISBN 978-7-111-78675-7

定价：45. 00 元

电话服务　　　网络服务

客服电话：010-88361066　　机　工　官　网：www. cmpbook. com

010-88379833　　机　工　官　博：weibo. com/cmp1952

010-68326294　　金　　书　　网：www. golden-book. com

**封底无防伪标均为盗版**　　机工教育服务网：www. cmpedu. com

# 前　　言

随着我国职业教育的迅速发展和高等职业教育教学改革的不断深化，工程图的教育在课程体系、教学内容、教学模式、教学手段和方法等方面都发生了深刻变化。为了满足教育部对职业教育人才培养模式提出的新要求，编者在总结多年教学改革实践经验和多年教学经验的基础上，编写了这本与“十四五”职业教育国家规划教材《工程制图与识图》（ISBN：978-7-111-62746-3）配套的习题集。本习题集的编排顺序、内容和风格与《工程制图与识图》一脉相承。

本习题集主要有以下特色：

1）能力体系。本习题集按照能力要求从低到高的顺序设计训练题型与题目，按照制图能力培养与识图能力培养两条主线，形成了能力体系，不同于传统的知识体系。

2）突出识读重点。本习题集内容以实现课程能力目标为中心，实用为主，针对企业实际岗位要求职业院校学生具有较强识图能力，且学生初学工程制图课程时识图能力比制图能力更难培养的特点，创新了题型，加大了识图方法、识图训练的内容占比，且用了较多的篇幅提供训练识图能力的题目。

3）本习题集以制图、识图能力的培养为根本，以培养学生的空间思维能力为核心，着重提高学生的分析应用能力、空间想象能力、思维能力和创新能力。所选题目由易到难形成梯度，可满足不同基础的需求；由于题目数量较多，可一部分作为课堂训练，一部分作为课外必做题，一部分作为课外选做题，也可作为考试题库；本习题集内容编排顺序与《工程制图与识图》内容基本一致。在配套资源中，编者制作了每个题目的详细解答过程，并提供了立体图。

4）本习题集提供了从易到难的大量题目，供教师和学生根据自身情况选择，带“*”的题目可作为日常学习的同步训练，也可作为提高训练。同时，为使内容丰富又不增加太多篇幅，图形大小作了精细处理。

本习题集由武汉船舶职业技术学院李奉香、高会鲜、周川任主编，李奉香负责统稿。第 1 章由李奉香和苏青霄编写，第 2 章由李奉香和王伟编写，第 3 章由李奉香和杜露露编写，第 4 章和第 5 章由李奉香和高会鲜编写，第 6 章由李奉香和周川编写，第 7 章和第 8 章由李奉香、高会鲜和周川编写。配套资源中的“工程识图与制图习题集解答系统”由李奉香任主创，由李奉香、高会鲜和周川制作。

本习题集由广州铁路职业技术学院周欢伟教授、博士主审。

本习题集在编写过程中参考了有关教材和文献，并得到了参编院校各级领导和同行的帮助，在此一并表示衷心的感谢！

由于编者水平有限，习题集中疏漏和错误之处在所难免，敬请读者批评指正。

编　者

# 目　　录

# 第 1 章　平面图绘制

| 1.3　常用几何图形的画法 | 班级： | 姓名： | 学号： | 分数： |
| --- | --- | --- | --- | --- |

## 1-1　抄画图形

注：粗细线的宽度要明显　　提示：各种标注不用抄

1. 用线段等分法抄画图形，三角形的大小与位置可自定，但各边线上的点均为等分点

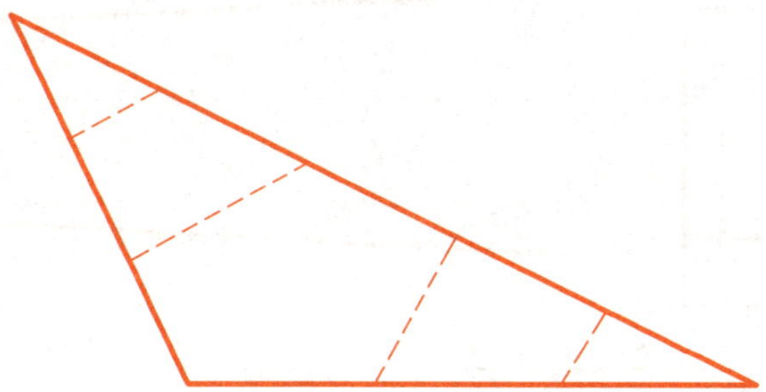

2. 按图中给定的尺寸，用 1∶1 的比例抄画图形

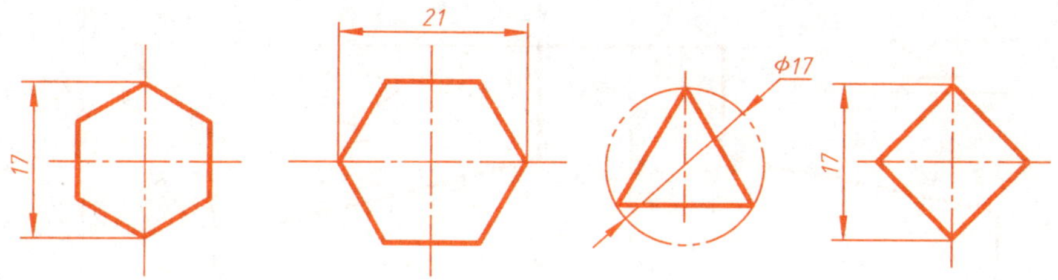

# 第 1 章　平面图绘制

| 1.3　常用几何图形的画法 | 班级： | 姓名： | 学号： | 分数： |
|---|---|---|---|---|

**1-2　按图中给定的尺寸，用 1：1 的比例抄画图形，抄画图上各种标注**

注：粗细线的宽度要明显　　提示：先画图，再完成各种标注，各种标注不需按比例抄

1. 绘图并标注斜度

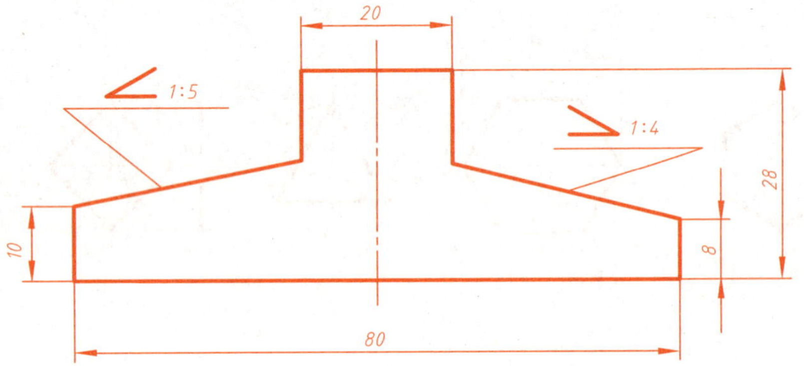


2. 绘图并标注锥度

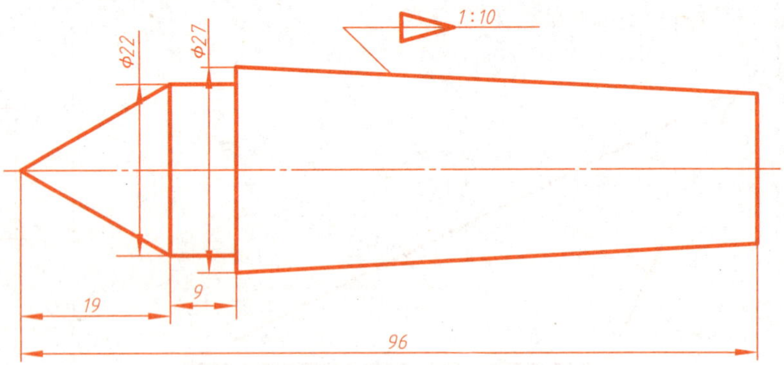

# 第 1 章　平面图绘制

| 1.4　尺寸标注 | 班级： | 姓名： | 学号： | 分数： |
|---|---|---|---|---|

**1-3　分析并标注下列各平面图形的尺寸（数值按 1∶1 在图上量取整数）**

1.

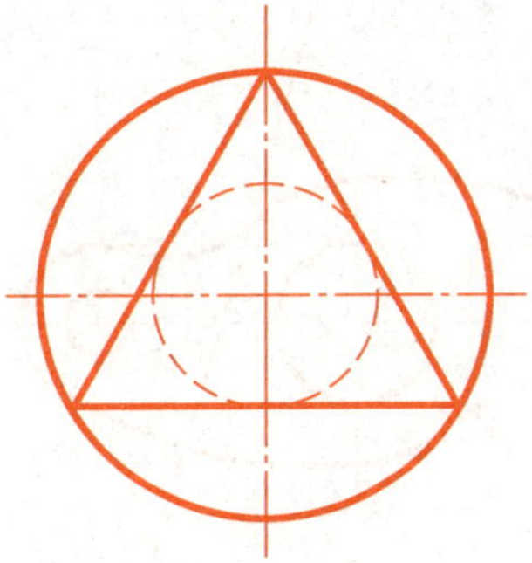

2.

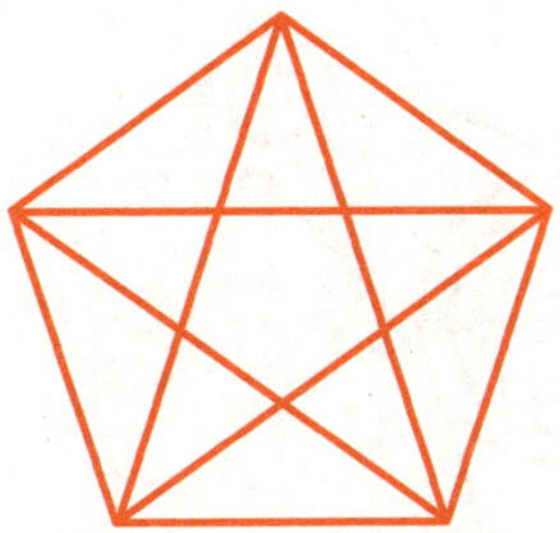

3.

4.

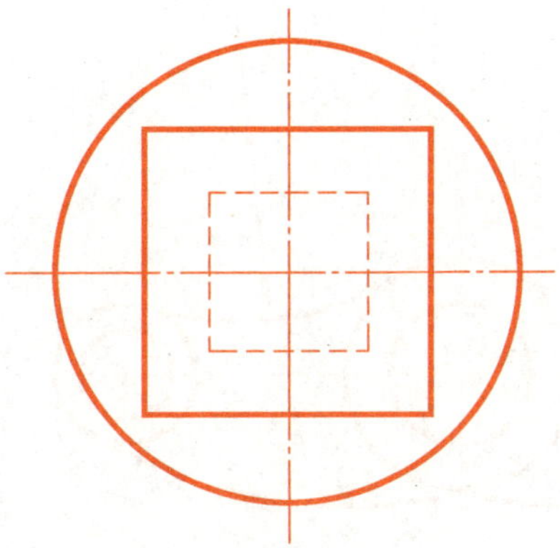

5.

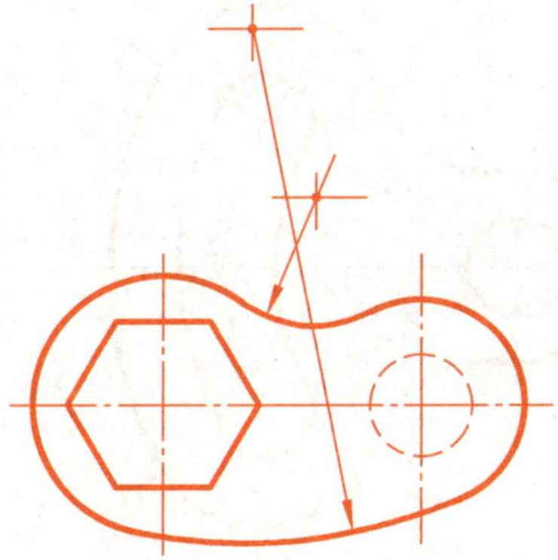

6.

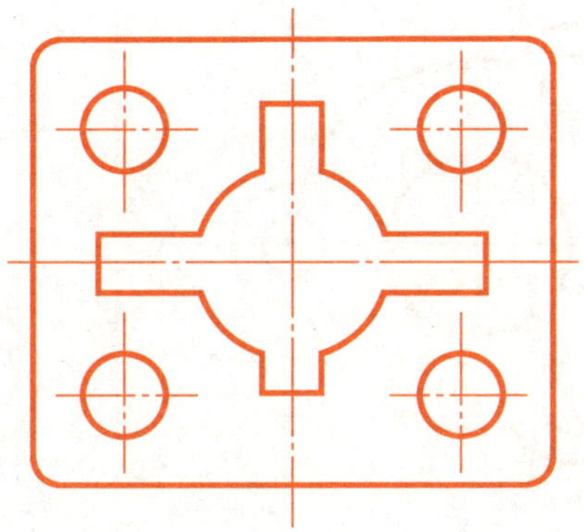

# 第1章　平面图绘制

| 1.4　尺寸标注 | 班级： | 姓名： | 学号： | 分数： |
| --- | --- | --- | --- | --- |

**1-4　分析并标注下列各平面图形的尺寸**（数值按 1∶1 在图上量取整数）

1.

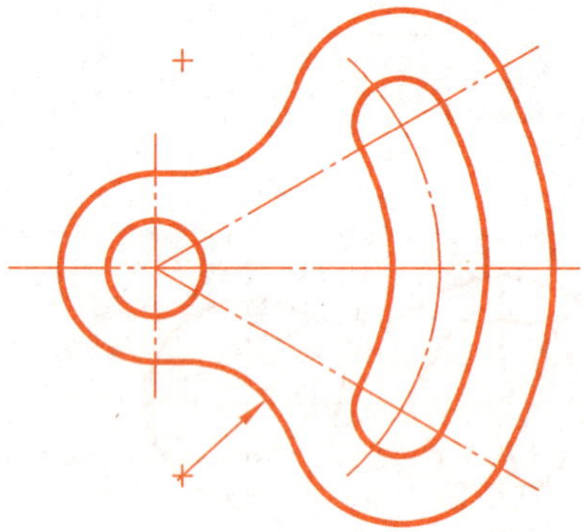

2.

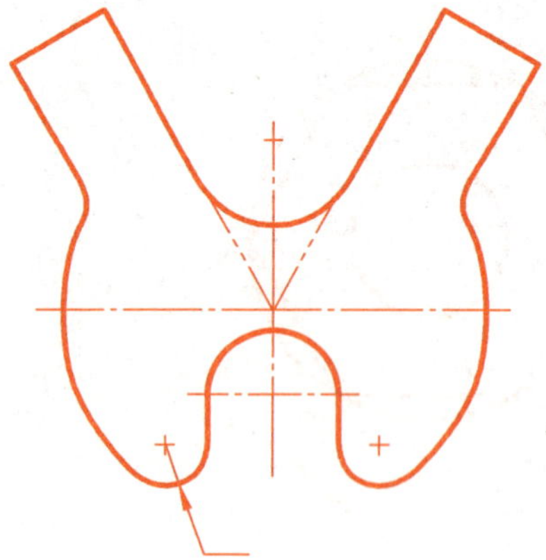

3.

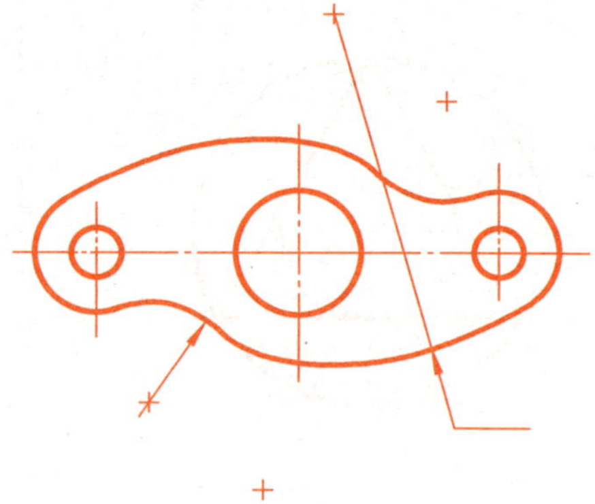

4.

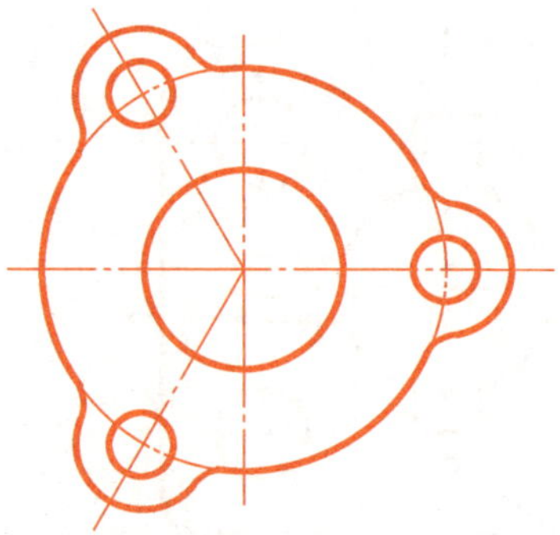

5.

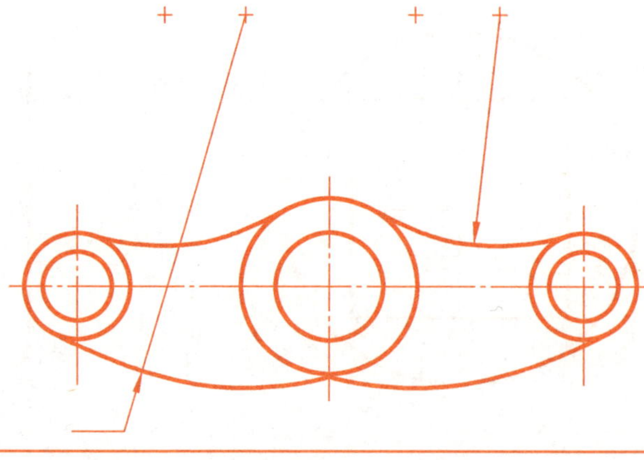

6.

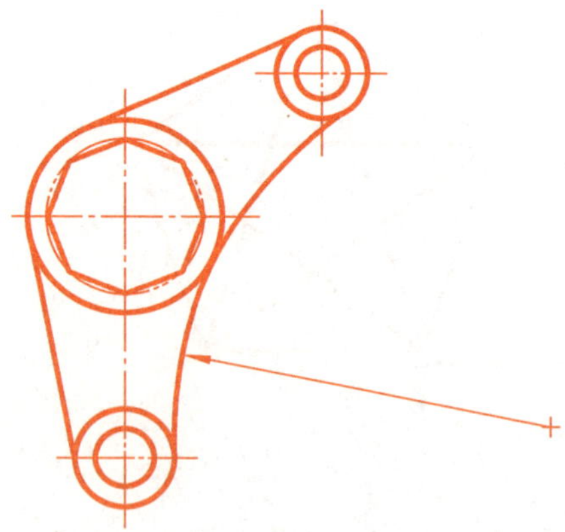

# 第 1 章　平面图绘制

| 1.5　平面图形的画法 | 班级： | 姓名： | 学号： | 分数： |
|---|---|---|---|---|

**1-5　按图中给定的尺寸，用合适的比例抄画平面图形，并标注尺寸（注：用 A3 图幅，绘制图框）**

1.

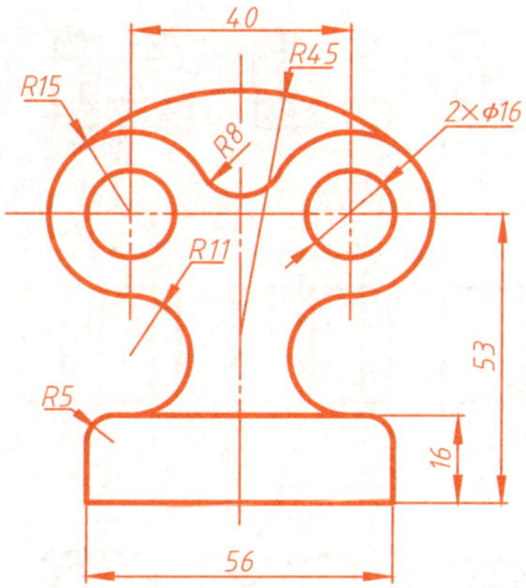


2.

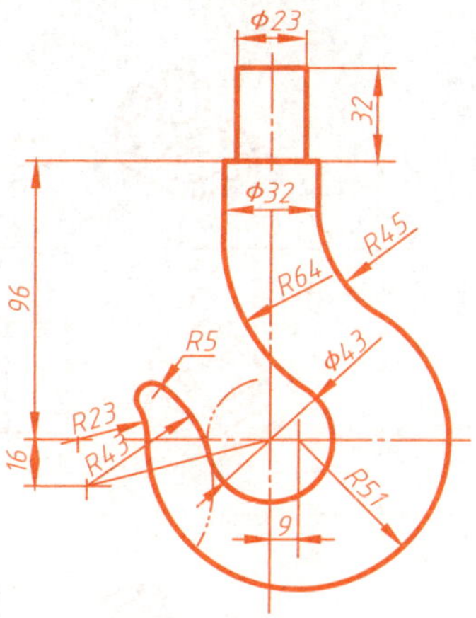


3.

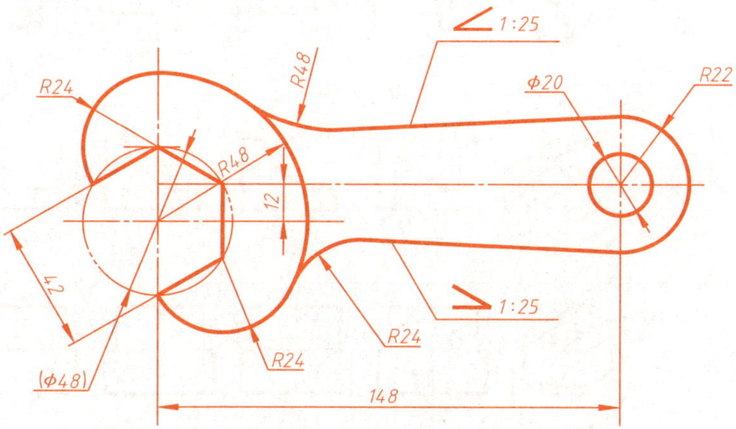


4.

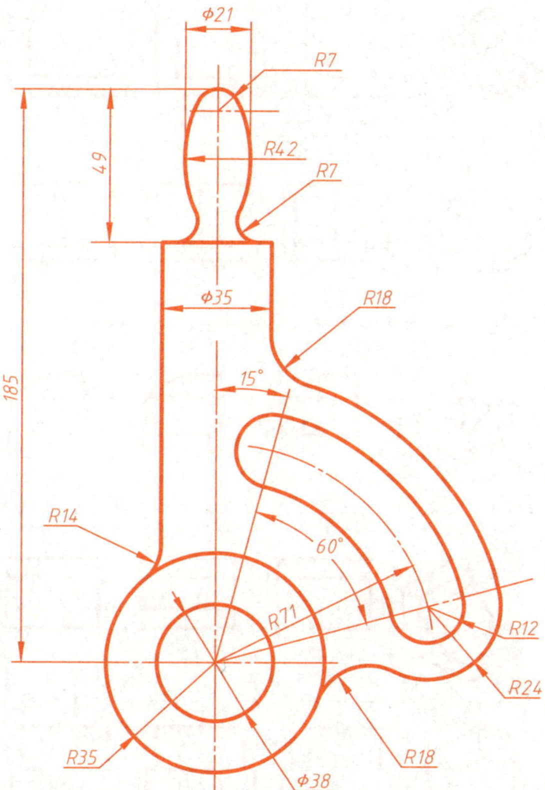

# 第 2 章　基本体三视图绘制与识读

| 2.2　形体的视图投影规律与绘制 | 班级： | 姓名： | 学号： | 分数： |
| --- | --- | --- | --- | --- |

**2-1　根据轴测图，选择沿箭头方向投射的视图（都为通孔或通槽）**

1.

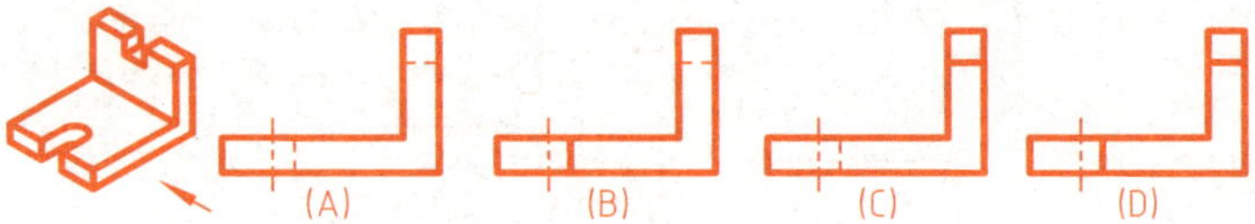


2.

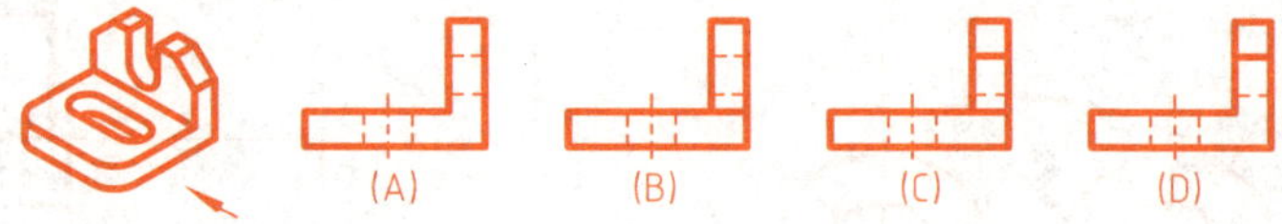


3.

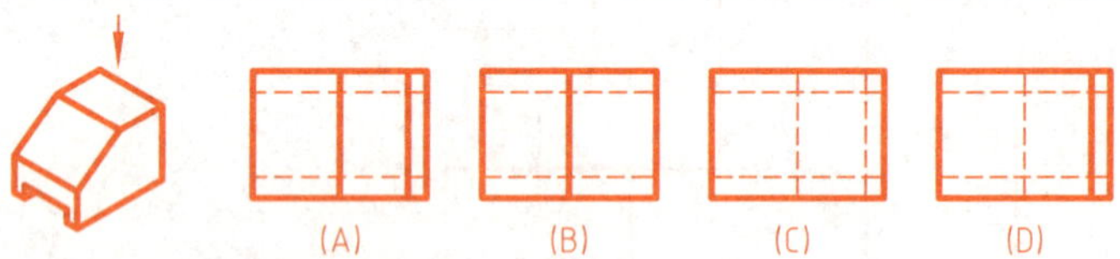


4.

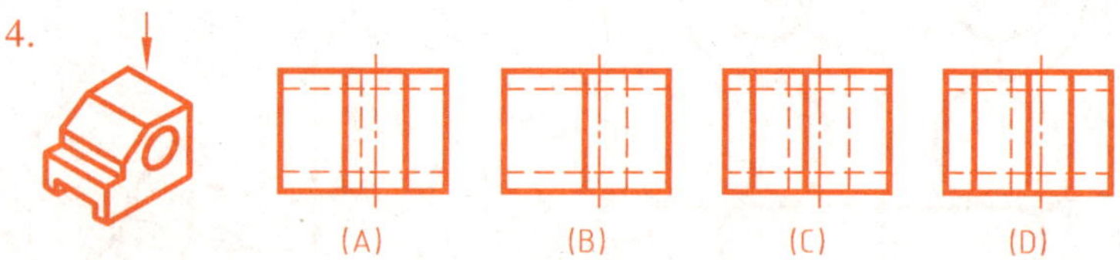


5.

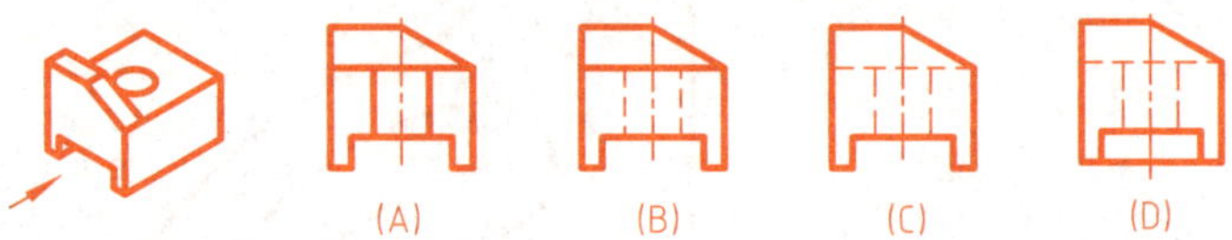


6.

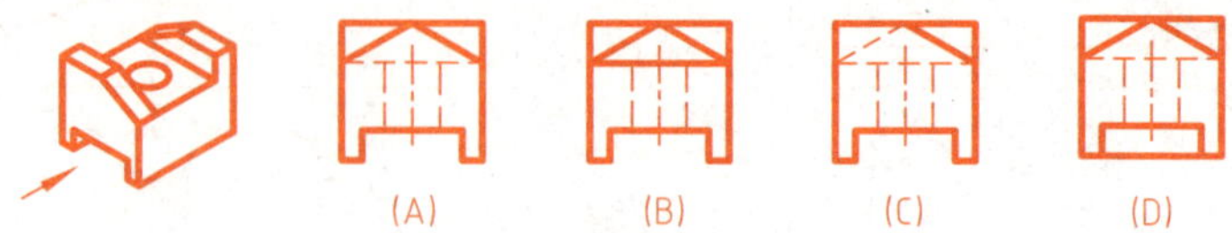


7.

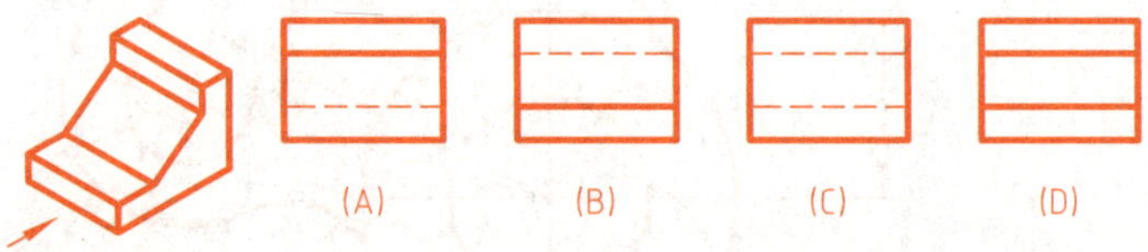


8.

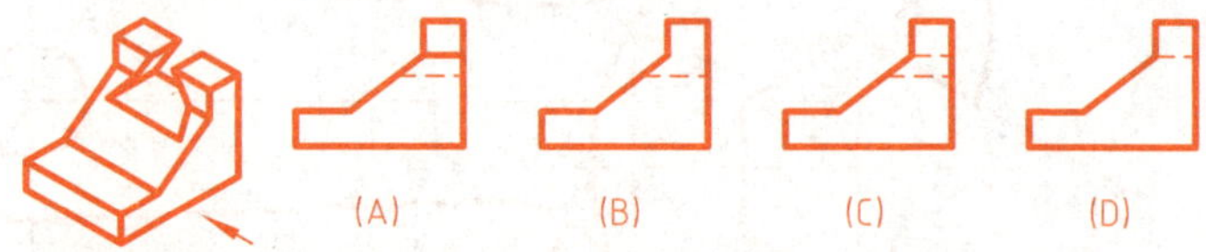


9.

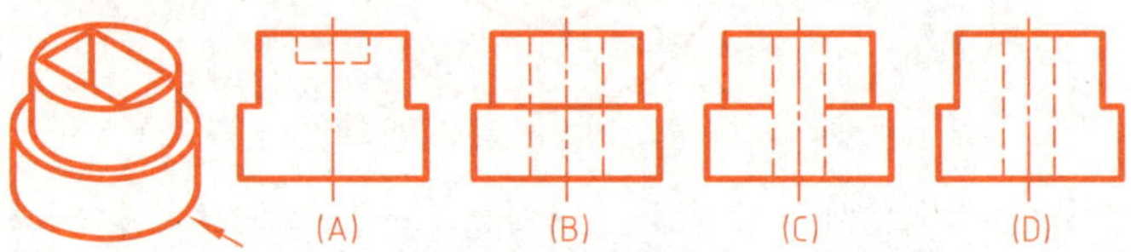


10.

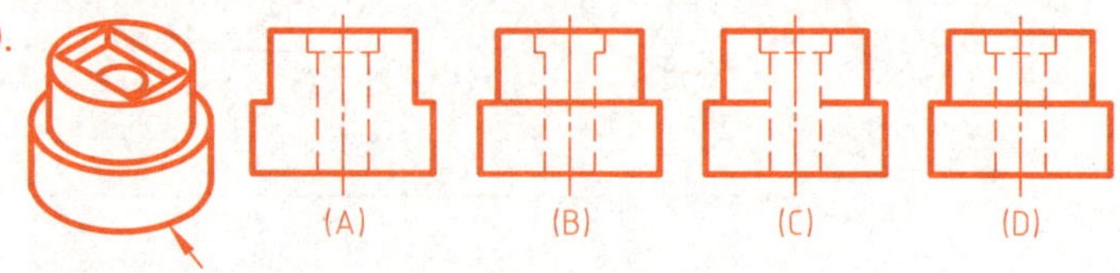

# 第 2 章　基本体三视图绘制与识读

| 2.2　形体的视图投影规律与绘制 | 班级： | 姓名： | 学号： | 分数： |
| --- | --- | --- | --- | --- |

**2-1　根据轴测图，选择沿箭头方向投射的视图（续）（都为通孔或通槽）**

11.

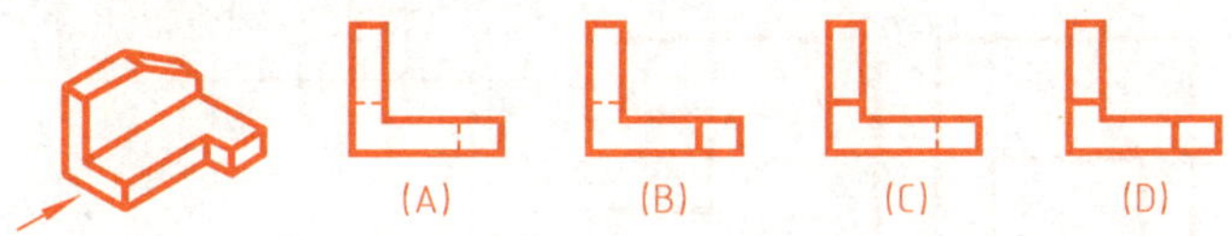


12.

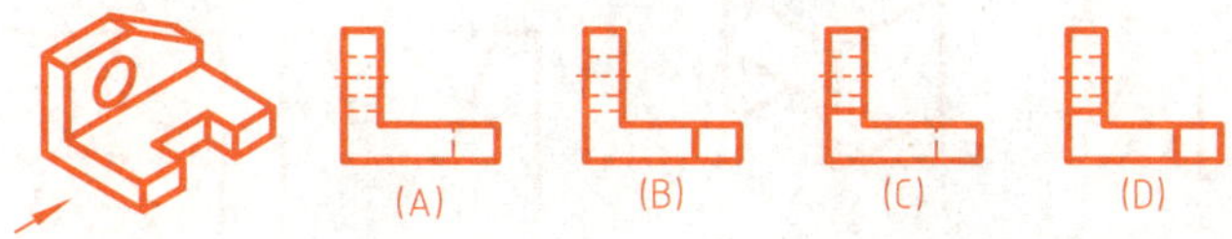


13.

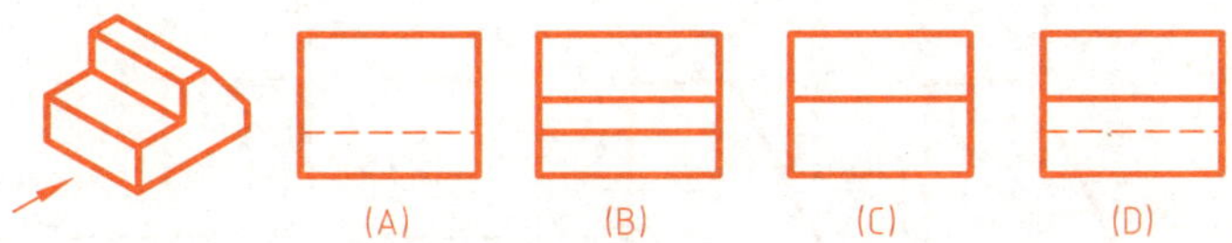


14.

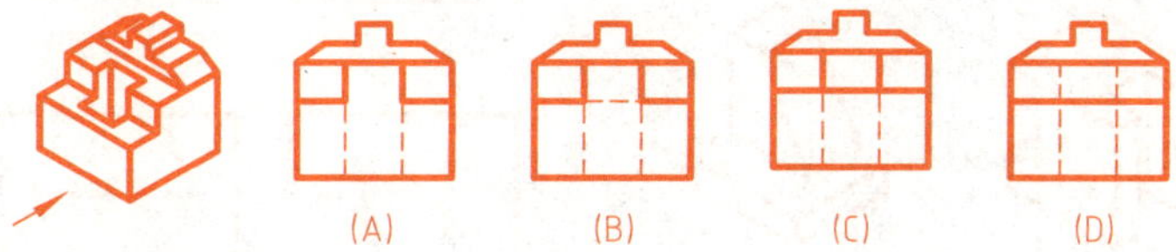


15.

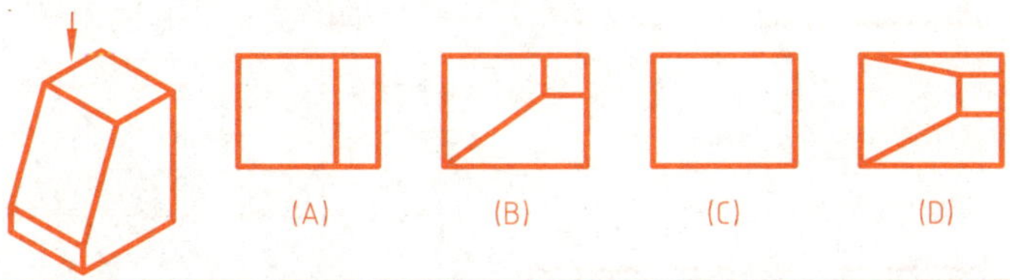


16.

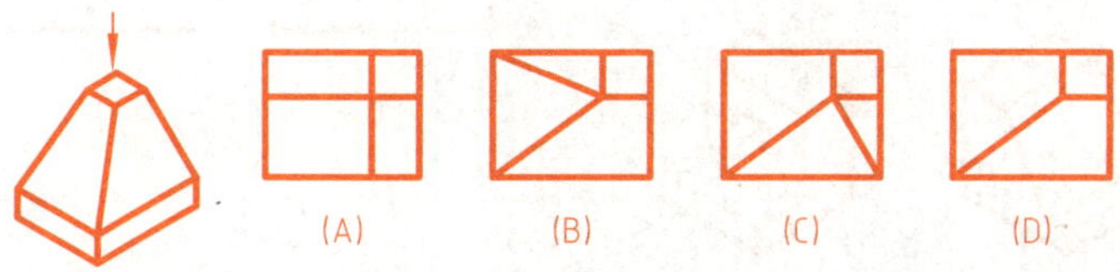


17.

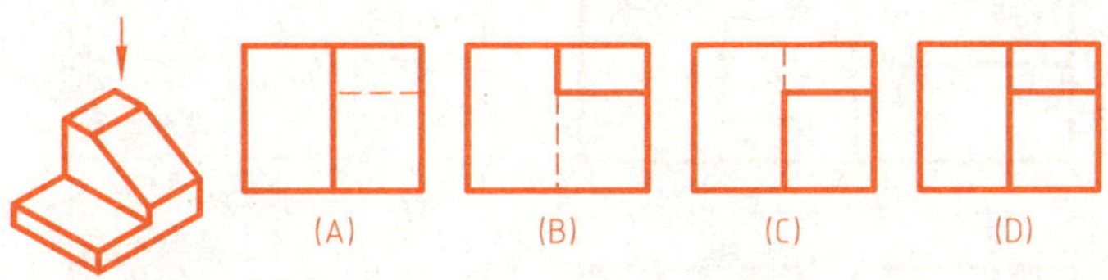


18.

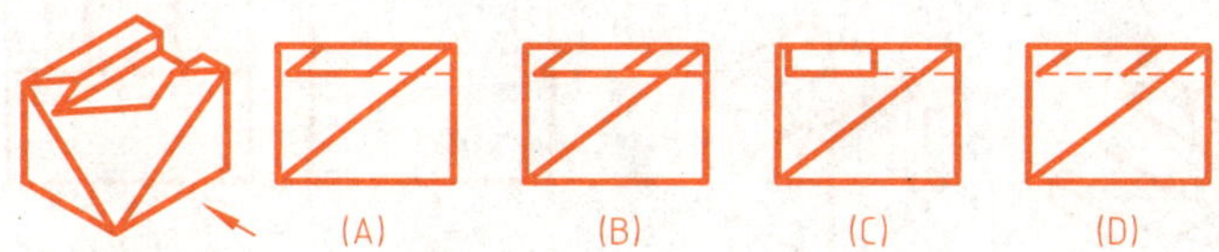


19.

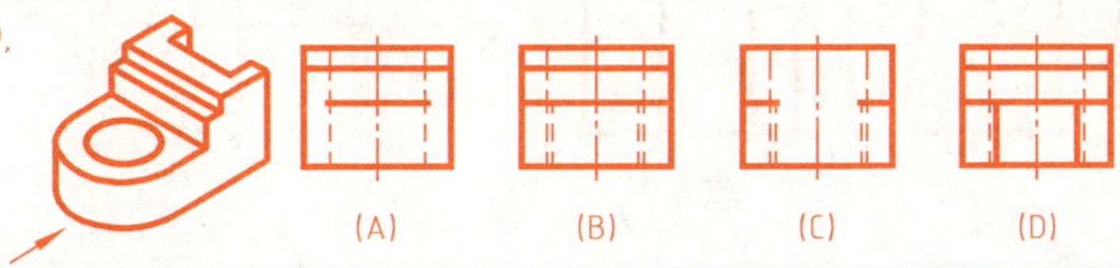


20.

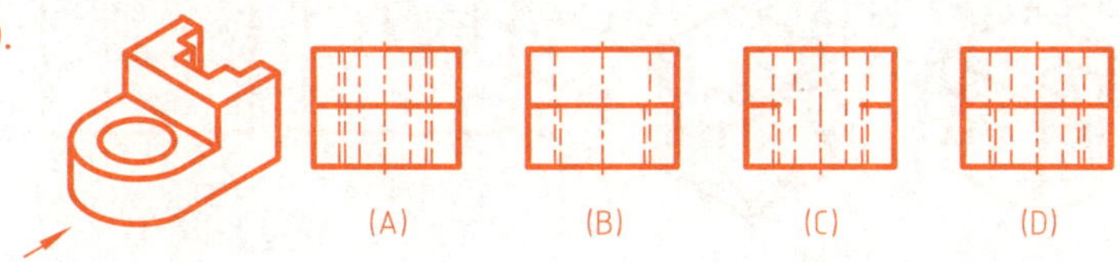

# 第 2 章　基本体三视图绘制与识读

| 2.3　形体三视图的投影规律与绘制 | 班级： | 姓名： | 学号： | 分数： |
|---|---|---|---|---|

## 2-2　根据立体图，选择对应的主视图与俯视图

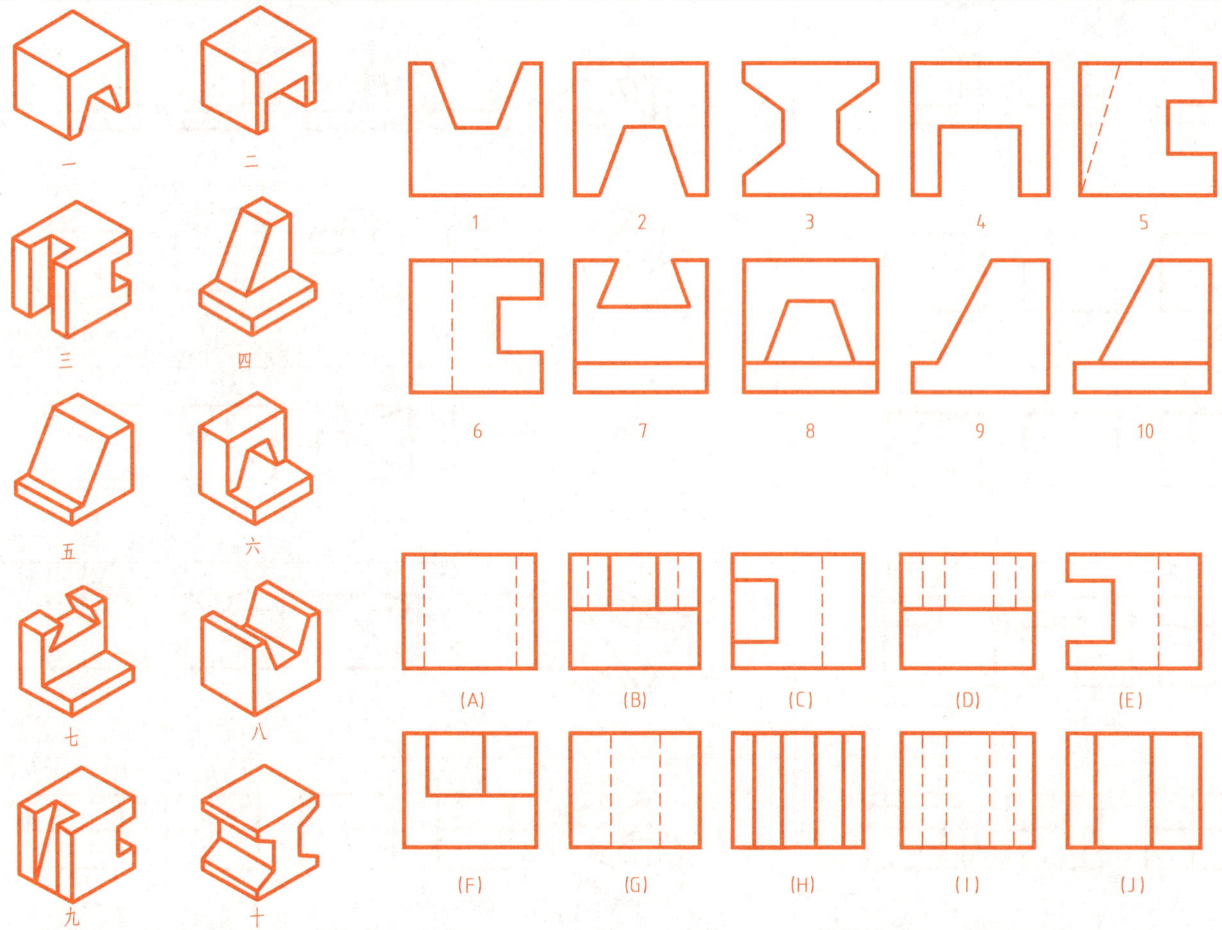


| 立体图 | 主视图 | 俯视图 |
|---|---|---|
| 一 | | |
| 二 | | |
| 三 | | |
| 四 | | |
| 五 | | |
| 六 | | |
| 七 | | |
| 八 | | |
| 九 | | |
| 十 | | |

# 第 2 章　基本体三视图绘制与识读

| 2.3　形体三视图的投影规律与绘制 | 班级： | 姓名： | 学号： | 分数： |
|---|---|---|---|---|

2-3　观察轴测图和三视图，找出轴测图对应的三视图，将轴测图序号填写到对应三视图的圆圈内

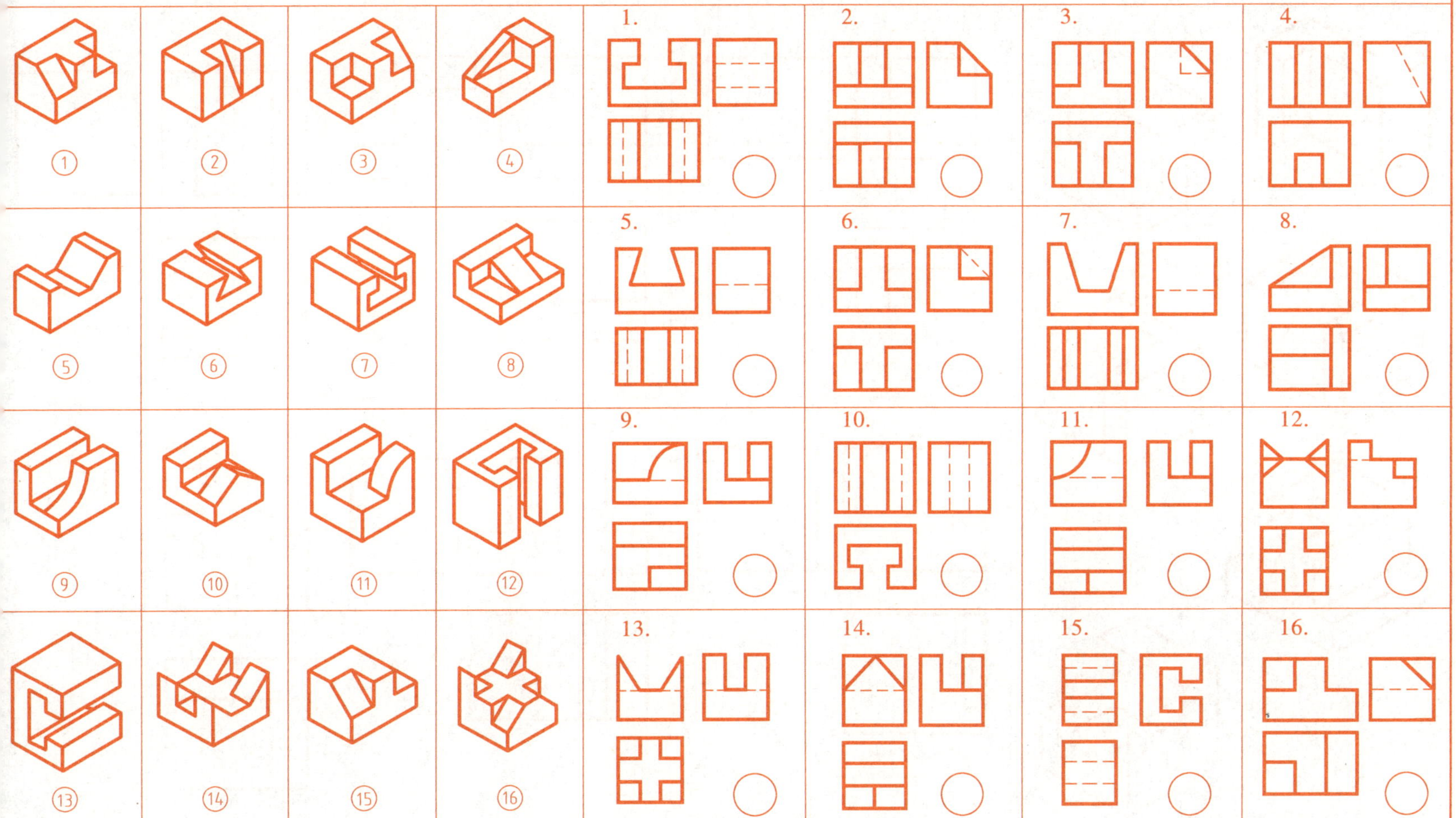

# 第 2 章　基本体三视图绘制与识读

| 2.3　形体三视图的投影规律与绘制 | 班级： | 姓名： | 学号： | 分数： |
| --- | --- | --- | --- | --- |

**2-4　根据立体图辨认相应的三视图，并根据立体图补全三视图中所缺图线**

1.

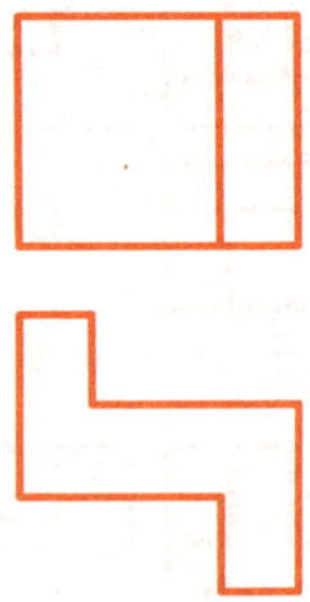

2.

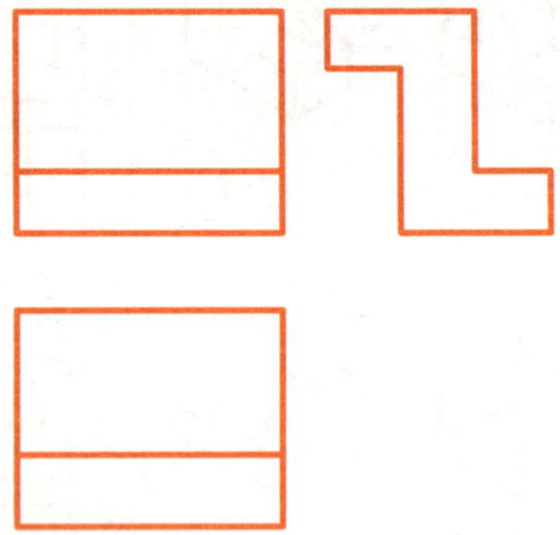

3.

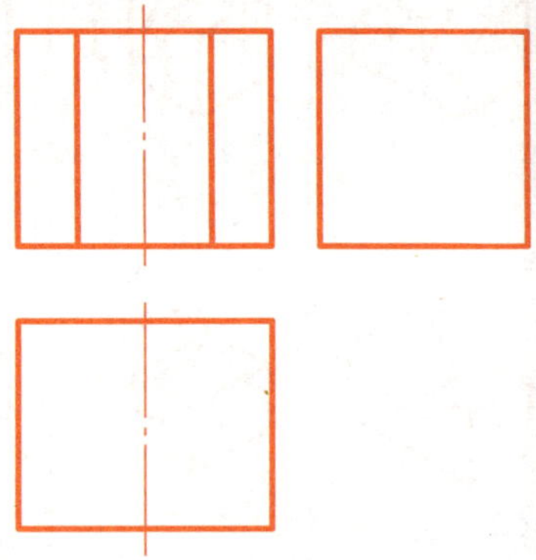

4.

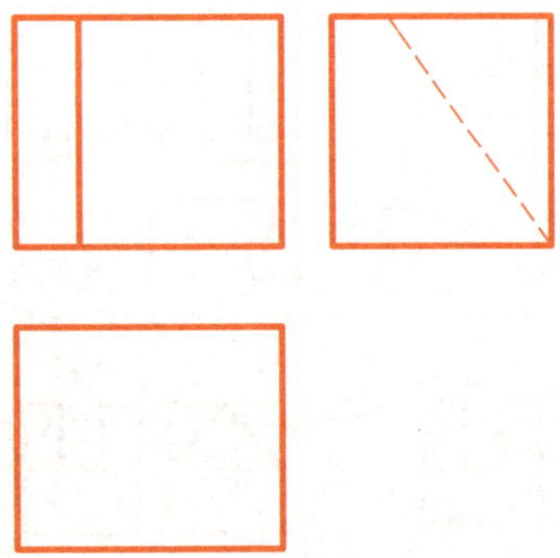

5.

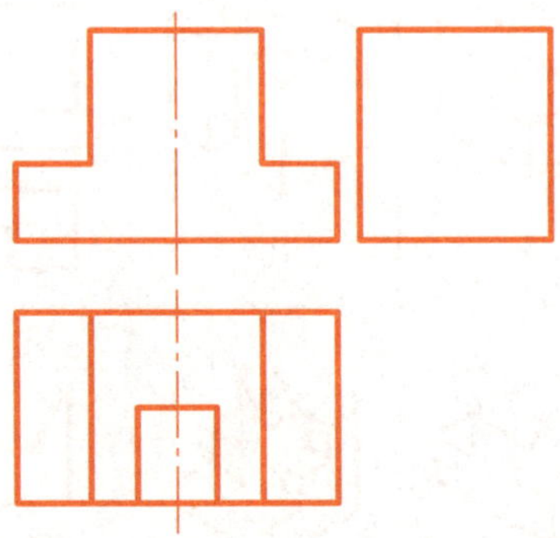

6.

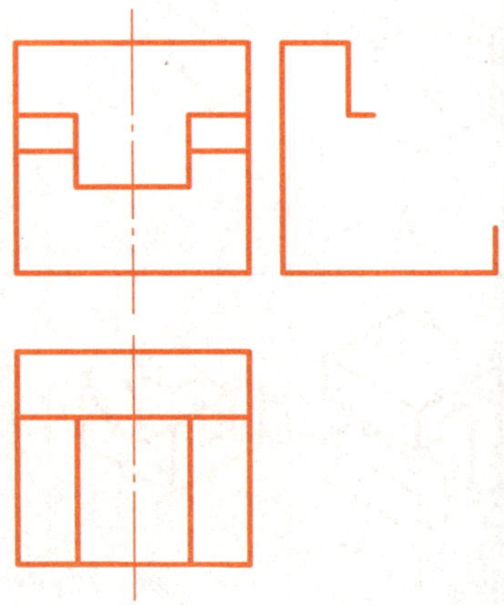

# 第 2 章　基本体三视图绘制与识读

| 2.3　形体三视图的投影规律与绘制 | 班级： | 姓名： | 学号： | 分数： |
| --- | --- | --- | --- | --- |

**2-5　根据立体图和不完整的视图，完成三视图的绘制（均为通孔）**

1. 补画主、左视图所缺的线

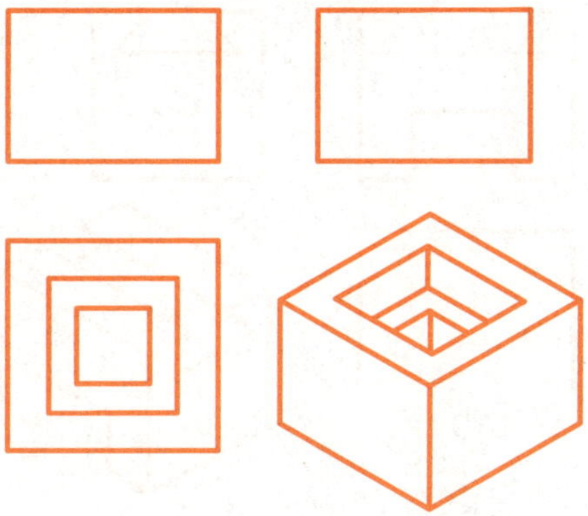

2. 补画俯、左视图所缺的线

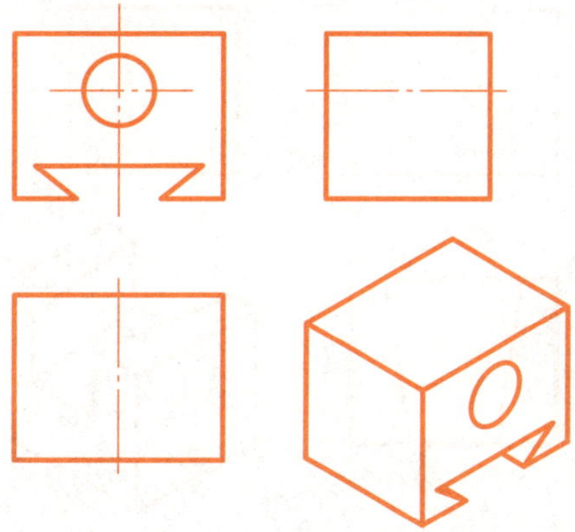

3. 补画俯、左视图所缺的线

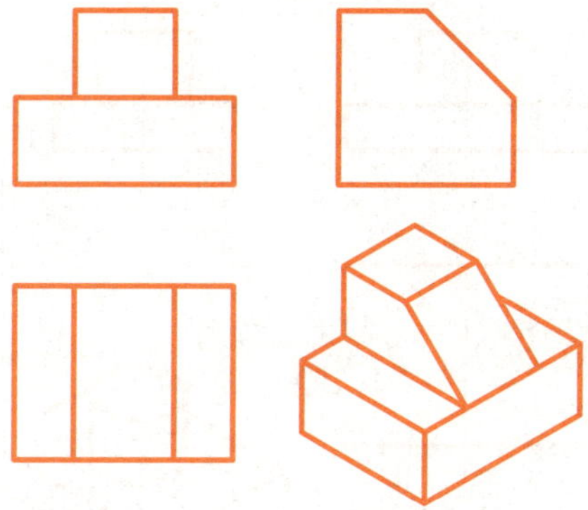

4. 补画俯、左视图所缺的线

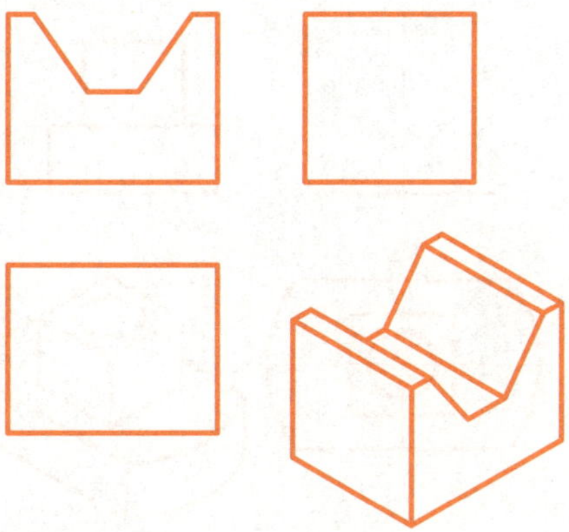

5. 补画主、俯视图所缺的线

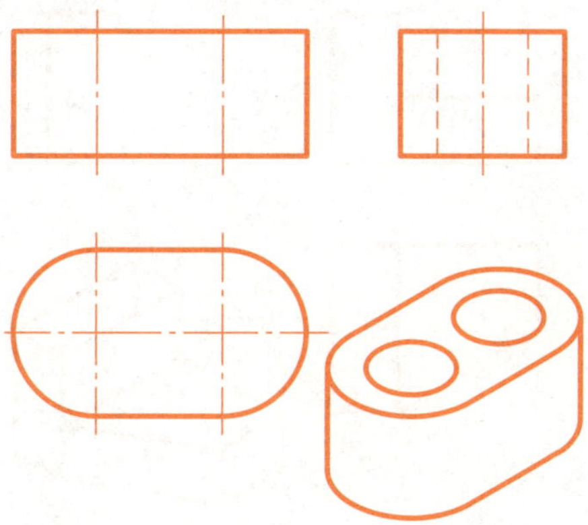

6. 补画主、俯视图所缺的线

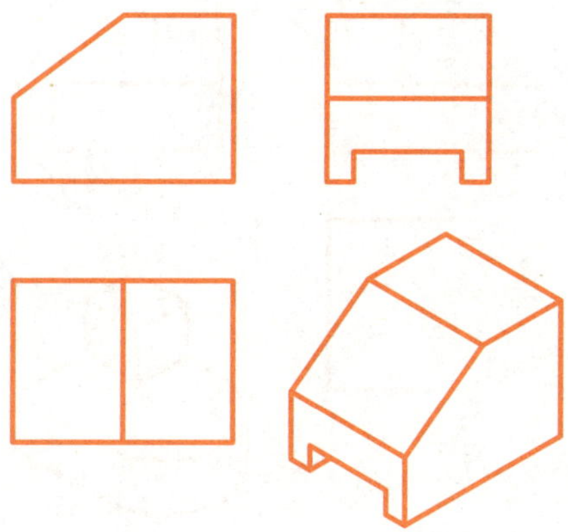

# 第 2 章　基本体三视图绘制与识读

| 2.3　形体三视图的投影规律与绘制 | 班级： | 姓名： | 学号： | 分数： |
| --- | --- | --- | --- | --- |

**2-6　根据立体图和两个完整视图，补全第三视图**

1.

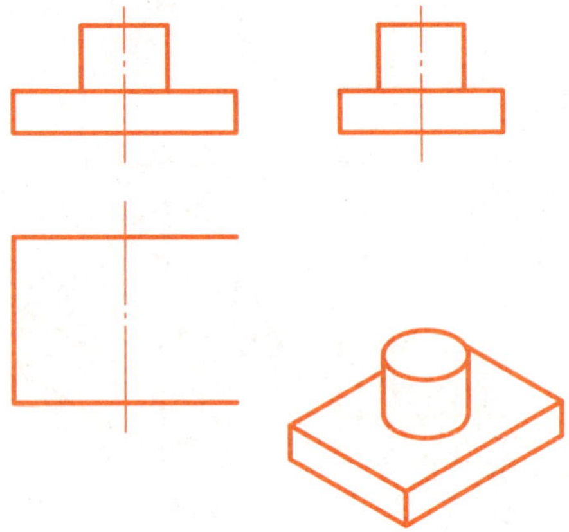

2.

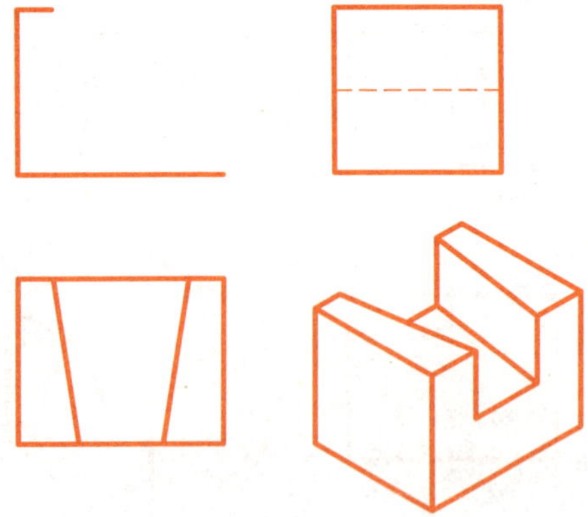

3.

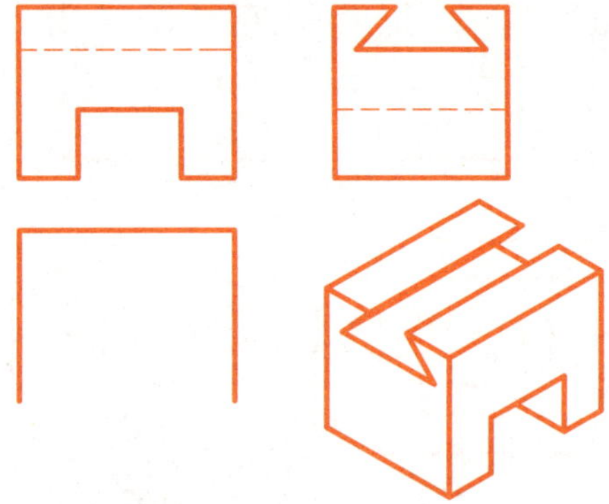

4.

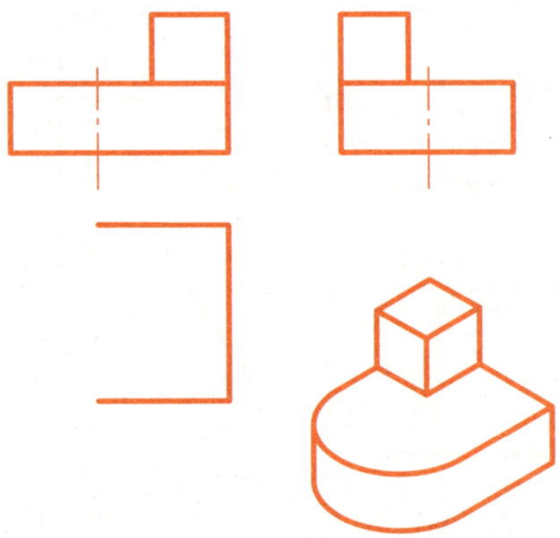

5.

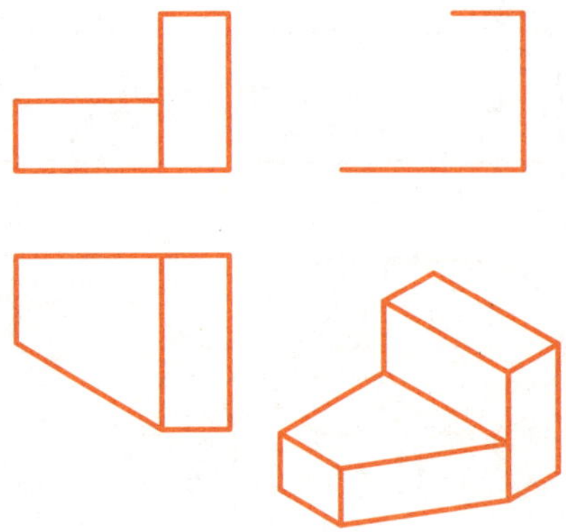

6.

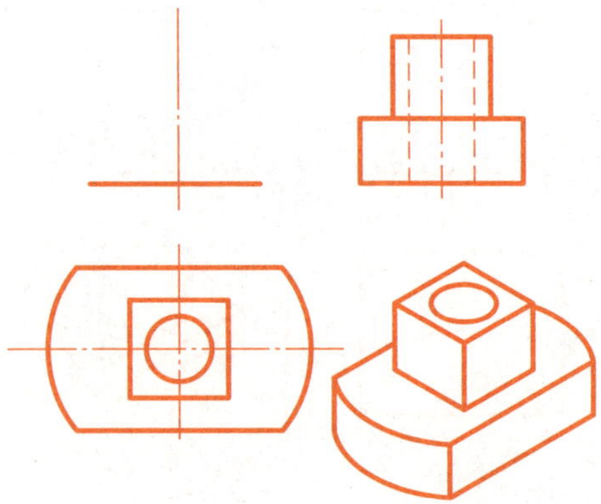

| 2.3　形体三视图的投影规律与绘制 | 班级： | 姓名： | 学号： | 分数： |
| --- | --- | --- | --- | --- |

**2-7　根据立体图和两个视图，绘制第三视图**

1.

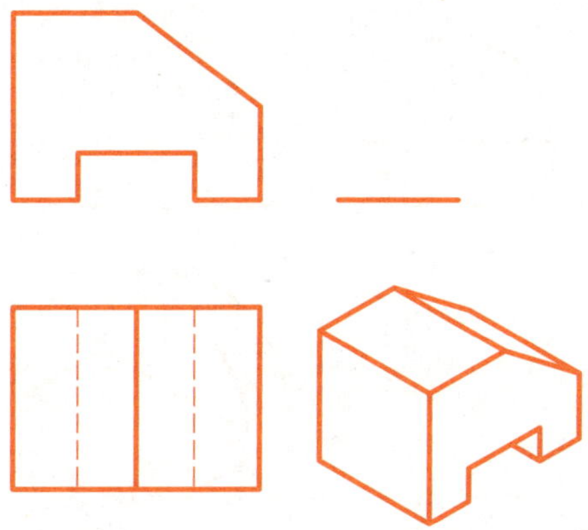

2.

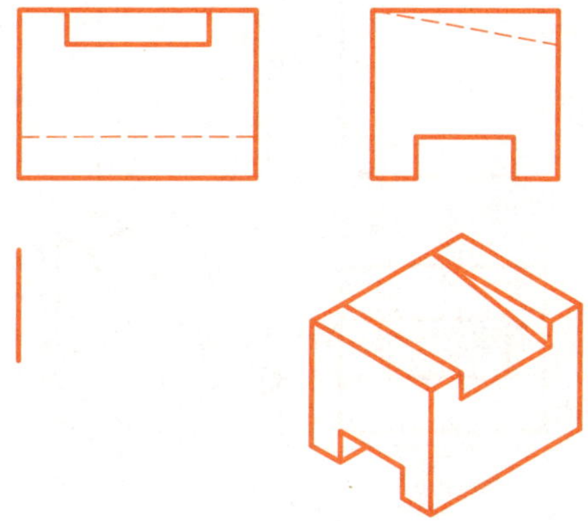

3.

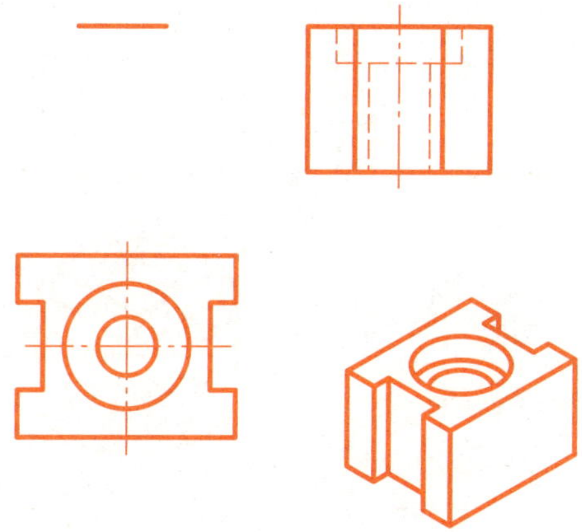

4.

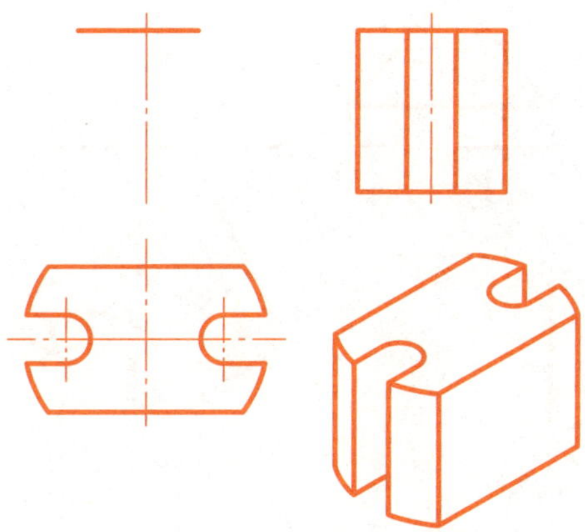

5.

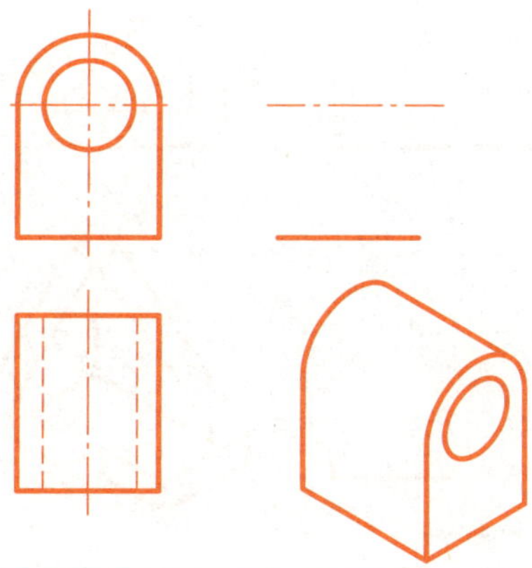

6.

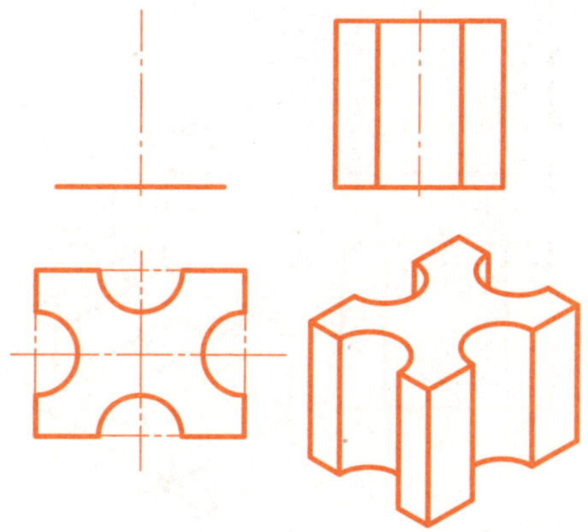

# 第 2 章　基本体三视图绘制与识读

| 2.3　形体三视图的投影规律与绘制 | 班级： | 姓名： | 学号： | 分数： |
|---|---|---|---|---|
| 2-8　根据立体图和一个完整视图，补全另两个视图，完成三视图 | | | | |

1.

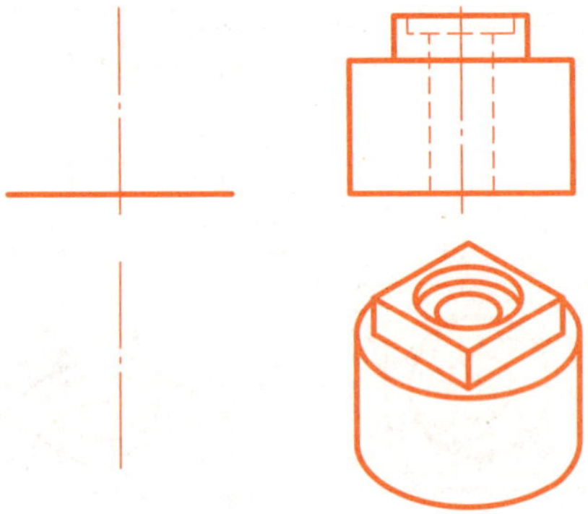

2.

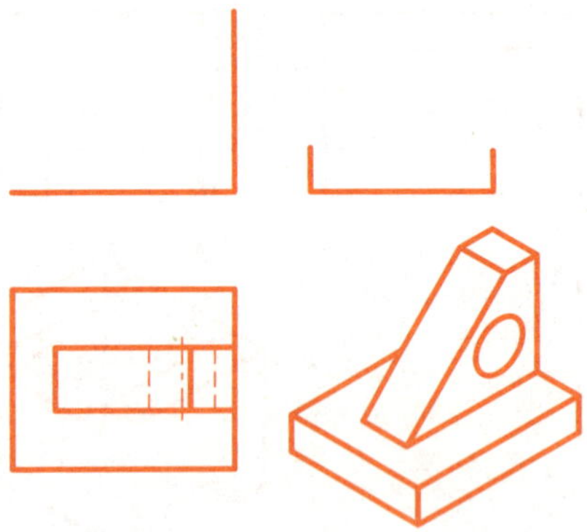

3.

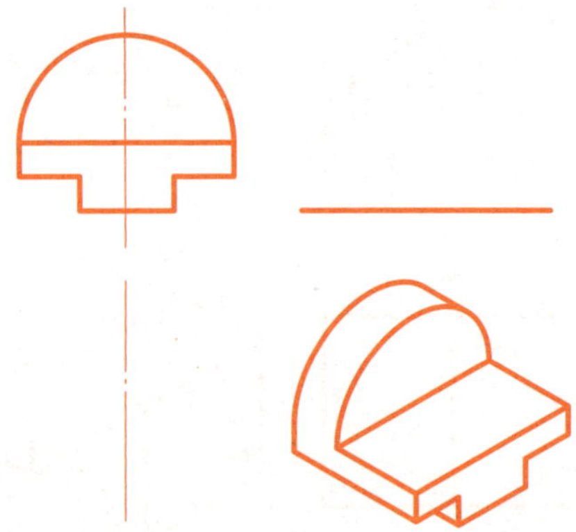

4.

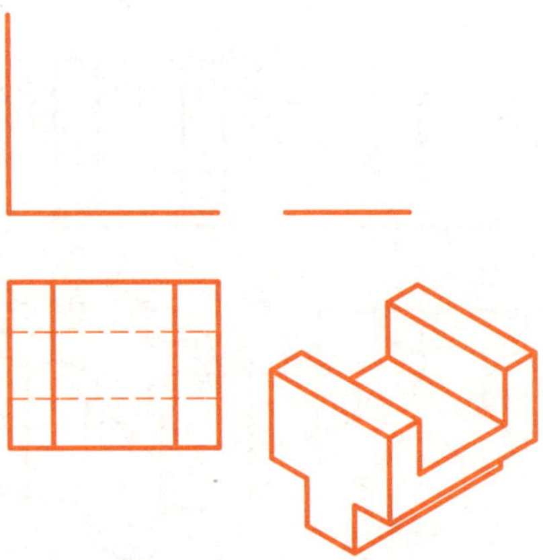

5.

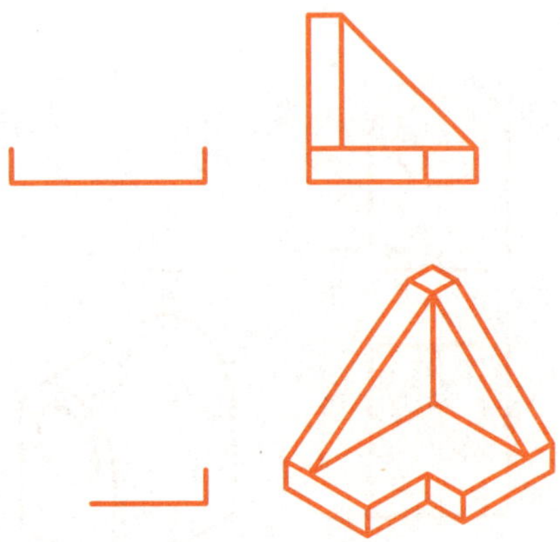

6.

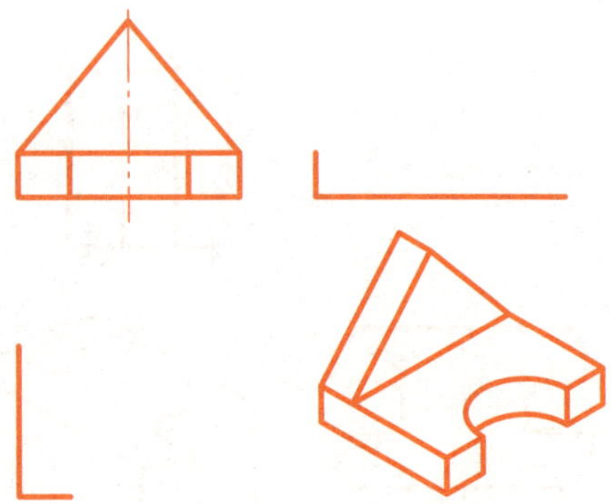

# 第 2 章　基本体三视图绘制与识读

| 2.3　形体三视图的投影规律与绘制 | 班级： | 姓名： | 学号： | 分数： |
|---|---|---|---|---|

**2-9　根据轴测图，绘制三视图**（不需在轴测图上量取尺寸，大小自定，但“三等”关系要正确）

1.

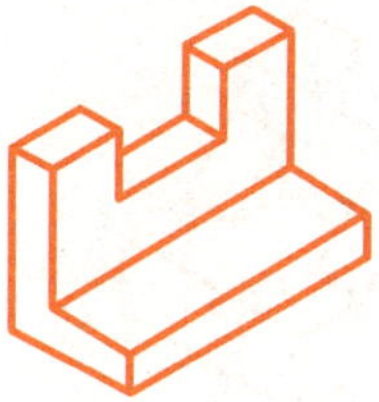

2.

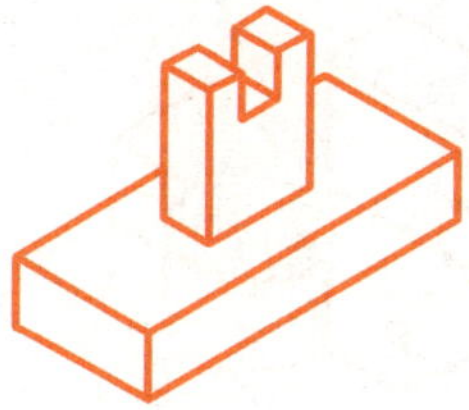

3.

4.

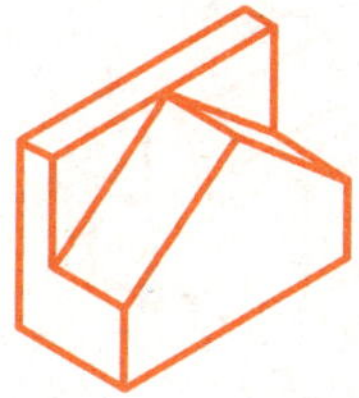

5.

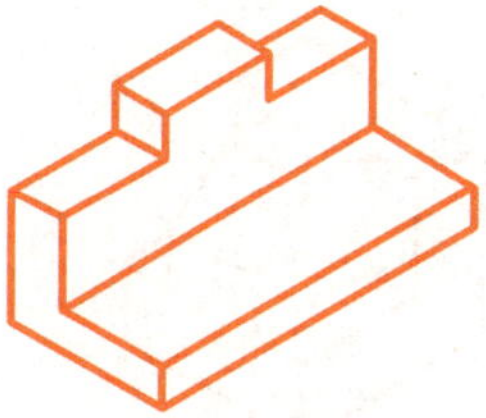

6.

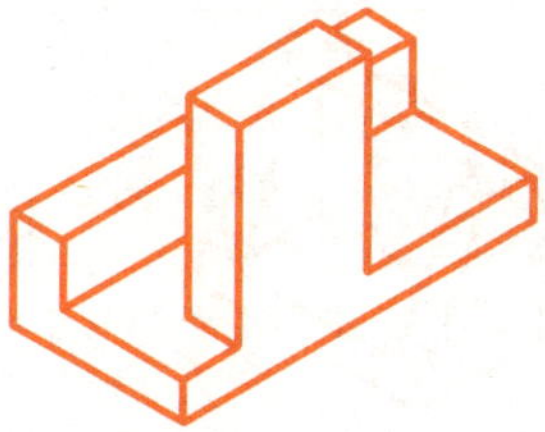

7.

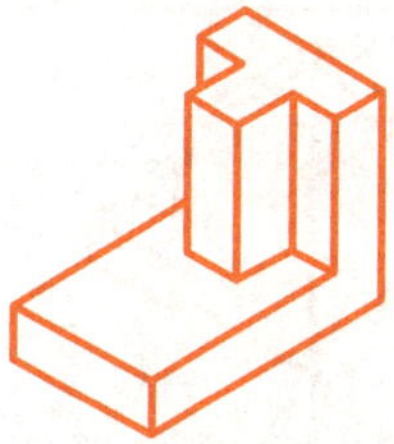

8.

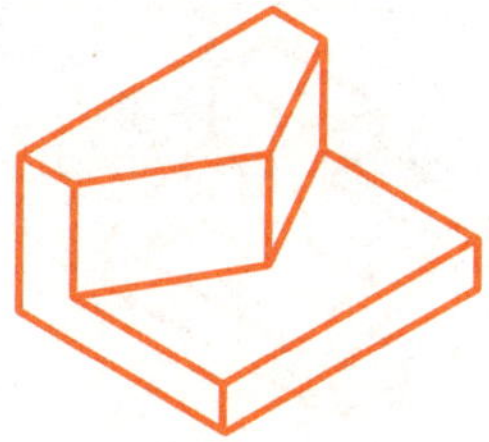

9.

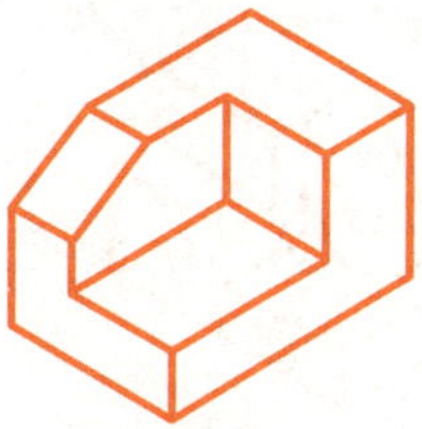

10.

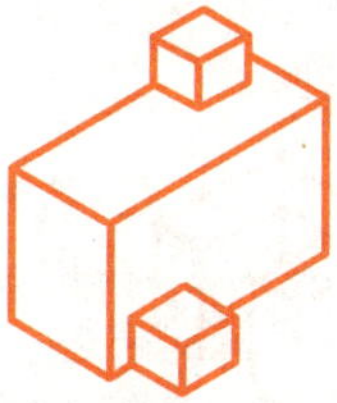

11.

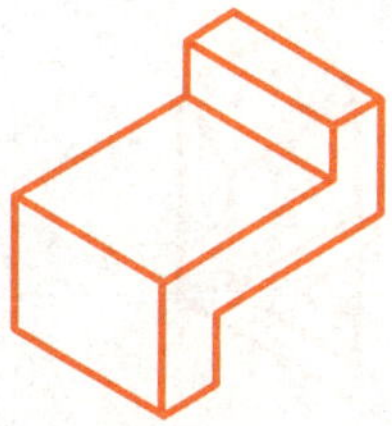

12.

13.

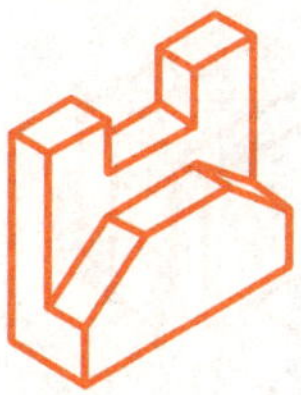

14.

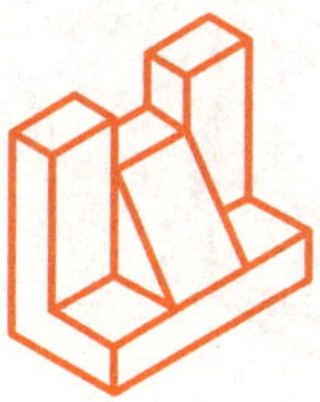

15.

16.

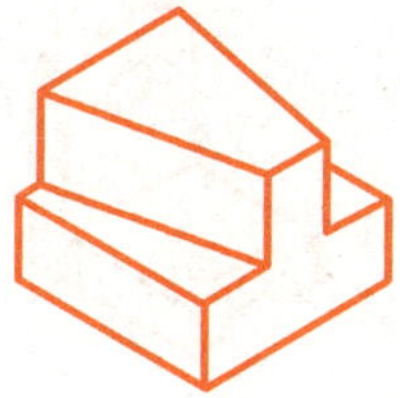

# 第 2 章　基本体三视图绘制与识读

| 2.3　形体三视图的投影规律与绘制 | 班级： | 姓名： | 学号： | 分数： |
| --- | --- | --- | --- | --- |

**2-10　根据轴测图，绘制三视图**（不需在轴测图上量取尺寸，大小自定，但“三等”关系要正确）

1.

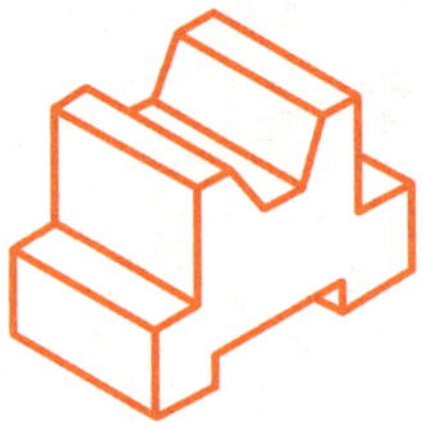

2.

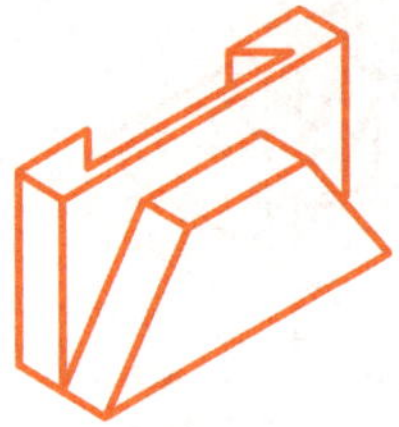

3.

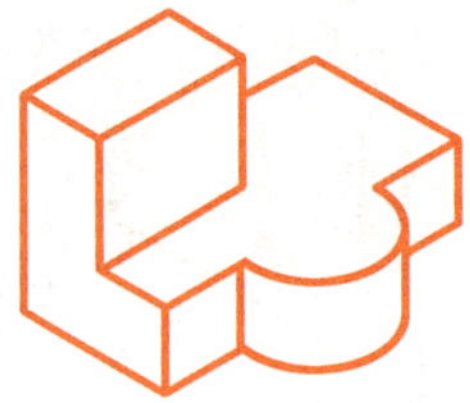

4.

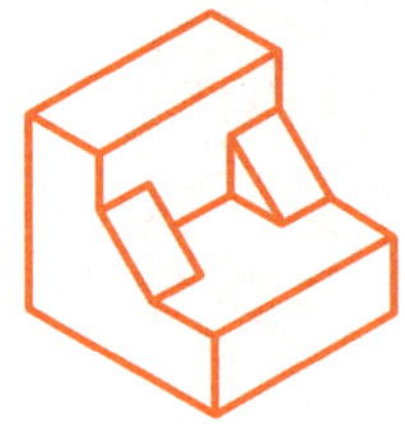

5.

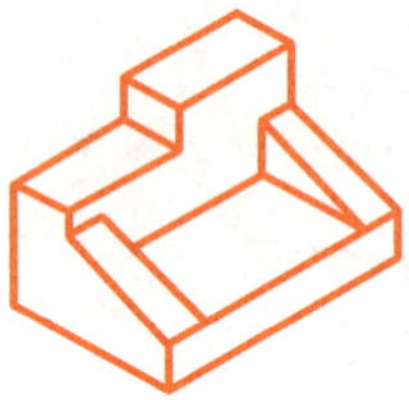

6.

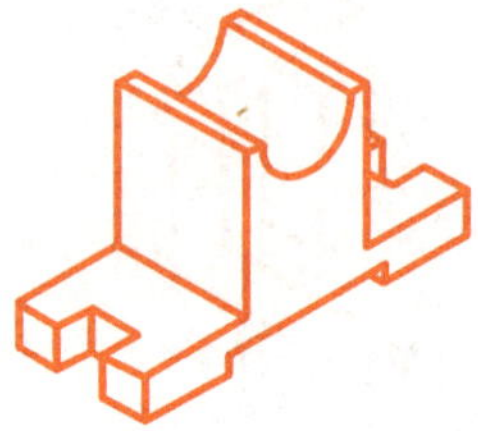

7.

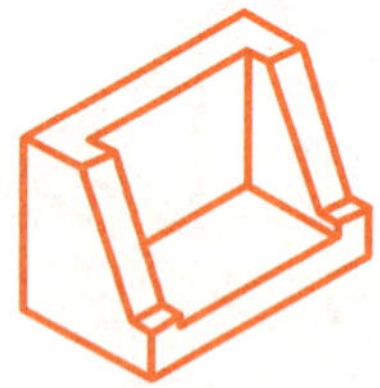

8.

9.

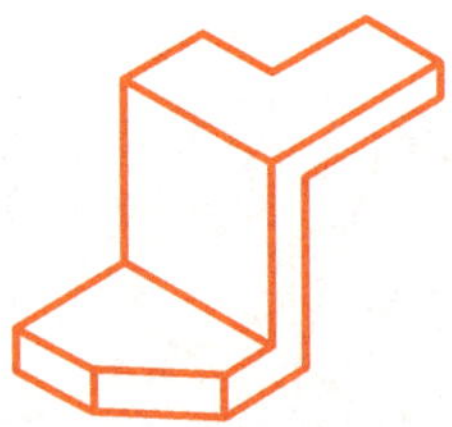

10.

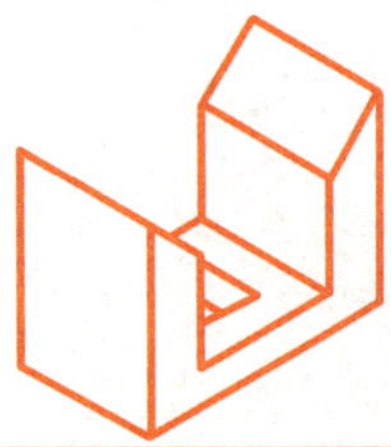

11.

12.

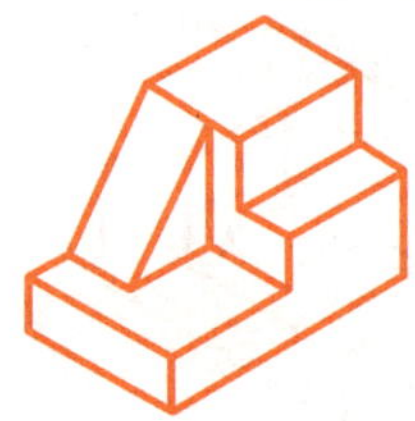

13. 通孔

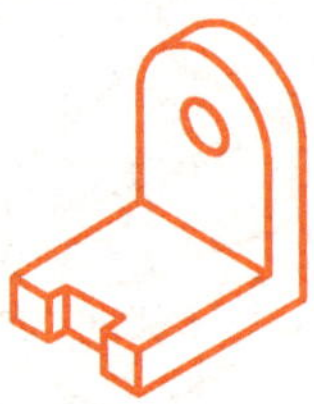

14. 通槽

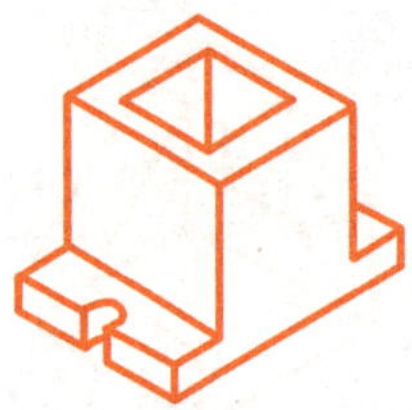

15.

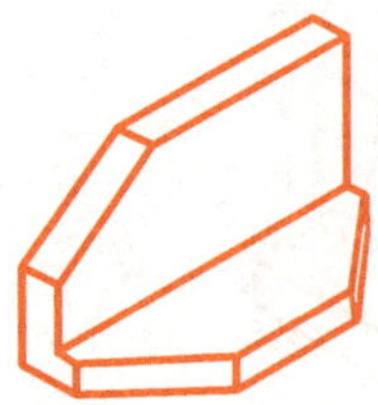

16.

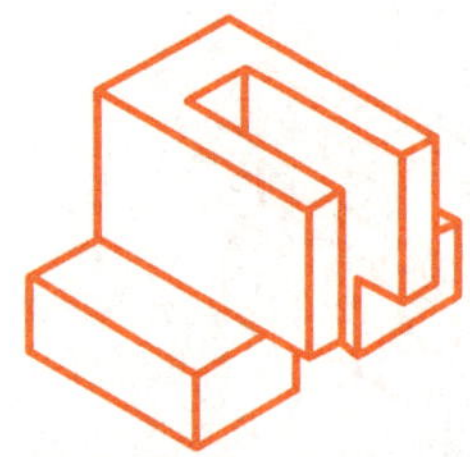

# 第 2 章　基本体三视图绘制与识读

| 2.4　基本体三视图绘制 | 班级： | 姓名： | 学号： | 分数： |
|---|---|---|---|---|
| 2-11　根据基本体立体图，绘制其三视图（不需测量尺寸，大小自定） | | | | |
| 说明：可徒手绘制，也可用尺规绘制；要保证三等关系；线型要正确（线宽粗细要明显，表示回转体轴线的细点画线要绘制） | | | | |

| | | | | |
|---|---|---|---|---|
| 1. 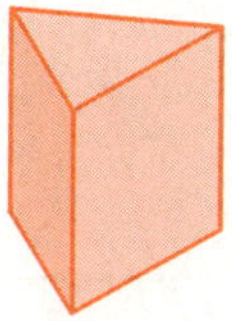 | 2. 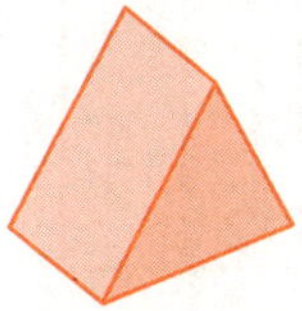 | 3. 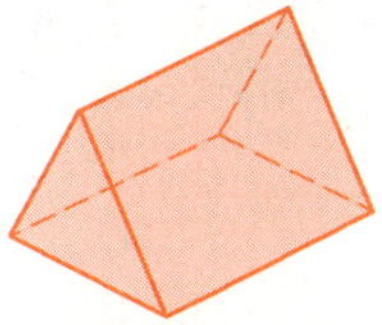 | 4. 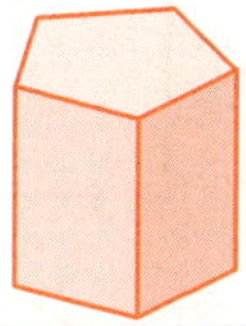 | 5.  |
| 6. 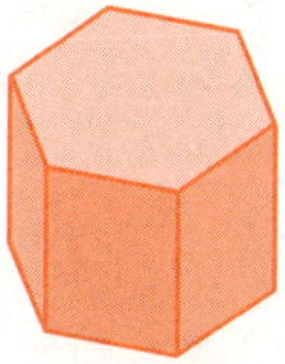 | 7. 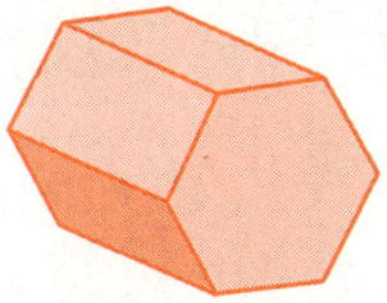 | 8. 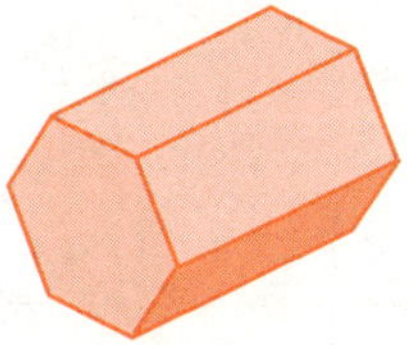 | 9. 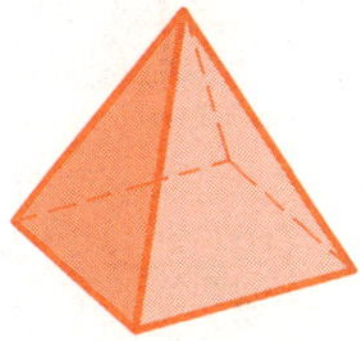 | 10. 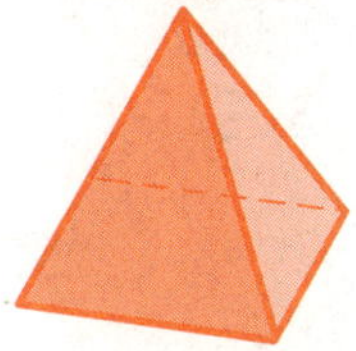 |
| 11.  | 12. 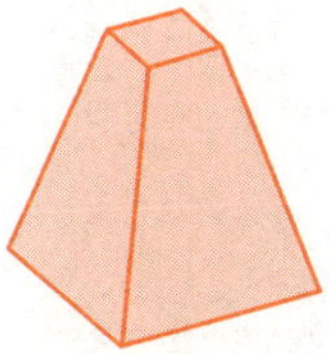 | 13. 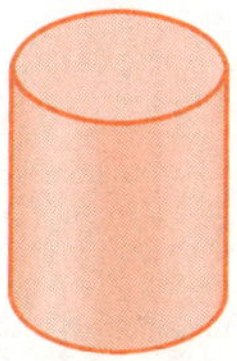 | 14. 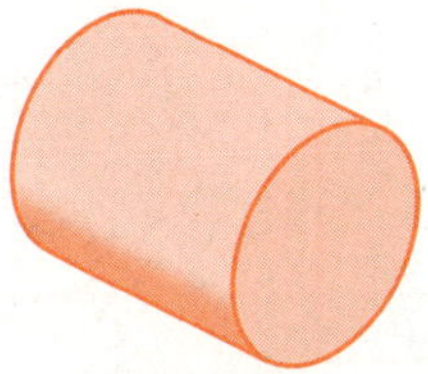 | 15. 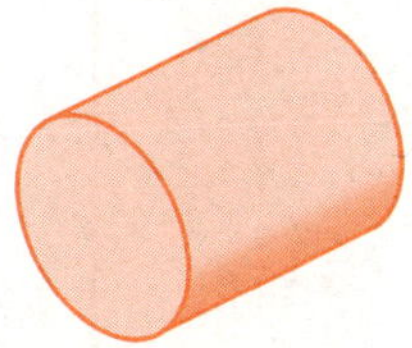 |
| 16. 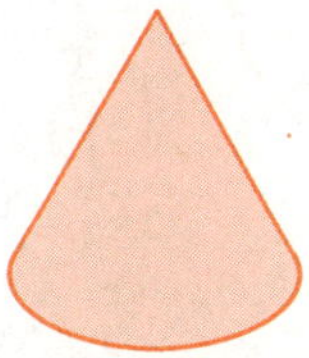 | 17. 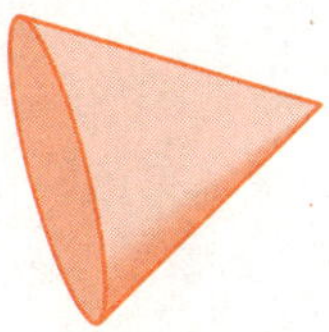 | 18. 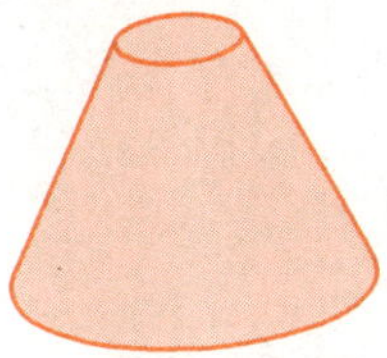 | 19.  | 20. 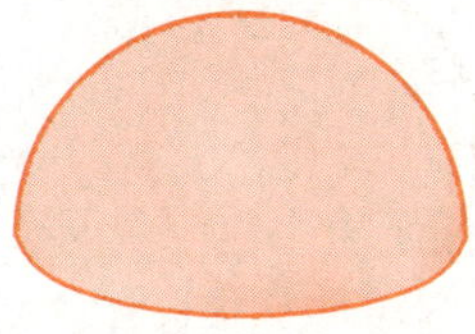 |

# 第 2 章　基本体三视图绘制与识读

| 2.6　基本体的尺寸标注 | 班级： | 姓名： | 学号： | 分数： |
|---|---|---|---|---|

2-12　根据基本体的视图想象空间形状，再标注尺寸

1.

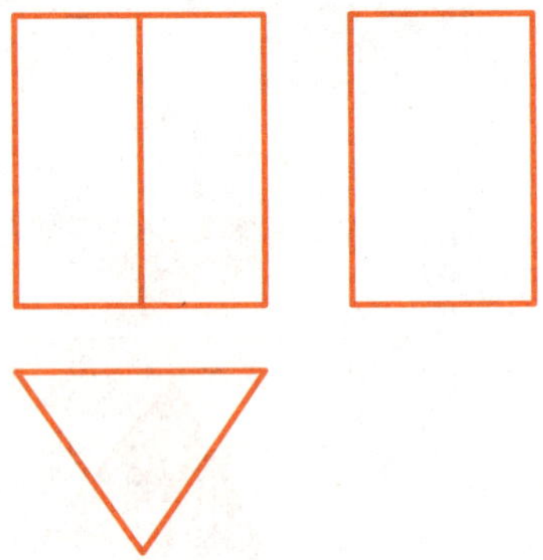

2.

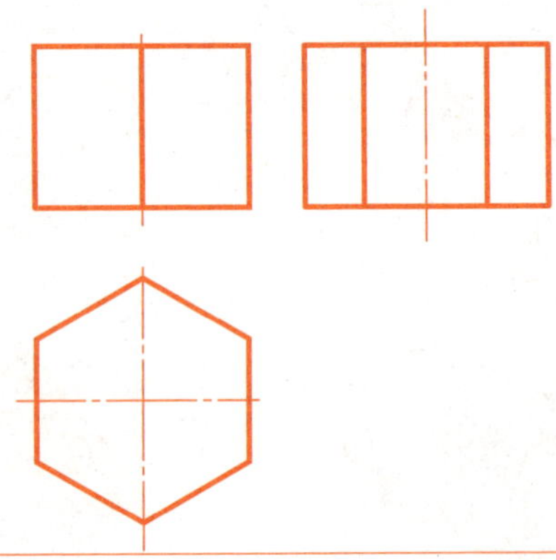

3.

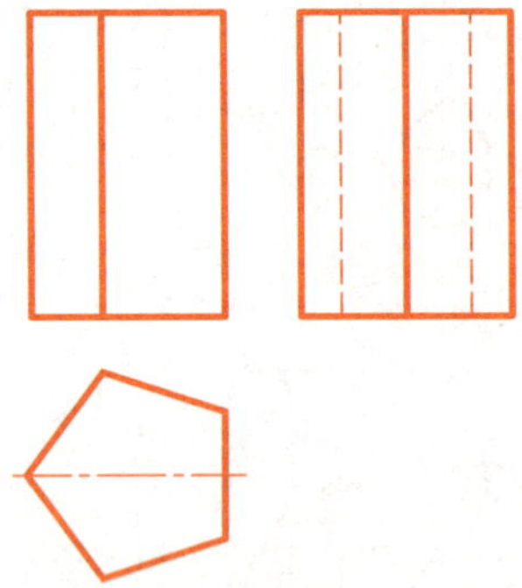

4.

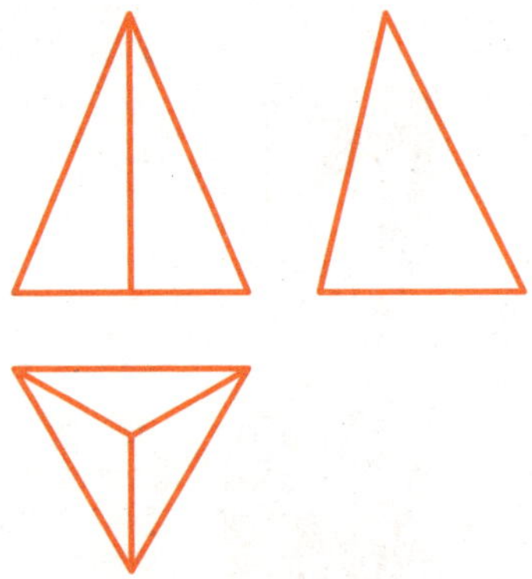

5.

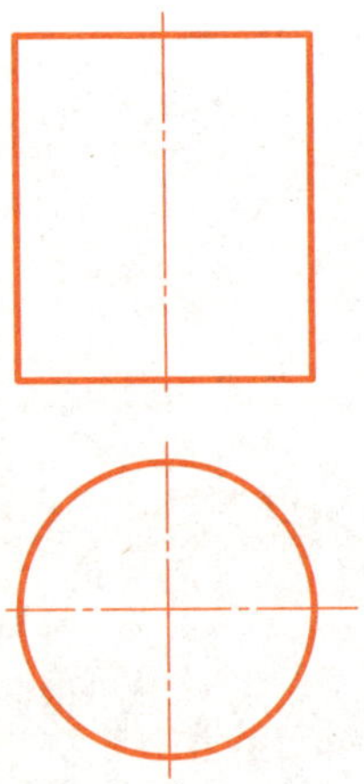

6.

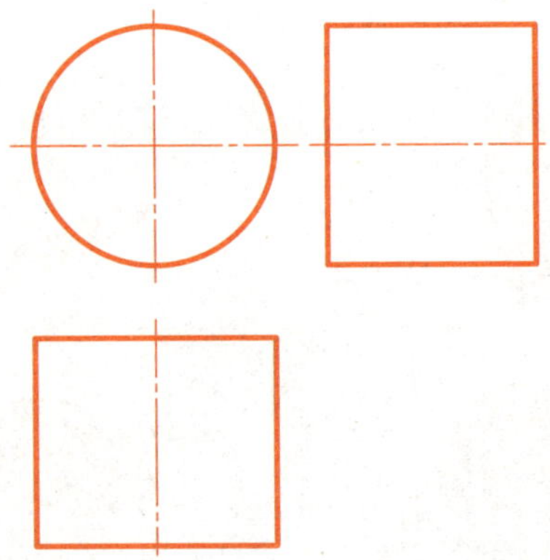

7.

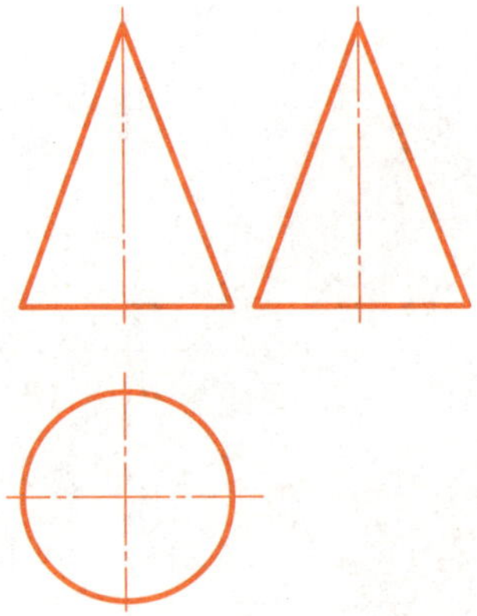

8.

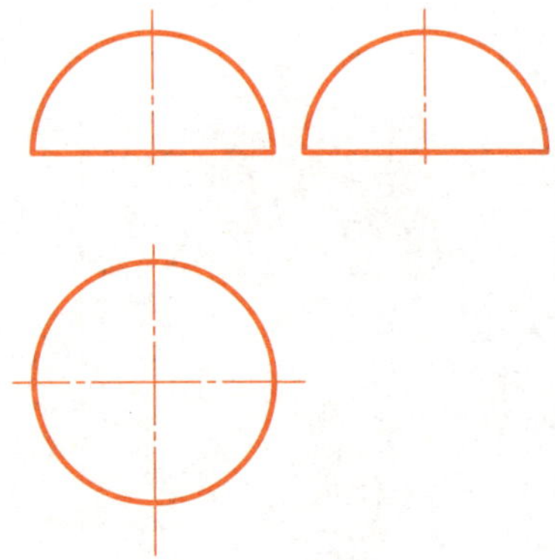

# 第 3 章　点、线、面的投影

| 3.1　点的投影与作图方法 | 班级： | 姓名： | 学号： | 分数： |
| --- | --- | --- | --- | --- |

## 3-1　点的投影与作图方法

1. 已知各点的两面投影，画出各点的第三面投影

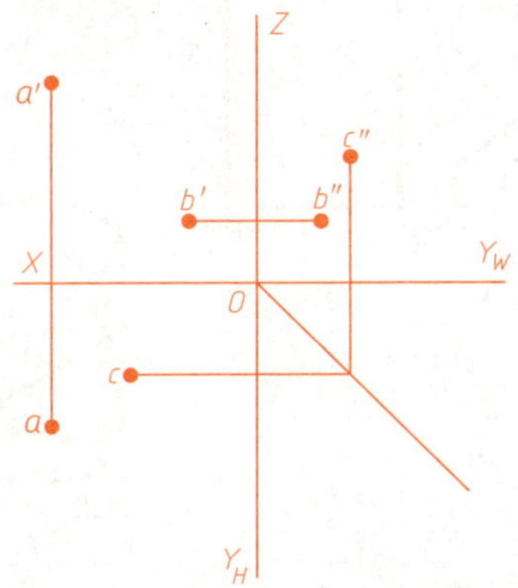


2. 按照点投影的绘制方法绘制四棱柱的左视图（提示：先求点的侧面投影）

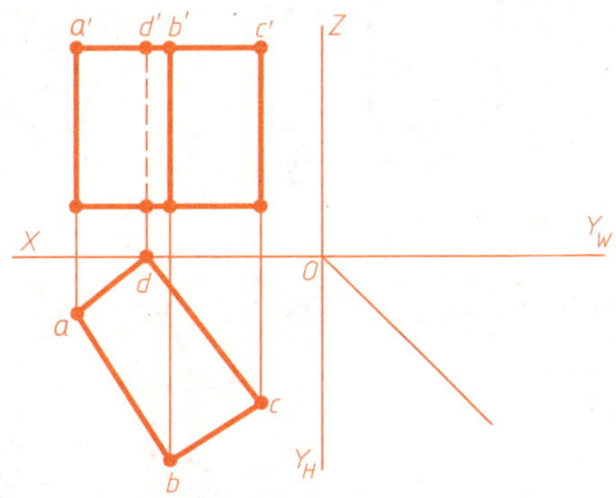


3. 按照点投影的绘制方法绘制出正五棱锥的左视图

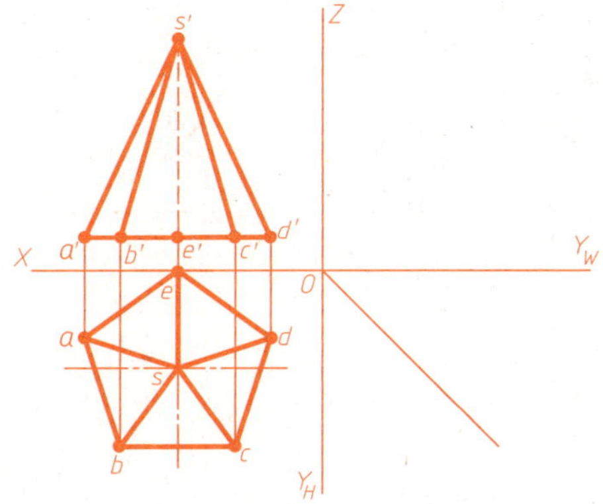


4. 按照点投影的绘制方法绘制出三棱锥的左视图（提示：先求点的侧面投影）

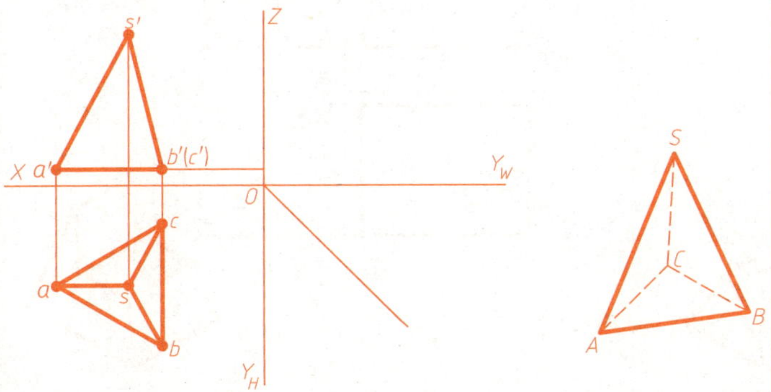


5. 求各点的第三面投影，并比较重影点的相对位置

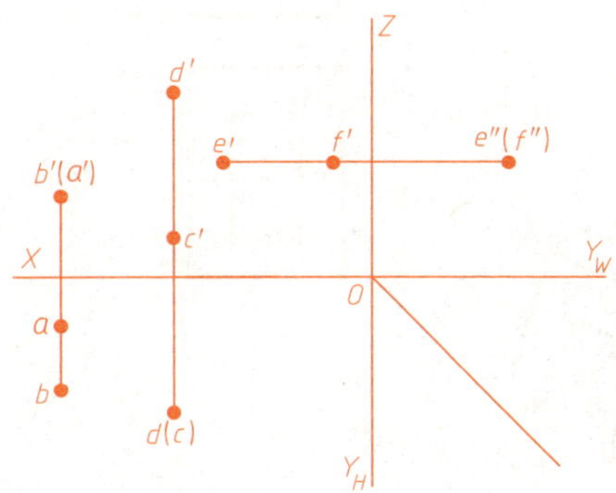


点 A 在点 B 正____方；

点 C 在点 D 正____方；

点 E 在点 F 正____方

# 第 3 章　点、线、面的投影

| 3.3　直线投影的作图方法与投影特性 | 班级： | 姓名： | 学号： | 分数： |
| --- | --- | --- | --- | --- |

**3-2**　完成直线 *AB*、*CD*、*EF* 的三面投影

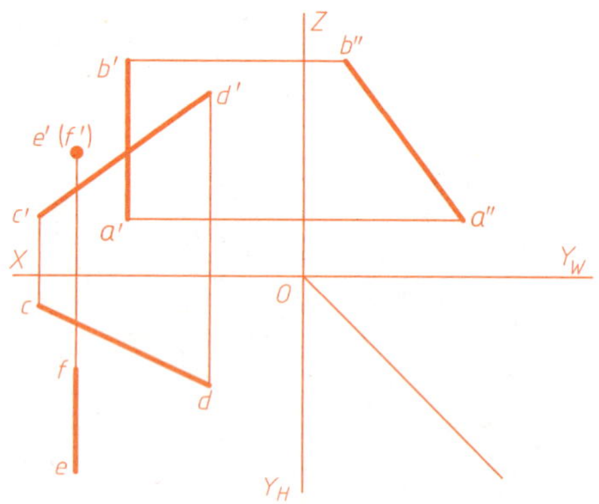


**3-3**　按照直线投影的绘制方法完成第三视图的绘制（提示：先求点的投影，再连线完成每条直线的绘制）

1.

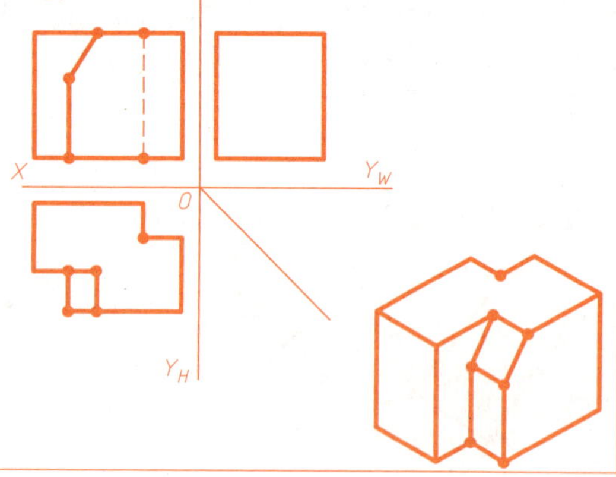


2.

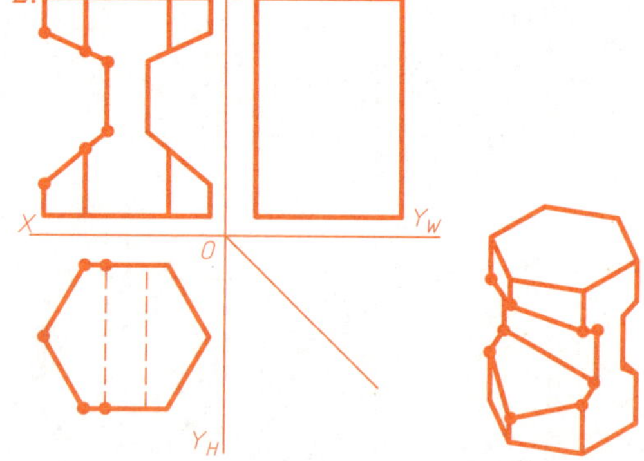


3.

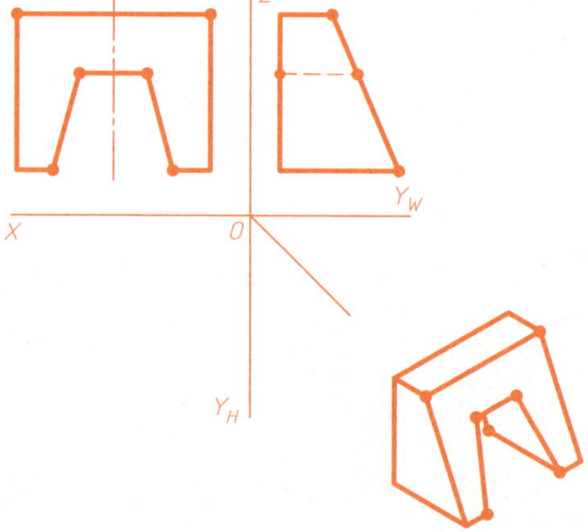


4.

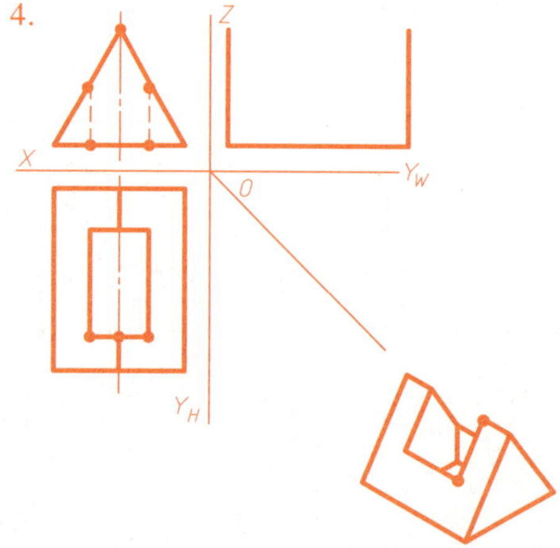


5.

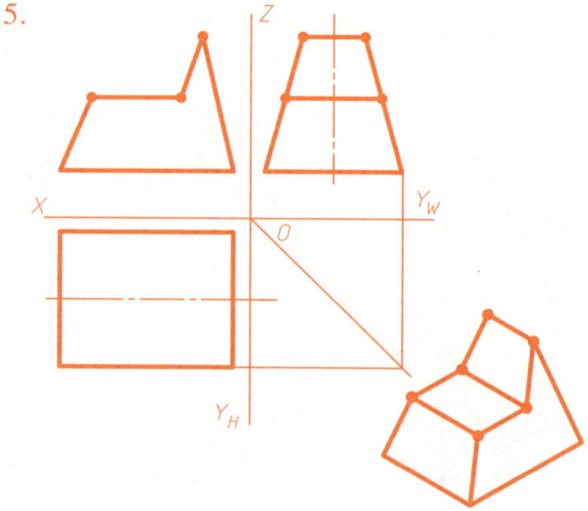

# 第 3 章　点、线、面的投影

| 3.4　直线上点的投影规律与作图方法 | 班级： | 姓名： | 学号： | 分数： |
|---|---|---|---|---|

## 3-4　判断下列直线对投影面的相对位置

1.

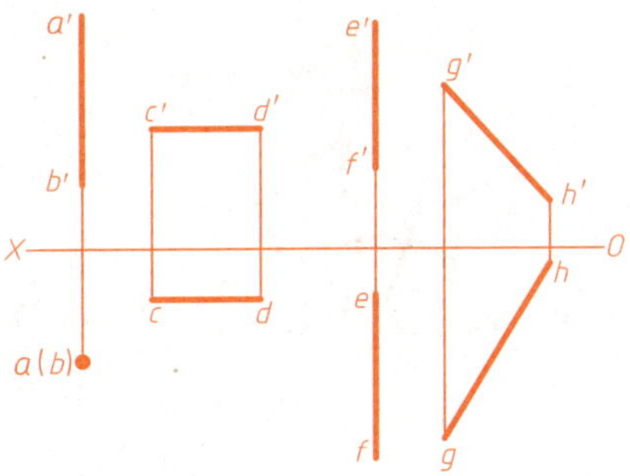


*AB* 是________线　*EF* 是________线

*CD* 是________线　*GH* 是________线

2.

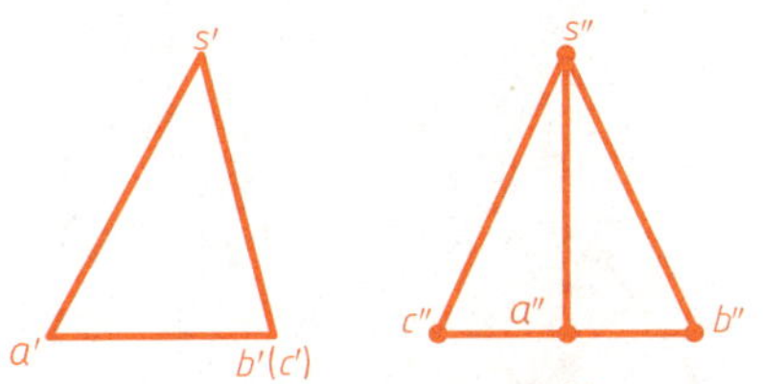


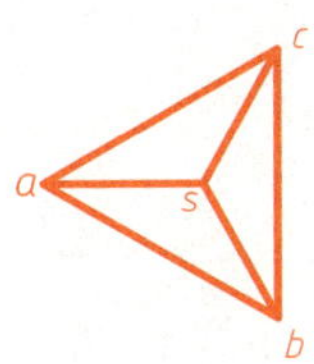


*AB* 是________线

*AC* 是________线

*BC* 是________线

*SA* 是________线

*SB* 是________线

*SC* 是________线

## 3-5　已知点 *K* 在直线 *AB* 上，求直线 *AB* 的第三面投影和点 *K* 的另两面投影

1.

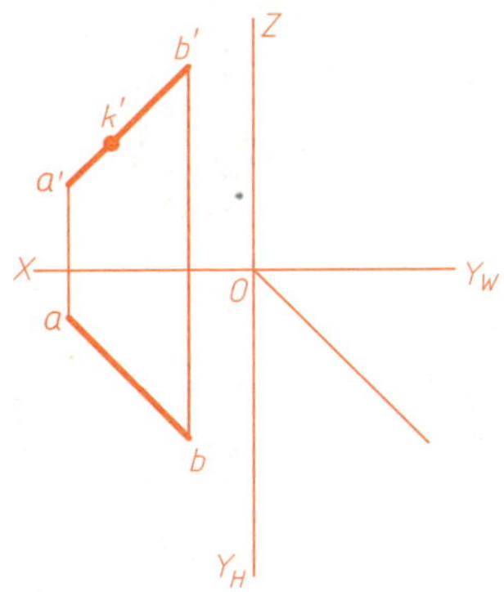

2.

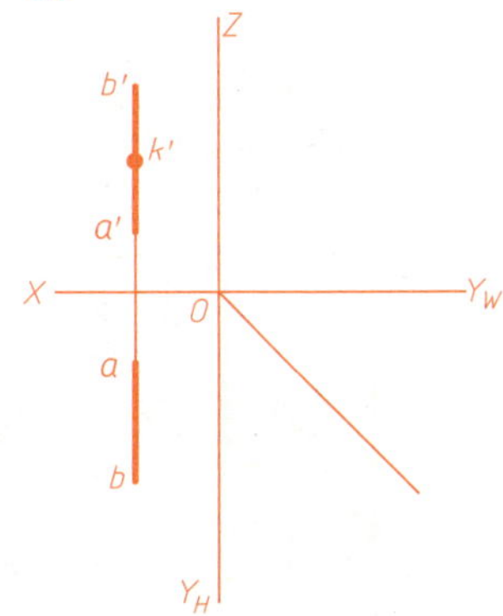

3.

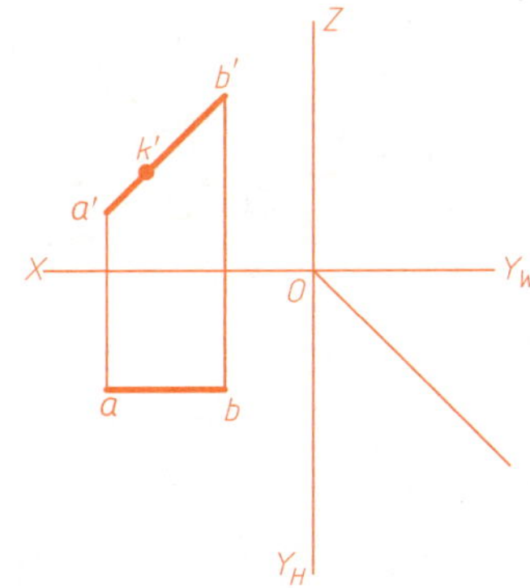

4.

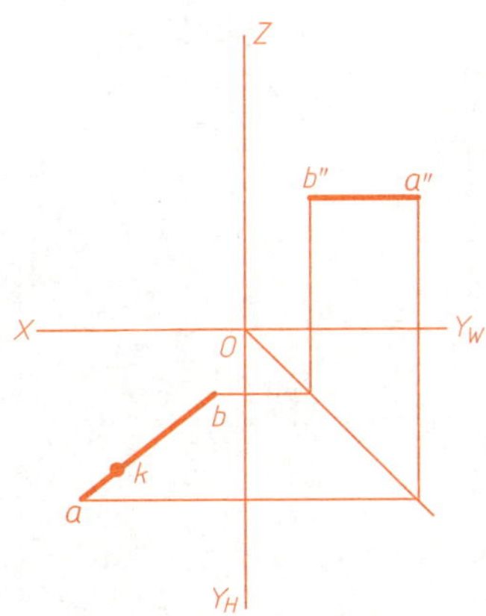

5.

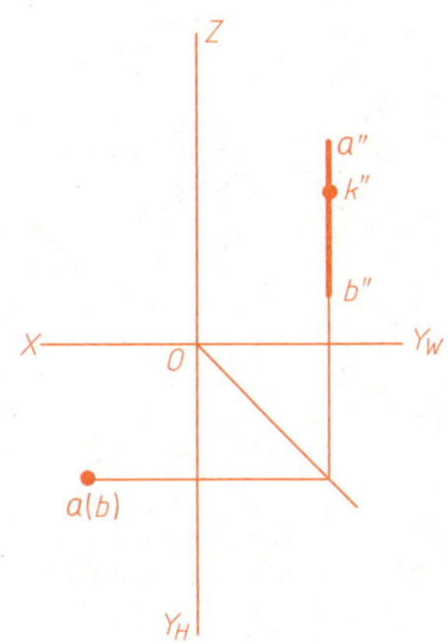

6.

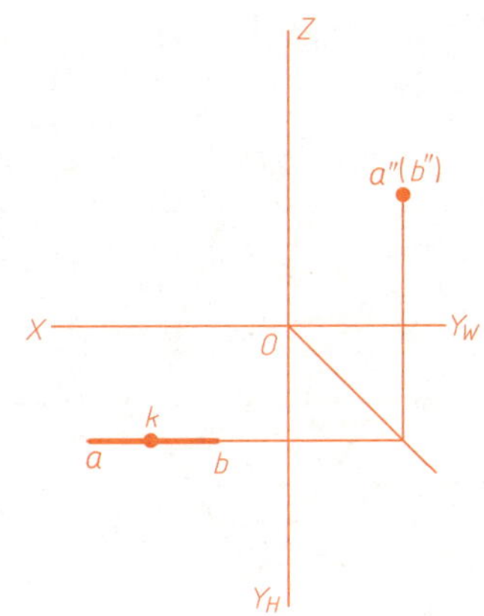

# 第3章　点、线、面的投影

| 3.5　平面的投影规律与作图方法 | 班级： | 姓名： | 学号： | 分数： |
|---|---|---|---|---|

## 3-6　完成平面的投影

1. 完成平面的水平投影

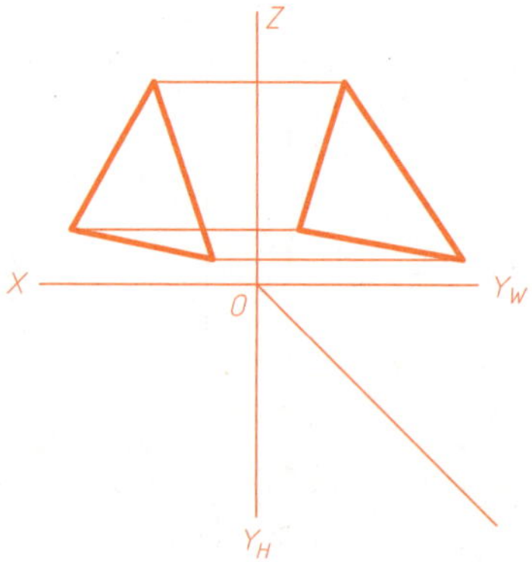


2. 完成正垂面的侧面投影

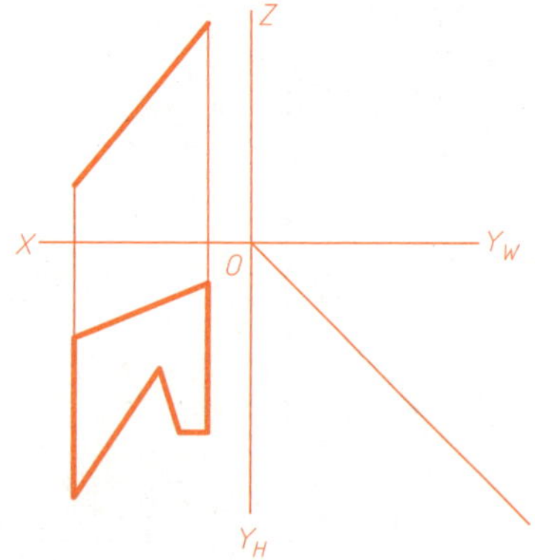


3. 完成铅垂面的水平投影和侧面投影

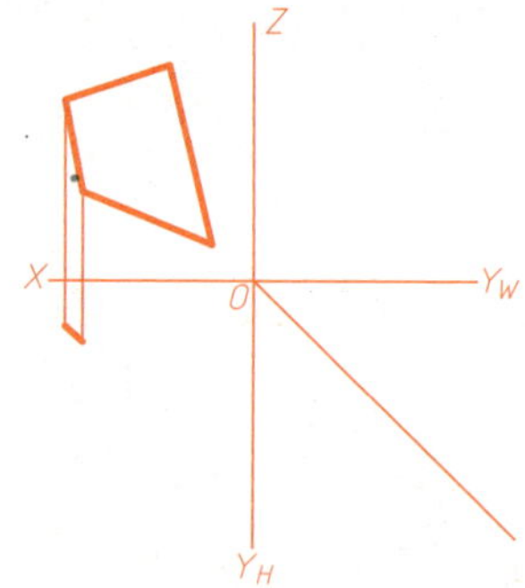


4. 完成侧垂面的侧面投影和水平投影

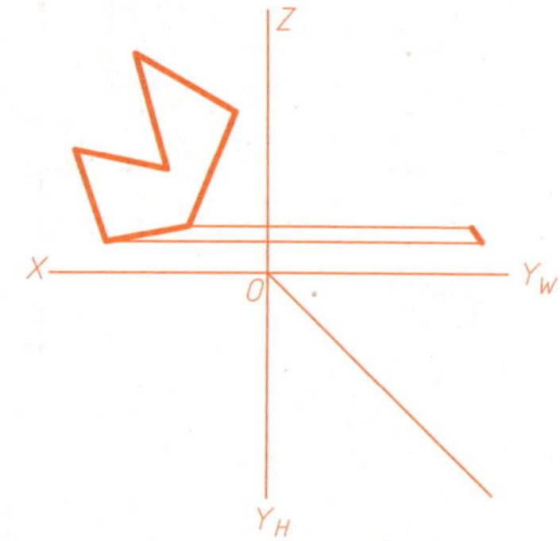


## 3.6　平面上点与平面上直线的投影

## 3-7　已知各点、直线在平面上，完成平面的第三面投影和点、直线的另两面投影

1.

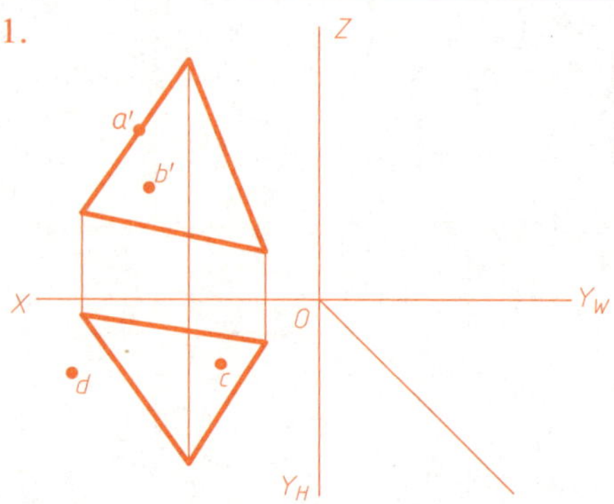


2.

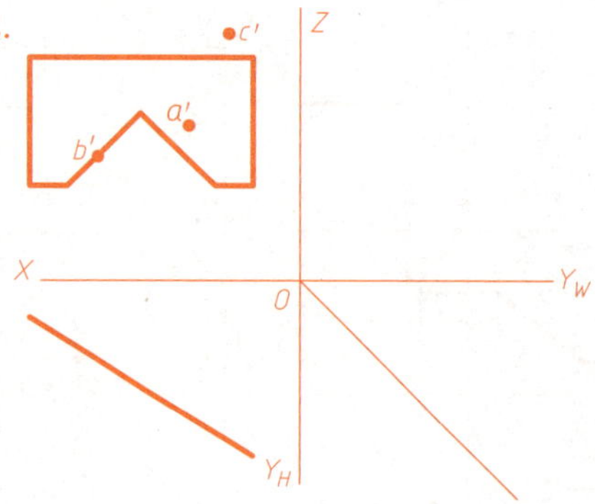


3.

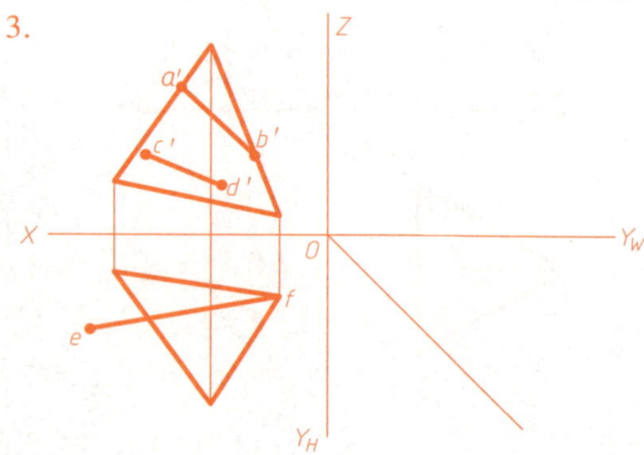

| 3.7 形体上点、直线和平面与形体三视图上的位置关系 | 班级： | 姓名： | 学号： | 分数： |
|---|---|---|---|---|

**3-8 根据立体图及其三视图，在三视图中标出立体图上标注点的三面投影**

1.

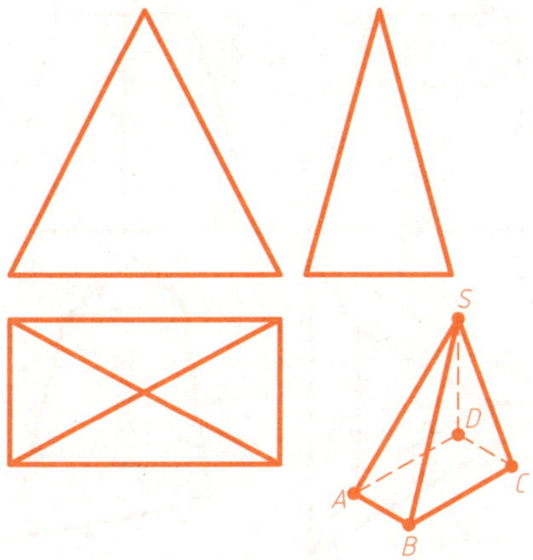


2.

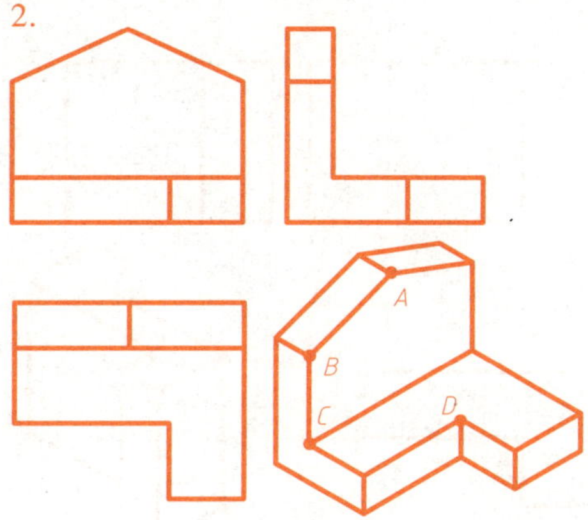


3.

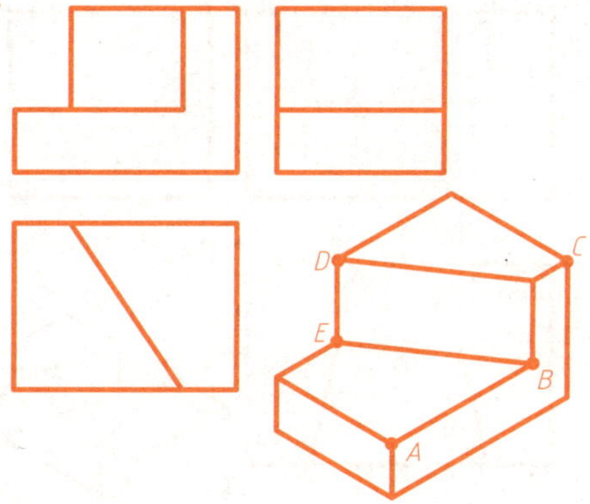


4.

5.

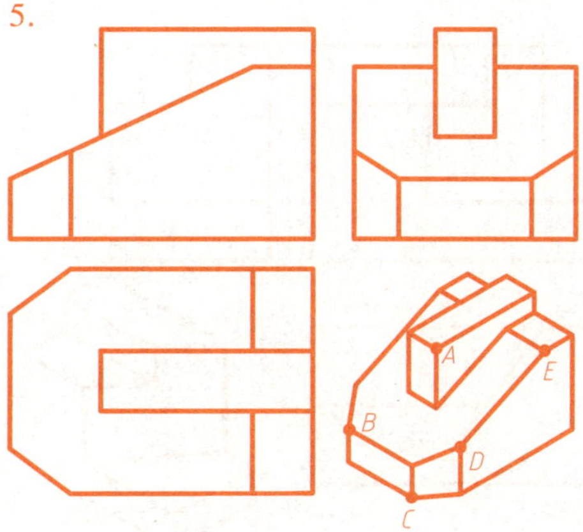


6.

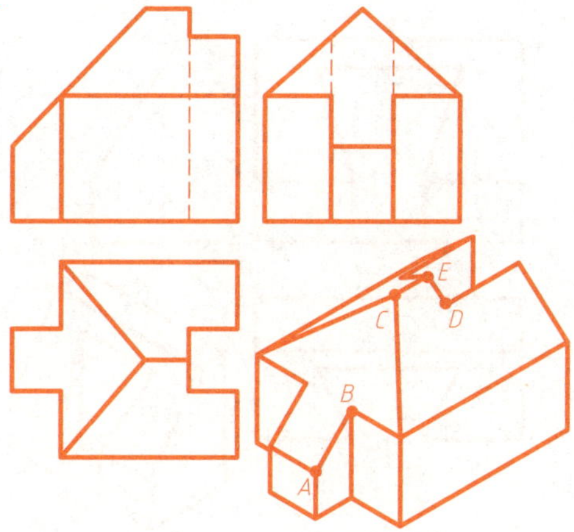

# 第3章 点、线、面的投影

| 3.7 形体上点、直线和平面与形体三视图上的位置关系 | 班级： | 姓名： | 学号： | 分数： |
| --- | --- | --- | --- | --- |

**3-9** 根据立体图及其三视图，用彩色笔加深直线 *AB*、*CD* 的三面投影，并在立体图中注出直线 *EF*、*GH* 的位置

1.

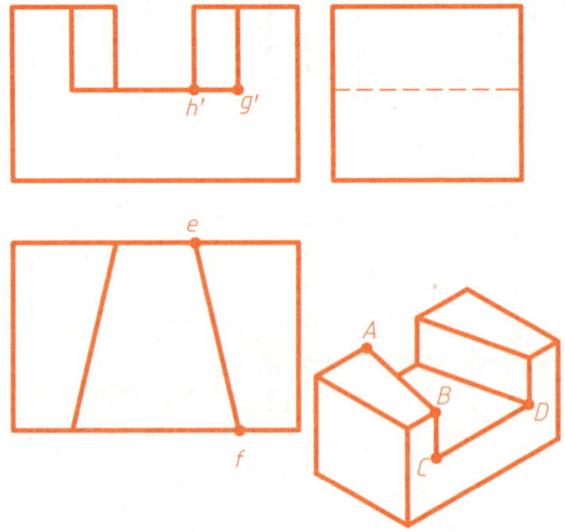


2.

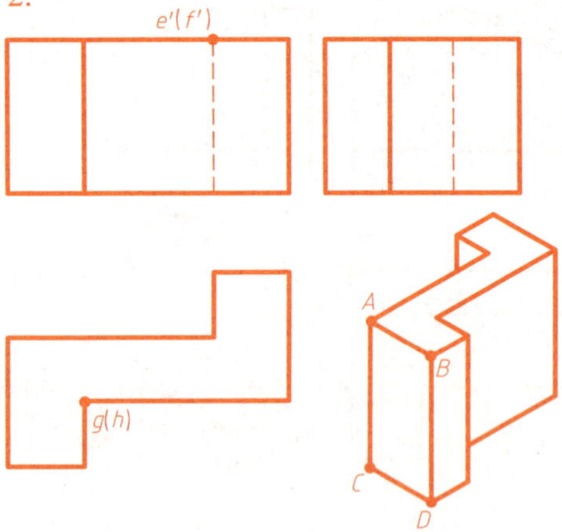


3.

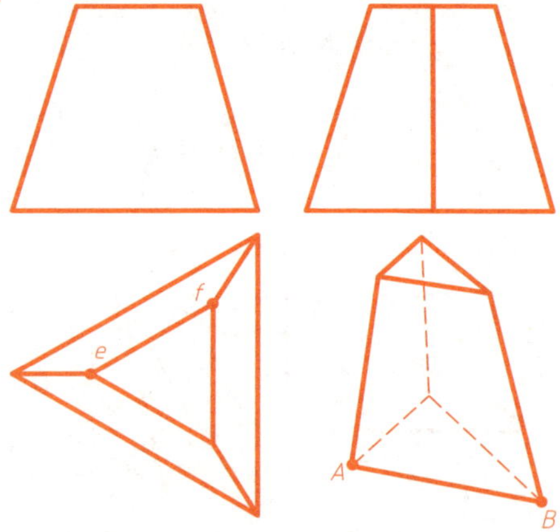


4.

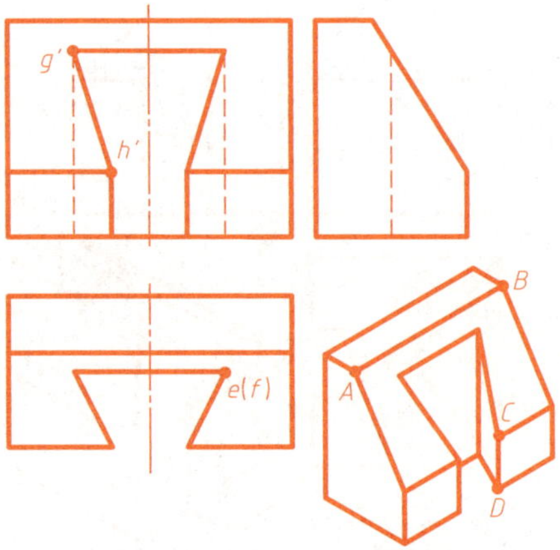


5.

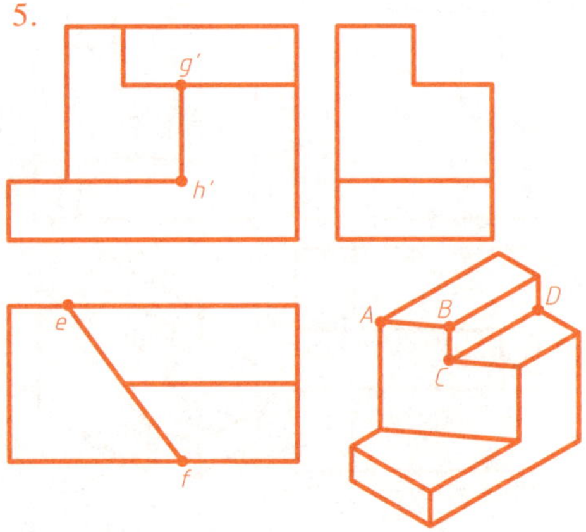


6.

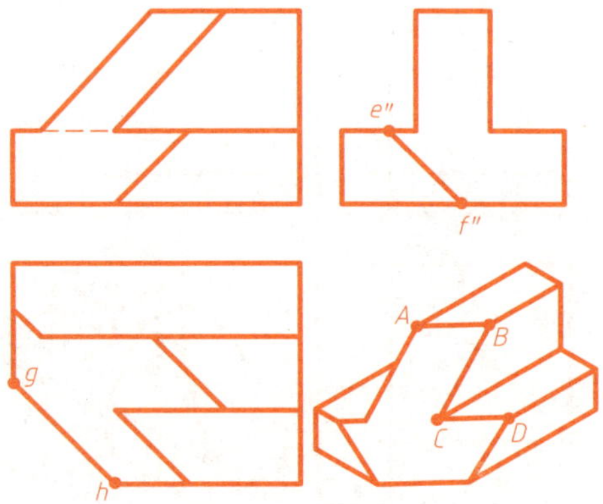

# 第 3 章　点、线、面的投影

| 3.7　形体上点、直线和平面与形体三视图上的位置关系 | 班级： | 姓名： | 学号： | 分数： |
|---|---|---|---|---|

**3-10　根据立体图及其三视图，在三视图中用彩色笔标出立体图上所指平面的三面投影，并判断平面的空间位置**

1.

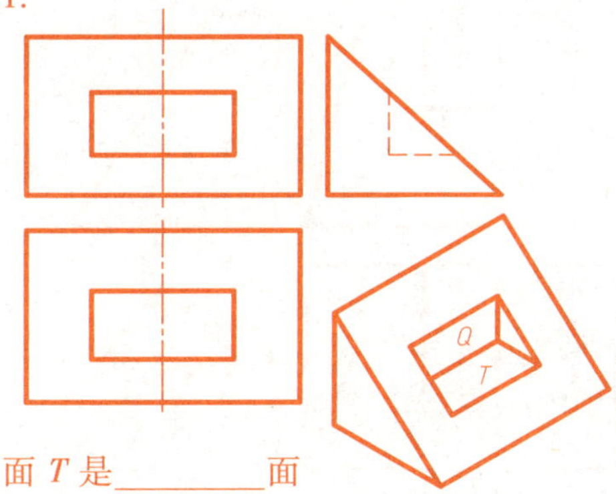


平面 *T* 是________面

平面 *Q* 是________面

2.

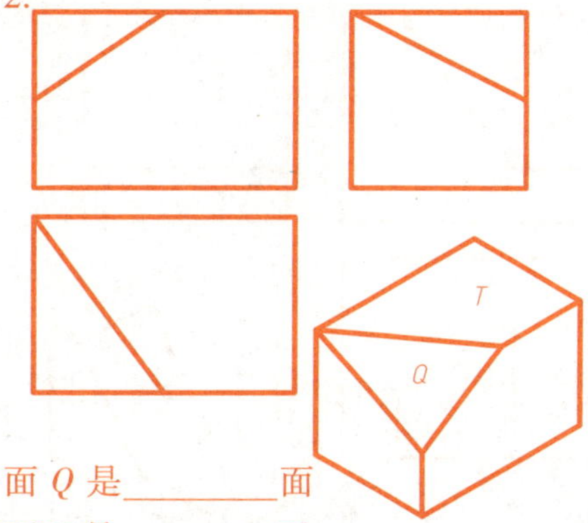


平面 *Q* 是________面

平面 *T* 是________面

3.

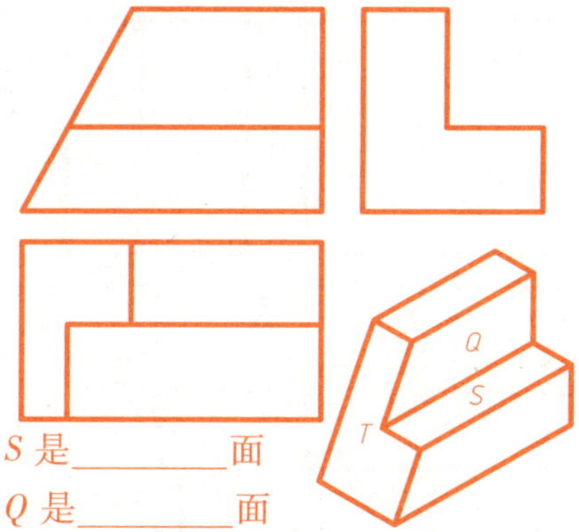


平面 *S* 是________面

平面 *Q* 是________面

平面 *T* 是________面

4.

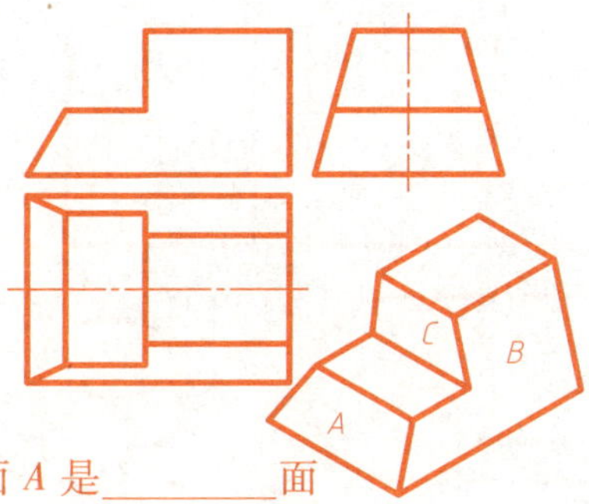


平面 *A* 是________面

平面 *B* 是________面

平面 *C* 是________面

5.

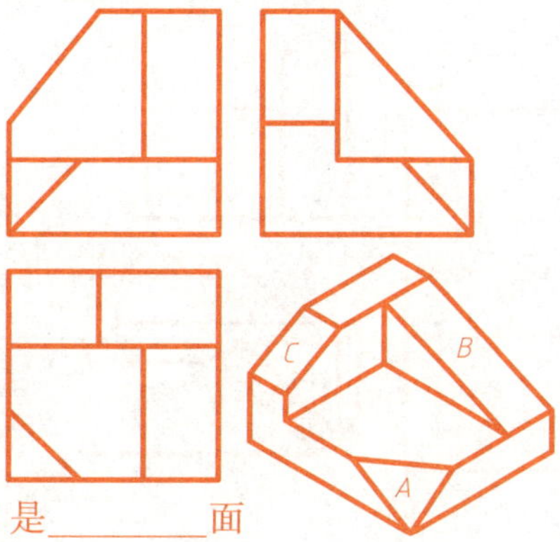


平面 *A* 是________面

平面 *B* 是________面

平面 *C* 是________面

6.

平面 *T* 是________面

平面 *S* 是________面

平面 *Q* 是________面

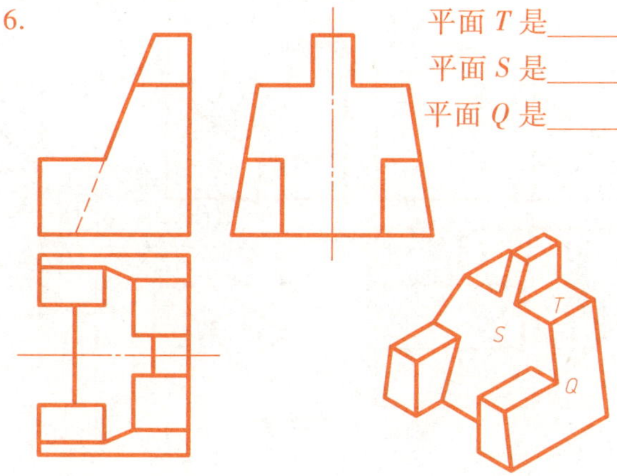

# 第 3 章　点、线、面的投影

| 3.7　形体上点、直线和平面与形体三视图上的位置关系 | 班级： | 姓名： | 学号： | 分数： |
|---|---|---|---|---|

**3-11　根据立体图及其三视图，在立体图中标出三视图上标注平面的位置，并判断平面的空间位置**

1.

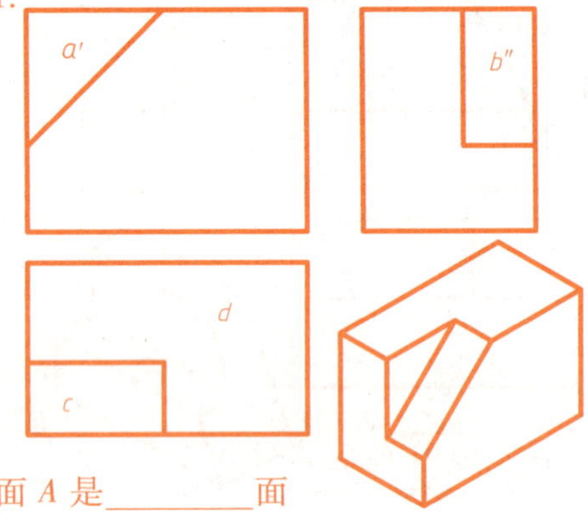


平面 $A$ 是________面

平面 $B$ 是________面

2.

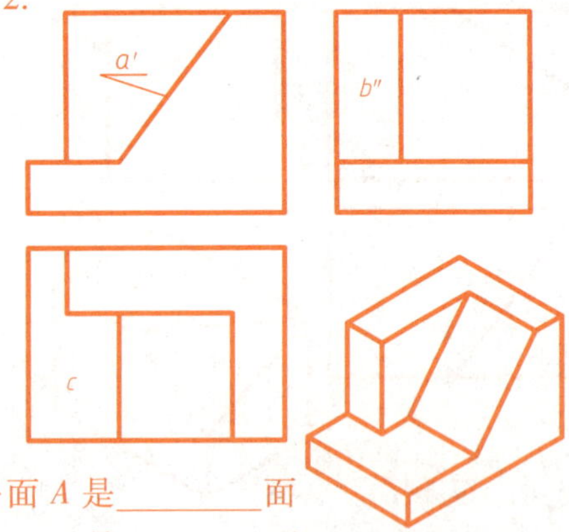


平面 $A$ 是________面

平面 $B$ 是________面

3.

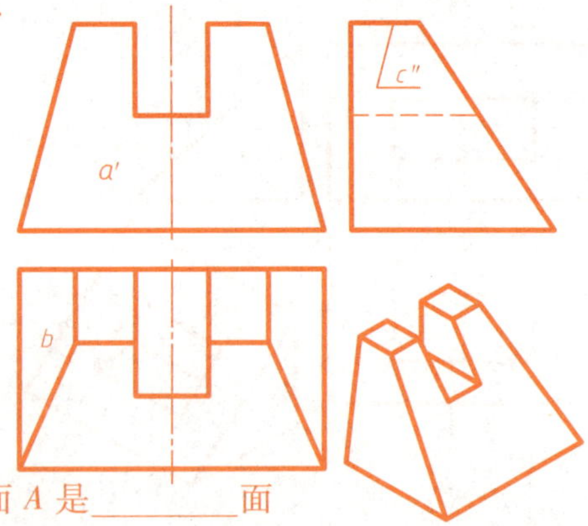


平面 $A$ 是________面

平面 $B$ 是________面

4.

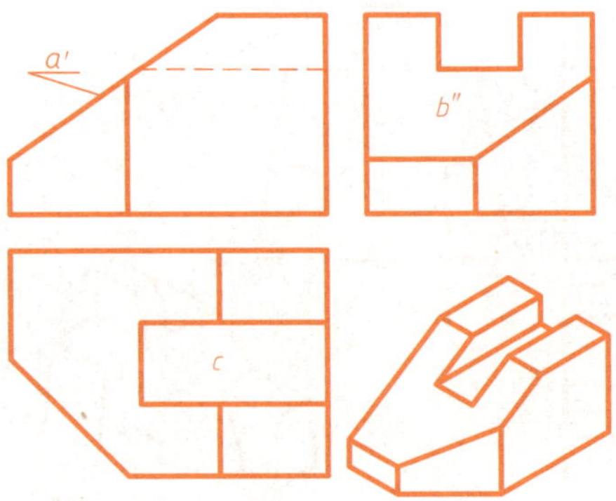


平面 $B$ 是________面

平面 $C$ 是________面

5.

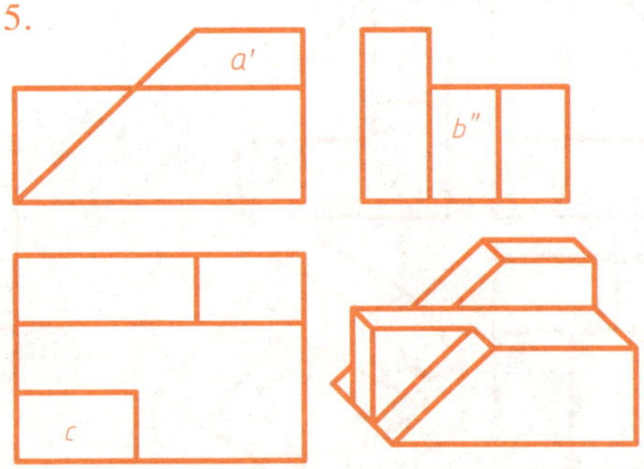


平面 $A$ 是________面

平面 $B$ 是________面

平面 $C$ 是________面

6.

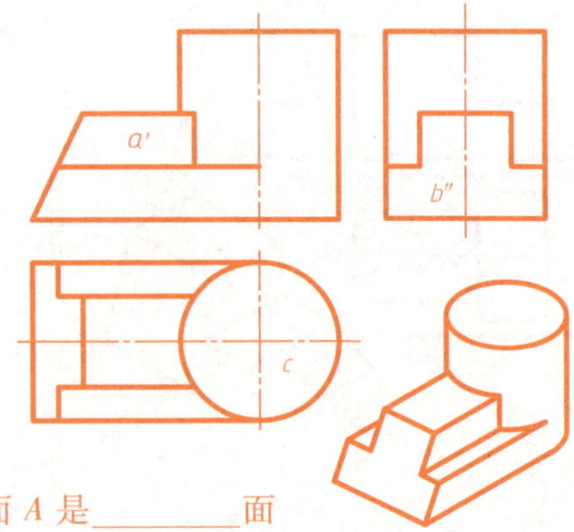


平面 $A$ 是________面

平面 $B$ 是________面

# 第 4 章　切割体三视图绘制与识读

| 4.1　切割体三视图的识读 | 班级： | 姓名： | 学号： | 分数： |
| --- | --- | --- | --- | --- |

**4-1　根据平面切割体三视图，找对应立体图，将立体图序号填写在三视图圆圈内**（此页为三视图，立体图在 P29）

1.

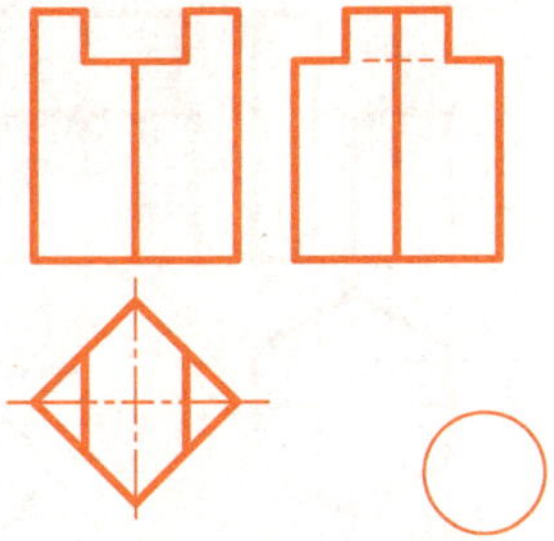

2.

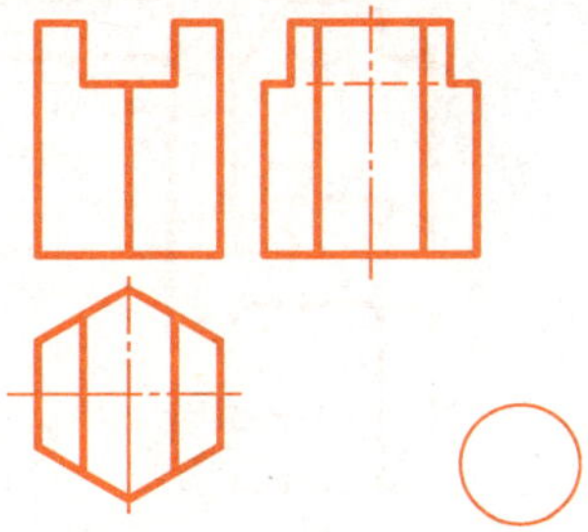

3.

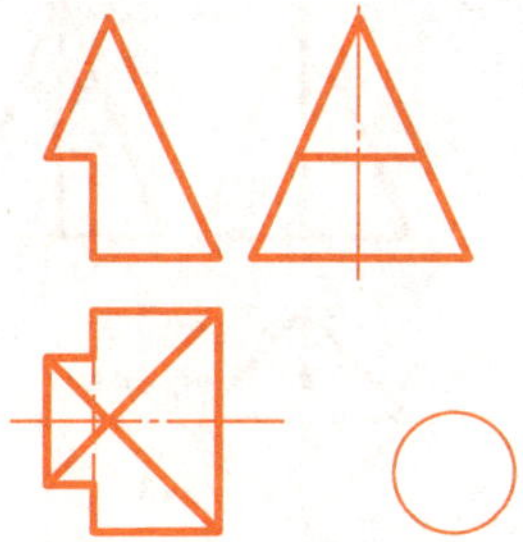

4.

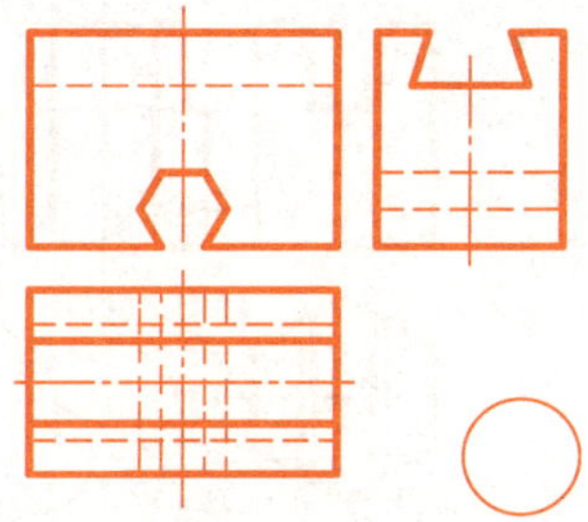

5.

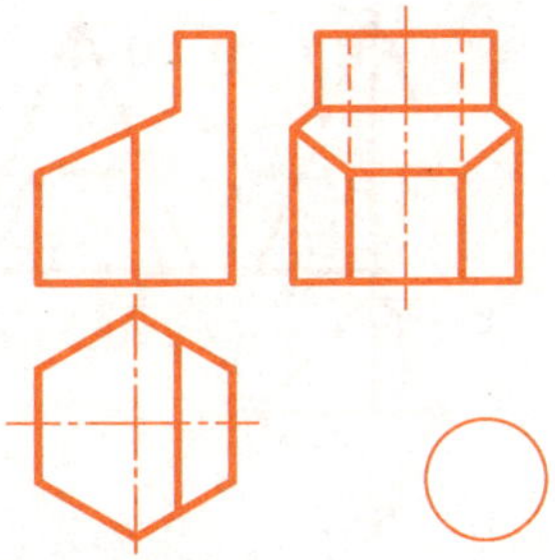

6.

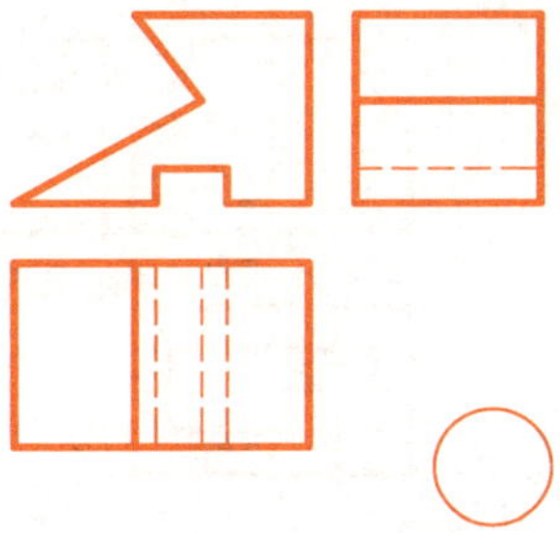

7.

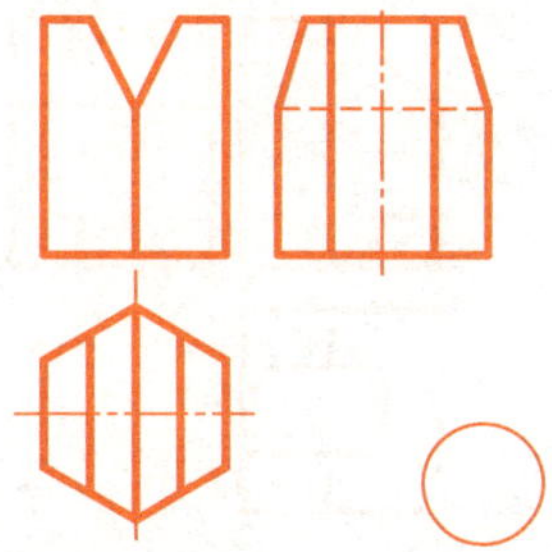

8.

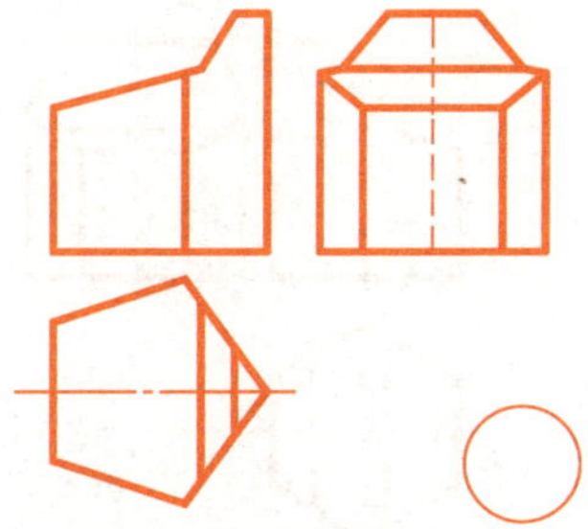

9.

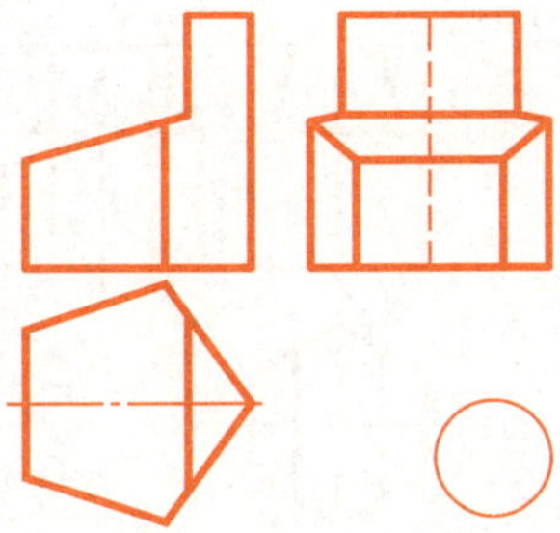

10.

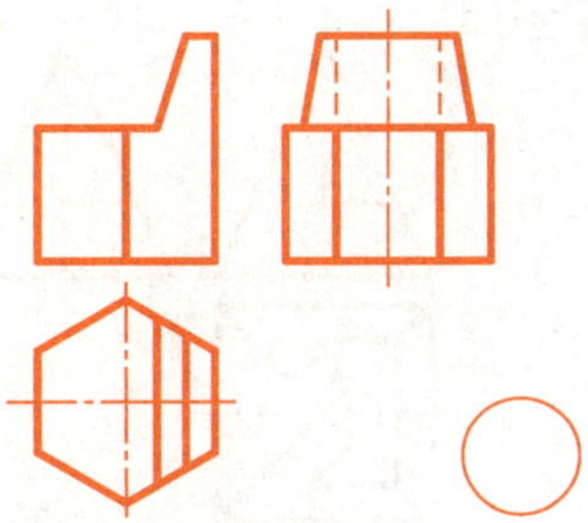

11.

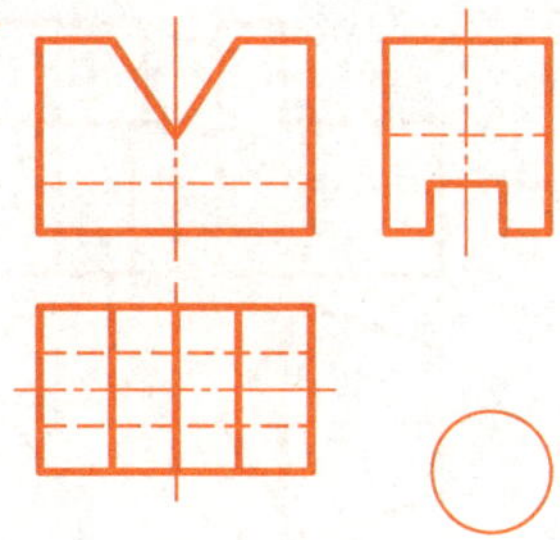

12.

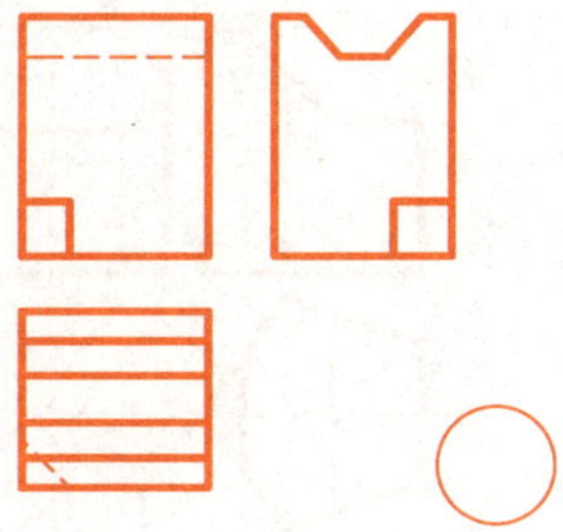

# 第 4 章　切割体三视图绘制与识读

## 4.1　切割体三视图的识读

班级：　　姓名：　　学号：　　分数：

4-1　根据平面切割体三视图，找对应立体图，将立体图序号填写在三视图圆圈内（续）（此页为三视图，立体图在 P29）

13.

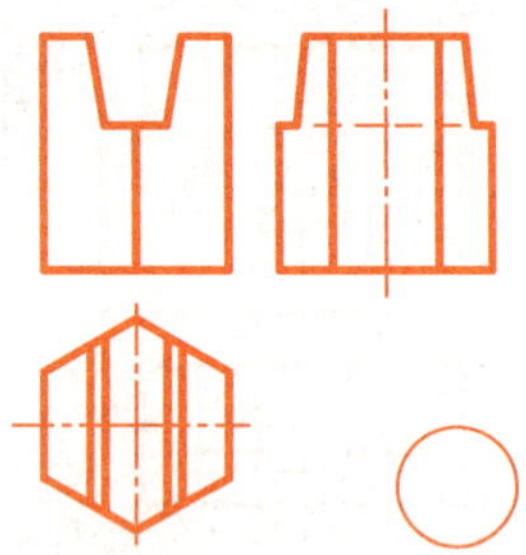

14.

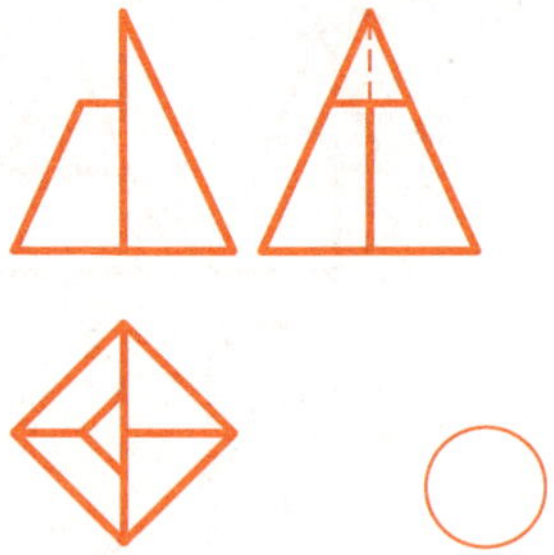

15.

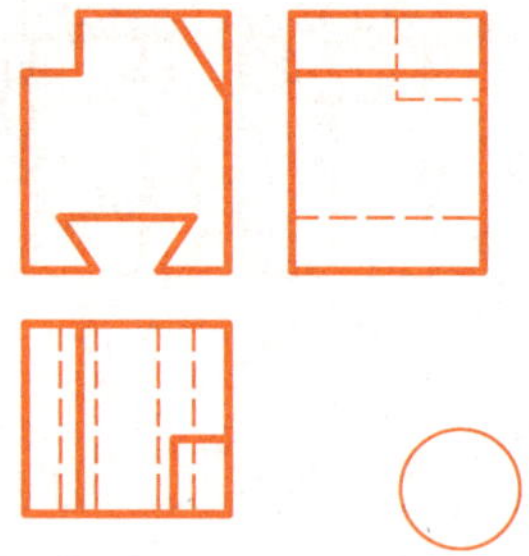

16.

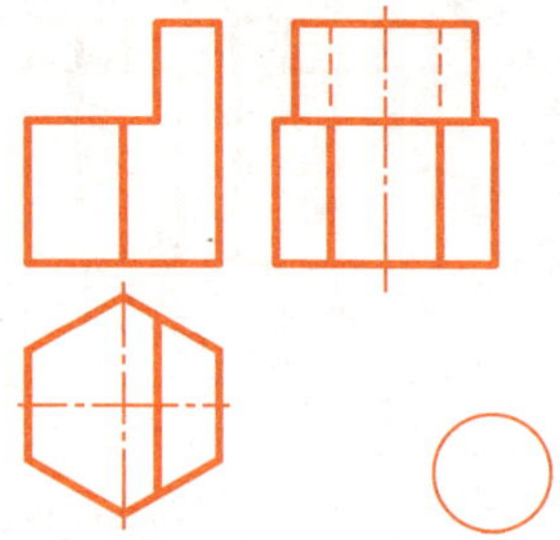

17.

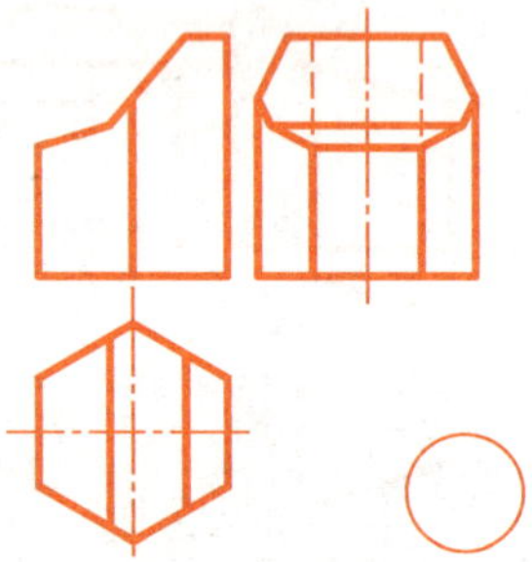

18.

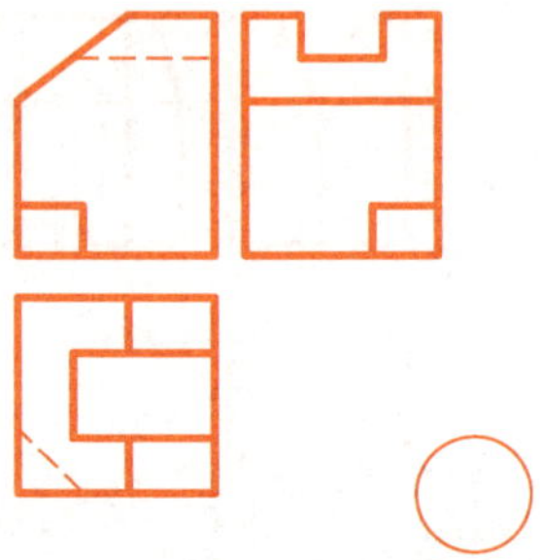

19.

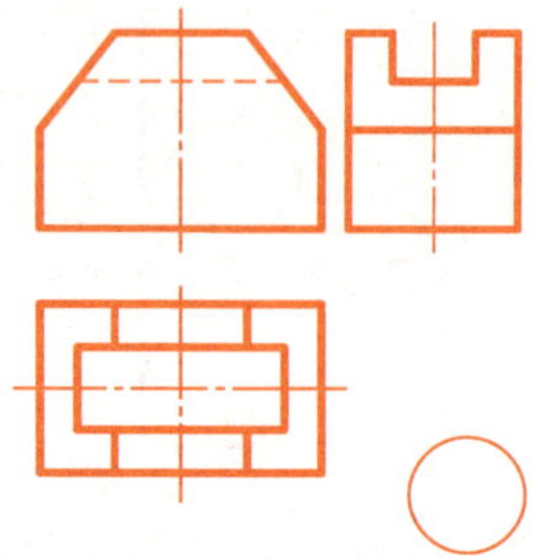

20.

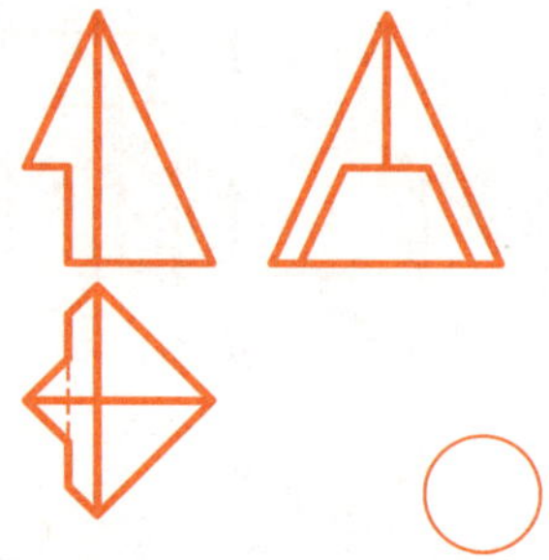

21.

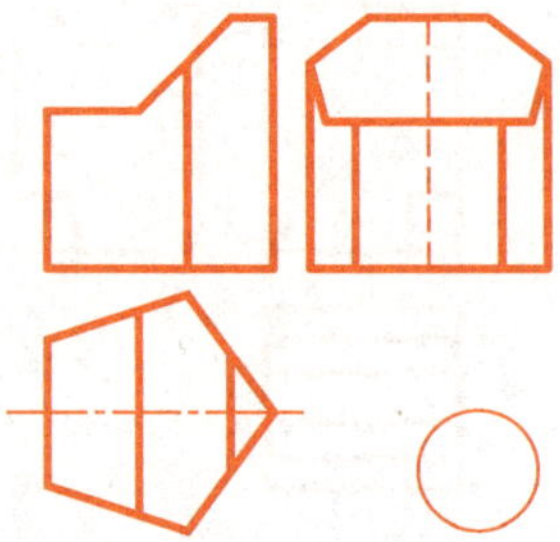

22.

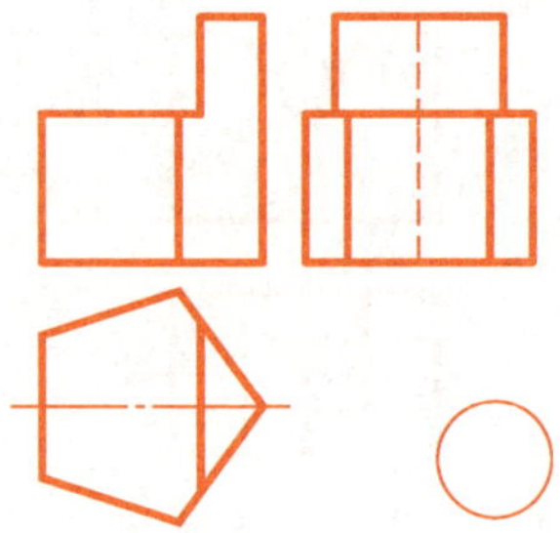

23.

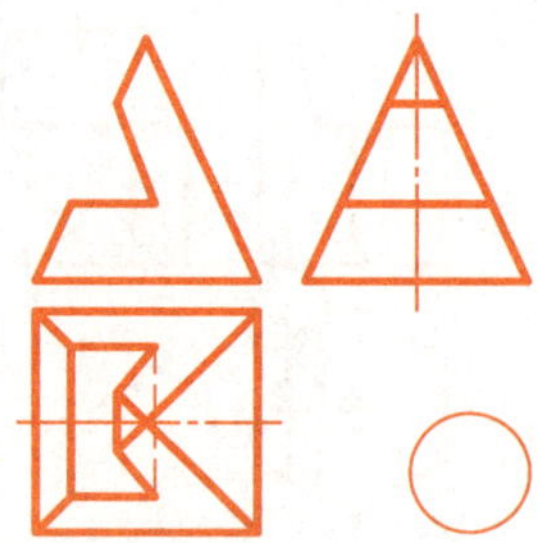

24.

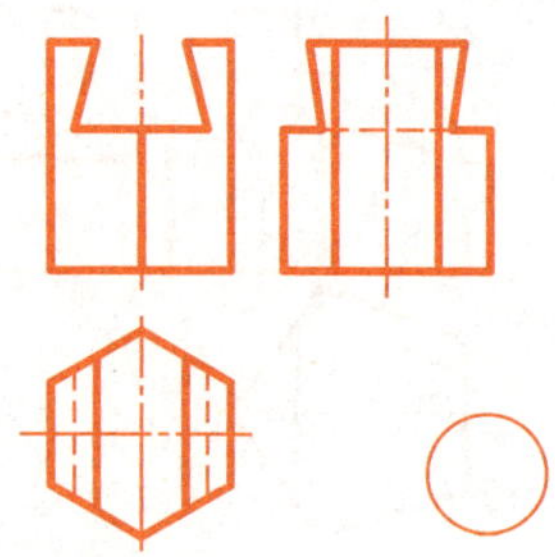

# 第 4 章　切割体三视图绘制与识读

| 4.1　切割体三视图的识读 | 班级： | 姓名： | 学号： | 分数： |
|---|---|---|---|---|

**4-1　根据平面切割体三视图，找对应立体图，将立体图序号填写在三视图圆圈内（续）（此页为立体图）**

1.

2.

3.

4.

5.

6.
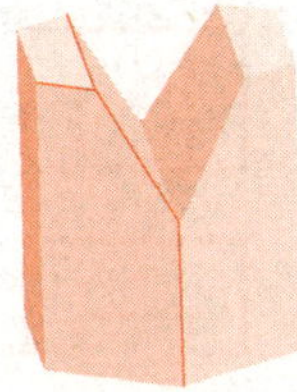

7.

8.

9.

10.

11.

12.

13.
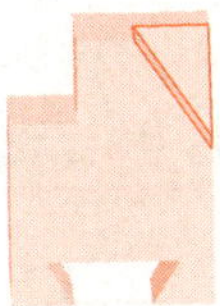

14.

15.

16.

17.

18.

19.

20.

21.

22.

23.

24.

# 第 4 章　切割体三视图绘制与识读

| 4.1　切割体三视图的识读 | 班级： | 姓名： | 学号： | 分数： |
|---|---|---|---|---|

4-2　识读平面切割体三视图，想象空间结构形状，完成立体图绘制（不用量尺寸，可徒手），或制作其模型（可以用橡皮泥制作）

1.

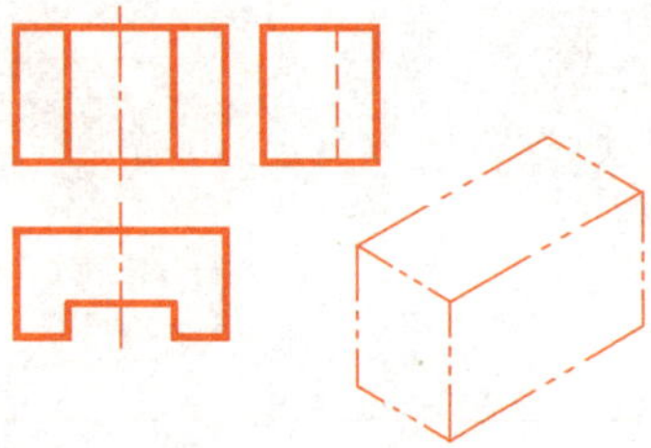

2.

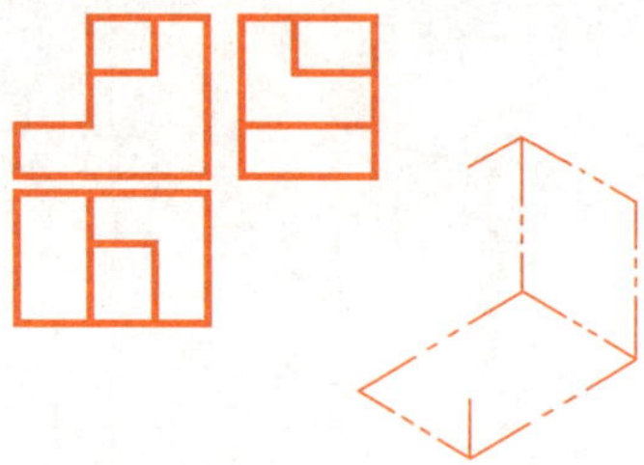

3.

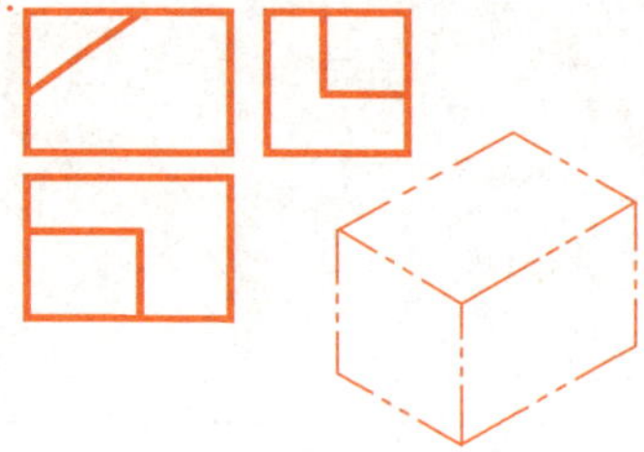

4.

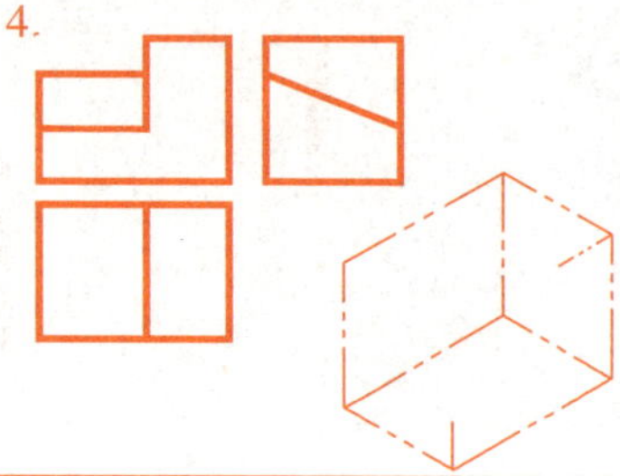

5.

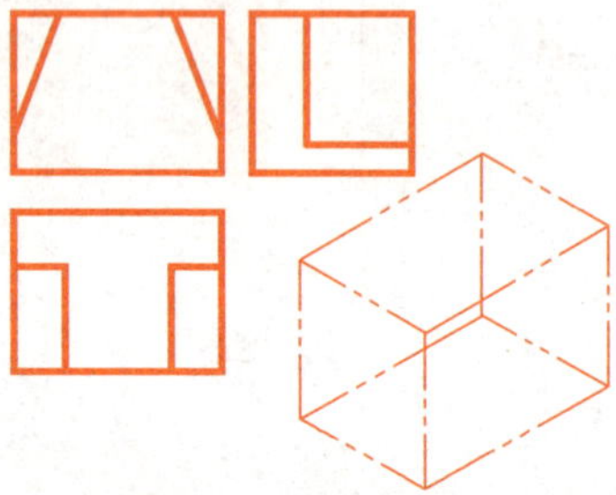

6.

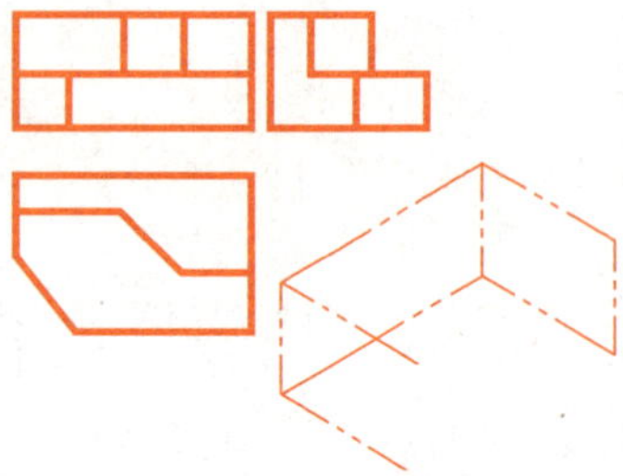

7.

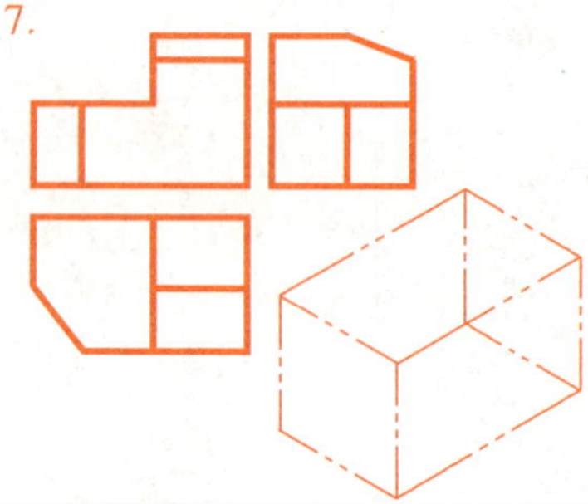

8.

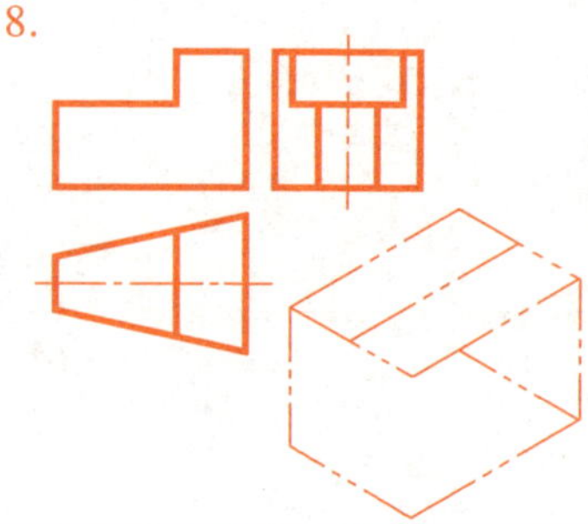

9.

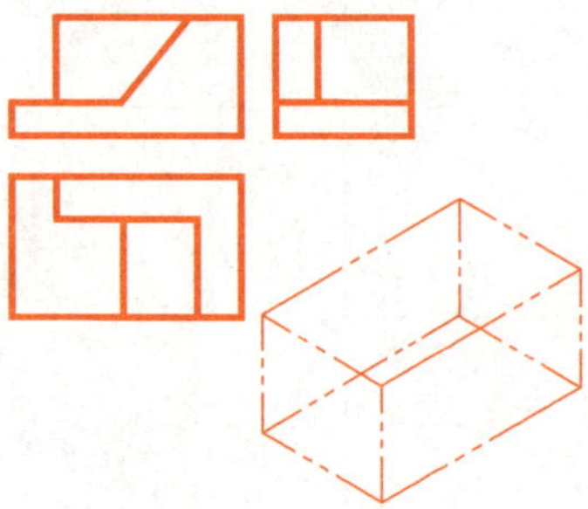

10.

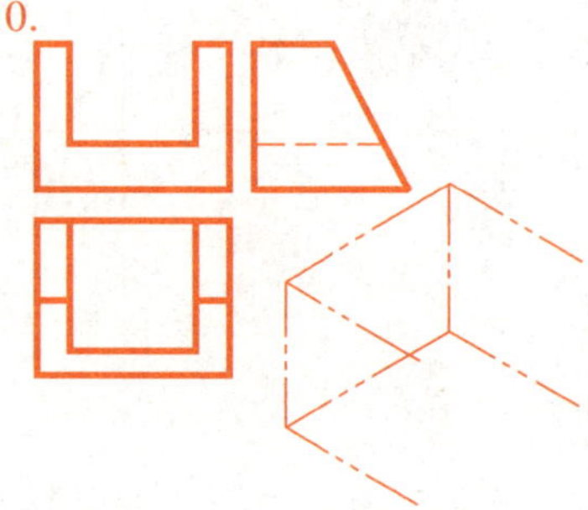

11.

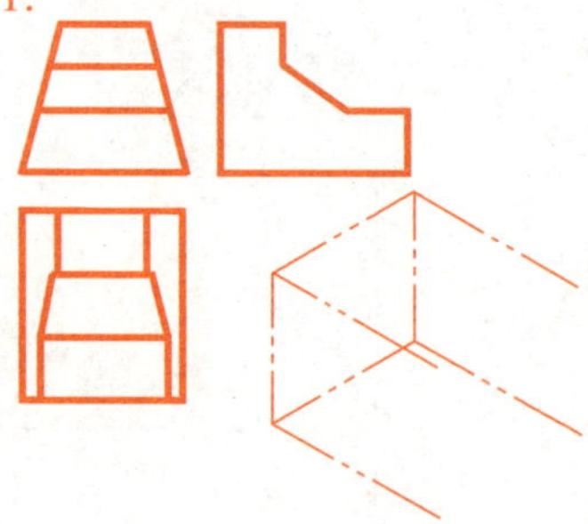

12.

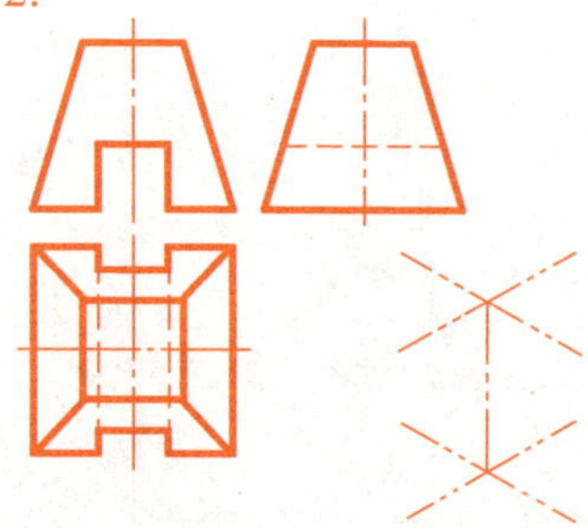

# 第 4 章　切割体三视图绘制与识读

| 4.1　切割体三视图的识读 | 班级： | 姓名： | 学号： | 分数： |
|---|---|---|---|---|

4-3　识读回转体切割体三视图，想象空间结构形状，制作其模型（可以用橡皮泥制作）

1.

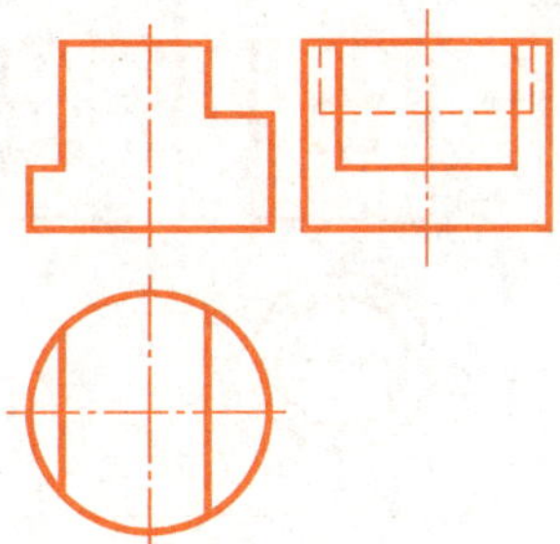

2.

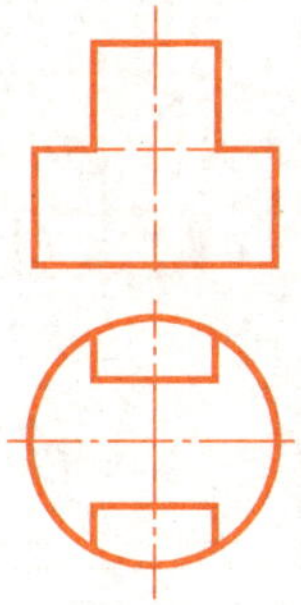

3.

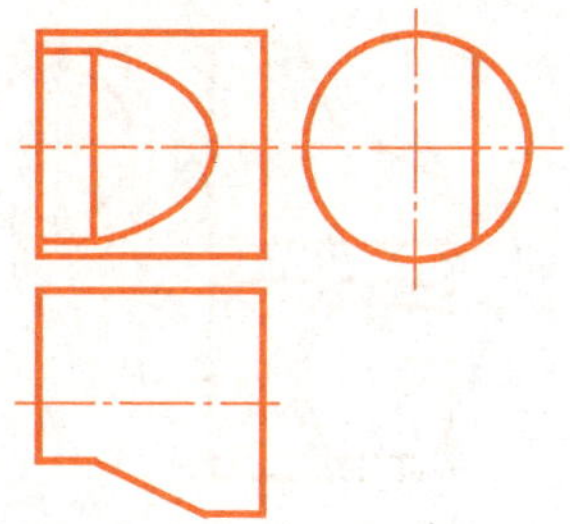

4.

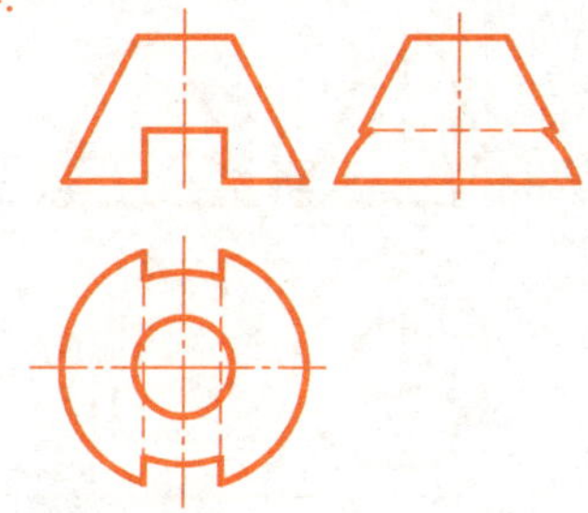

5.

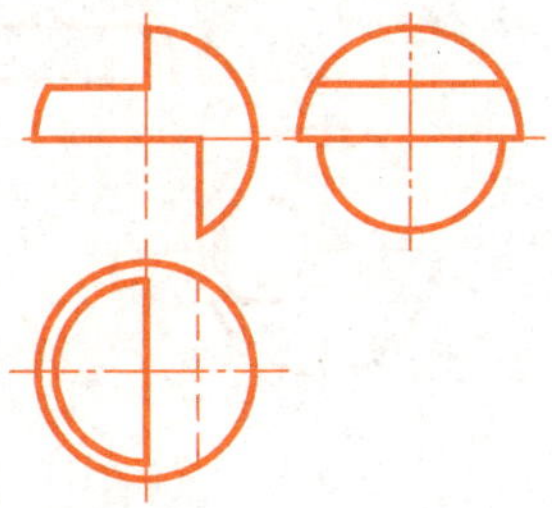

6.

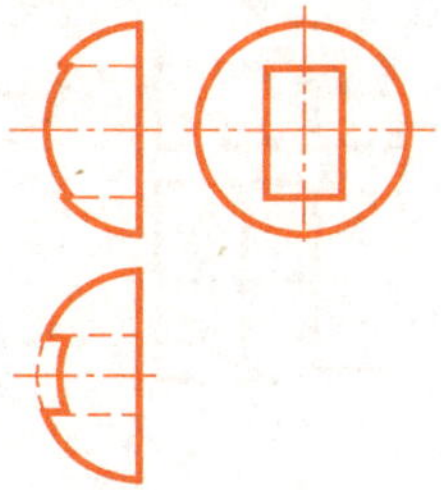

7.

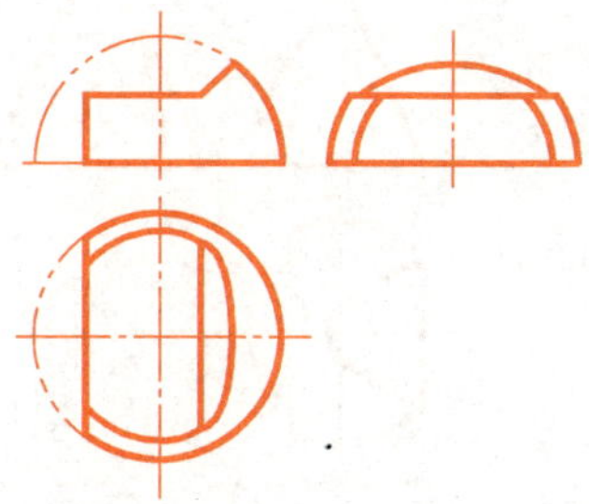

8.

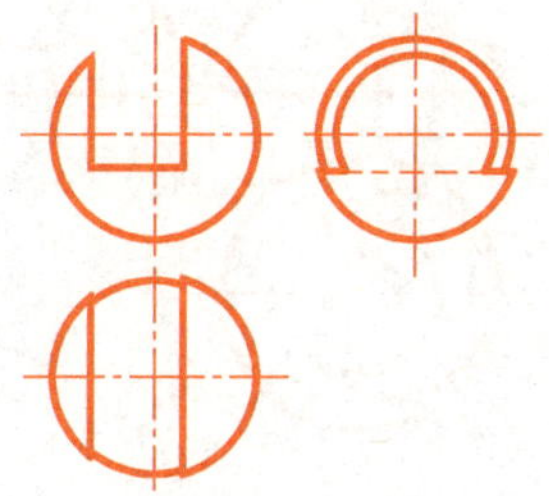

9.

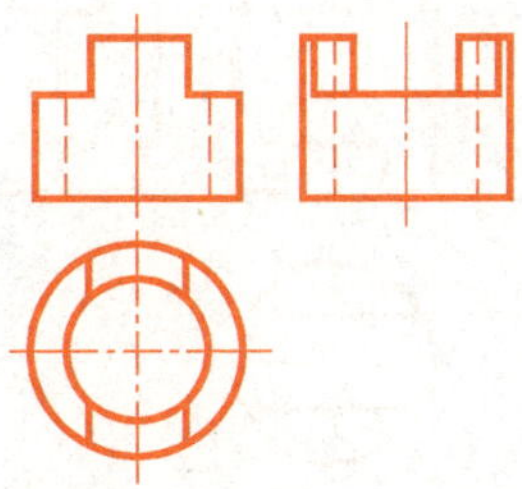

10.

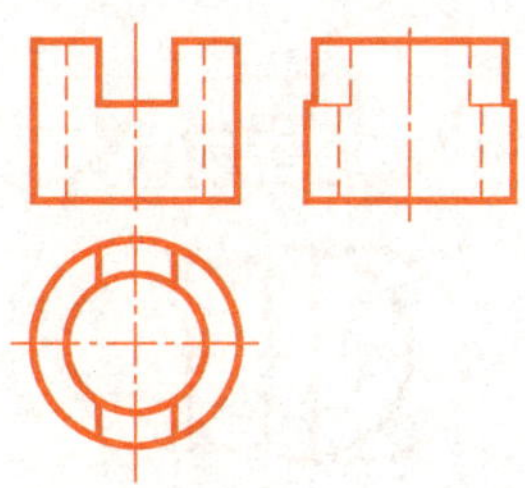

11.

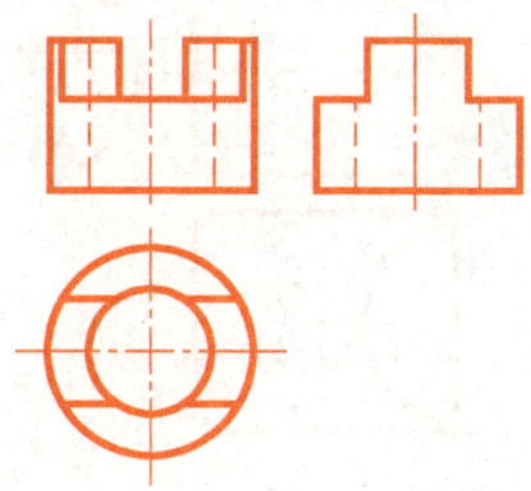

12.

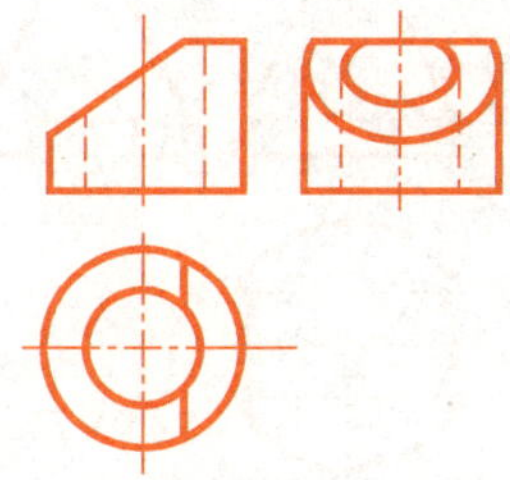

# 第 4 章　切割体三视图绘制与识读

| 4.1　切割体三视图的识读 | 班级： | 姓名： | 学号： | 分数： |
| --- | --- | --- | --- | --- |
| 4-4　根据回转切割体三视图，找对应立体图，将立体图序号填写在三视图圆圈内（此页为三视图，立体图在 P34） | | | | |

1.

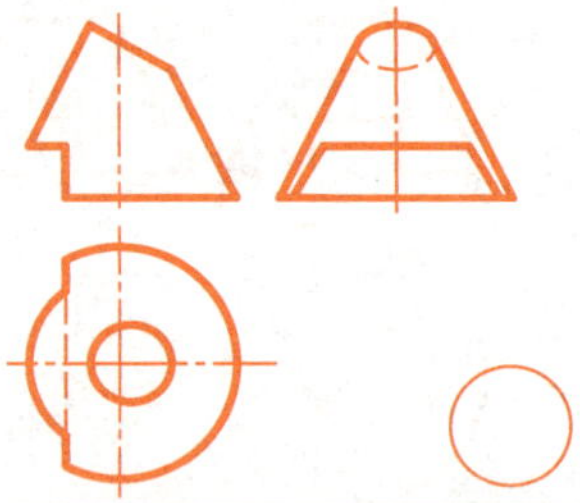

2.

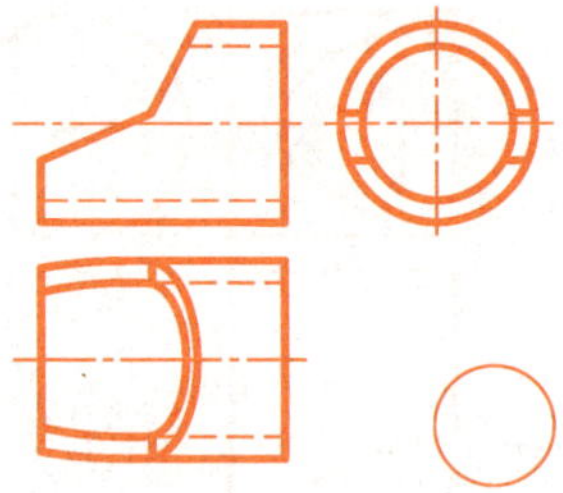

3.

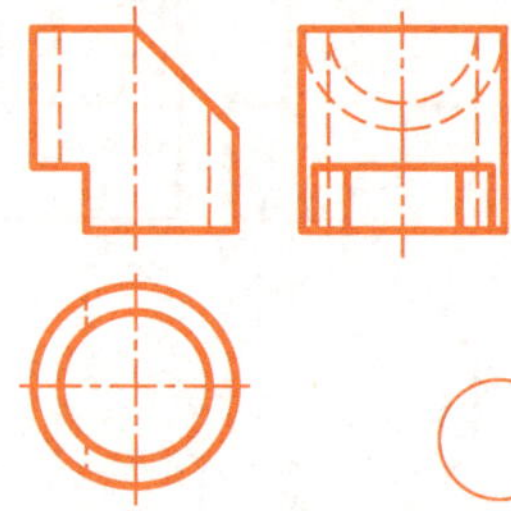

4.

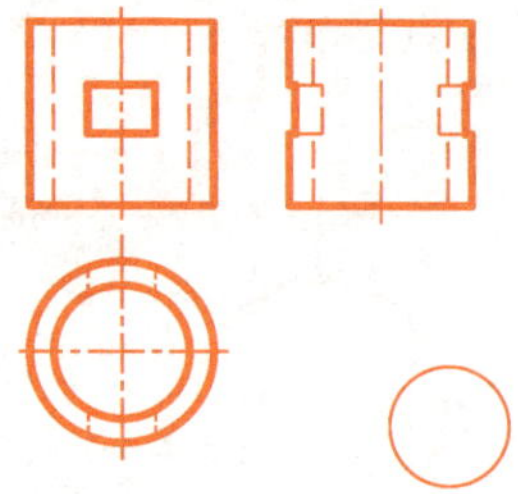

5.

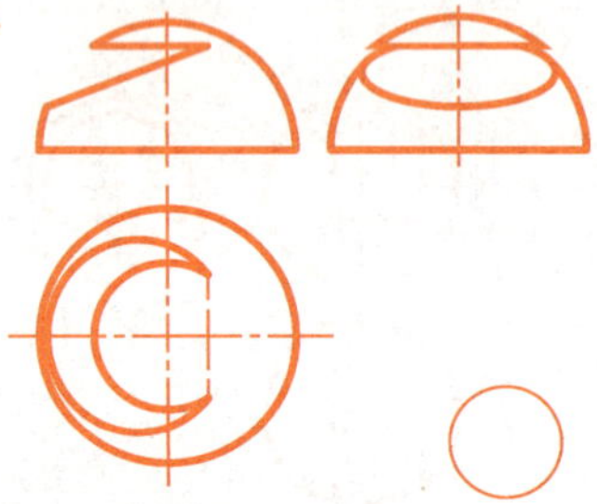

6.

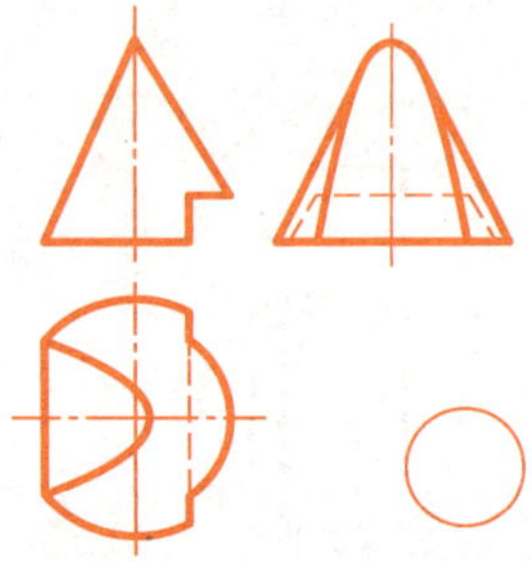

7.

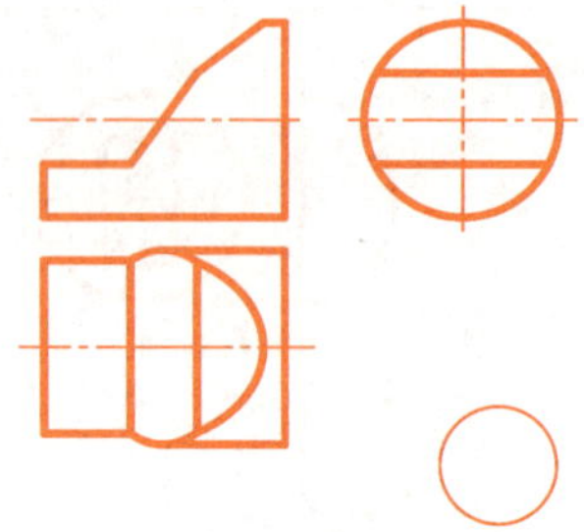

8.

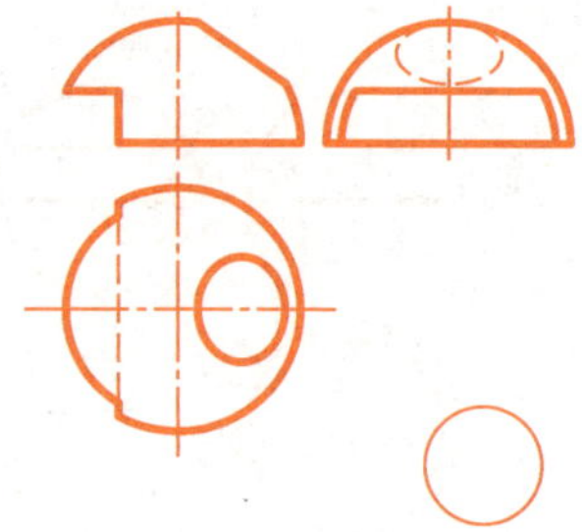

9.

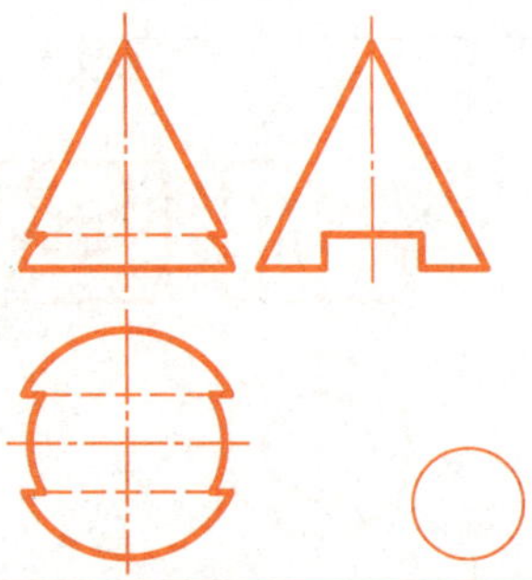

10.

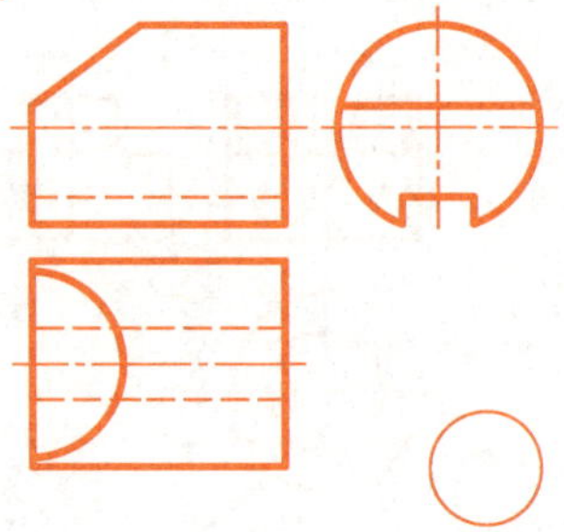

11.

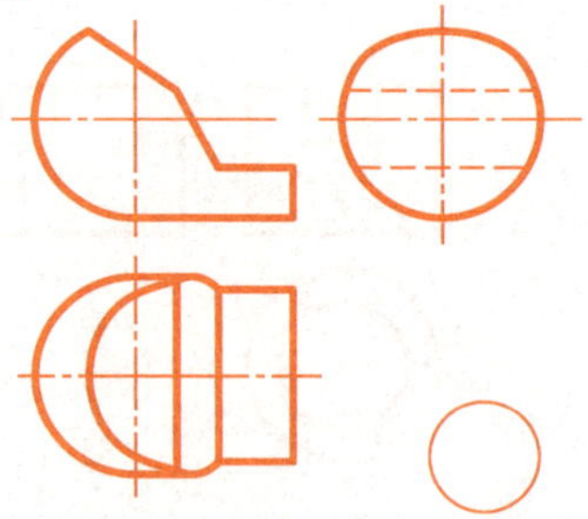

12.

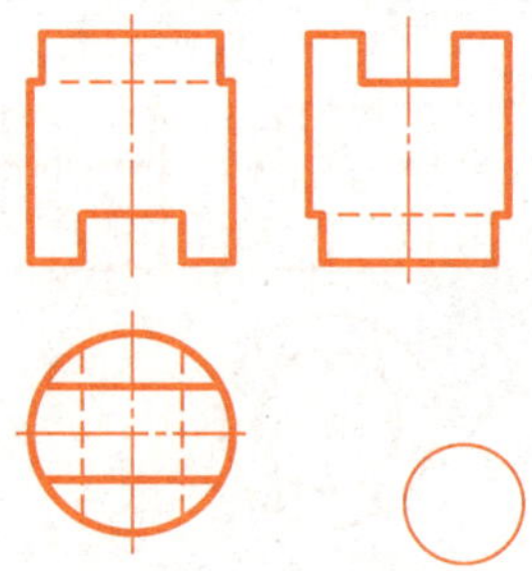

# 第 4 章　切割体三视图绘制与识读

| 4.1　切割体三视图的识读 | 班级： | 姓名： | 学号： | 分数： |
| --- | --- | --- | --- | --- |

4-4　根据回转切割体三视图，找对应立体图，将立体图序号填写在三视图圆圈内（续）（此页为三视图，立体图在 P34）

13.

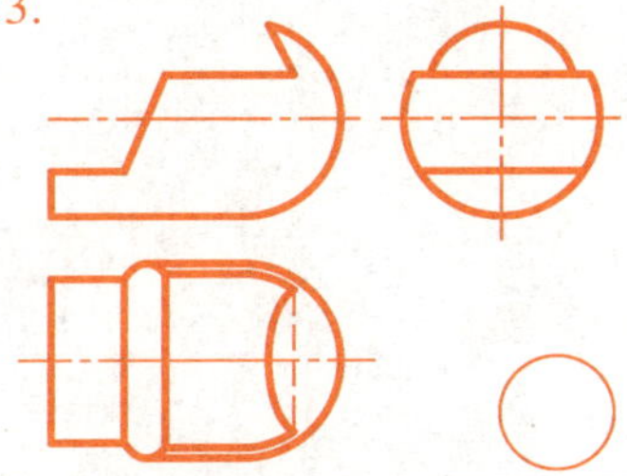

14.

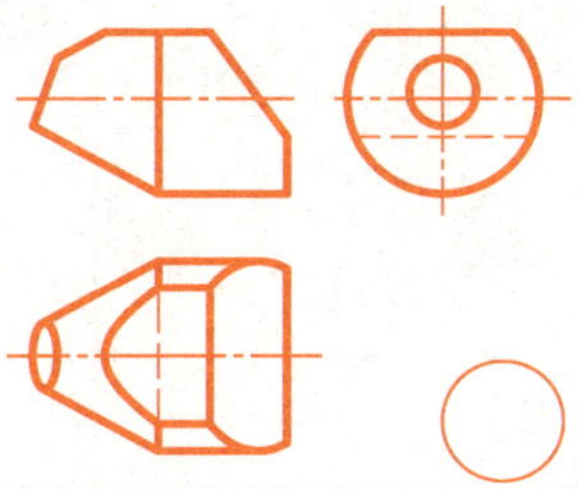

15.

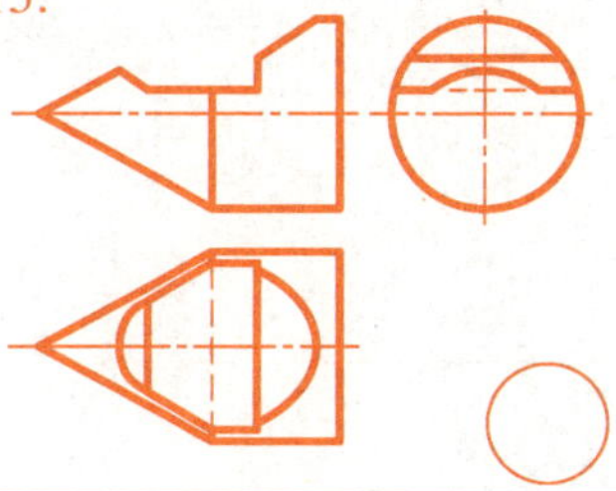

16.

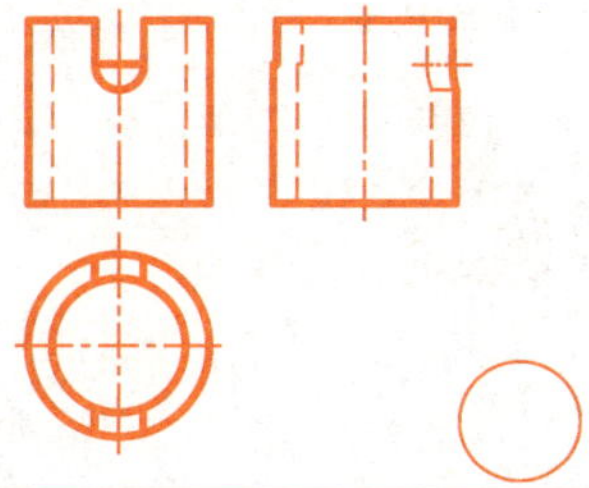

17.

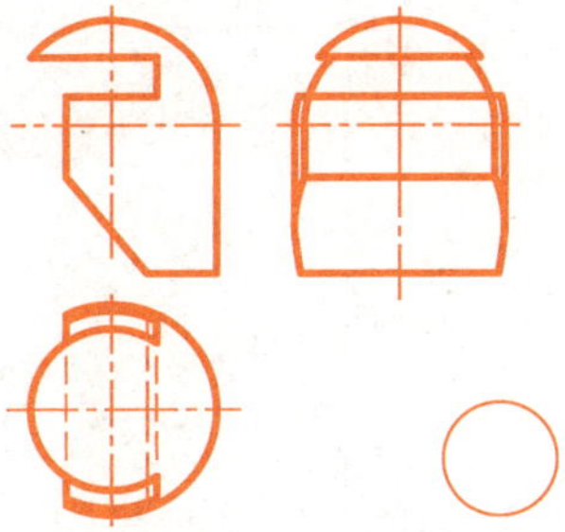

18.

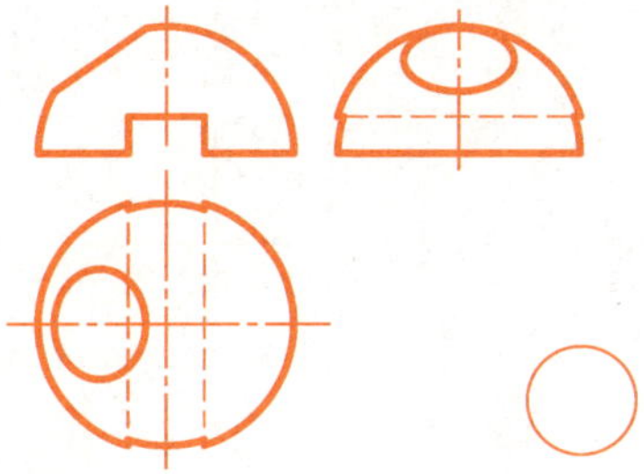

19.

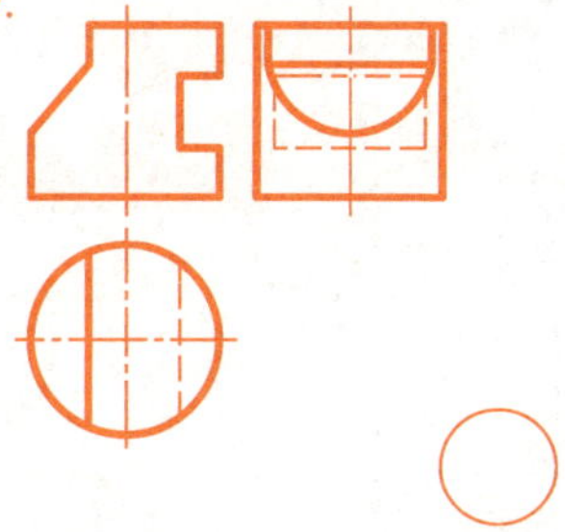

20.

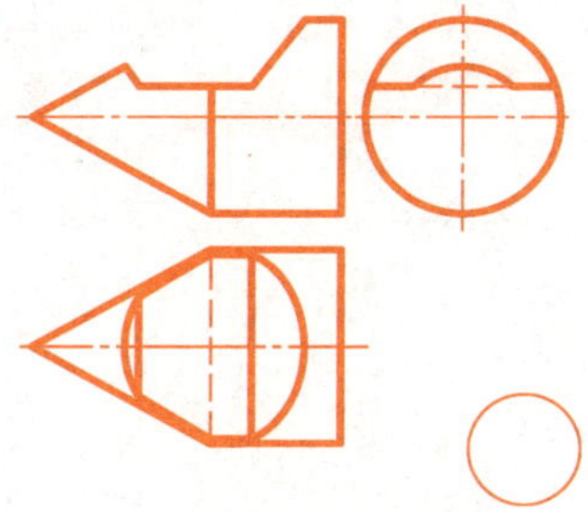

21.

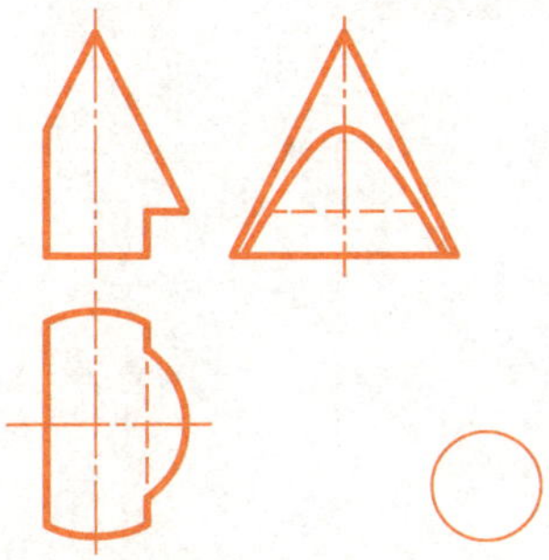

22.

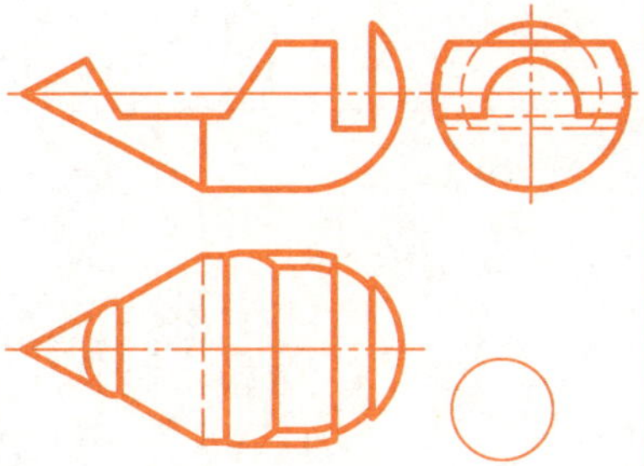

23.

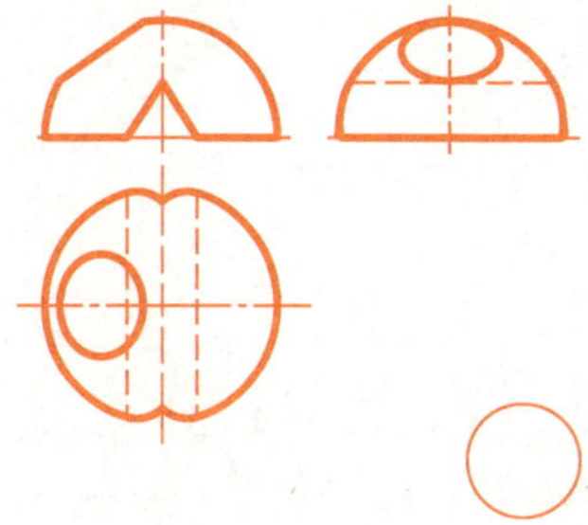

24.

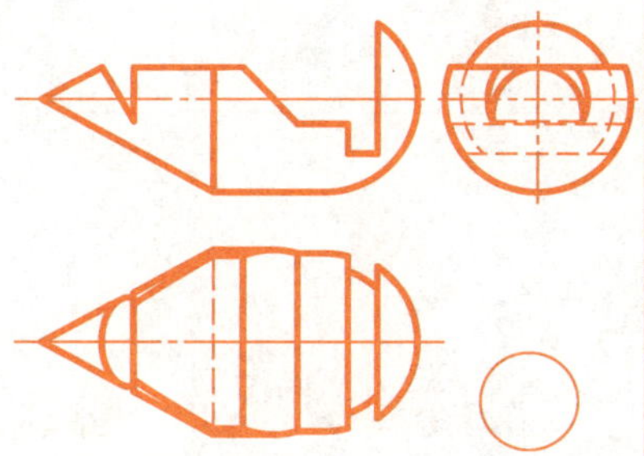

# 第 4 章　切割体三视图绘制与识读

| 4.1　切割体三视图的识读 | 班级： | 姓名： | 学号： | 分数： |
|---|---|---|---|---|

**4-4　根据回转切割体三视图，找对应立体图，将立体图序号填写在三视图圆圈内（续）（此页为立体图）**

| | | | | | |
|---|---|---|---|---|---|
| 1. 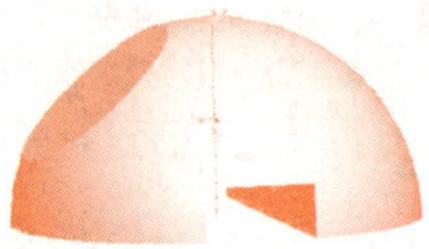 | 2.  | 3.  | 4.  | 5.  | 6.  |
| 7.  | 8. 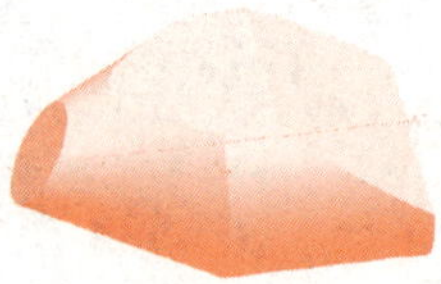 | 9.  | 10.  | 11.  | 12.  |
| 13.  | 14.  | 15. 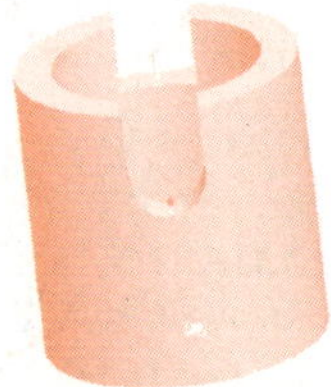 | 16. 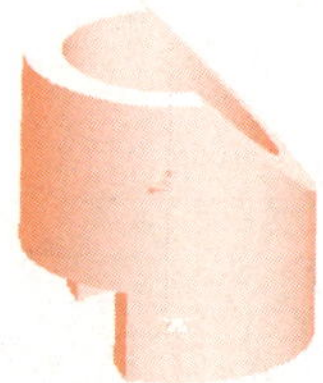 | 17.  | 18.  |
| 19. 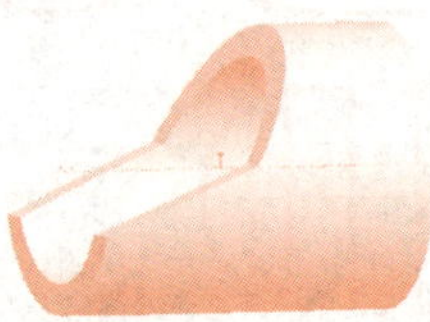 | 20.  | 21. 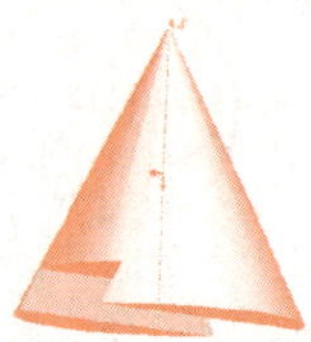 | 22.  | 23.  | 24.  |

# 第 4 章　切割体三视图绘制与识读

| 4.1　切割体三视图的识读 | 班级： | 姓名： | 学号： | 分数： |
| --- | --- | --- | --- | --- |

**4-5　根据三视图，判断 *A*、*B*、*C*、*D*、*E*、*F* 面之间的方位关系。在括号中正确的选项上打勾**

1.

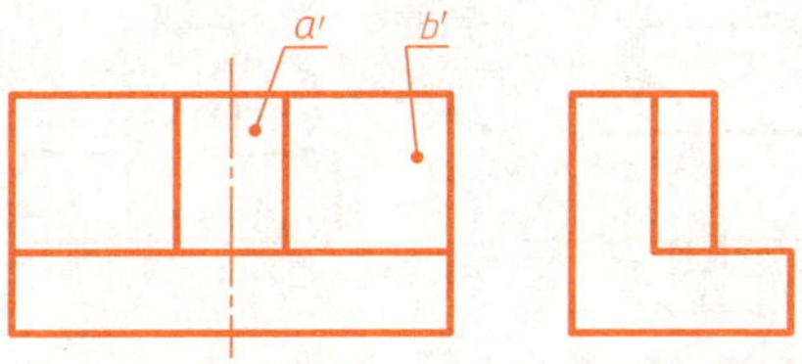


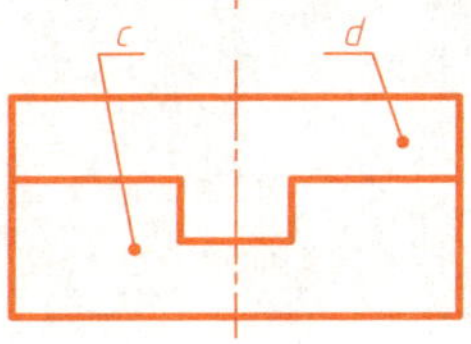


*A* 面在 *B* 面
（前、后、共面）
*C* 面比 *D* 面
（高、低、同高）

2.

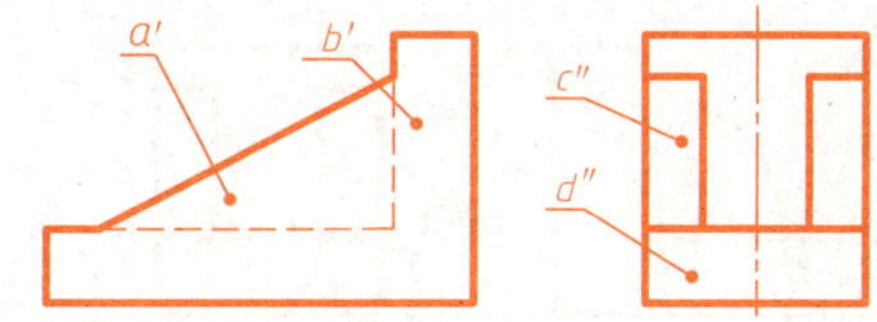

*A* 面在 *B* 面
（前、后、共面）
*C* 面比 *D* 面
（高、低、同高）

3.

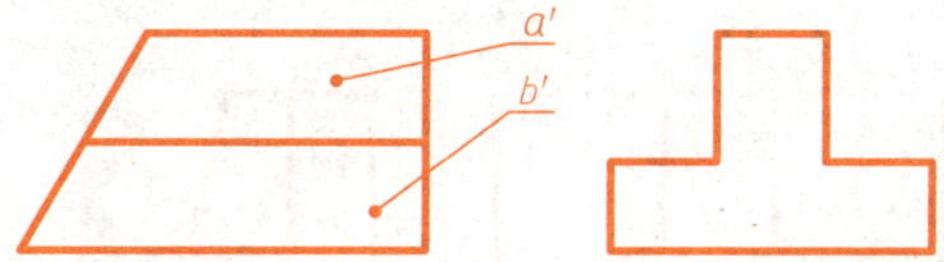


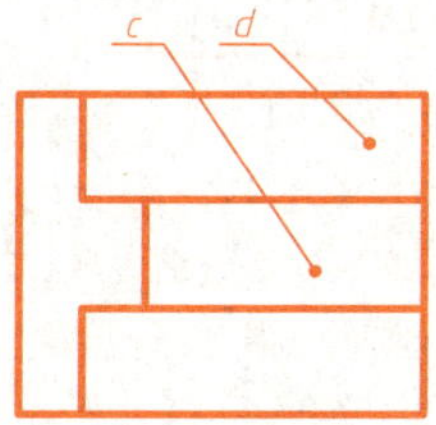


*A* 面在 *B* 面（前、后、共面）
*C* 面比 *D* 面（高、低、同高）

4.

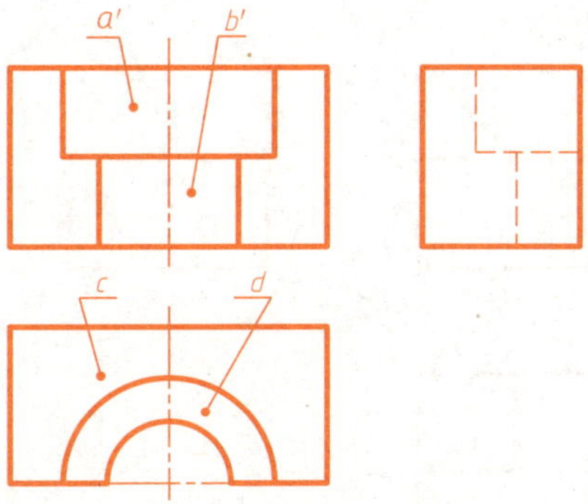


*A* 面在 *B* 面（前、后、共面）
*C* 面比 *D* 面（高、低、同高）

5.

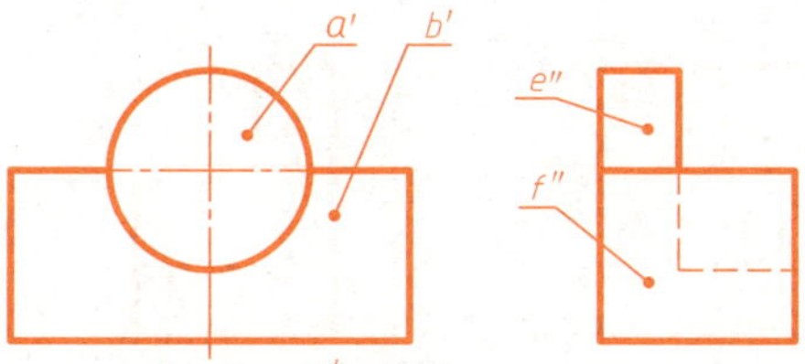


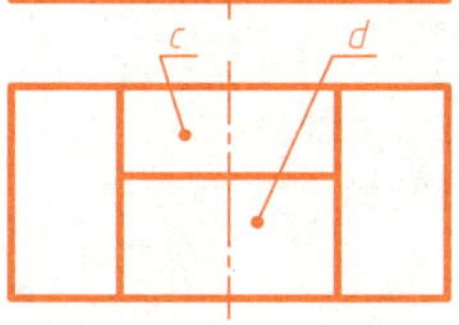


*A* 面在 *B* 面（前、后）
*C* 面比 *D* 面（高、低）
*E* 面在 *F* 面（左、右）

6.

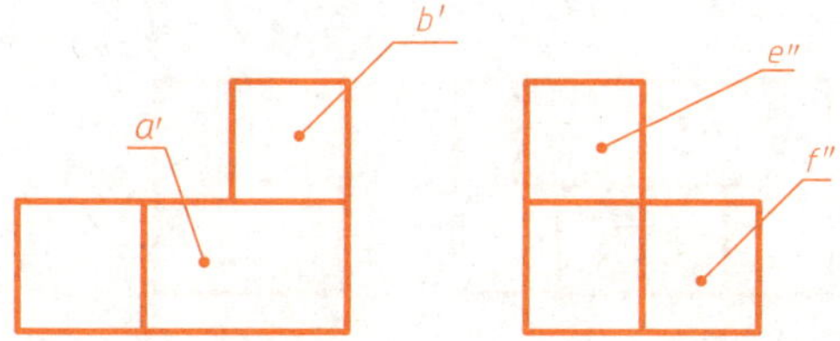


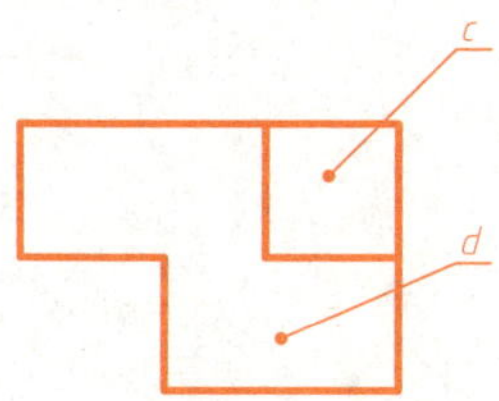


*A* 面在 *B* 面（前、后）
*C* 面比 *D* 面（高、低）
*E* 面在 *F* 面（左、右）

# 第 4 章　切割体三视图绘制与识读

| 4.1　切割体三视图的识读 | 班级： | 姓名： | 学号： | 分数： |
| --- | --- | --- | --- | --- |

**4-5　根据三视图，判断 *A*、*B*、*C*、*D*、*E*、*F* 面之间的方位关系。在括号中正确的选项上打勾（续）**

7.

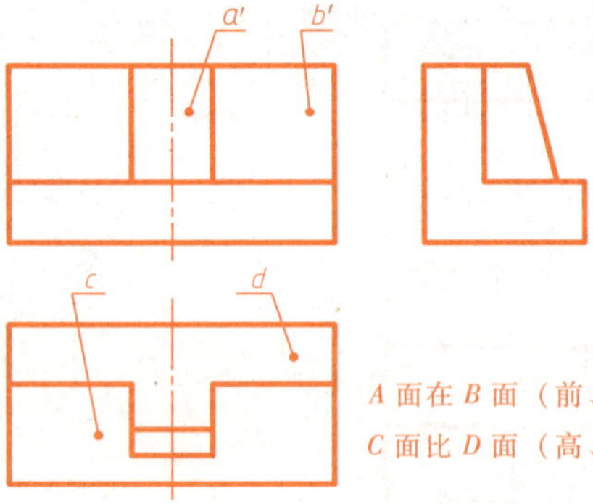


*A* 面在 *B* 面（前、后）

*C* 面比 *D* 面（高、低）

8.

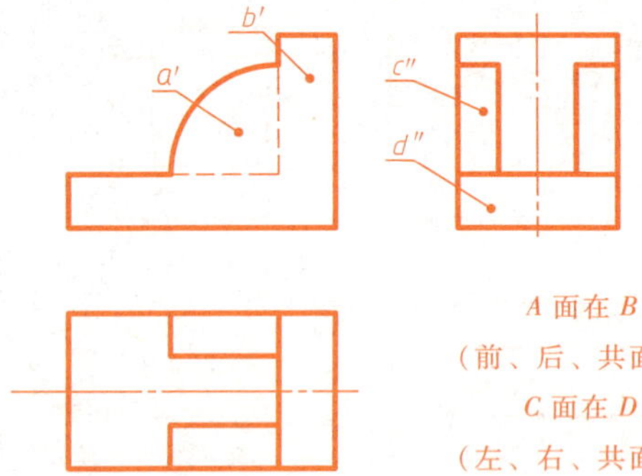


*A* 面在 *B* 面

（前、后、共面）

*C* 面在 *D* 面

（左、右、共面）

9.

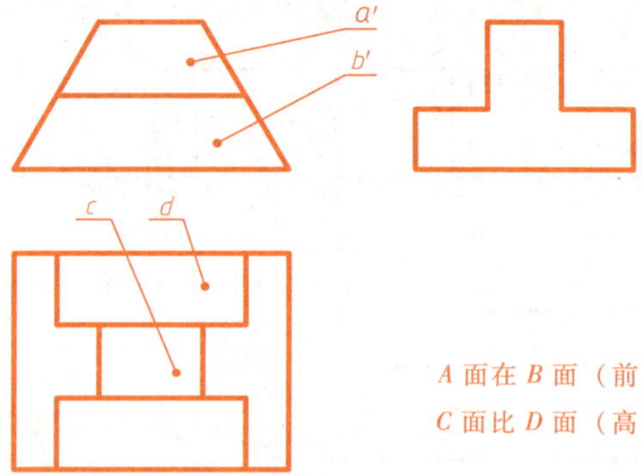


*A* 面在 *B* 面（前、后）

*C* 面比 *D* 面（高、低）

10.

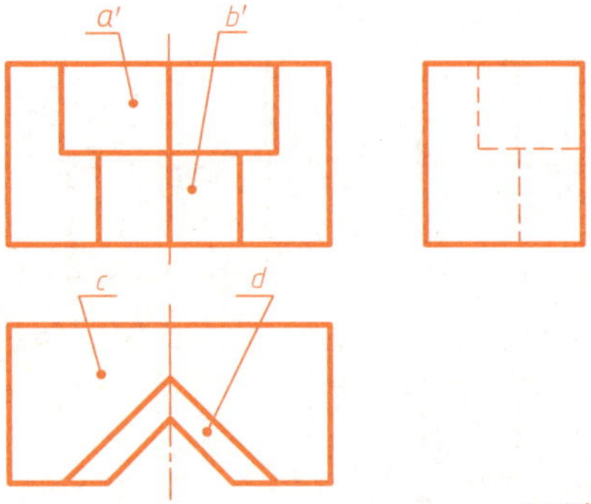


*A* 面在 *B* 面

（前、后、共面）

*C* 面比 *D* 面（高、低）

11.

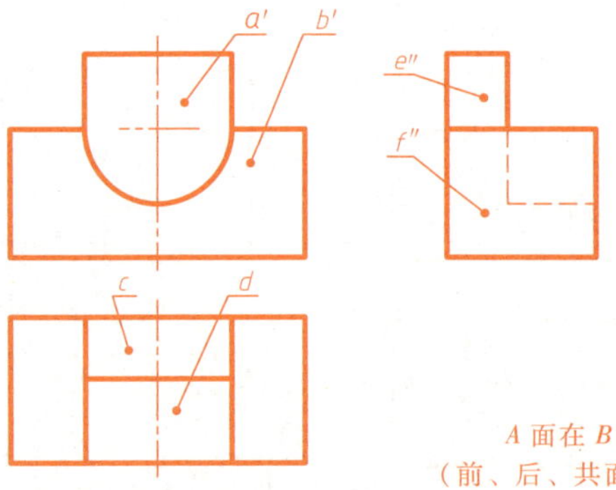


*A* 面在 *B* 面

（前、后、共面）

*C* 面比 *D* 面（高、低）

*E* 面在 *F* 面

（左、右、共面）

12.

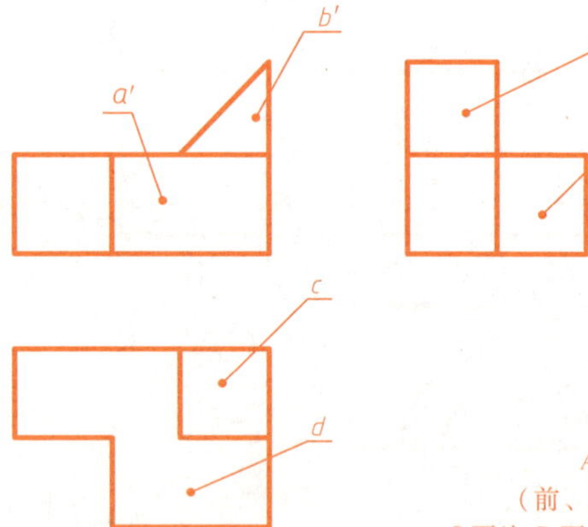


*A* 面在 *B* 面

（前、后、共面）

*C* 面比 *D* 面（高、低）

*E* 面在 *F* 面（左、右、共面）

# 第 4 章　切割体三视图绘制与识读

| 4.1　切割体三视图的识读 | 班级： | 姓名： | 学号： | 分数： |
| --- | --- | --- | --- | --- |

**4-6　根据立体图和不完整视图，补画视图中所缺的图线**

1. 补画主、俯视图所缺的线

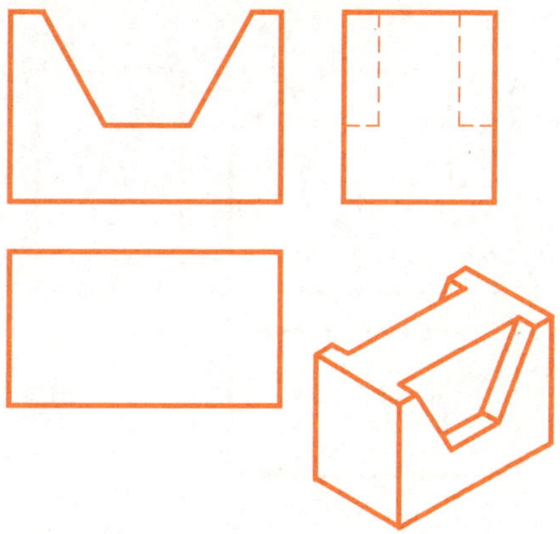

2. 补画左、俯视图所缺的线

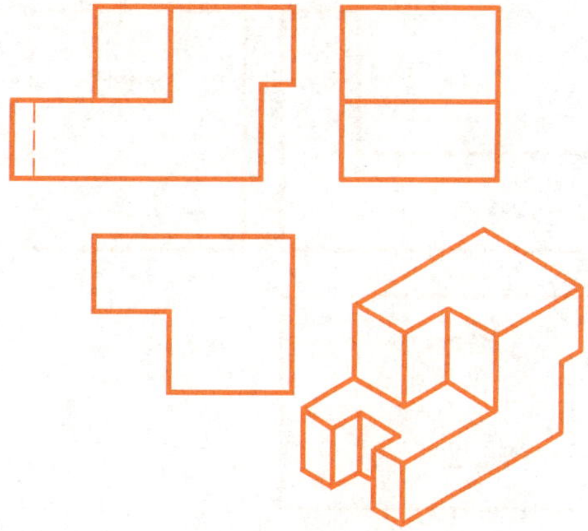

3. 补画左、俯视图所缺的线

4. 补画主、俯视图所缺的线

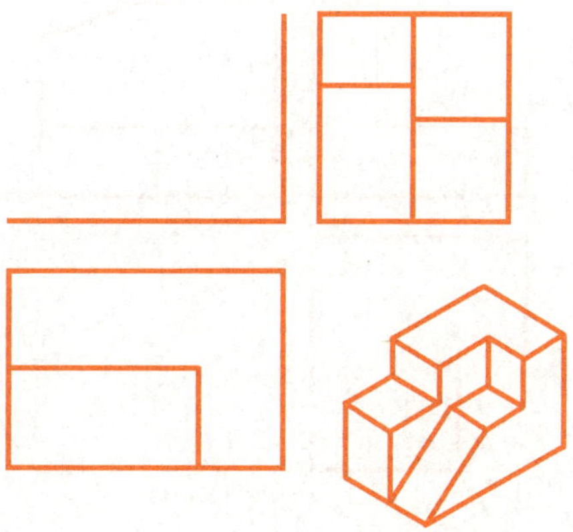

5. 补画主、俯视图所缺的线

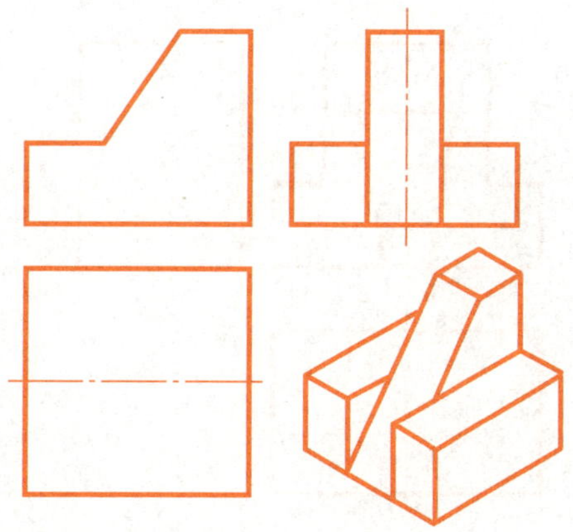

6. 补画主、俯视图所缺的线

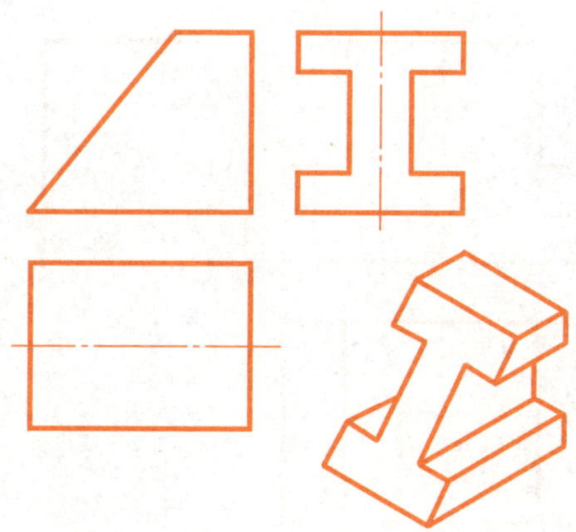

# 第 4 章　切割体三视图绘制与识读

| 4.1　切割体三视图的识读 | 班级： | 姓名： | 学号： | 分数： |
|---|---|---|---|---|

**4-7　根据不完整的三视图想象其空间形状，补线完成三视图**

1. 主视图与俯视图上补线

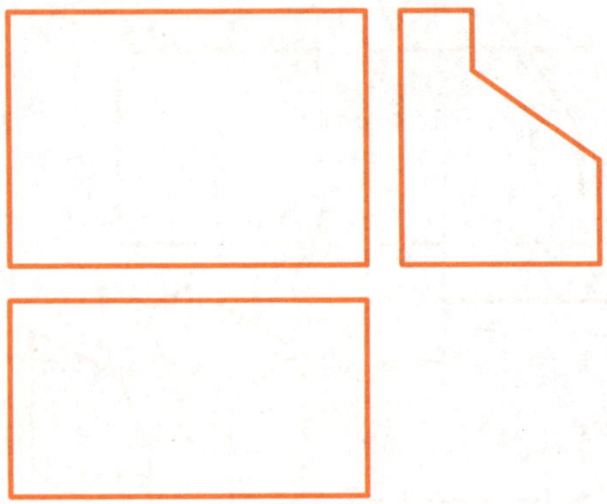

2. 左视图与俯视图上补线

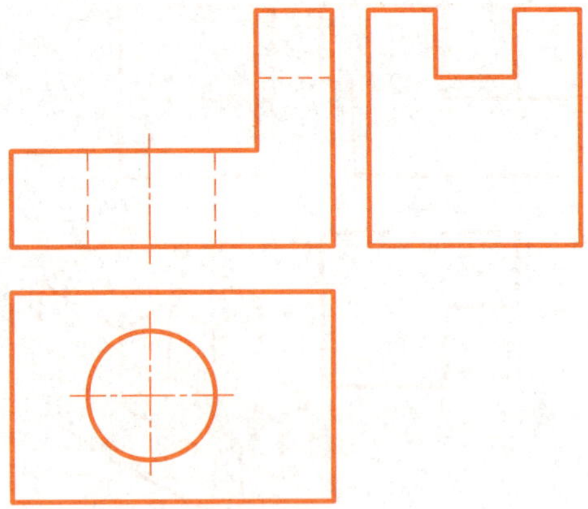

3. 左视图与俯视图上补线

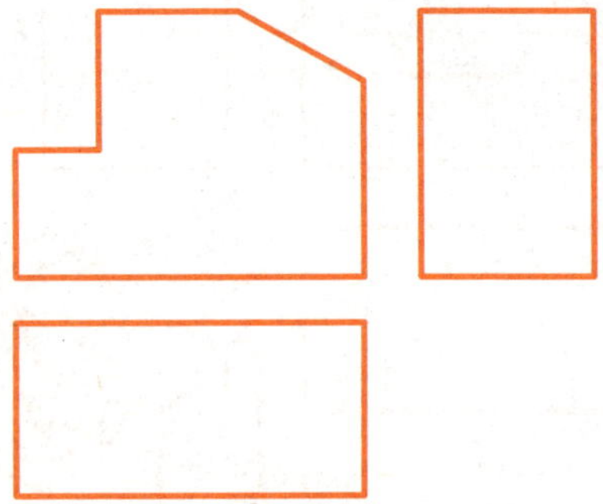

4. 主视图与左视图上补线

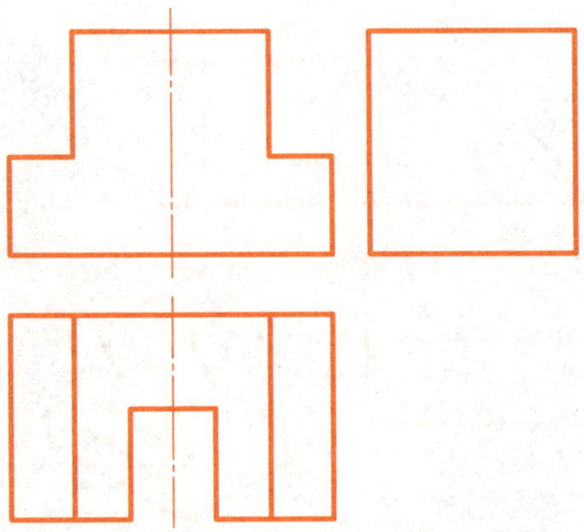

5. 左视图与俯视图上补线

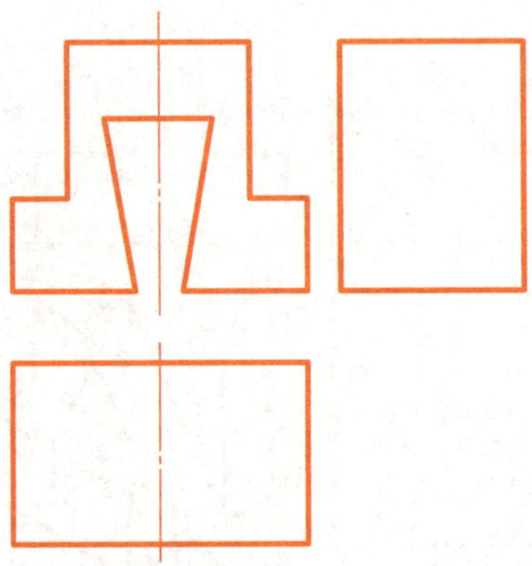

6. 主视图与俯视图上补线

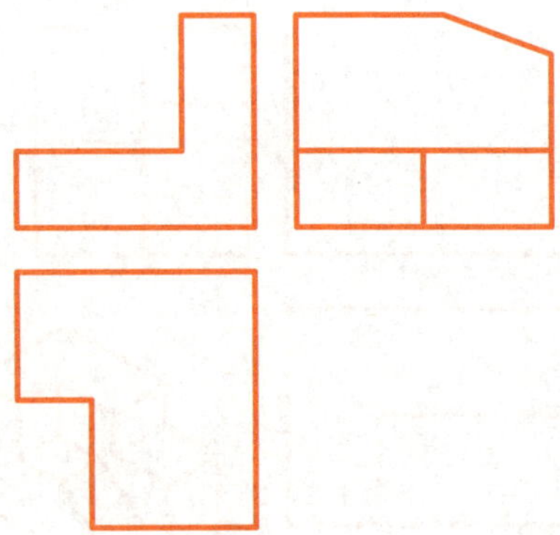

# 第 4 章　切割体三视图绘制与识读

| 4.1　切割体三视图的识读 | 班级： | 姓名： | 学号： | 分数： |
| --- | --- | --- | --- | --- |

**4-7　根据不完整的三视图想象其空间形状，补线完成三视图（续）**

7. 左视图与俯视图上补线

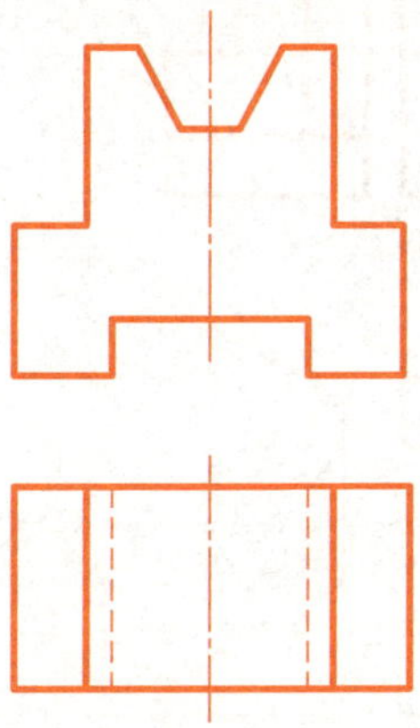

8. 左视图与俯视图上补线

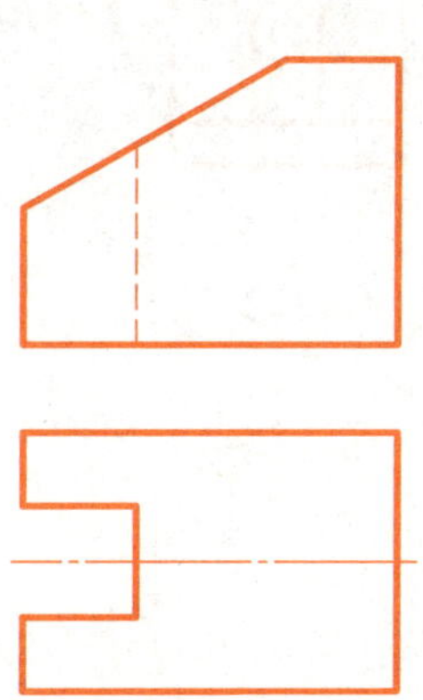

9. 主视图与俯视图上补线

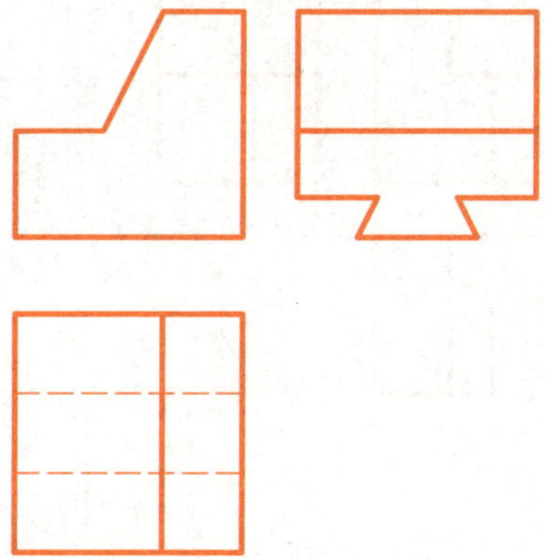

10. 主视图与俯视图上补线

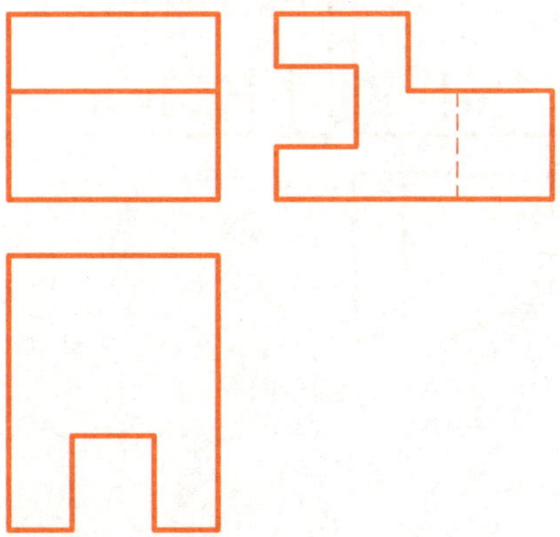

11. 左视图与俯视图上补线

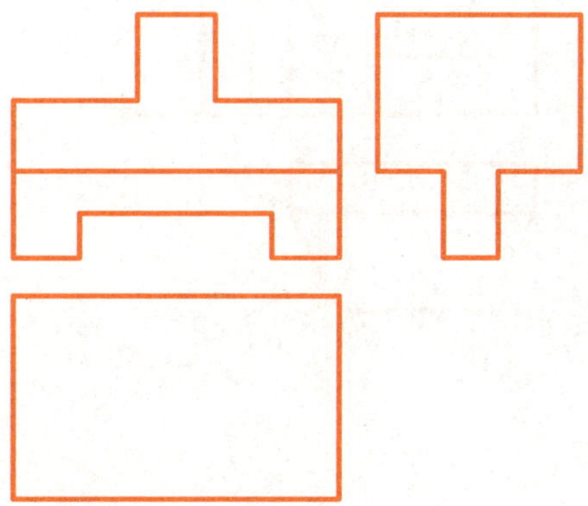

12. 左视图与俯视图上补线

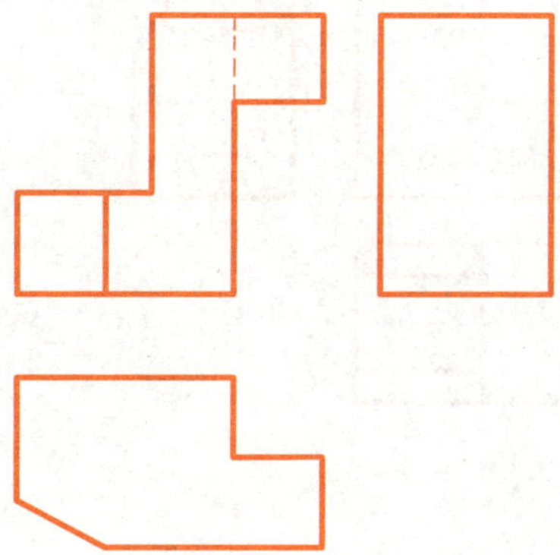

# 第 4 章　切割体三视图绘制与识读

| 4.2　基本体与切割体轴测图的绘制 | 班级： | 姓名： | 学号： | 分数： |
| --- | --- | --- | --- | --- |

**4-8　识读切割体三视图，绘制其轴测图**

1.

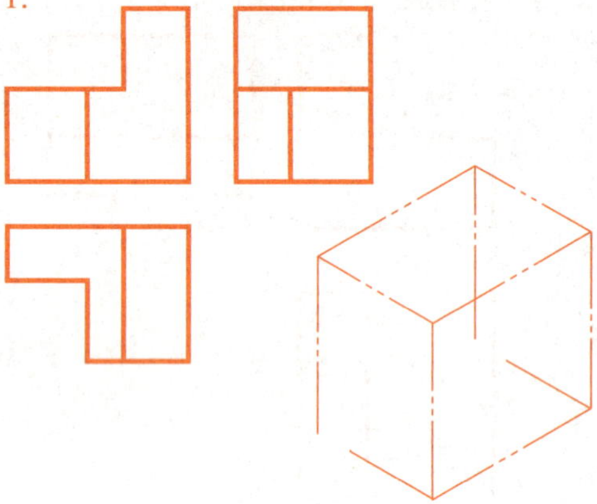

2.

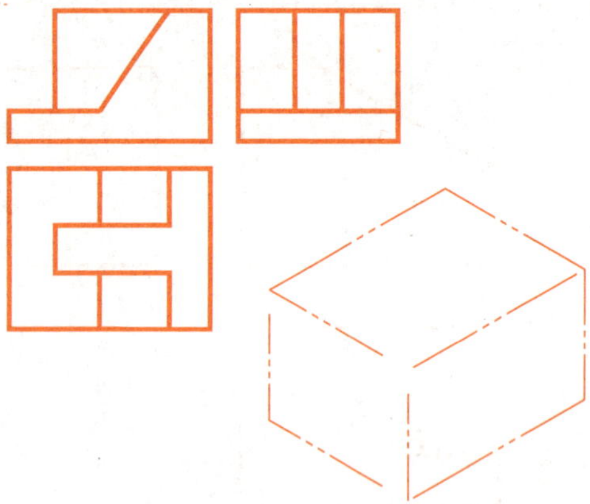

3.

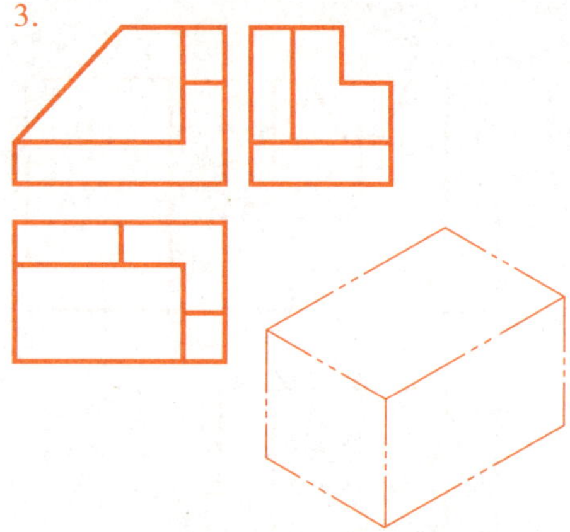

4.

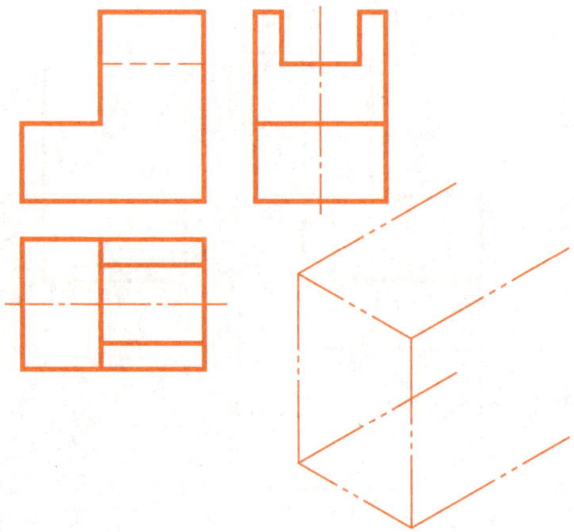

5.

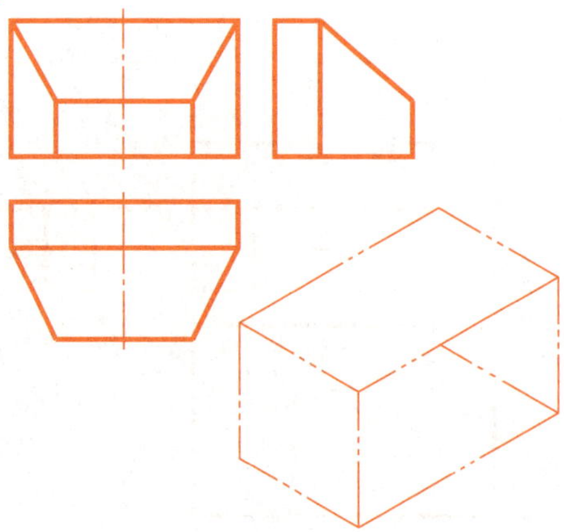

6.

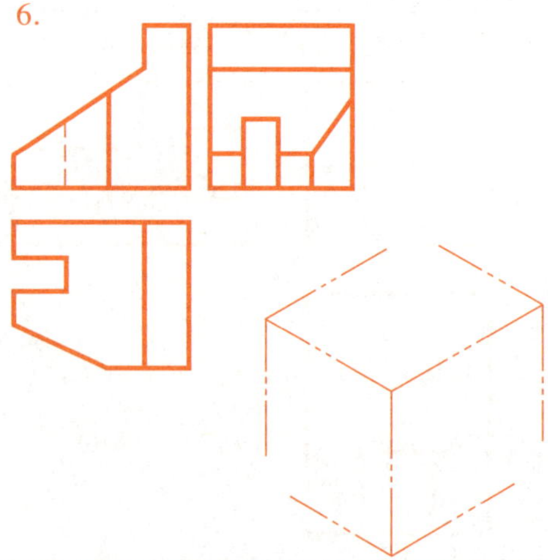

# 第 4 章　切割体三视图绘制与识读

| 4.2　基本体与切割体轴测图的绘制 | 班级： | 姓名： | 学号： | 分数： |
| --- | --- | --- | --- | --- |

**4-9　识读切割体三视图，绘制其轴测图**

1.

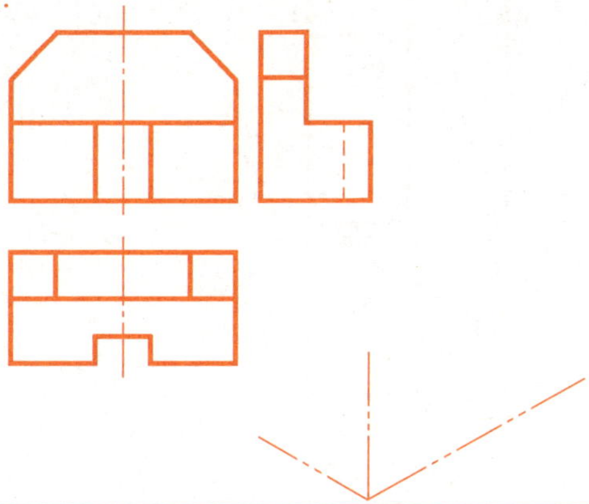

2.

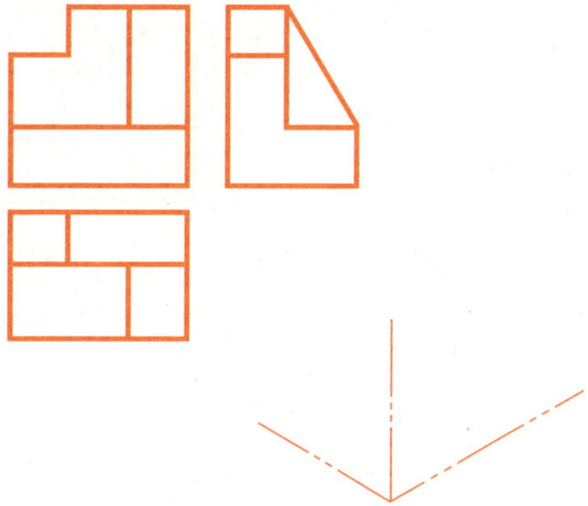

3.

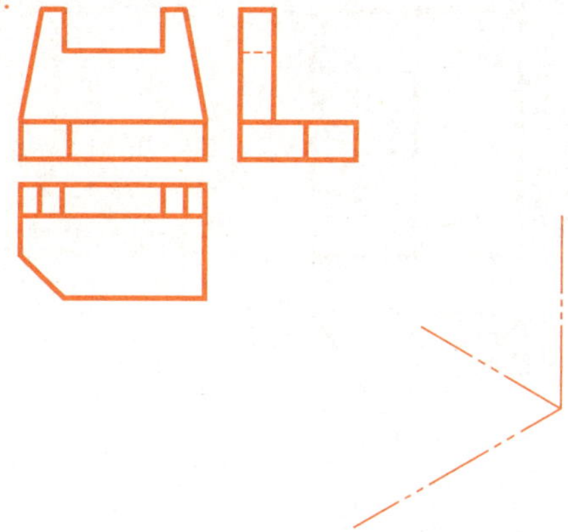

4.

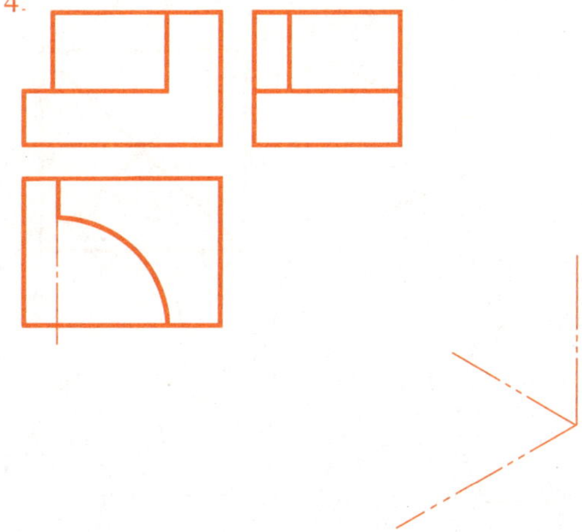

5.

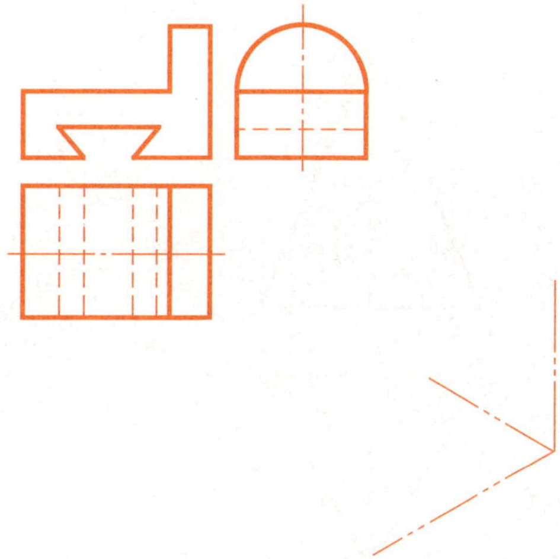

6.

# 第 4 章　切割体三视图绘制与识读

| 4.3　平面切割体三视图的绘制 | 班级： | 姓名： | 学号： | 分数： |
|---|---|---|---|---|

**4-10　绘制基本体的第三视图，并求作其表面上点、直线的其余两面投影**

1.

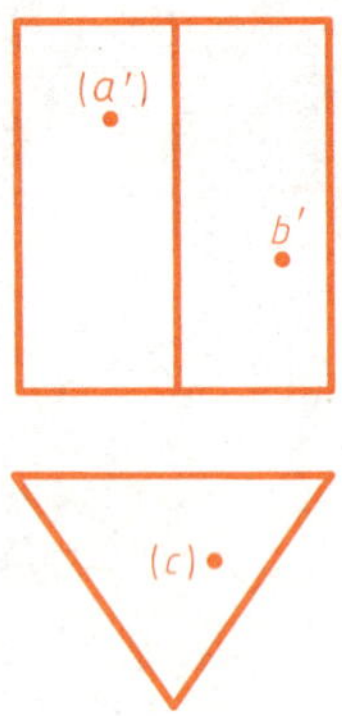


2.

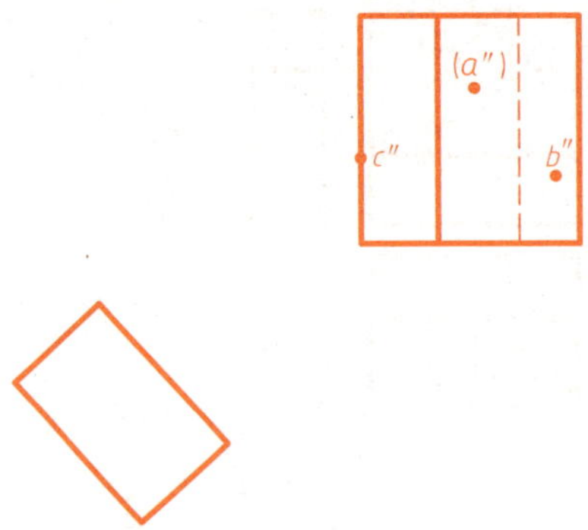


3.

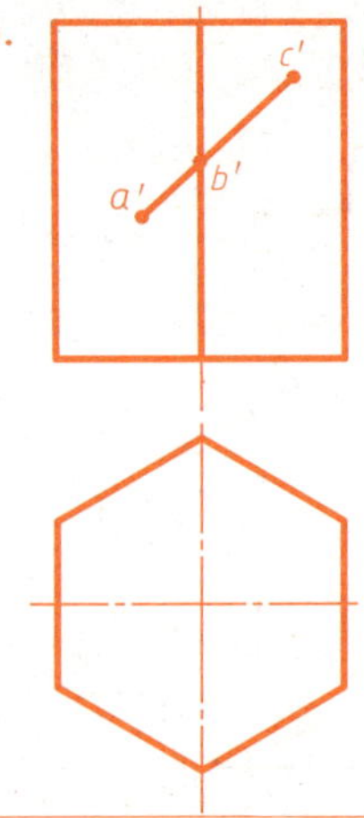


4.

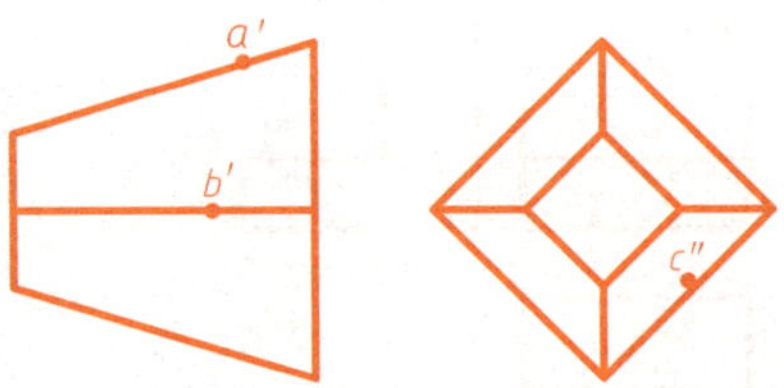


5.

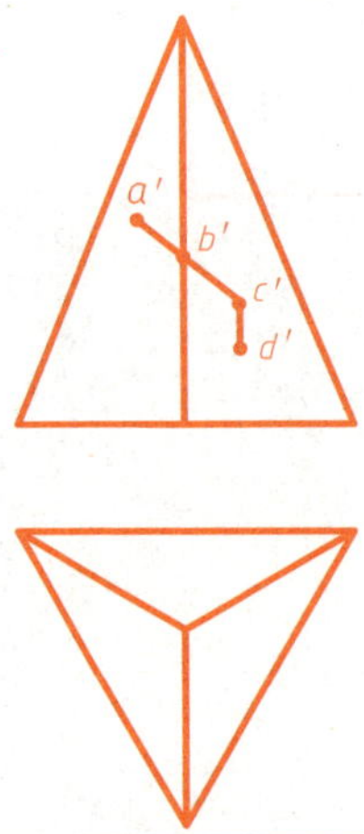


6.

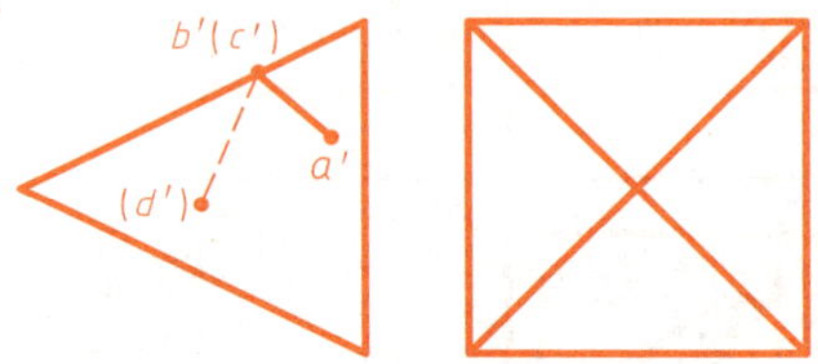

# 第 4 章　切割体三视图绘制与识读

| 4.3　平面切割体三视图的绘制 | 班级： | 姓名： | 学号： | 分数： |
|---|---|---|---|---|

**4-11　根据提供的视图，选择正确的视图**

1. 选择正确的左视图

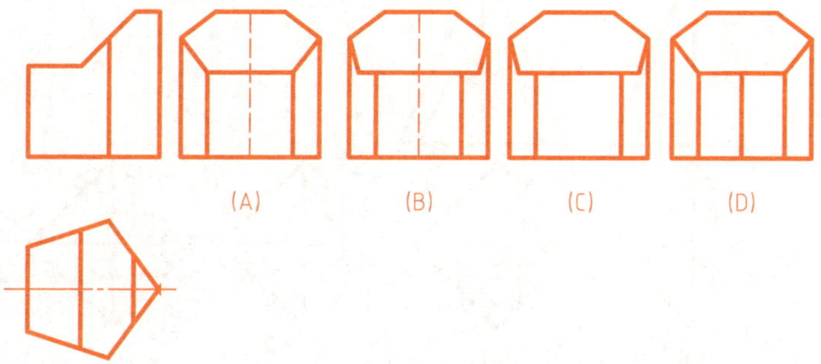


正确的左视图是：______

2. 选择正确的俯视图

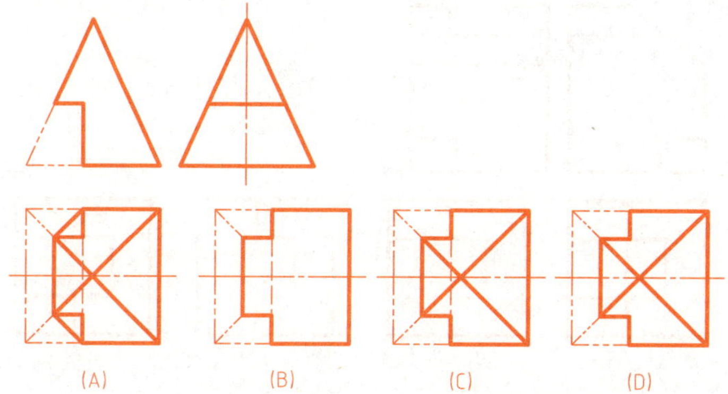


正确的俯视图是：______

3. 选择正确的左视图

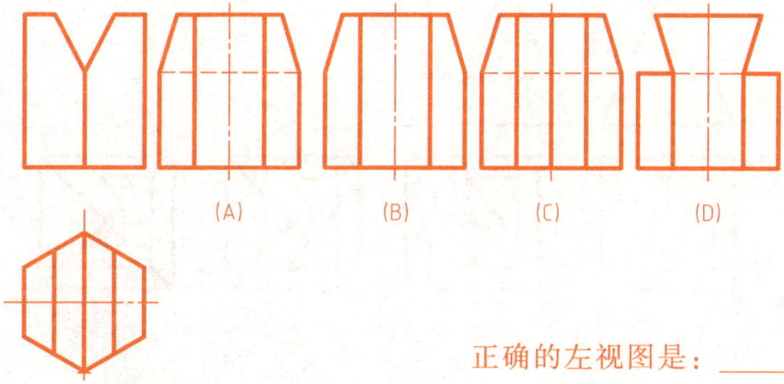


正确的左视图是：______

4. 选择正确的左视图

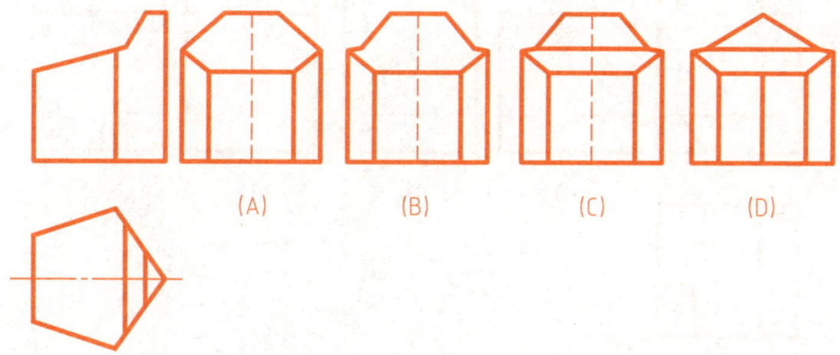


正确的左视图是：______

# 第 4 章　切割体三视图绘制与识读

| 4.3　平面切割体三视图的绘制 | 班级： | 姓名： | 学号： | 分数： |
| --- | --- | --- | --- | --- |

**4-11　根据提供的视图，选择正确的视图（续）**

5. 选择正确的俯视图

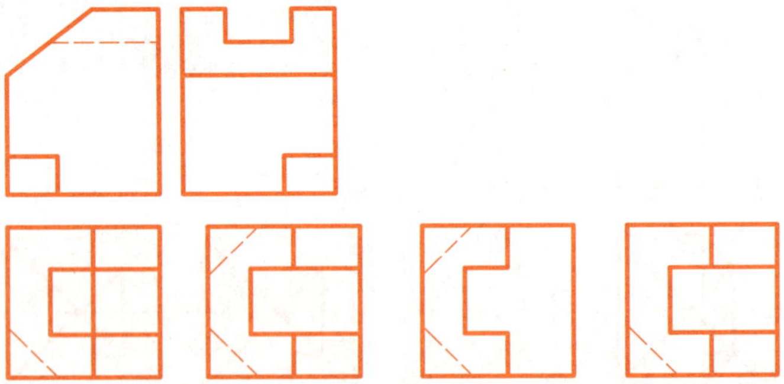

(A)　(B)　(C)　(D)

正确的俯视图是：________

6. 选择正确的俯视图

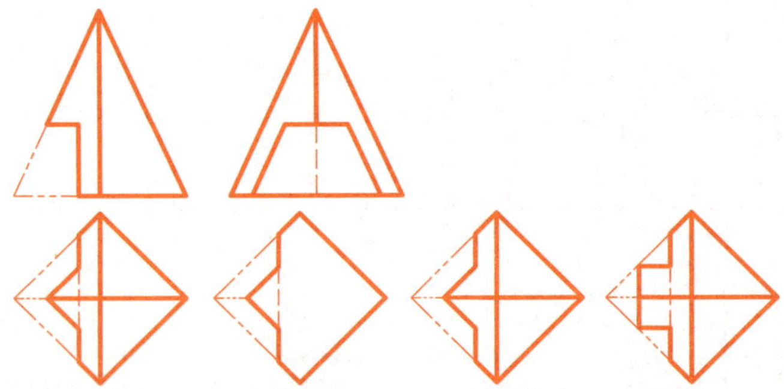

(A)　(B)　(C)　(D)

正确的俯视图是：________

7. 选择正确的左视图

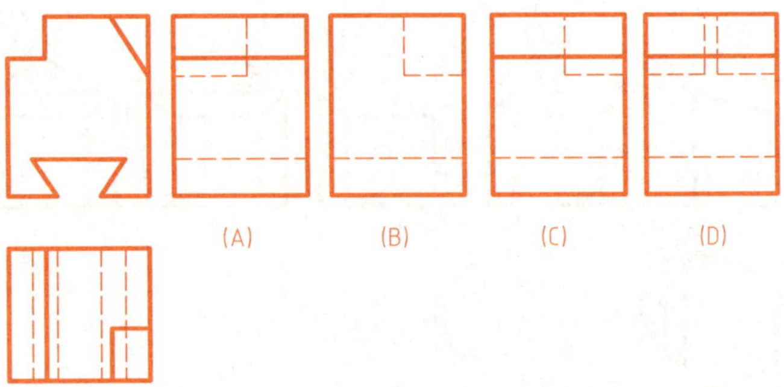

(A)　(B)　(C)　(D)

正确的左视图是：________

8. 选择正确的俯视图

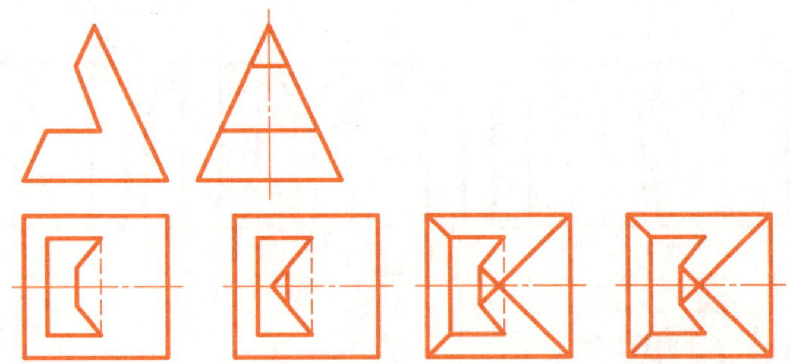

(A)　(B)　(C)　(D)

正确的俯视图是：________

# 第 4 章　切割体三视图绘制与识读

| 4.3　平面切割体三视图的绘制 | 班级： | 姓名： | 学号： | 分数： |
|---|---|---|---|---|

## 4-11　根据提供的视图，选择正确的视图（续）

9. 选择正确的左视图

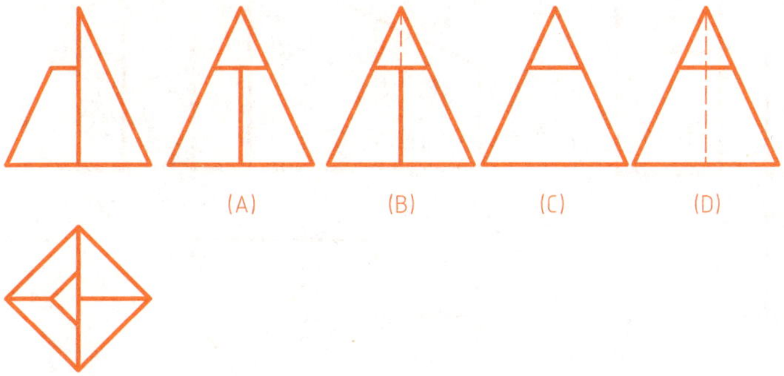


正确的左视图是：________

10. 选择正确的俯视图

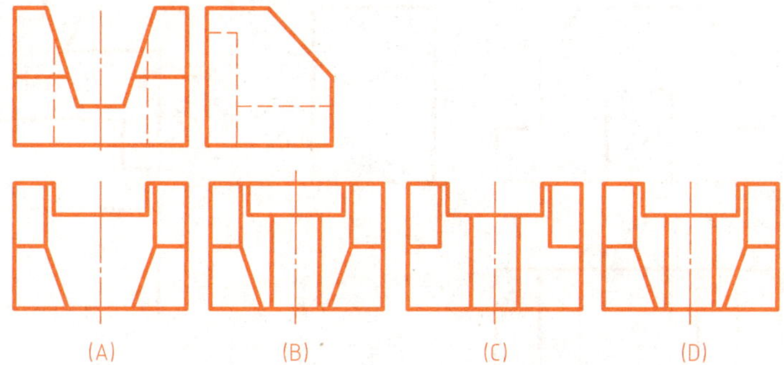


正确的俯视图是：________

11. 选择正确的俯视图

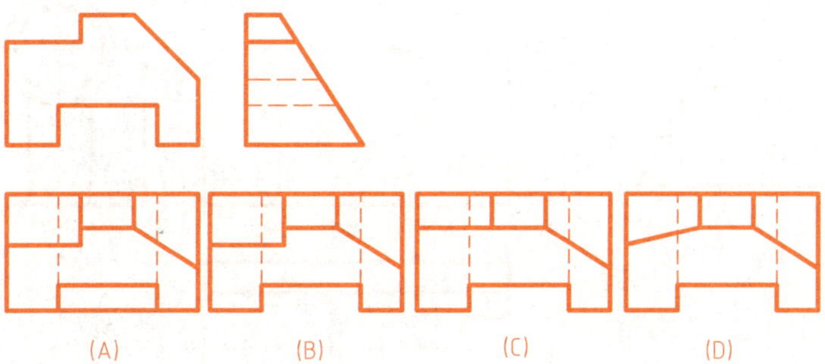


正确的俯视图是：________

12. 选择正确的俯视图

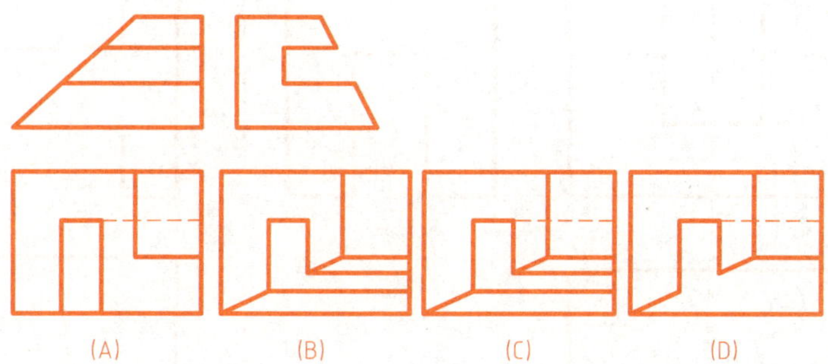


正确的俯视图是：________

# 第 4 章　切割体三视图绘制与识读

| 4.3　平面切割体三视图的绘制 | 班级： | 姓名： | 学号： | 分数： |
| --- | --- | --- | --- | --- |

**4-12　补全三视图中所缺图线（只需在一个视图上补线）**

1.

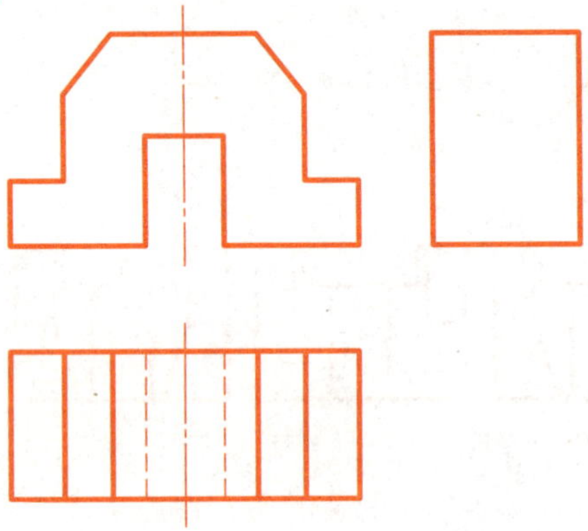

2.

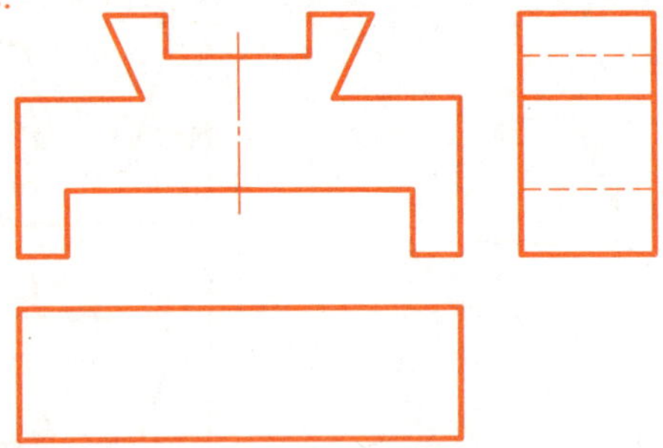

3.

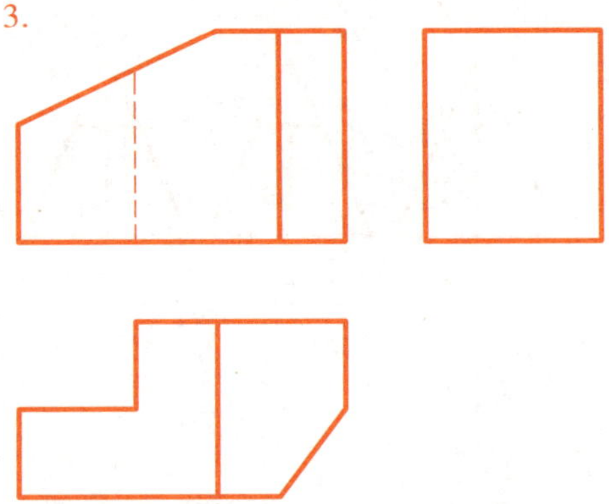

4.

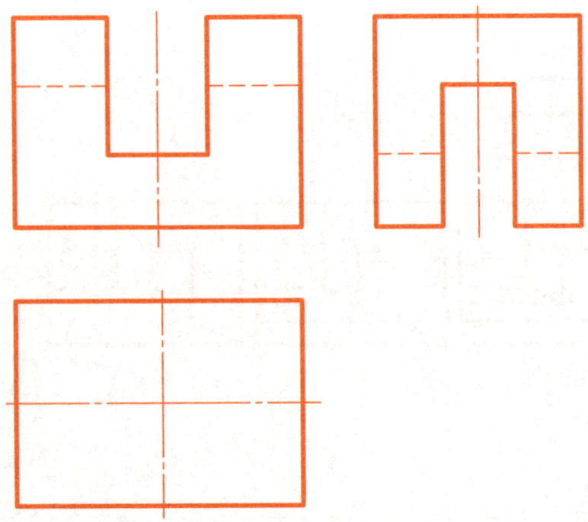

5.

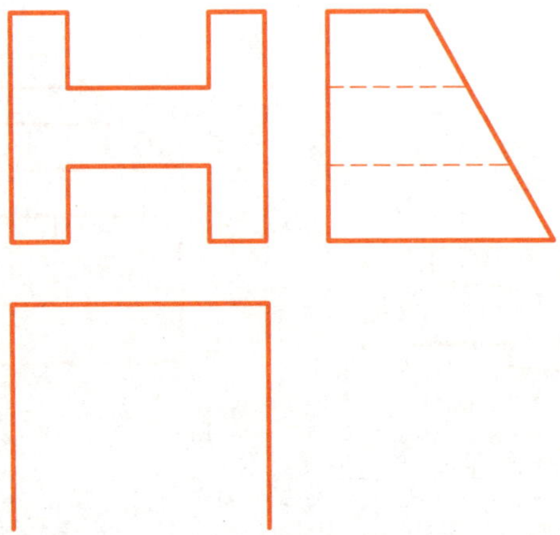

6.

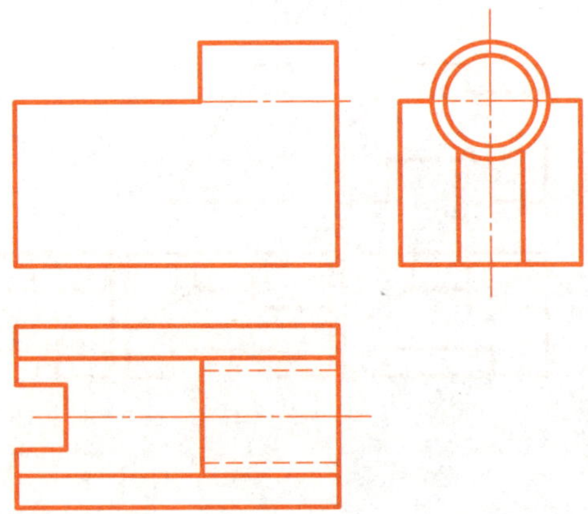

# 第 4 章　切割体三视图绘制与识读

| 4.3　平面切割体三视图的绘制 | 班级： | 姓名： | 学号： | 分数： |
|---|---|---|---|---|

**4-13　根据不完整三视图和轴测图，补全俯视图与左视图**

1.

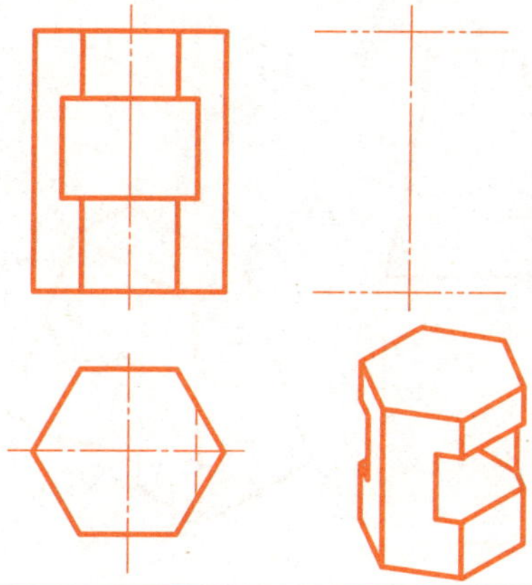

2.

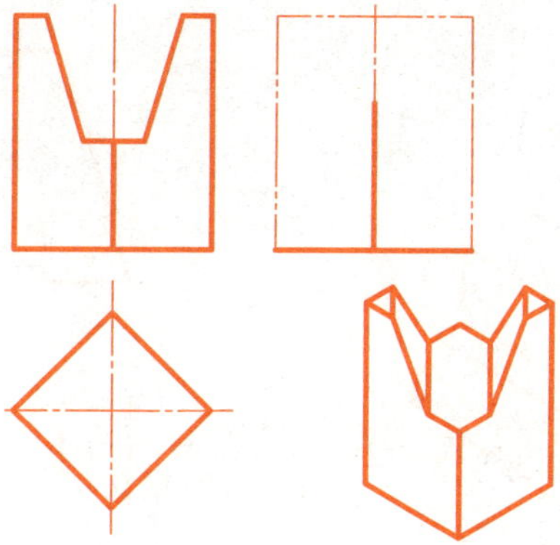

3.

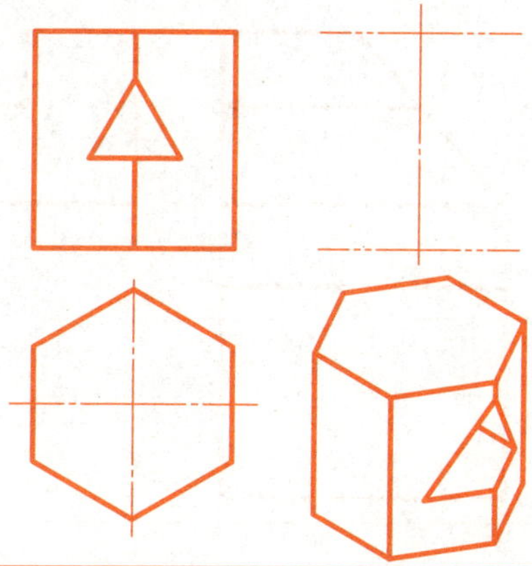

4.

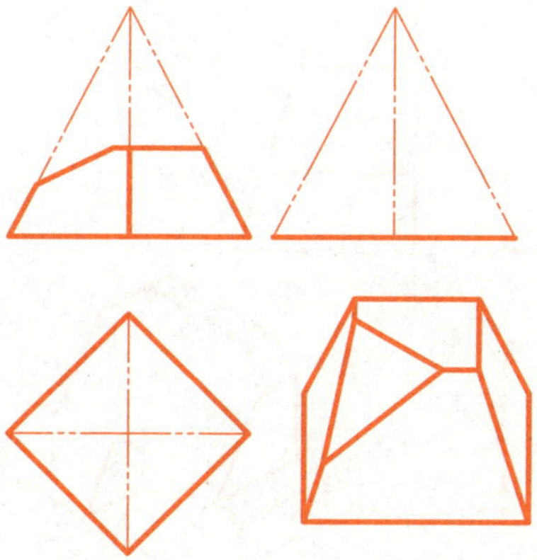

5.

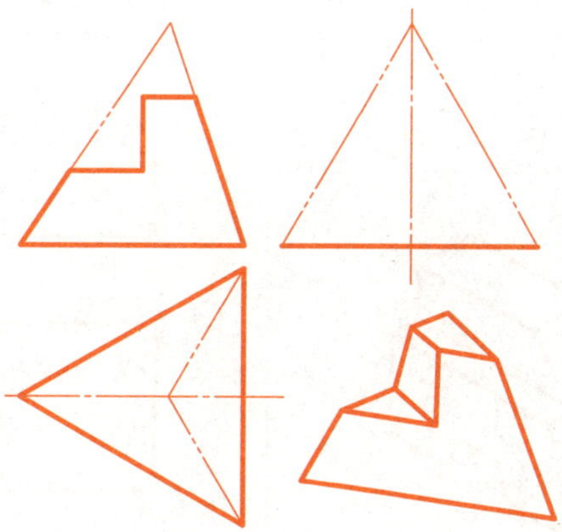

6.

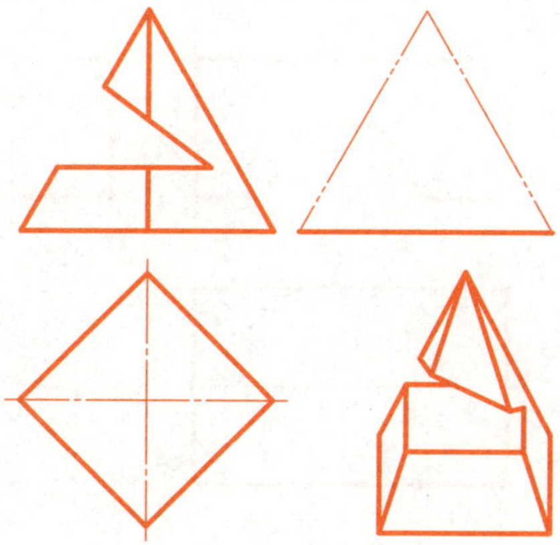

| 4.3　平面切割体三视图的绘制 | 班级： | 姓名： | 学号： | 分数： |
|---|---|---|---|---|

**4-14　根据三视图与相应的立体图，补全三视图中所缺图线（只需在一个视图上补线）**

1.

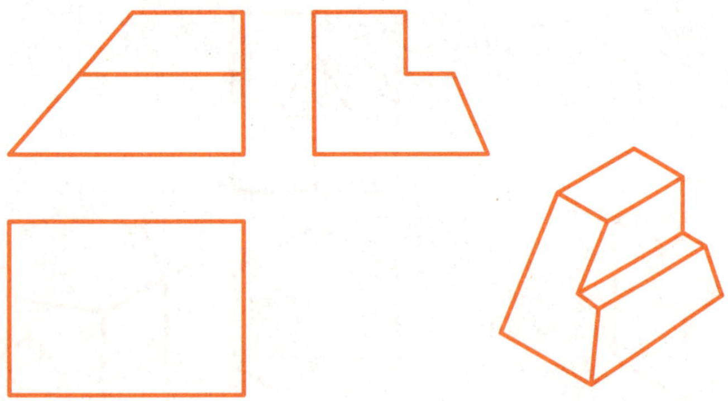

2.

3.

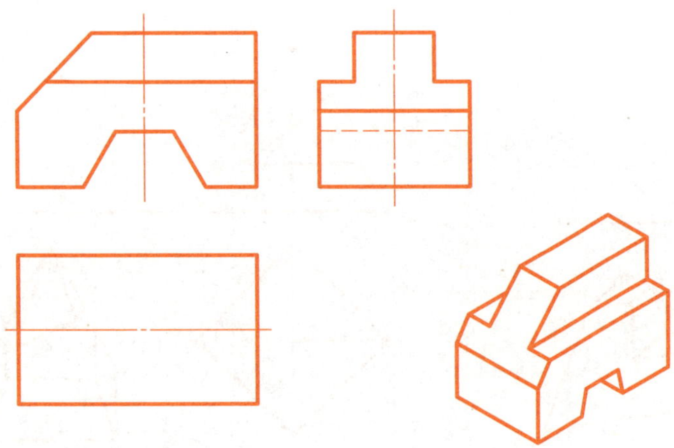

4.

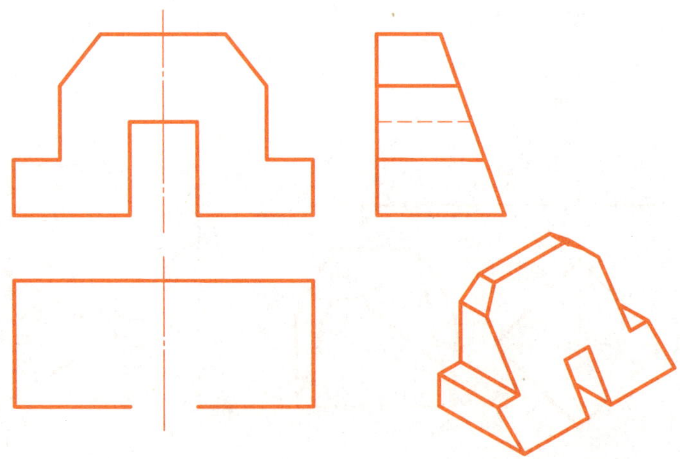

# 第 4 章　切割体三视图绘制与识读

| 4.3　平面切割体三视图的绘制 | 班级： | 姓名： | 学号： | 分数： |
| --- | --- | --- | --- | --- |

**4-15　根据不完整三视图，补线完成三视图**

1. 补全左视图、俯视图

2. 补全左视图

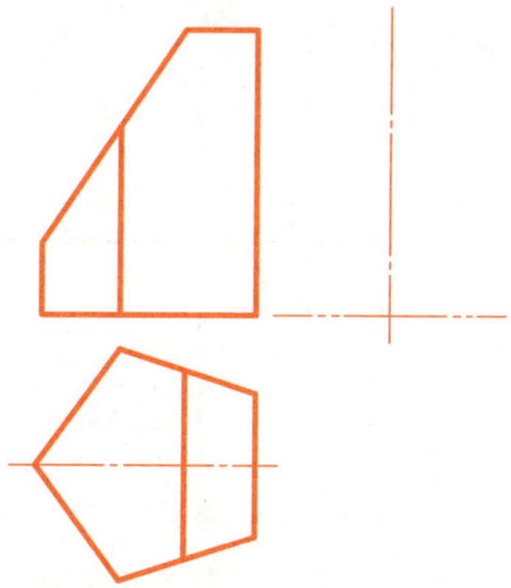

3. 补全左视图、俯视图

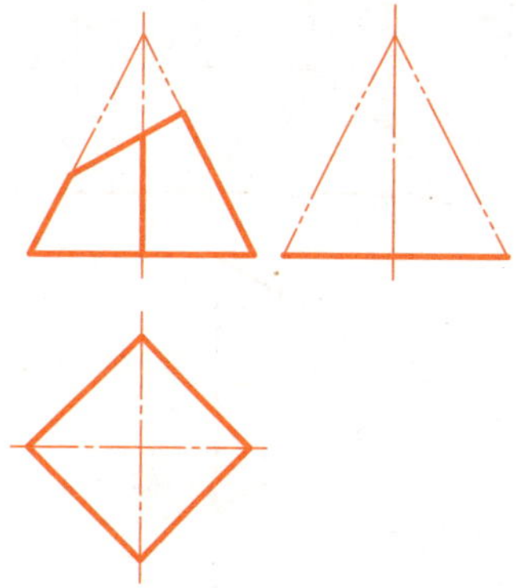

4. 补全左视图、俯视图

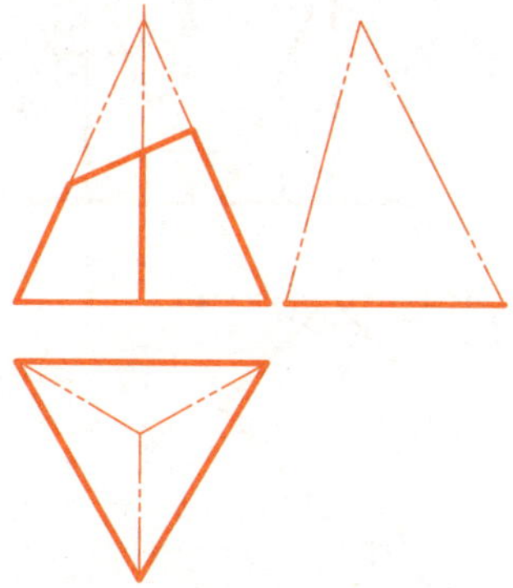

5. 补全左视图、俯视图

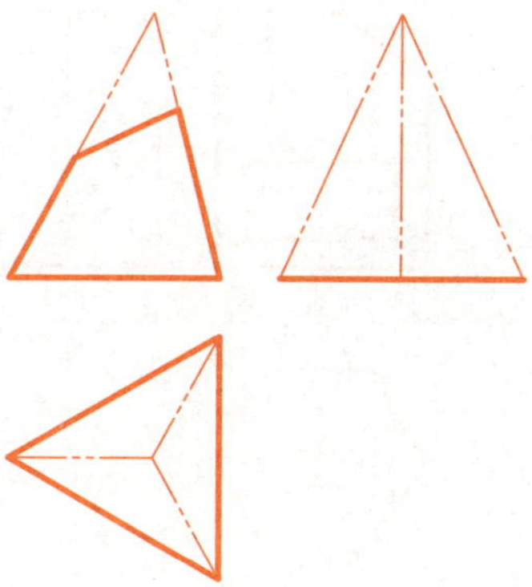

6. 补全主视图、左视图

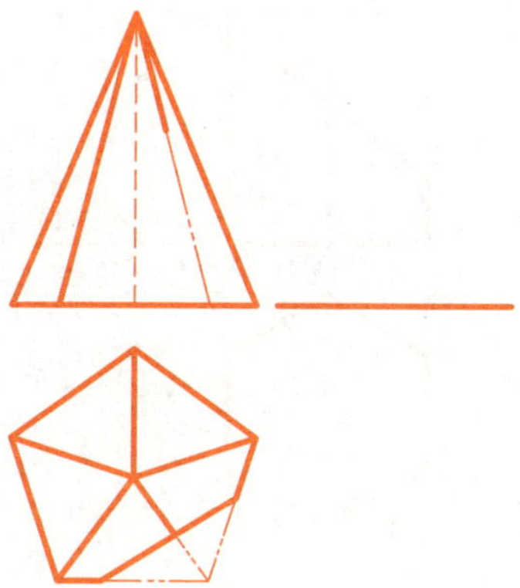

7. 补全主视图、俯视图

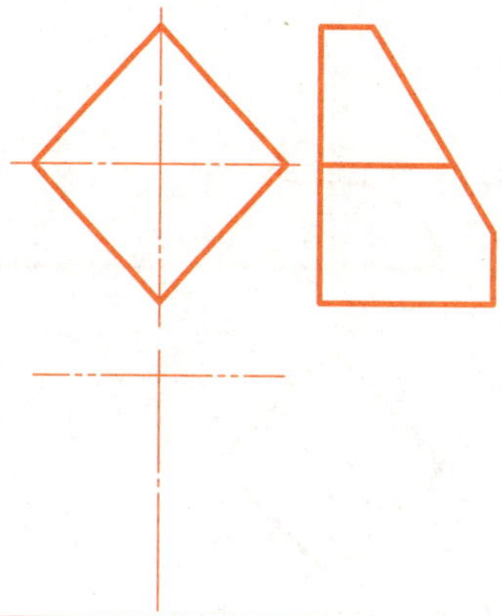

8. 补全主视图、俯视图

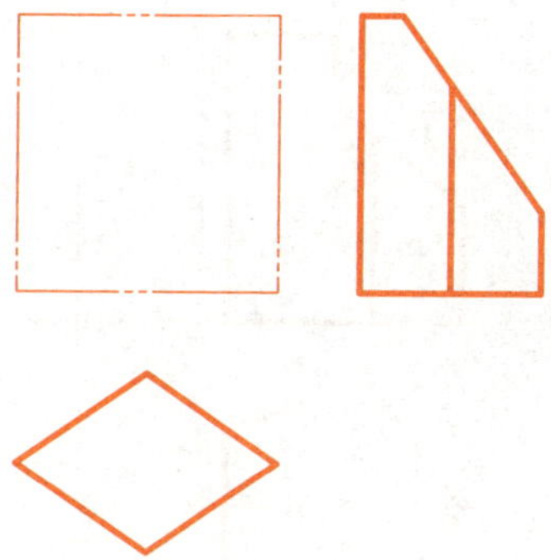

| 4.3　平面切割体三视图的绘制 | 班级： | 姓名： | 学号： | 分数： |
|---|---|---|---|---|

**4-15　根据不完整三视图，补线完成三视图（续）**

9. 补全俯视图

10. 补全左视图、俯视图

11. 补全左视图、俯视图

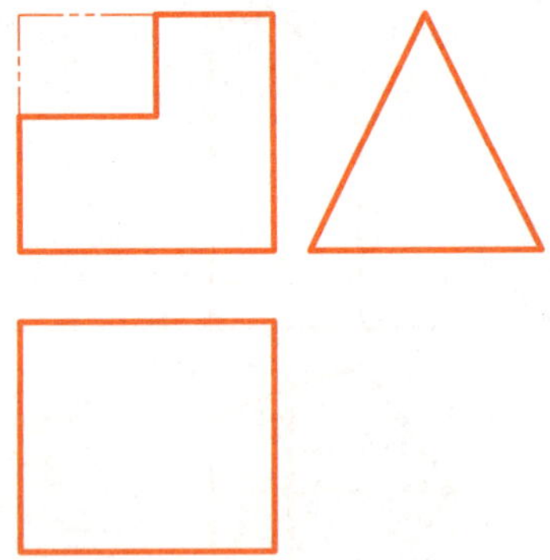

12. 补全左视图、俯视图

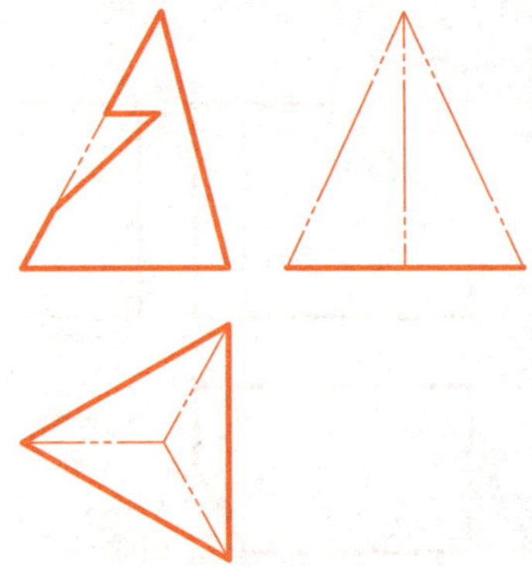

13. 补全左视图、俯视图

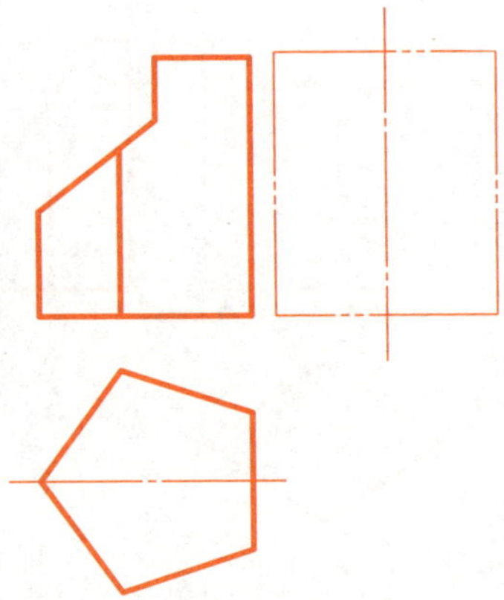

14. 补全左视图、俯视图

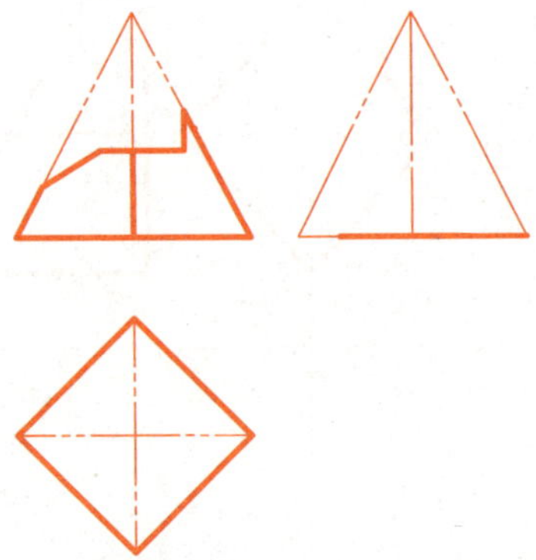

15. 补全左视图、俯视图

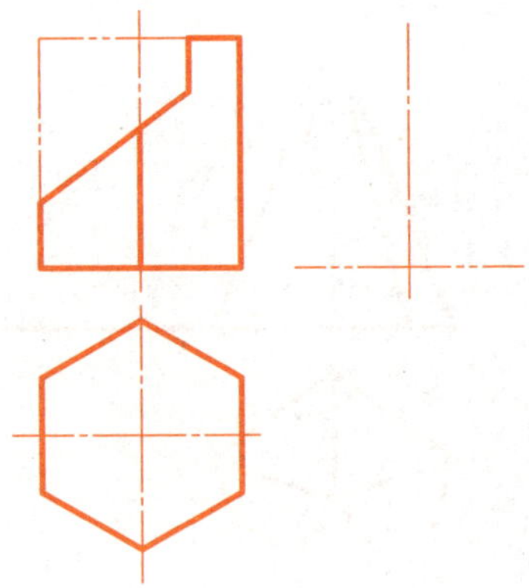

16. 补全左视图、俯视图

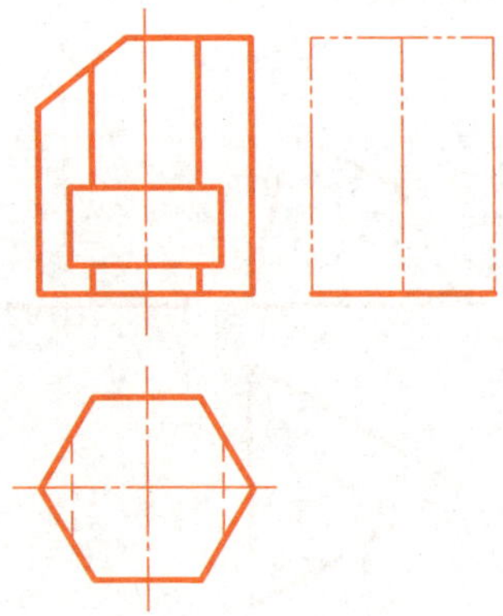

# 第 4 章　切割体三视图绘制与识读

| 4.3　平面切割体三视图的绘制 | 班级： | 姓名： | 学号： | 分数： |
| --- | --- | --- | --- | --- |

4-16　根据形体的两视图，补画其第三视图

1.

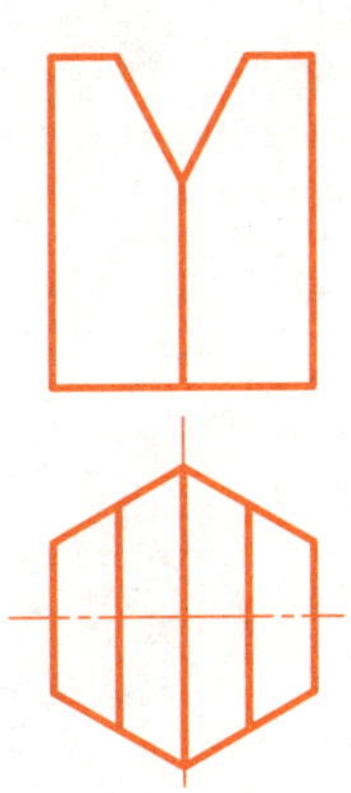

2.

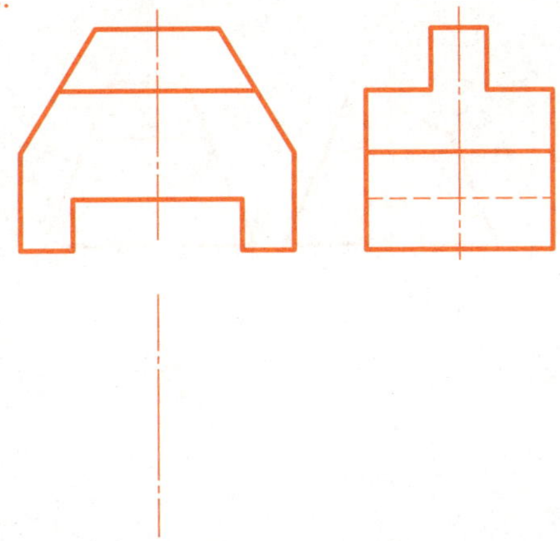

3.

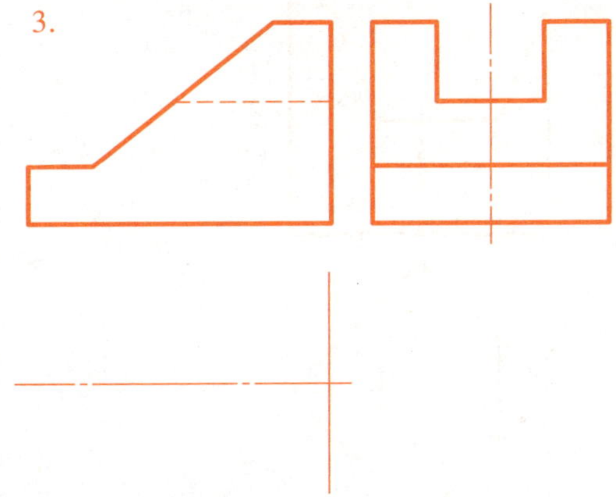

4.

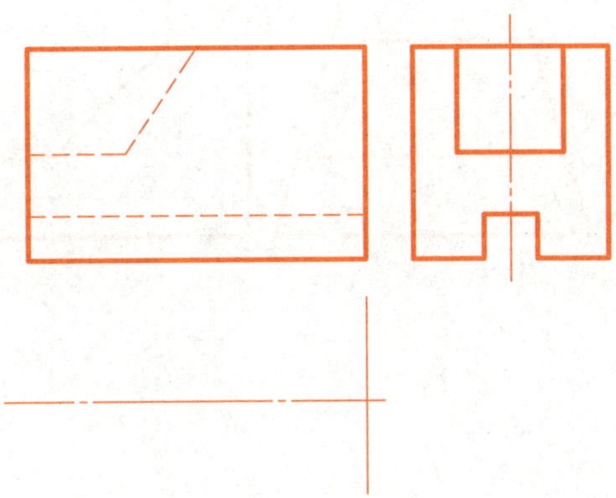

5.

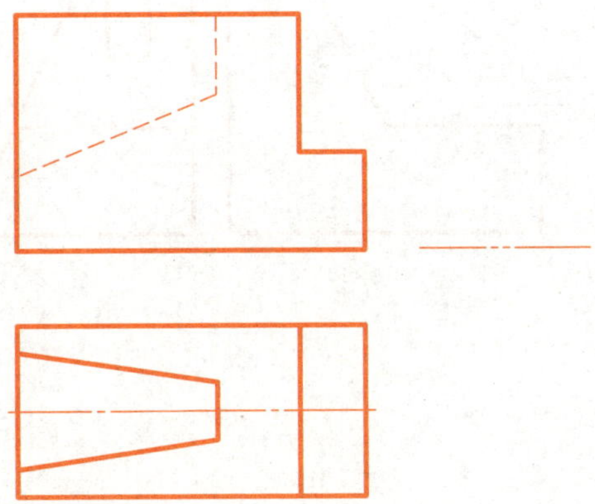

6.

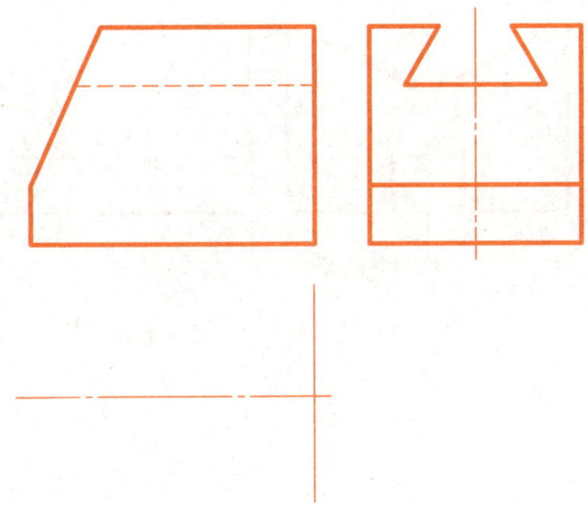

# 第 4 章　切割体三视图绘制与识读

| 4.3　平面切割体三视图的绘制 | 班级： | 姓名： | 学号： | 分数： |
|---|---|---|---|---|

**4-17　根据形体的两视图，补画其第三视图**

1.

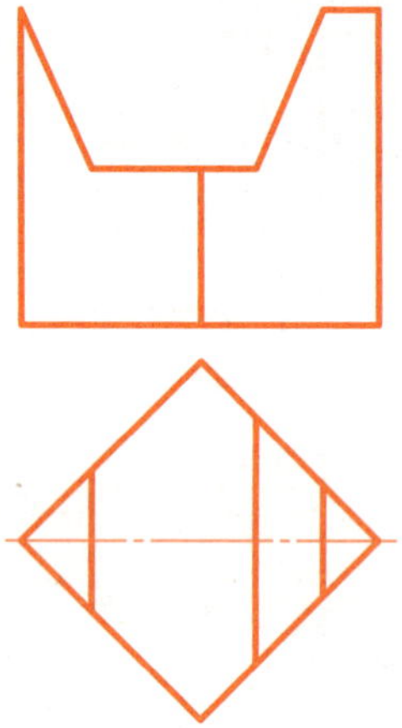

2.

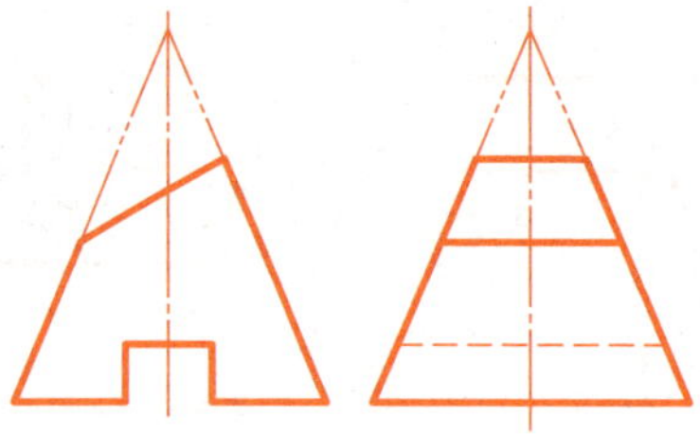

3.

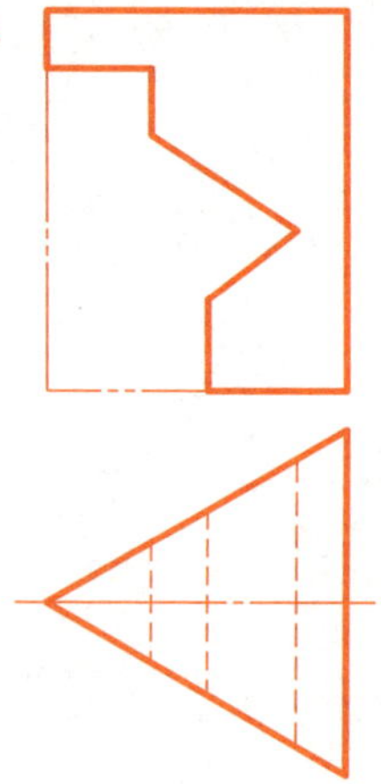

4.

5.

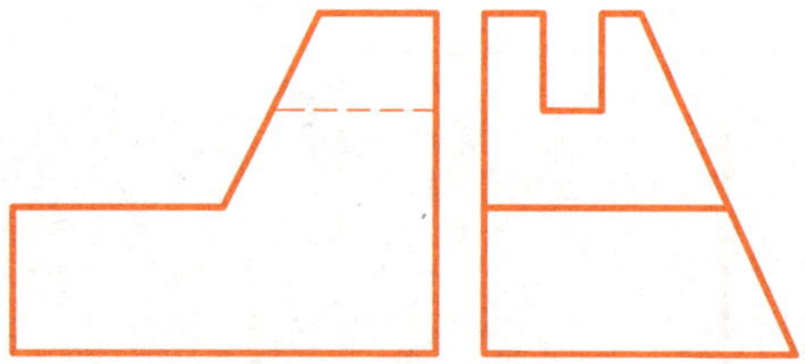

6.

| 4.4　圆柱切割体三视图的绘制 | 班级： | 姓名： | 学号： | 分数： |
| --- | --- | --- | --- | --- |

**4-18　识读形体的两视图，补画其第三视图**

1.

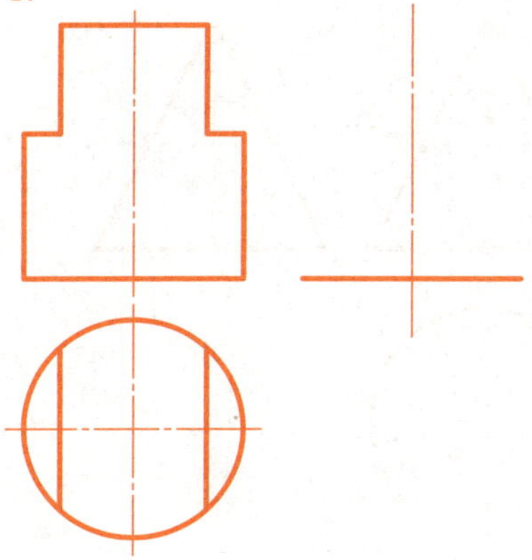

2.

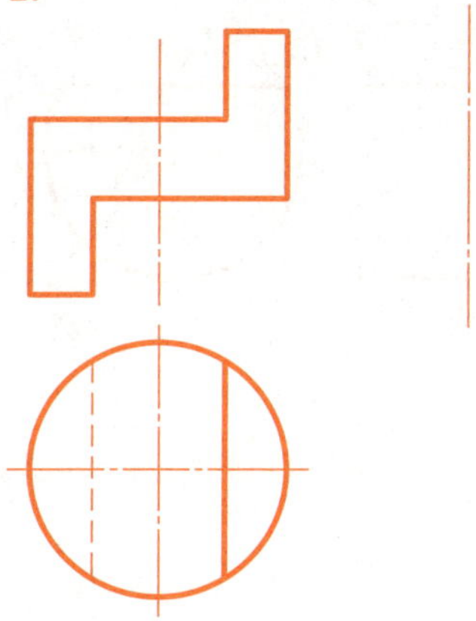

3.

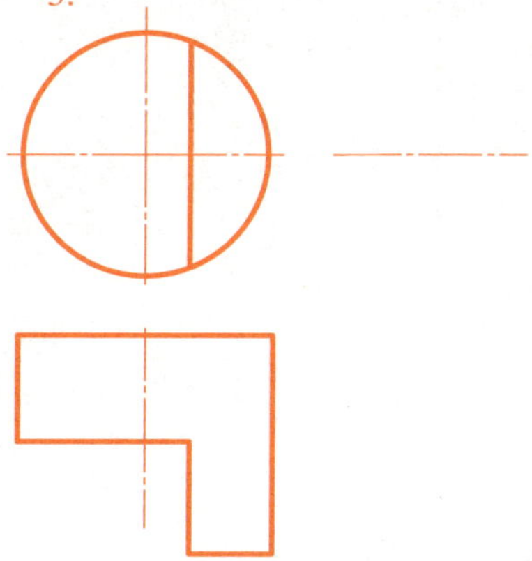

4.

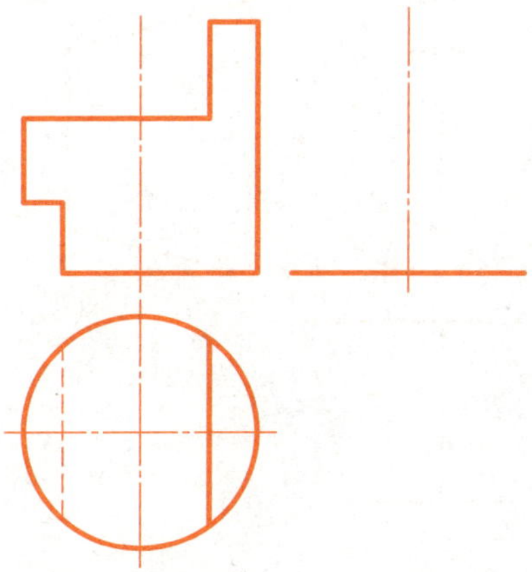

5.

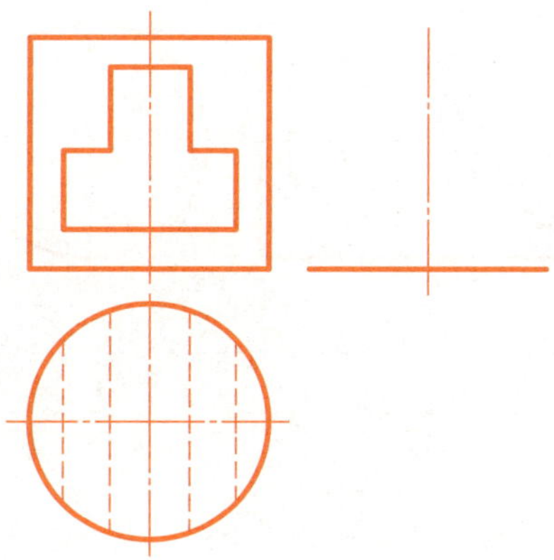

6.

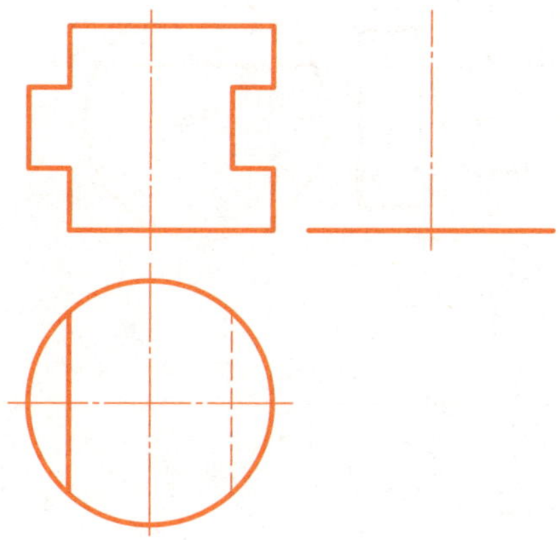

# 第 4 章　切割体三视图绘制与识读

| 4.4　圆柱切割体三视图的绘制 | 班级： | 姓名： | 学号： | 分数： |
|---|---|---|---|---|

## 4-19　识读形体的已有视图，补全其左视图与俯视图

1.

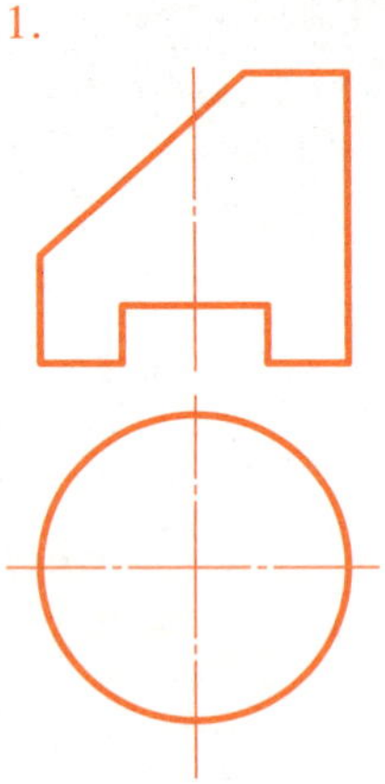

2.

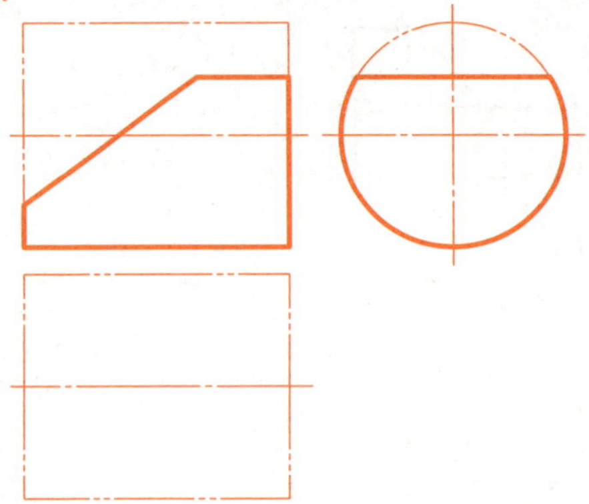

3.

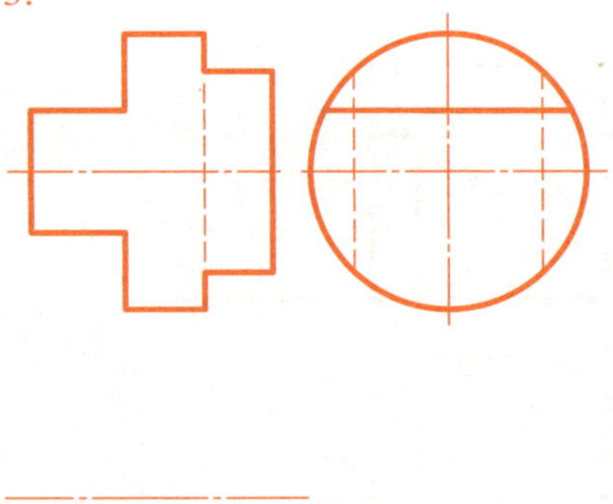

4.

## 4-20　求圆锥表面点的另两面投影

1.

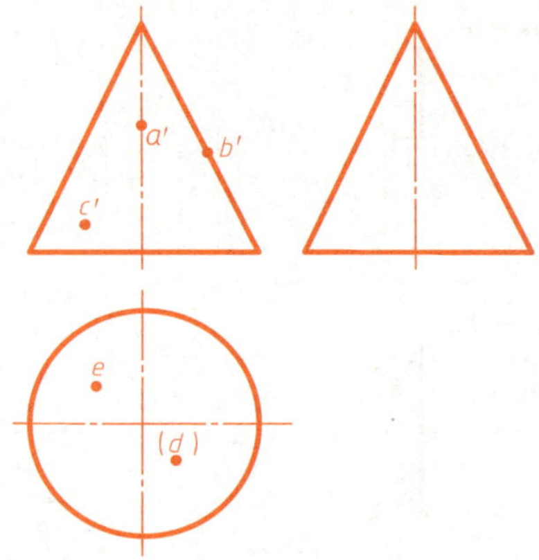


2.

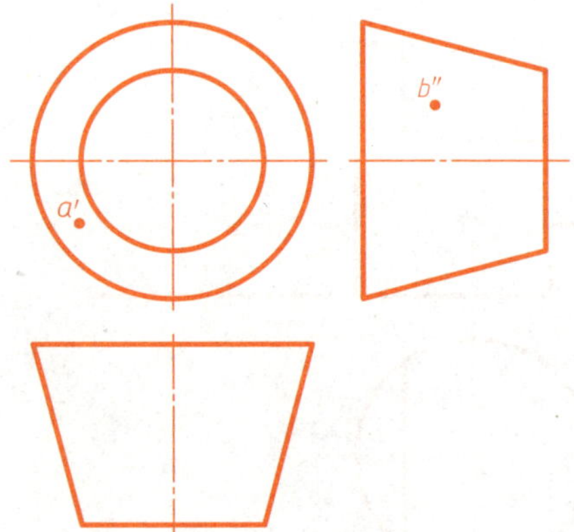

# 第 4 章　切割体三视图绘制与识读

| 4.5　圆锥切割体三视图的绘制 | 班级： | 姓名： | 学号： | 分数： |
|---|---|---|---|---|

**4-21　识读形体的已有视图，补全视图中所缺的线，补画其第三视图**

1. 补全俯视图，补画左视图

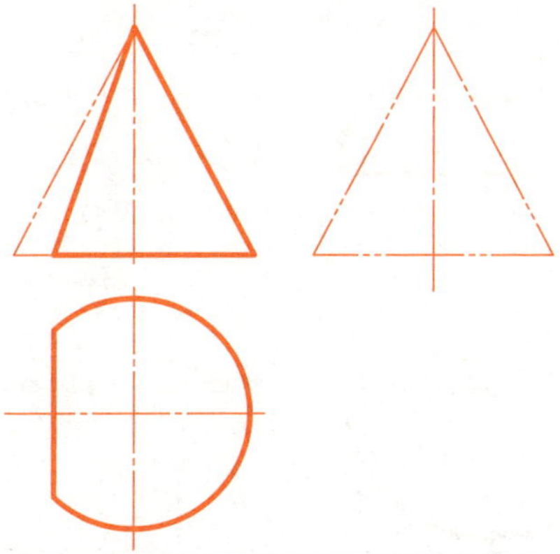

2. 补画左视图

3. 补全俯视图，补画左视图

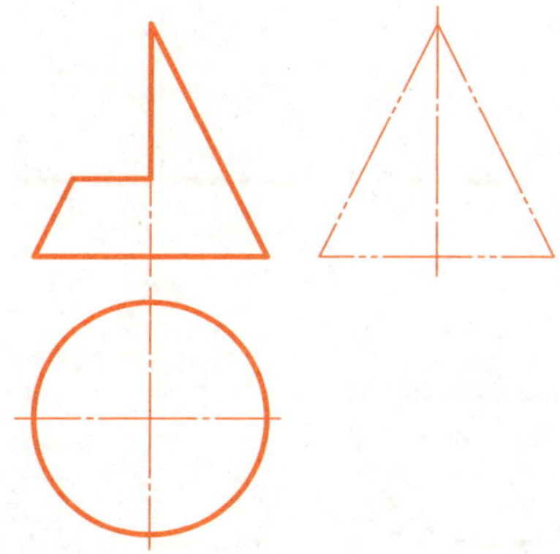

4. 补全俯视图，补画左视图

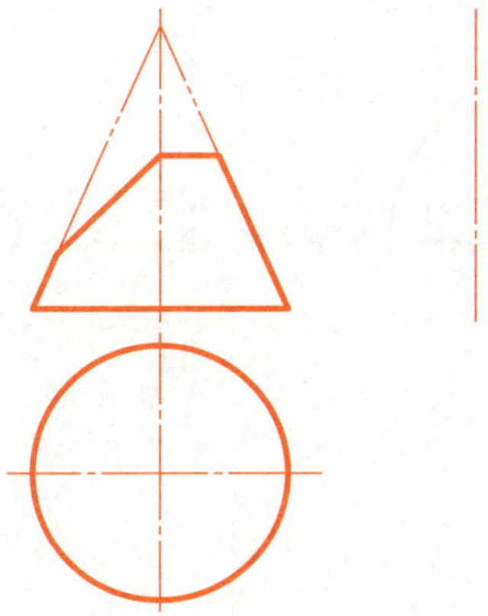

5. 补全主视图，补画左视图

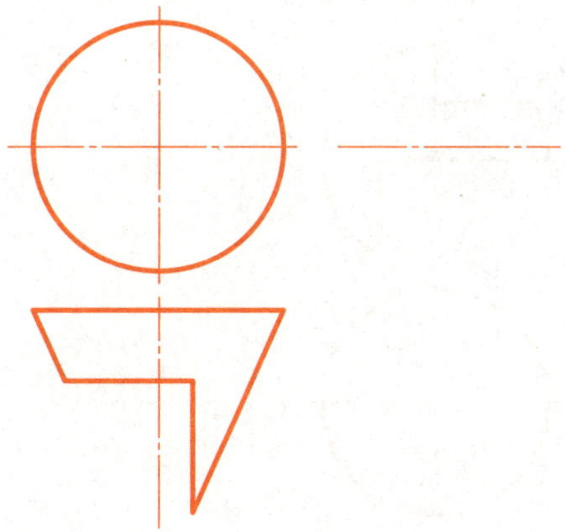

6. 补全俯视图，补画左视图

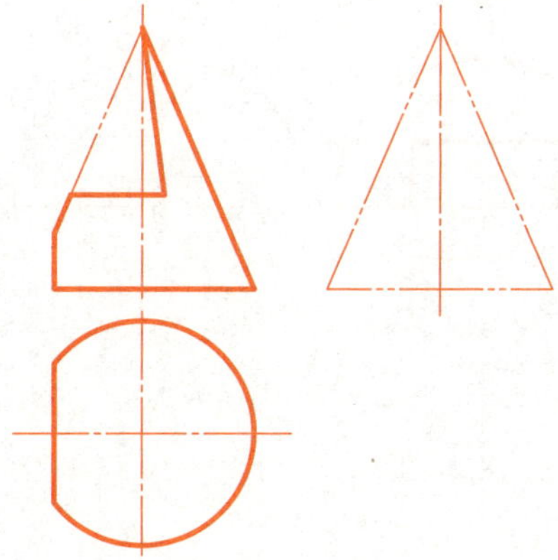

| 4.6　圆球切割体三视图的绘制 | 班级： | 姓名： | 学号： | 分数： |
| --- | --- | --- | --- | --- |

4-22　按要求作图

1. 求球表面点的另两面投影

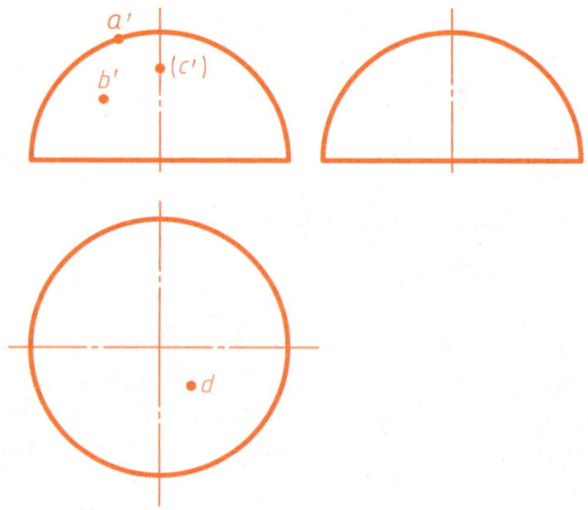


2. 补全左视图与俯视图

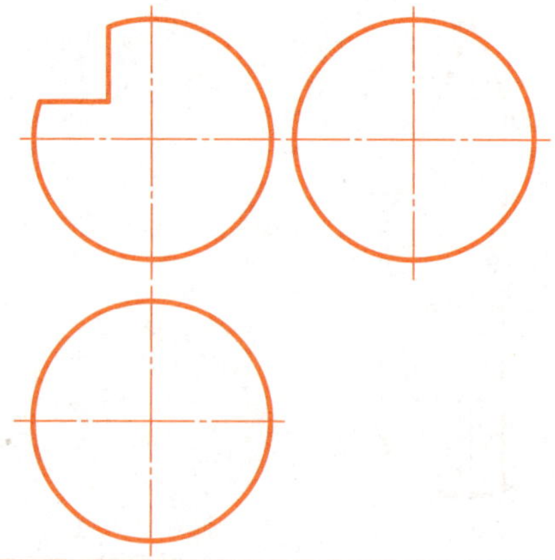

3. 补全左视图与俯视图

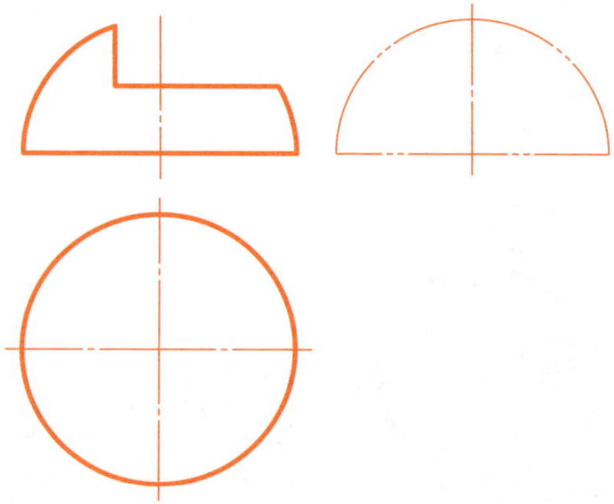

4. 补全左视图与俯视图

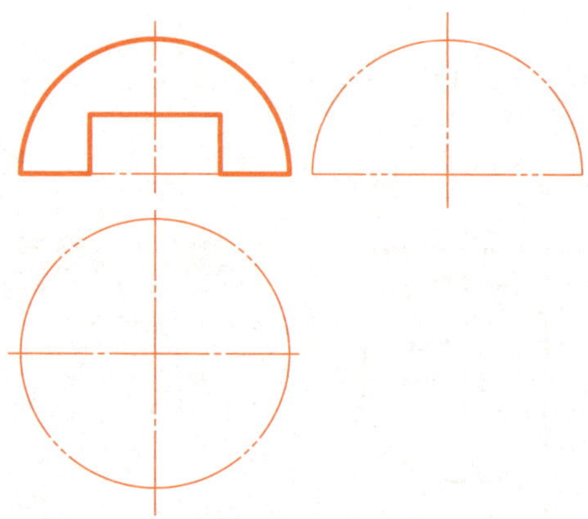

5. 补全左视图与俯视图

6. 补全左视图与俯视图

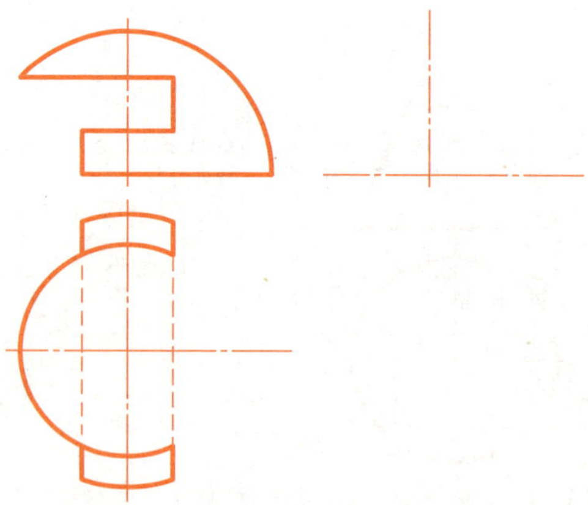

# 第 4 章　切割体三视图绘制与识读

| 4.7　回转切割体三视图绘制 | 班级： | 姓名： | 学号： | 分数： |
|---|---|---|---|---|

## 4-23　根据已有视图，选择正确的视图

1. 选择正确的俯视图

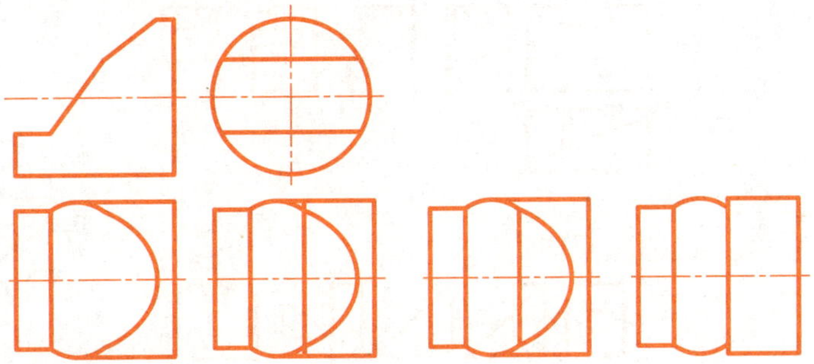

(A)　(B)　(C)　(D)

正确的俯视图是：________

2. 选择正确的俯视图

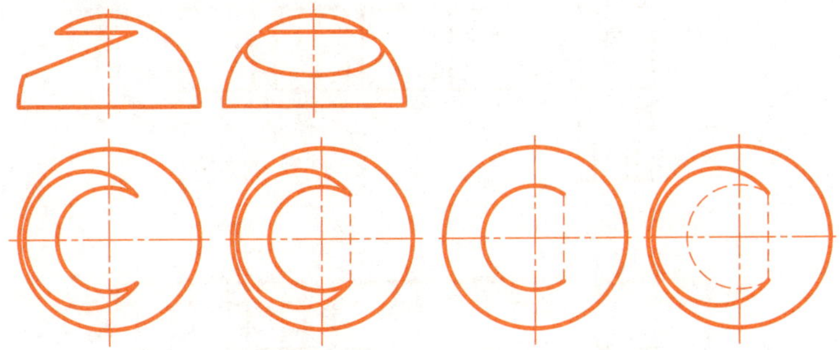

(A)　(B)　(C)　(D)

正确的俯视图是：________

3. 选择正确的左视图

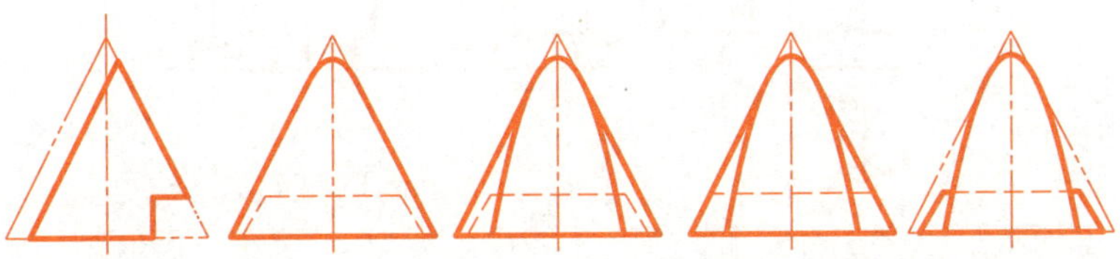

(A)　(B)　(C)　(D)

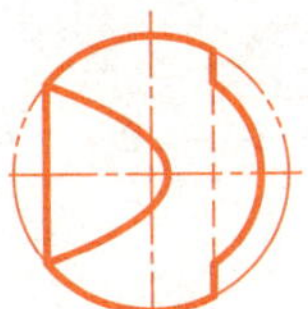

正确的左视图是：________

4. 选择正确的俯视图

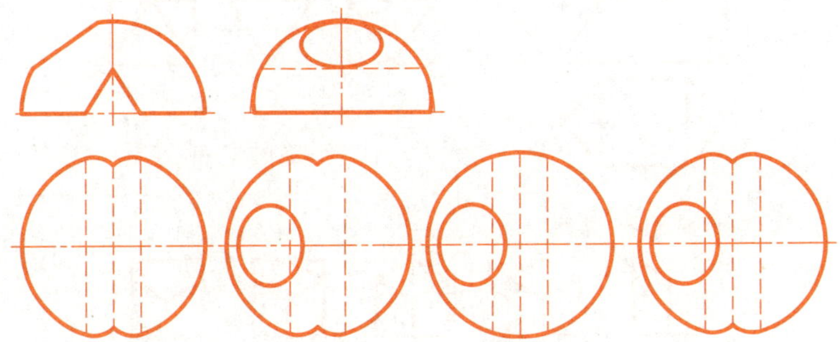

(A)　(B)　(C)　(D)

正确的俯视图是：________

# 第 4 章　切割体三视图绘制与识读

| * 切割体三视图识读训练 | 班级： | 姓名： | 学号： | 分数： |
| --- | --- | --- | --- | --- |

***4-24　根据两视图，选择正确的第三视图**

1. 选择正确的左视图

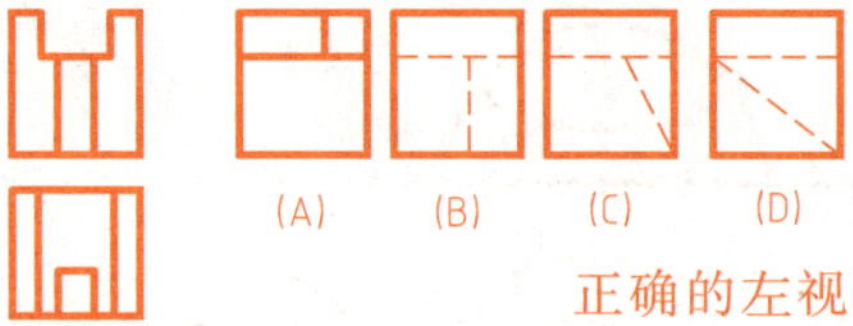


正确的左视图是：________

2. 选择正确的左视图

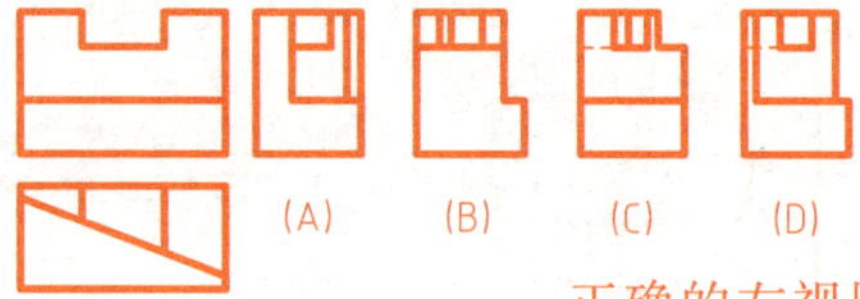


正确的左视图是：________

3. 选择正确的左视图

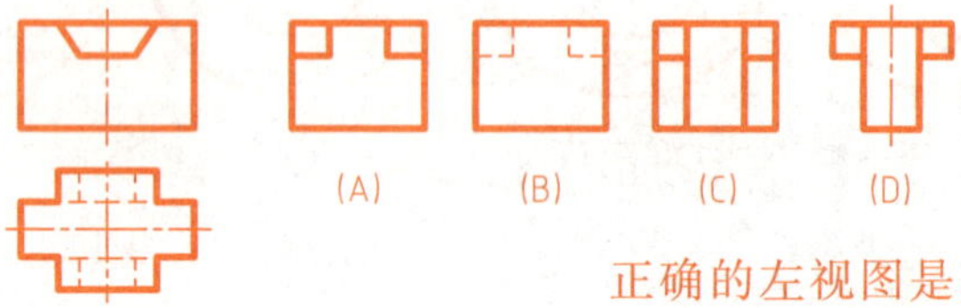


正确的左视图是：________

4. 选择正确的左视图

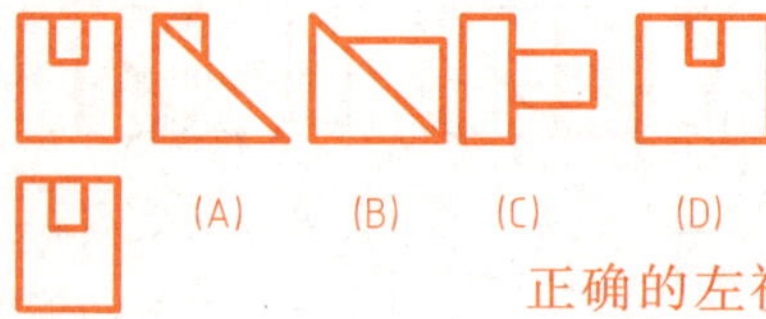


正确的左视图是：________

5. 选择正确的左视图

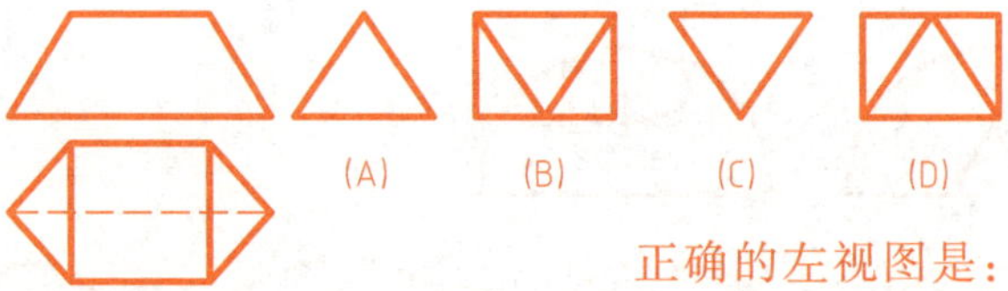


正确的左视图是：________

6. 选择正确的左视图

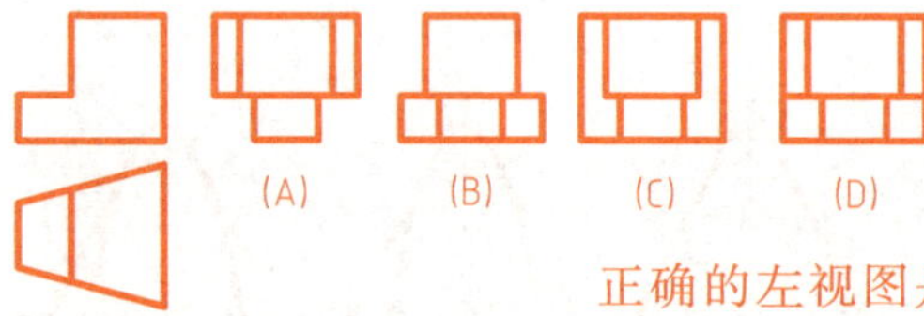


正确的左视图是：________

7. 选择正确的左视图

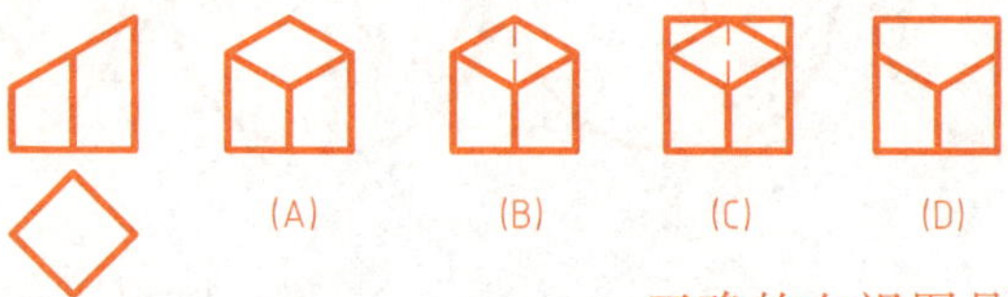


正确的左视图是：________

8. 选择正确的左视图

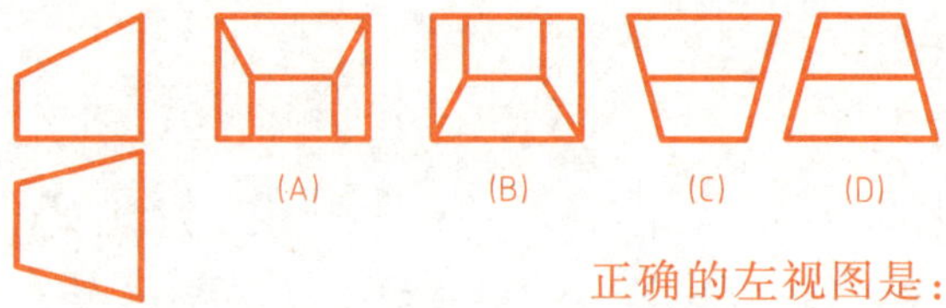


正确的左视图是：________

# 第 4 章　切割体三视图绘制与识读

| * 切割体三视图识读训练 | 班级： | 姓名： | 学号： | 分数： |
|---|---|---|---|---|

*4-24　根据两视图，选择正确的第三视图（续）

9. 选择正确的左视图

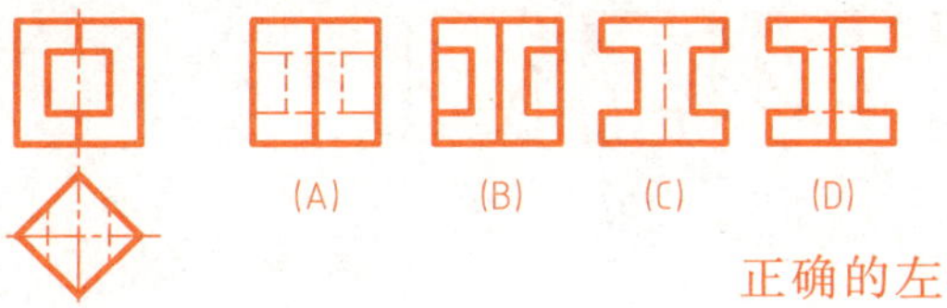


正确的左视图是：________

10. 选择正确的左视图

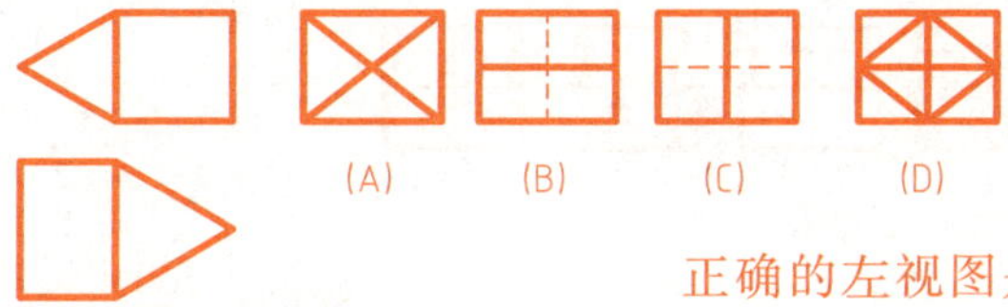


正确的左视图是：________

11. 选择正确的左视图

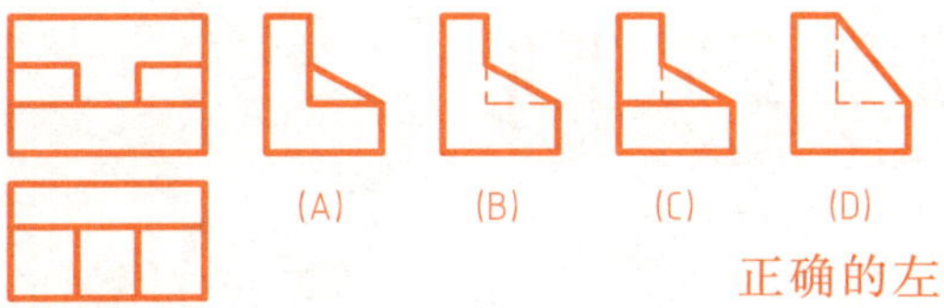


正确的左视图是：________

12. 选择正确的左视图

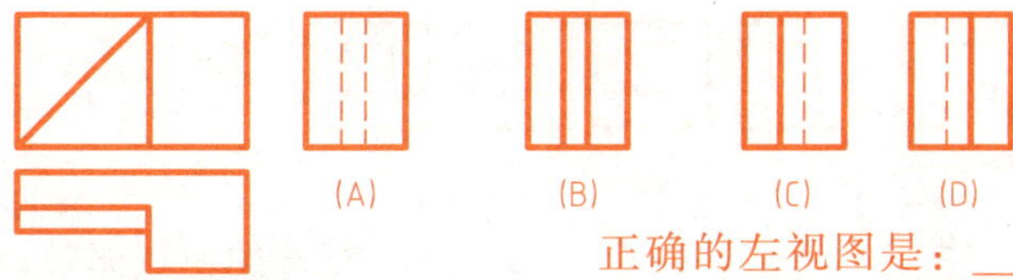


正确的左视图是：________

13. 选择正确的左视图

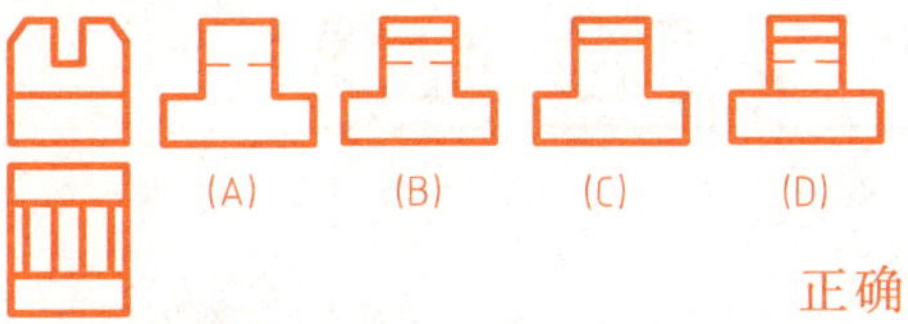


正确的左视图是：________

14. 选择正确的主视图

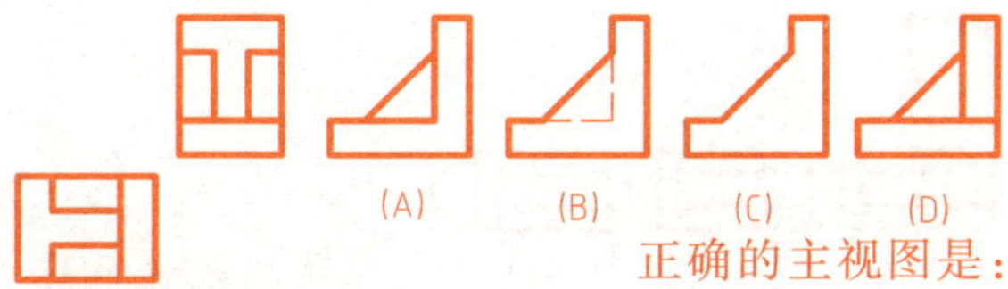


正确的主视图是：________

15. 选择正确的俯视图

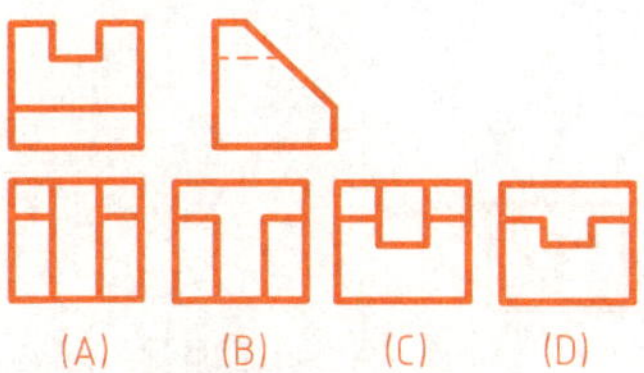


正确的俯视图是：________

16. 选择正确的俯视图

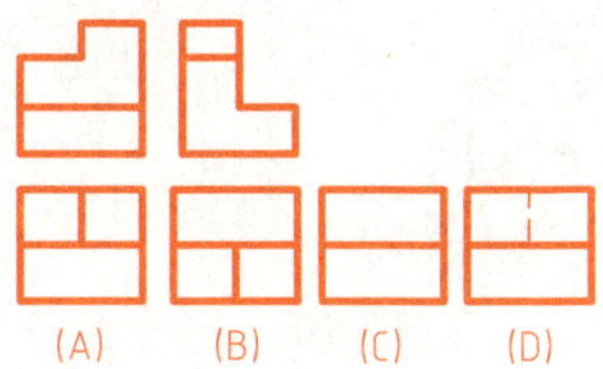


正确的俯视图是：________

| ＊切割体三视图识读训练 | 班级： | 姓名： | 学号： | 分数： |
| --- | --- | --- | --- | --- |

**＊4-24　根据两视图，选择正确的第三视图（续）**

17. 选择正确的左视图

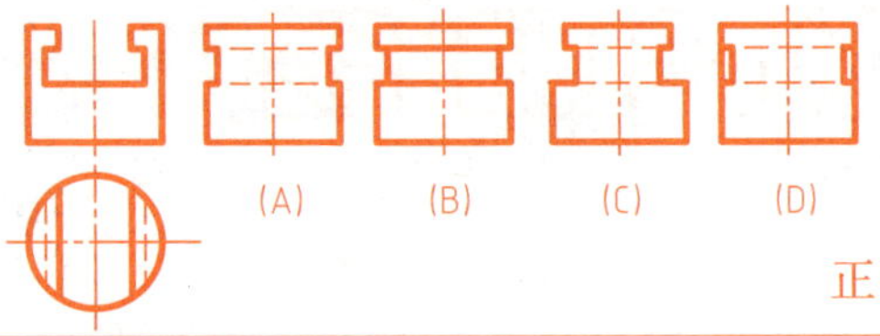


正确的左视图是：________

18. 选择正确的左视图

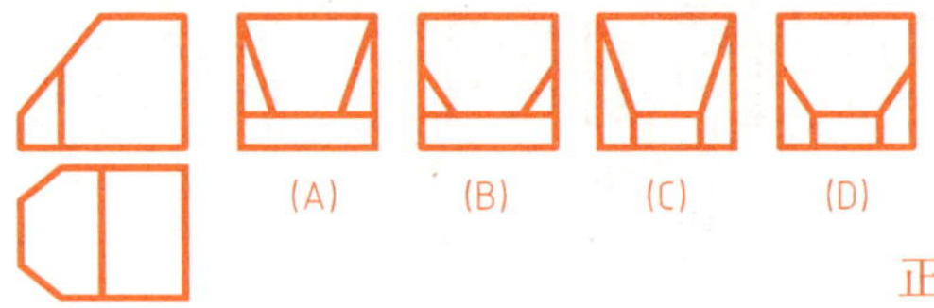


正确的左视图是：________

19. 选择正确的左视图

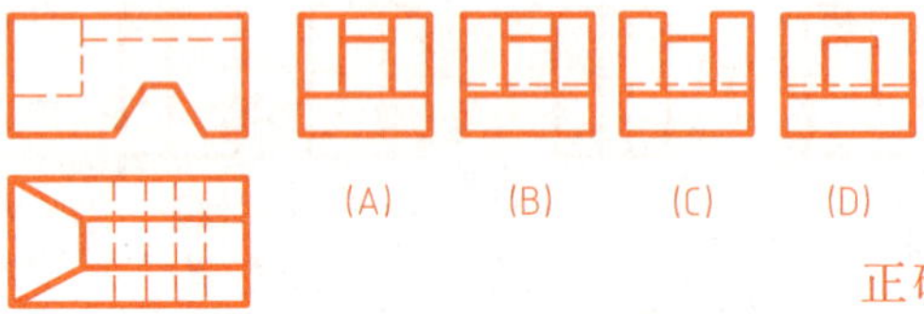


正确的左视图是：________

20. 选择正确的左视图

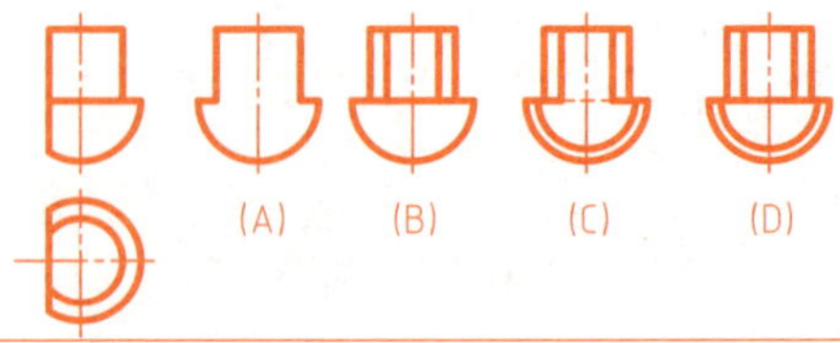


正确的左视图是：________

21. 选择正确的俯视图

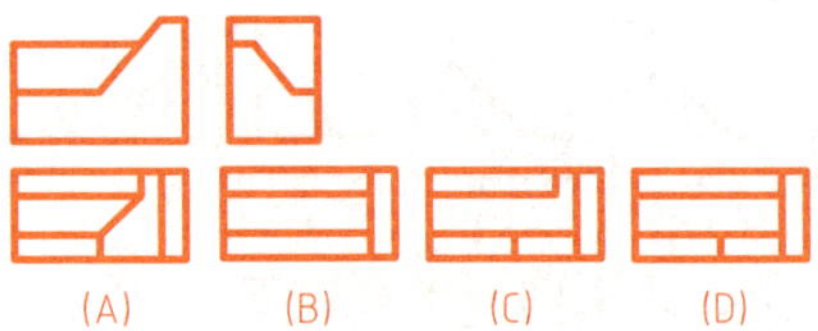


正确的俯视图是：________

22. 选择正确的左视图

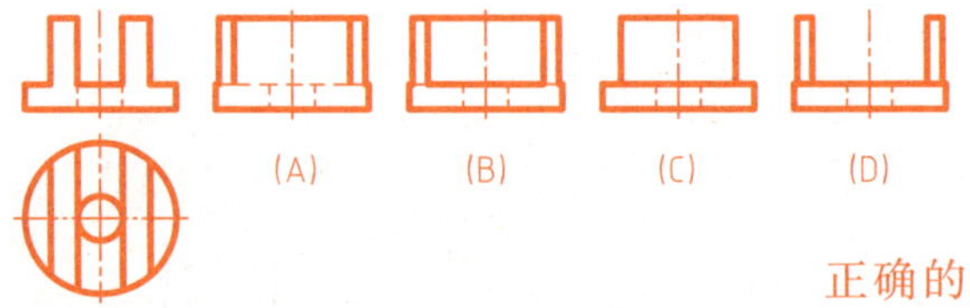


正确的左视图是：________

23. 选择正确的左视图

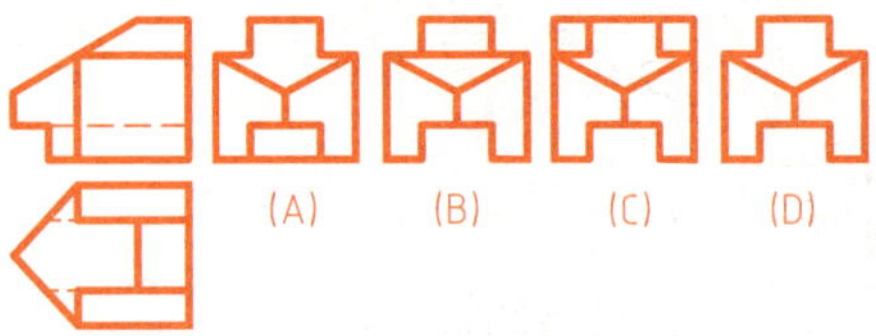


正确的左视图是：________

24. 选择正确的俯视图

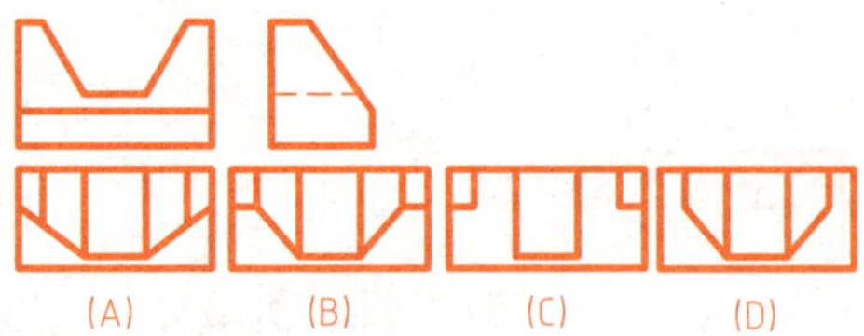


正确的俯视图是：________

# 第 4 章　切割体三视图绘制与识读

| 4.8　切割体的尺寸标注 | 班级： | 姓名： | 学号： | 分数： |
| --- | --- | --- | --- | --- |

**4-25　标注下列形体的尺寸（数值从图中直接量取整数）**

1.

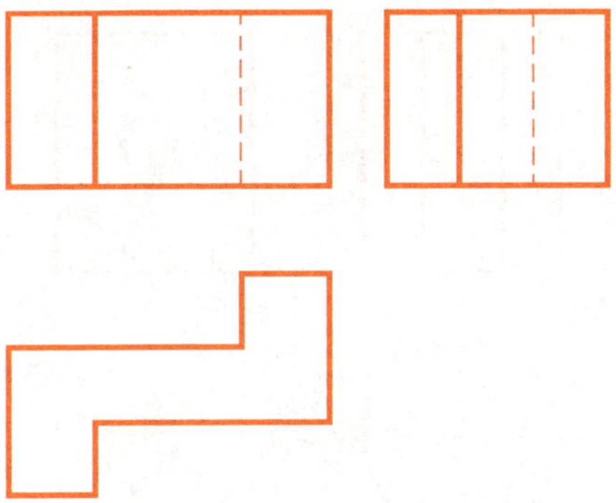

2.

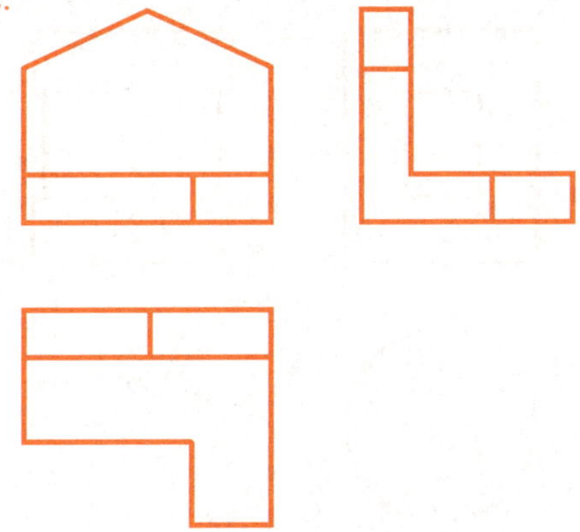

3.

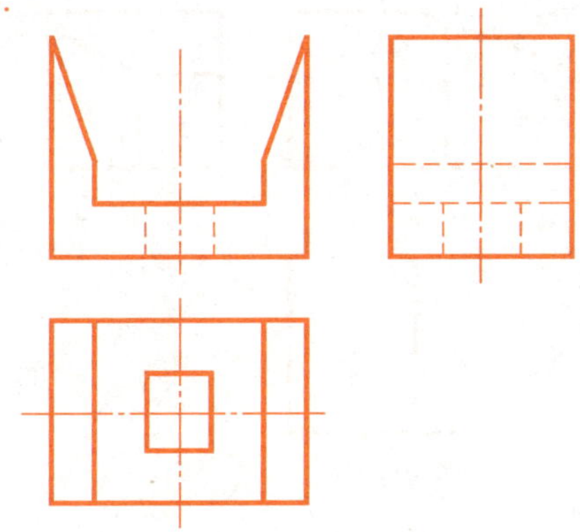

4.

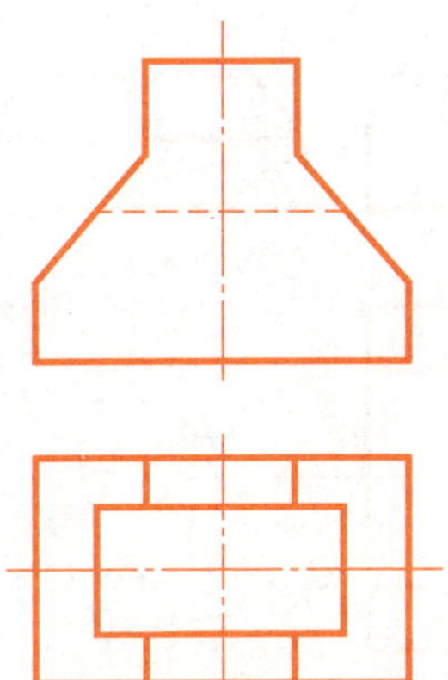

5.

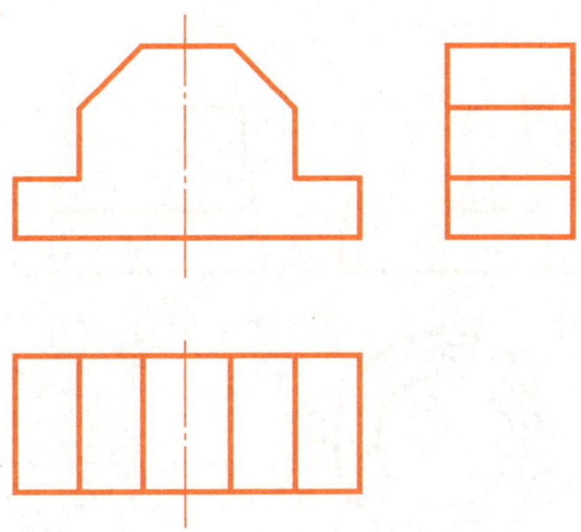

6.

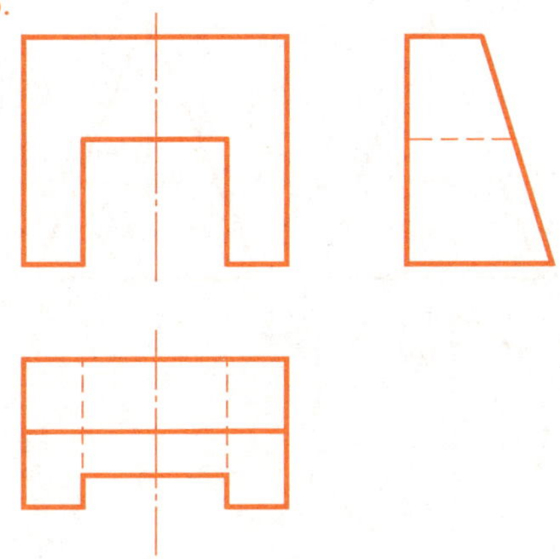

| 4.8　切割体的尺寸标注 | 班级： | 姓名： | 学号： | 分数： |
|---|---|---|---|---|

**4-26　标注下列形体的尺寸（数值从图中直接量取整数）**

1.

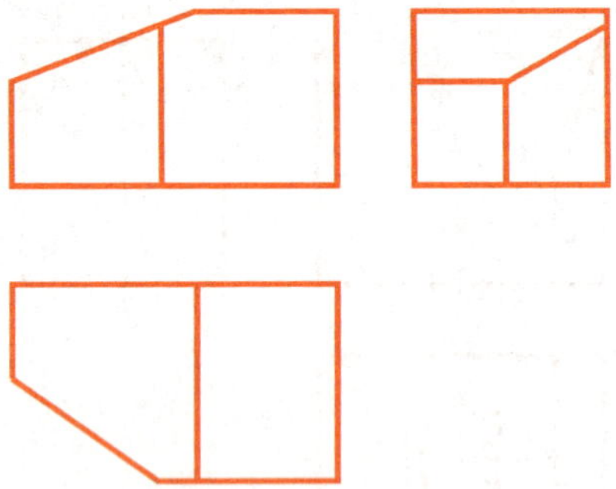

2.

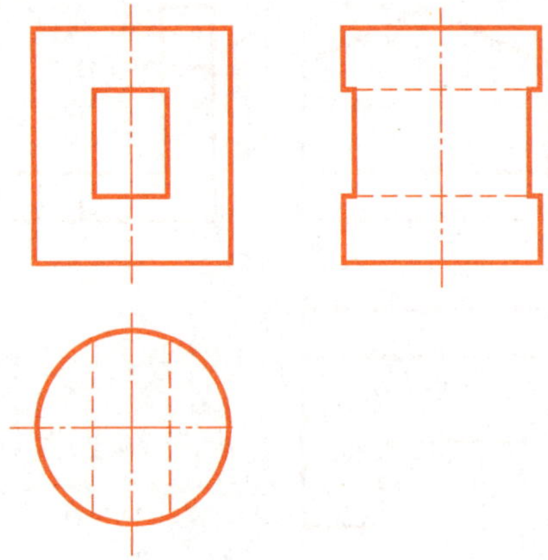

3.

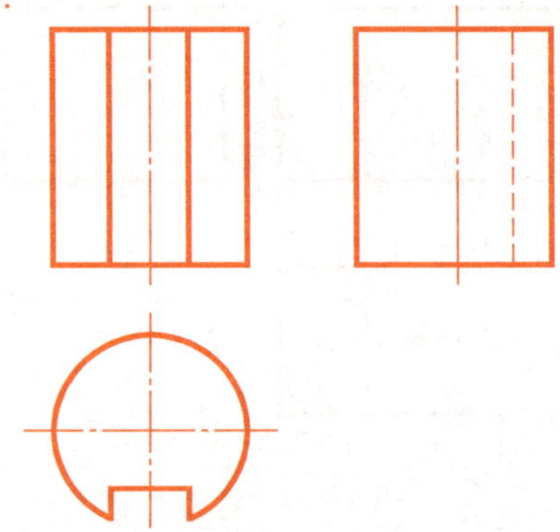

4.

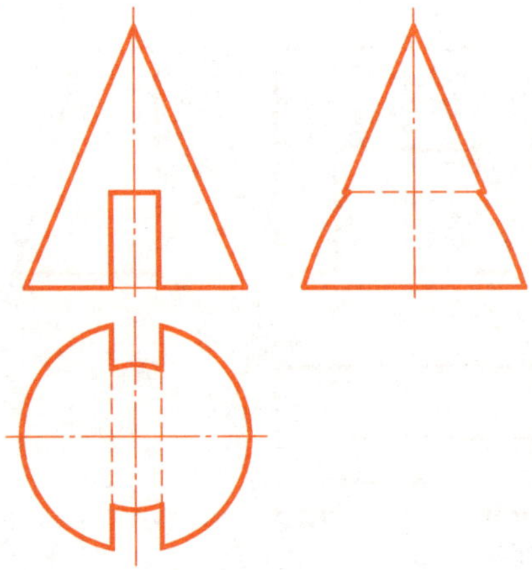

5.

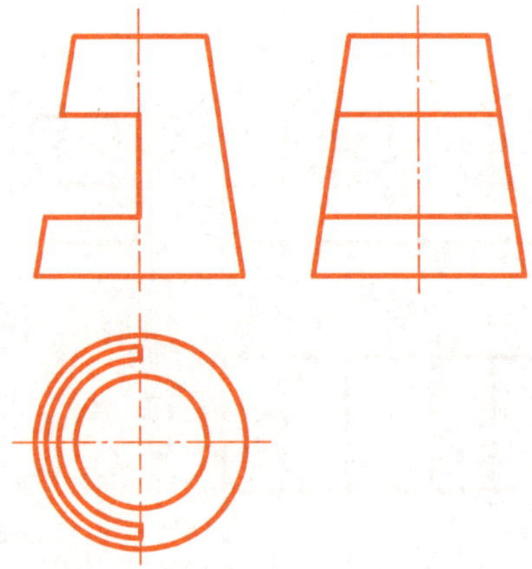

6.

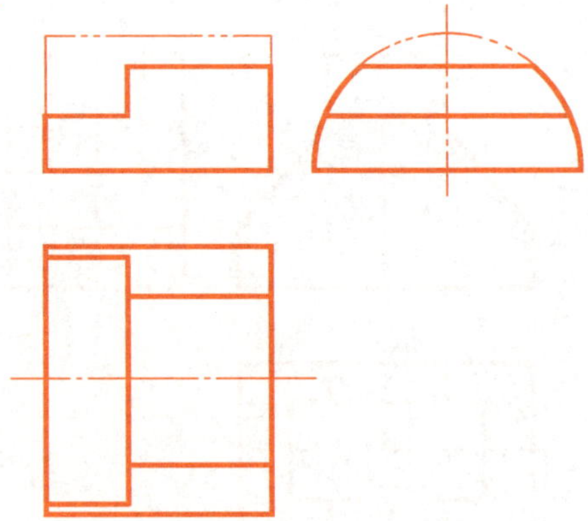

| 4.8　切割体的尺寸标注 | 班级： | 姓名： | 学号： | 分数： |
| --- | --- | --- | --- | --- |

**4-27**　标注下列形体的尺寸（数值从图中直接量取整数）

1.

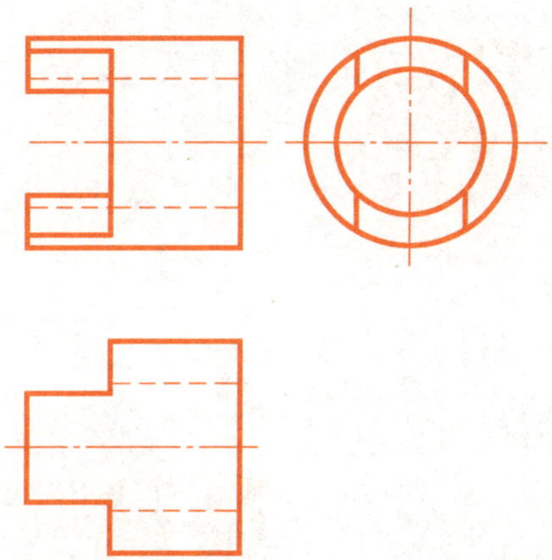

2.

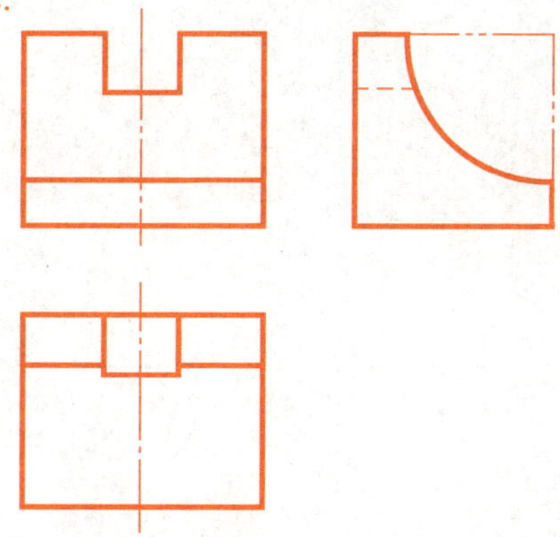

3.

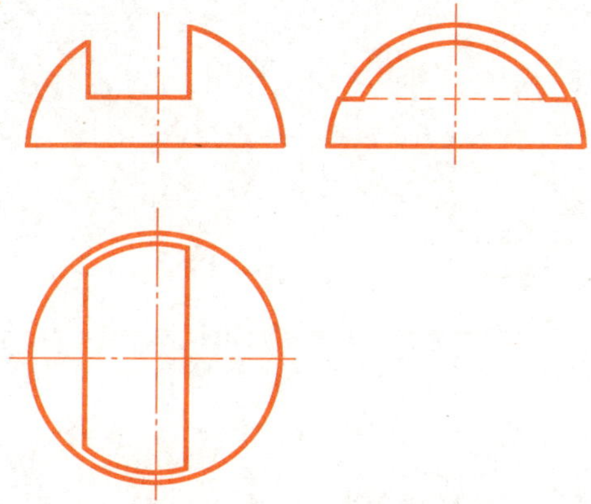

4.

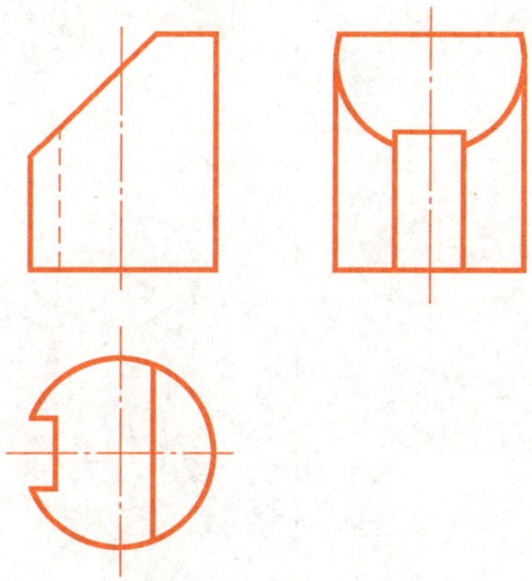

5.

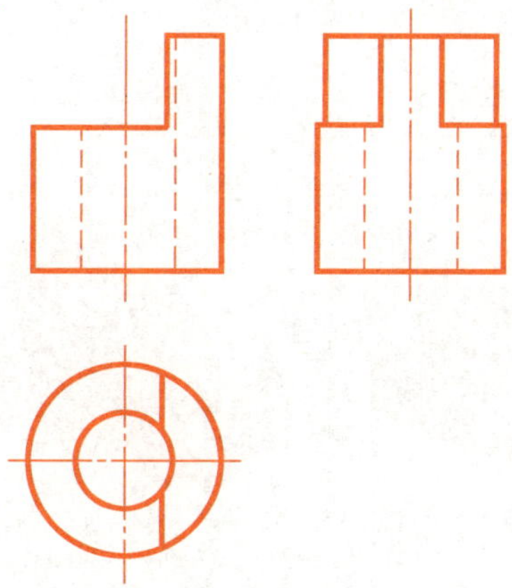

6.

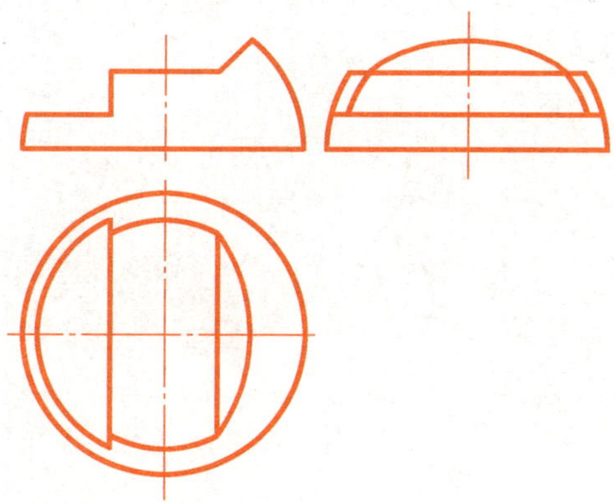

# 第 5 章　组合体三视图绘制与识读

| 5.1　组合体三视图的绘制 | 班级： | 姓名： | 学号： | 分数： |
|---|---|---|---|---|

**5-1　根据组合体立体图与其三视图，将立体图编号填写在对应三视图圆圈中**（若没有对应三视图则不填）（三视图在 P65）

1.

2.

3.
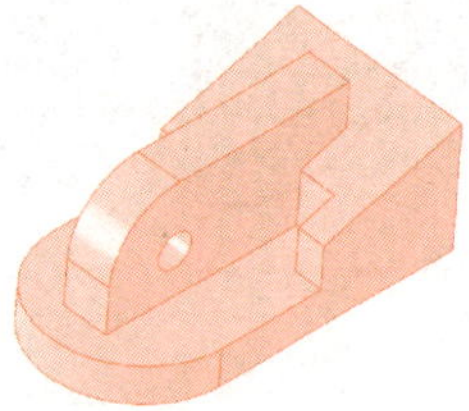

4.

5.

6.

7.

8.

9.

10.

11.

12.

13.
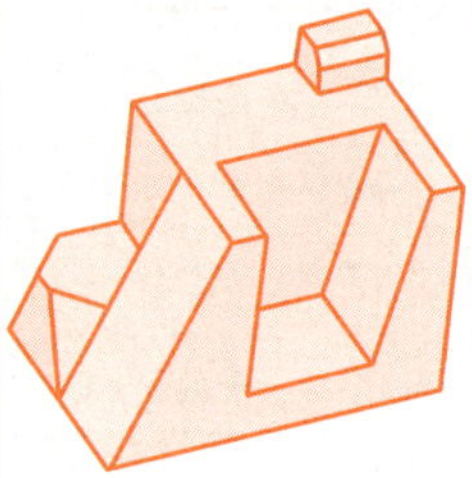

14.

15.

16.

17.

18.

# 第 5 章 组合体三视图绘制与识读

| 5.1 组合体三视图的绘制 | 班级： | 姓名： | 学号： | 分数： |
|---|---|---|---|---|

**5-1 根据组合体立体图与其三视图，将立体图编号填写在对应三视图圆圈中（续）（此页为三视图）**

1.

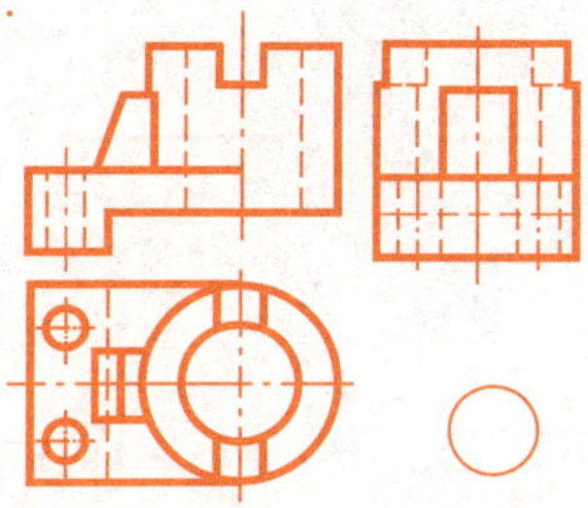

2.

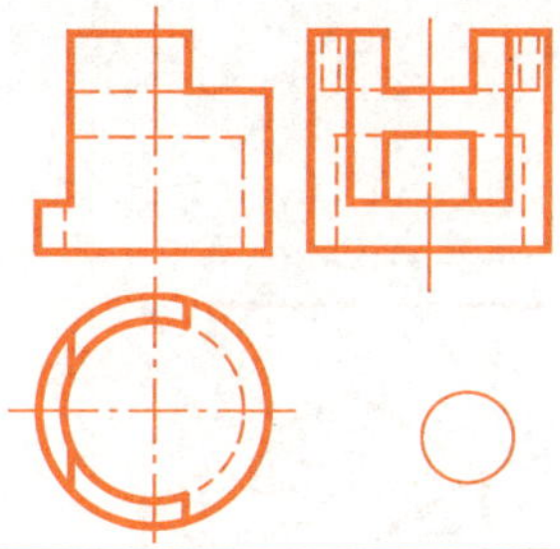

3.

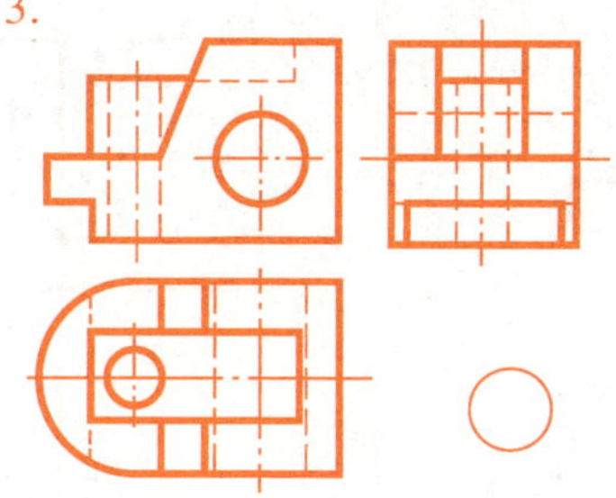

4.

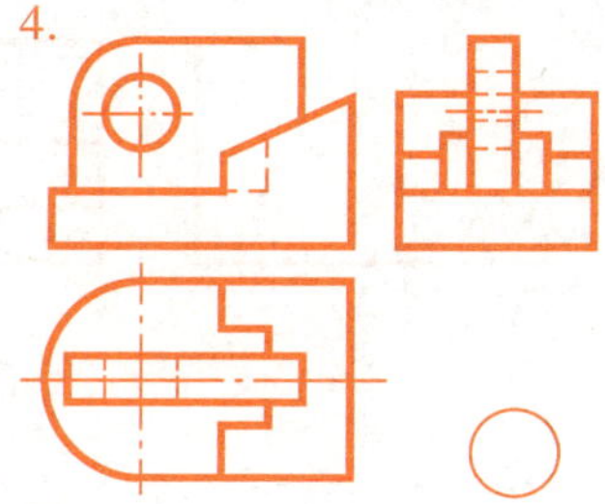

5.

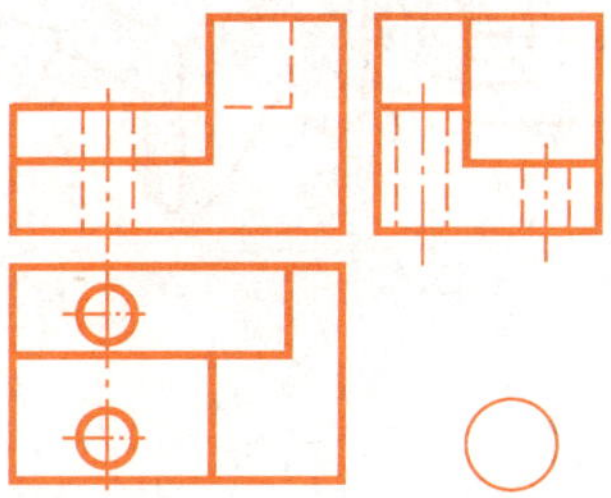

6.

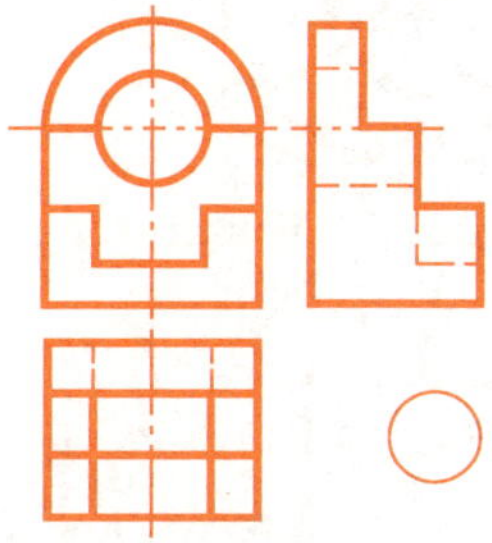

7.

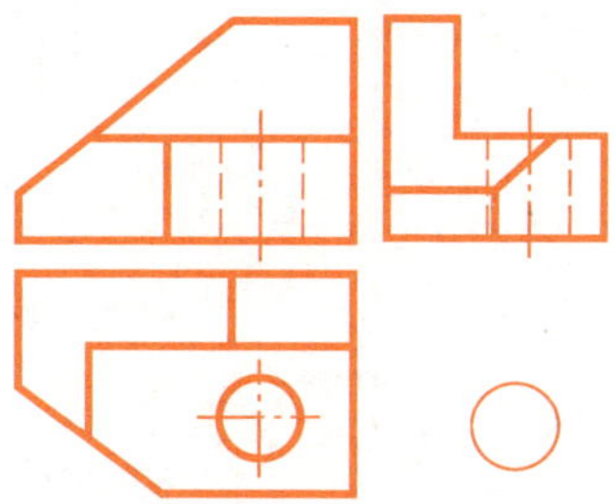

8.

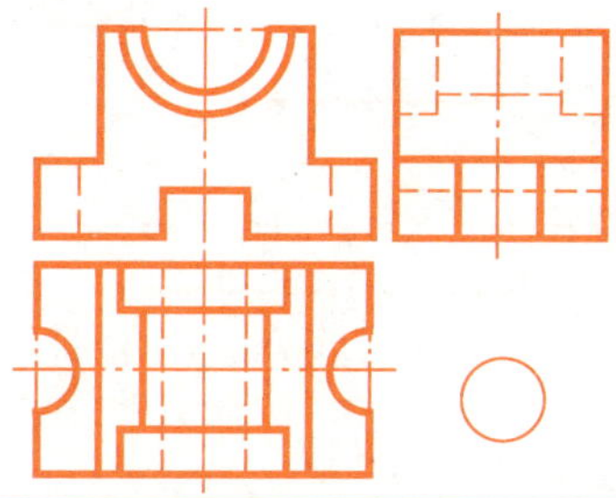

9.

10.

11.

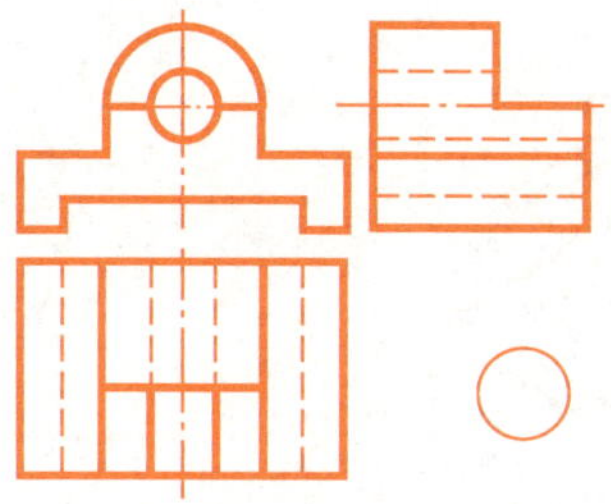

12.

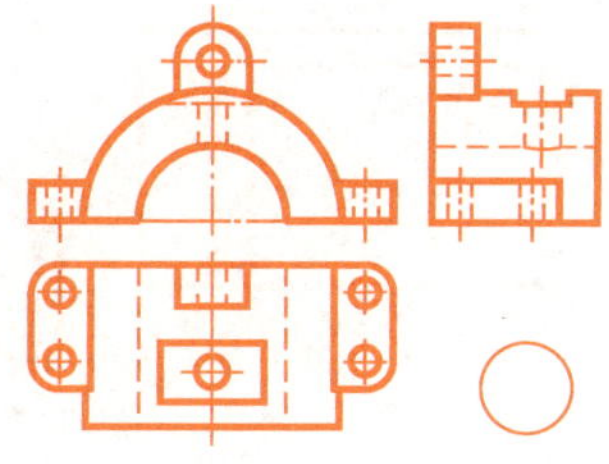

# 第 5 章　组合体三视图绘制与识读

| 5.1　组合体三视图的绘制 | 班级： | 姓名： | 学号： | 分数： |
|---|---|---|---|---|

5-2　根据立体图和一个视图，完成三视图的绘制

1.

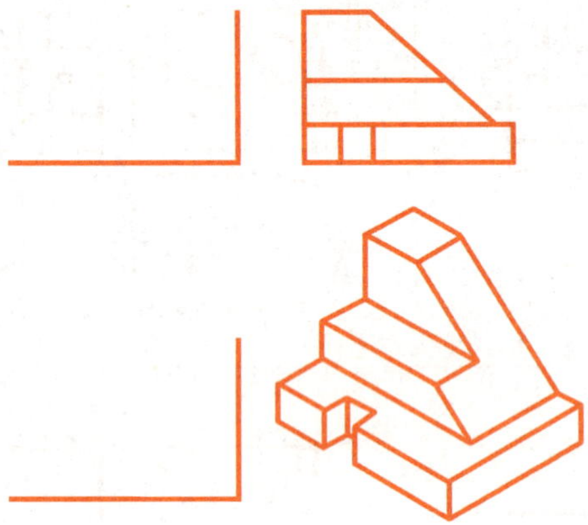

2.

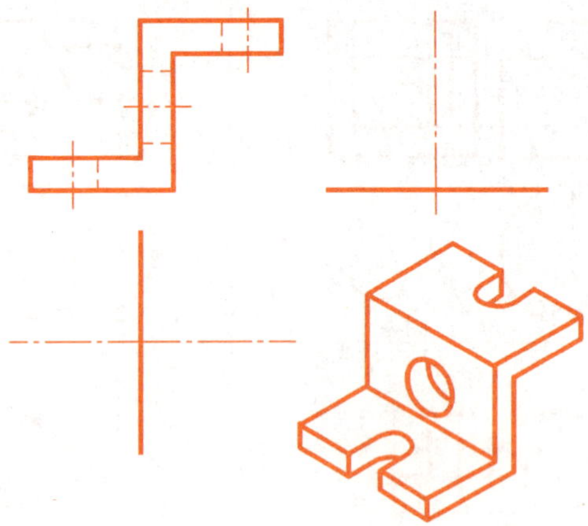

3. 孔为通孔

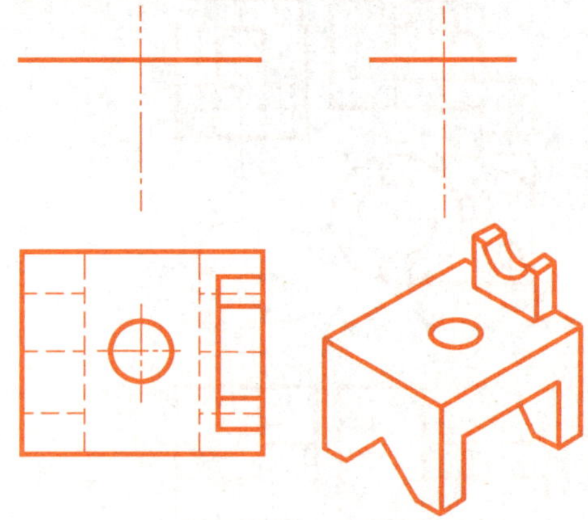

4.

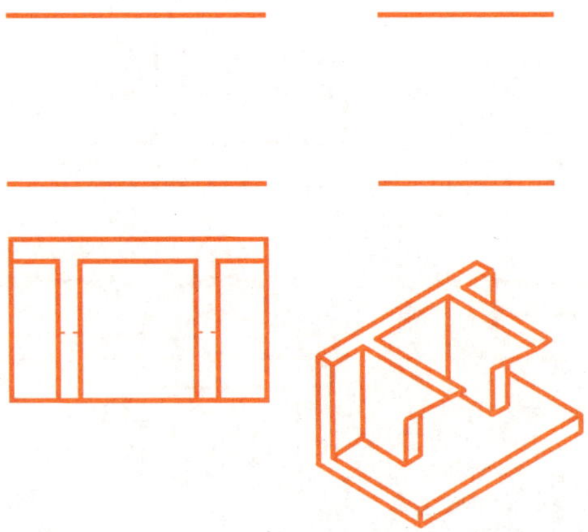

5.

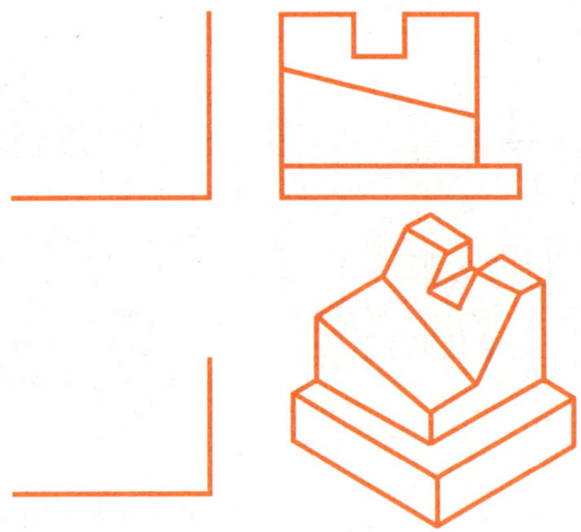

6. 孔为通孔

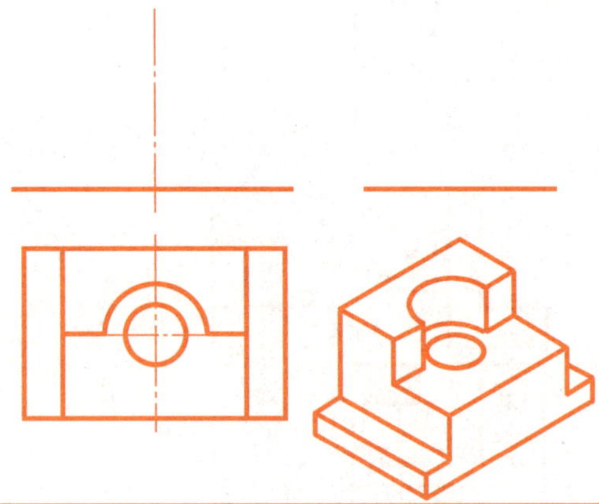

# 第 5 章　组合体三视图绘制与识读

| 5.1　组合体三视图的绘制 | 班级： | 姓名： | 学号： | 分数： |
|---|---|---|---|---|

**5-3　根据组合体的立体图和两个视图，绘制第三视图**

1.

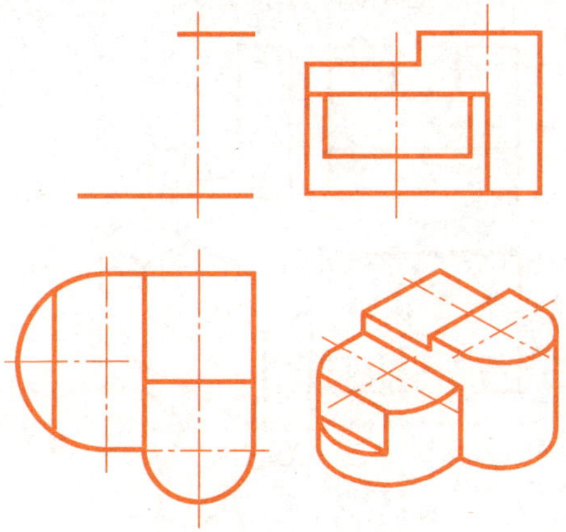

2.

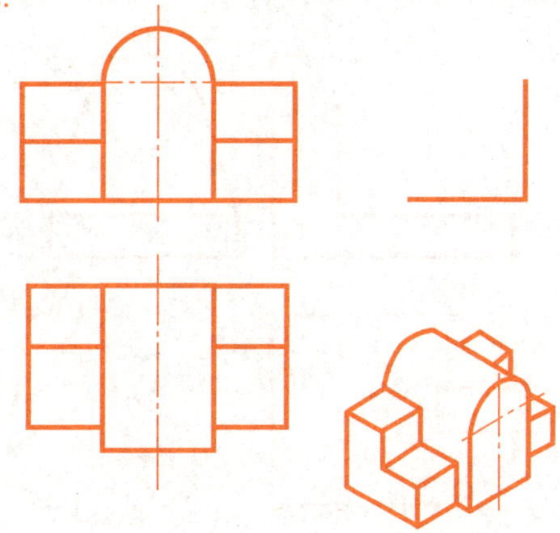

3.

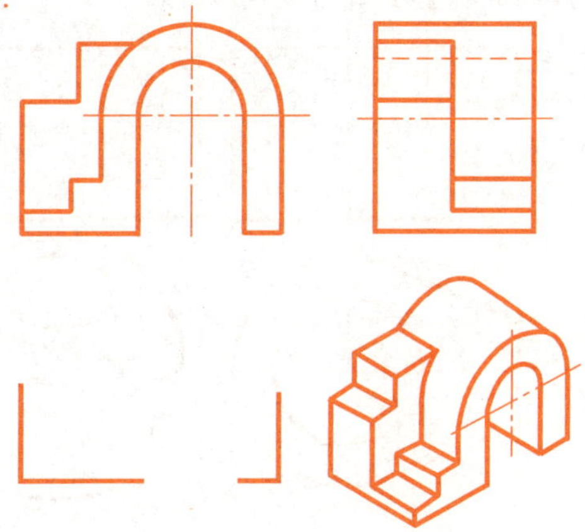

4.

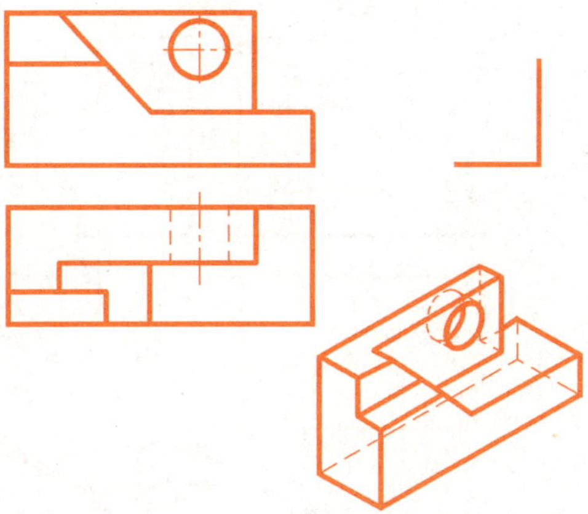

5.

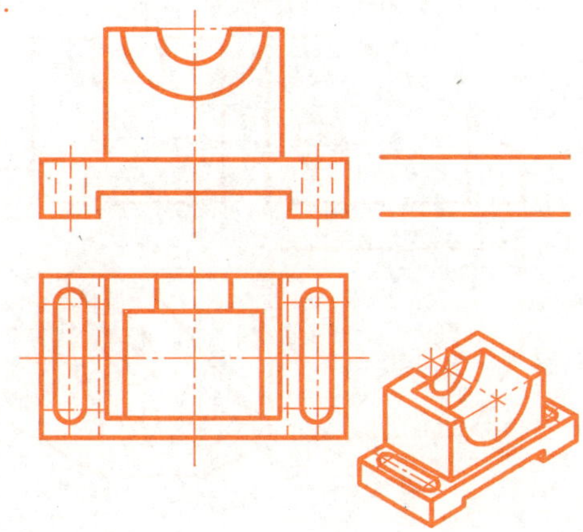

6.

# 第 5 章　组合体三视图绘制与识读

| 5.1　组合体三视图的绘制 | 班级： | 姓名： | 学号： | 分数： |
|---|---|---|---|---|

**5-4　根据组合体的立体图和不完整视图，补画视图中所缺的图线**

1. 补全主视图与左视图

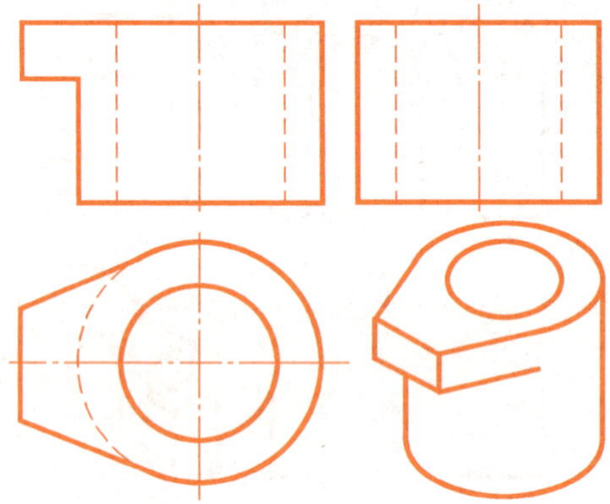

2. 补全主视图与左视图

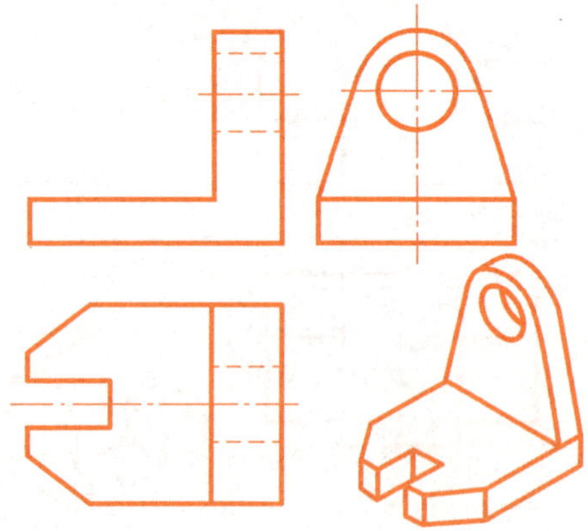

3. 补全主视图与俯视图

4. 补全俯视图与左视图

5. 补全俯视图与左视图

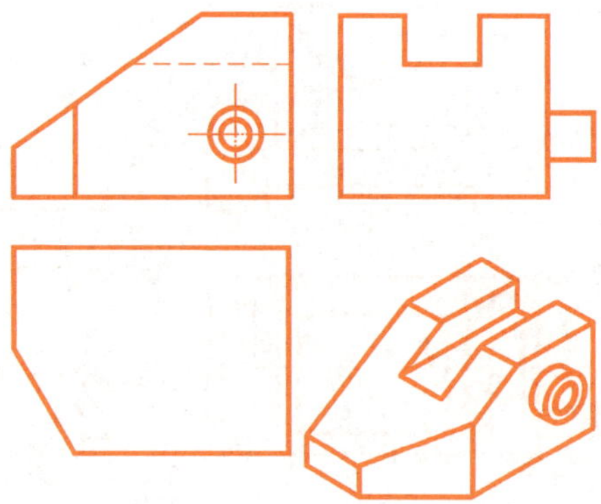

6. 补全俯视图与左视图

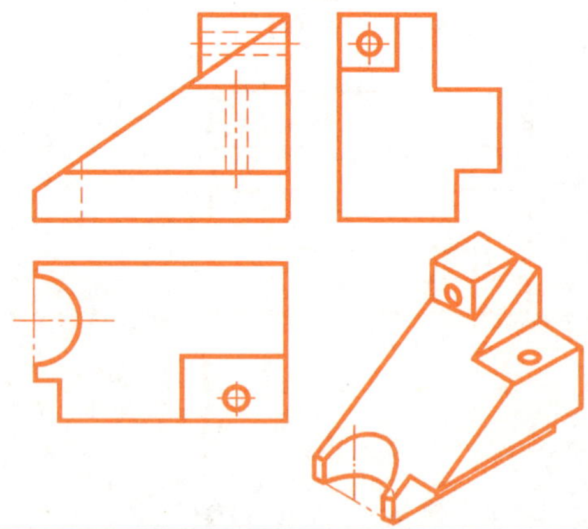

# 第 5 章　组合体三视图绘制与识读

| 5.1　组合体三视图的绘制 | 班级： | 姓名： | 学号： | 分数： |
|---|---|---|---|---|

**5-5　根据组合体轴测图与一面视图，在空白图纸上绘制其三视图**（注：都为通孔、通槽）（绘图时，不用测量原图尺寸）

1.

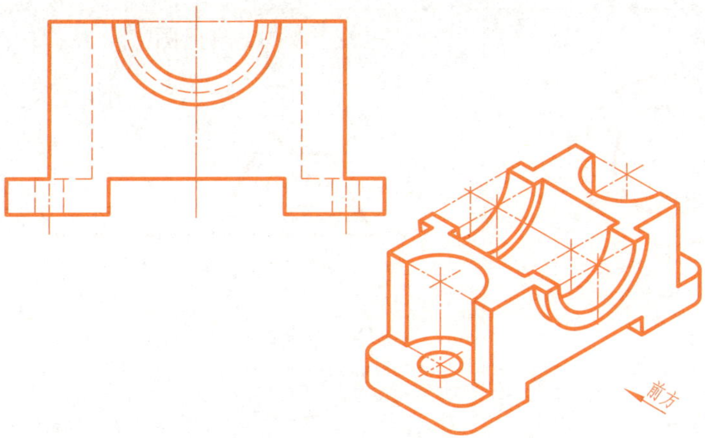


2.

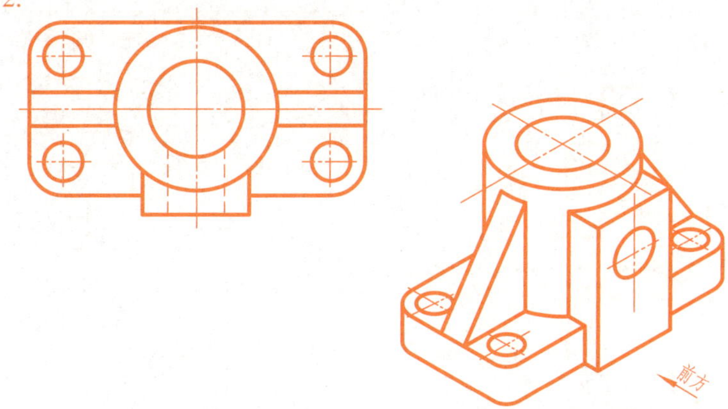


3.

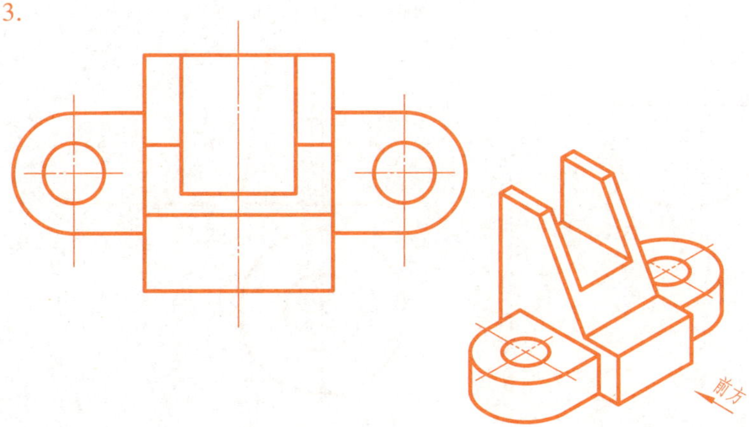


4.

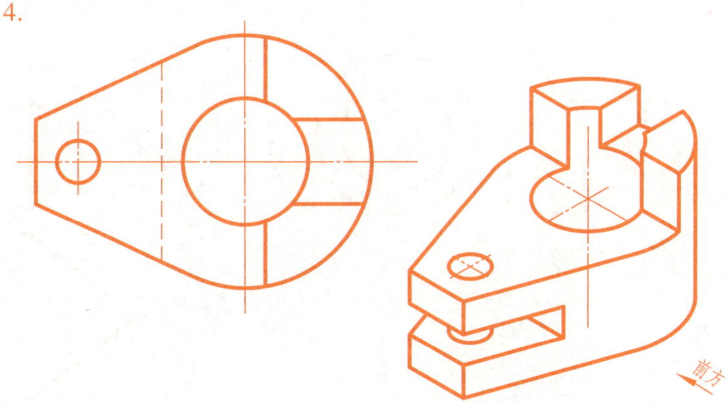

# 第 5 章　组合体三视图绘制与识读

| 5.2　组合切割体三视图的绘制 | 班级： | 姓名： | 学号： | 分数： |
| --- | --- | --- | --- | --- |

*5-6　根据不完整视图想象空间形状，补全三视图

1. 补全左视图

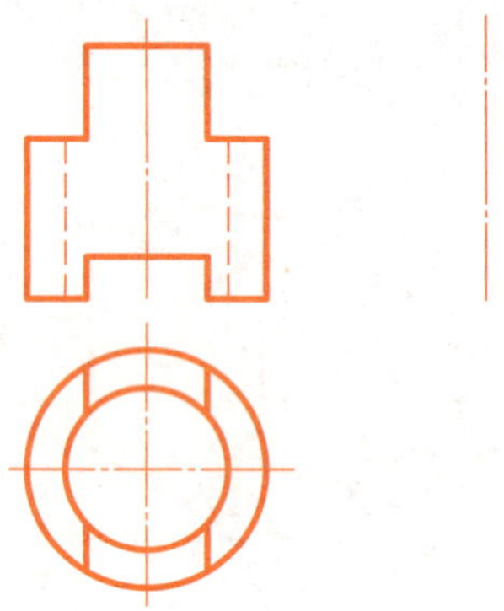

2. 补全俯视图

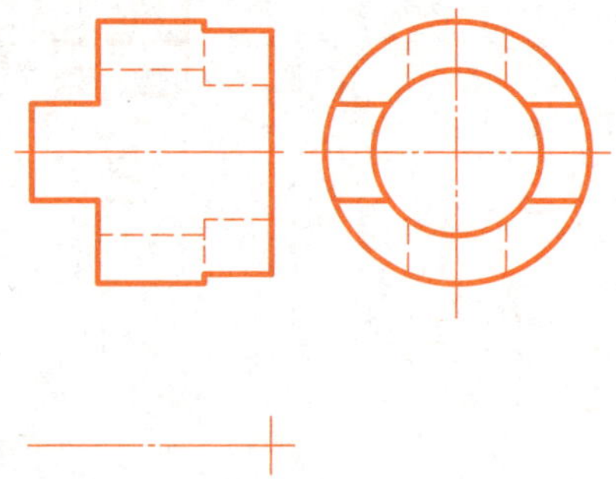

3. 补全左视图与俯视图

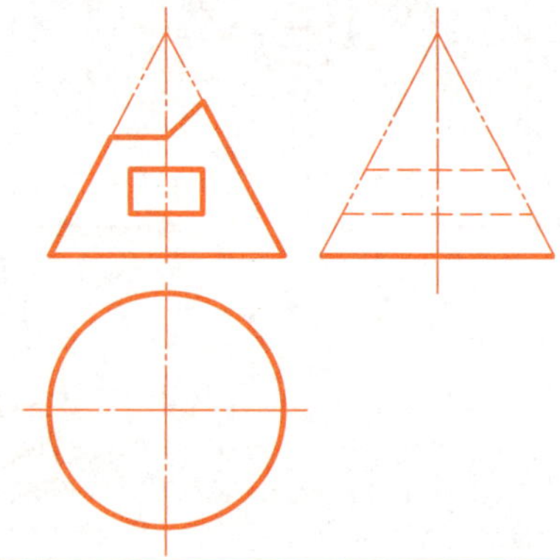

4. 补全俯视图

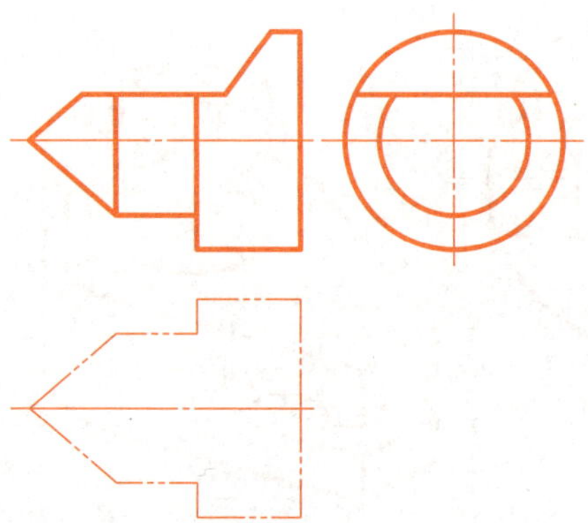

5. 补全俯视图

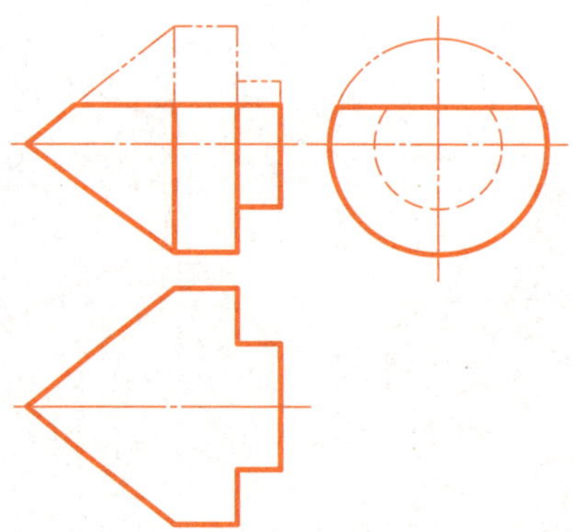

6. 补全左视图与俯视图

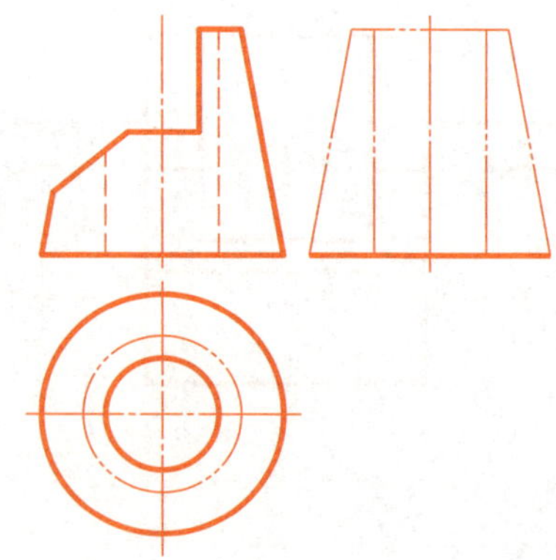

# 第 5 章　组合体三视图绘制与识读

| 5.3　相贯体的三视图绘制 | 班级： | 姓名： | 学号： | 分数： |
| --- | --- | --- | --- | --- |

**5-7　画相贯线完成三视图**（注：求点的投影时可以只求特殊点的投影）

1.

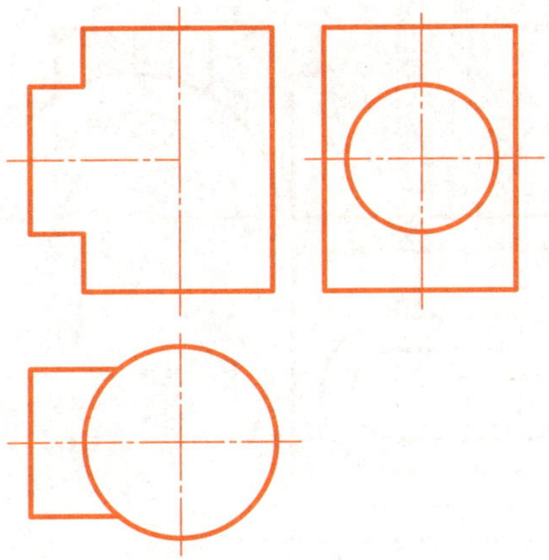

2.

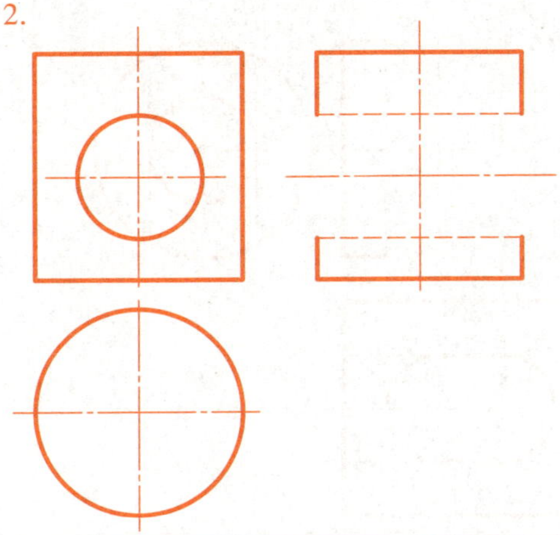

3.

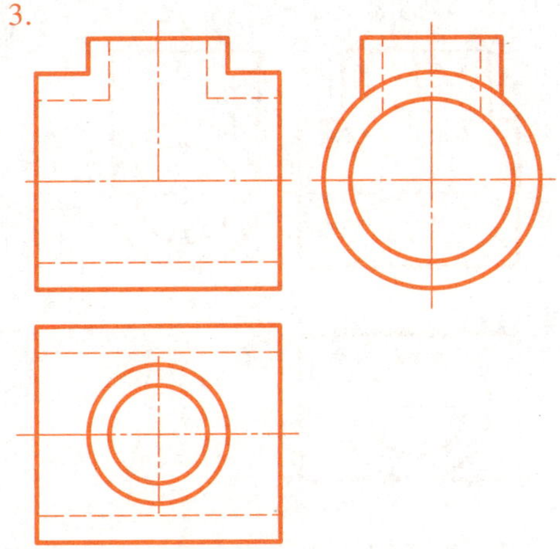

4.

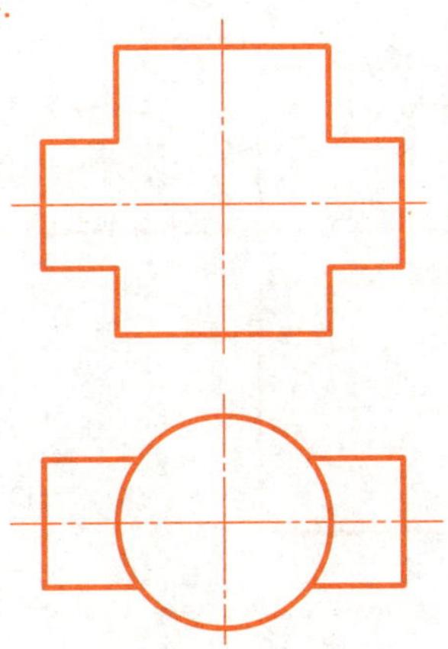

5.

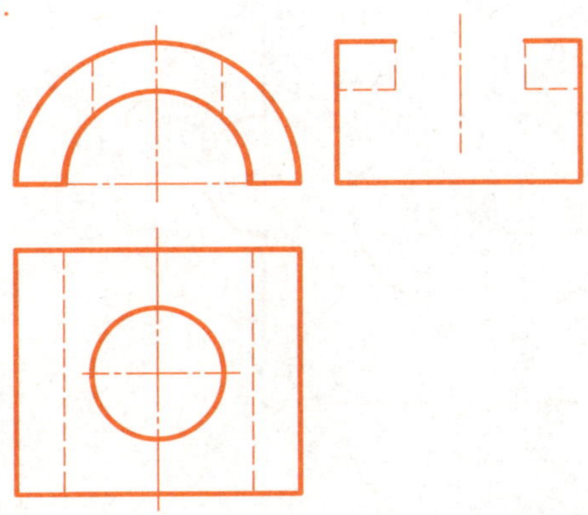

6.

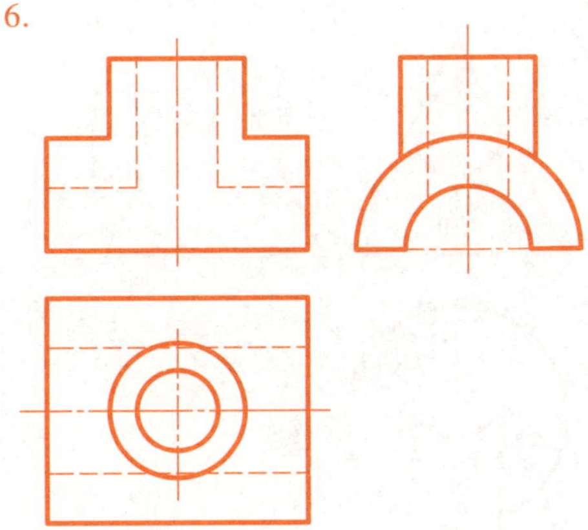

| 5.3　相贯体的三视图绘制 | 班级： | 姓名： | 学号： | 分数： |
|---|---|---|---|---|

**5-8　画相贯线完成三视图**（提示：注意相贯线的特殊画法）

1.

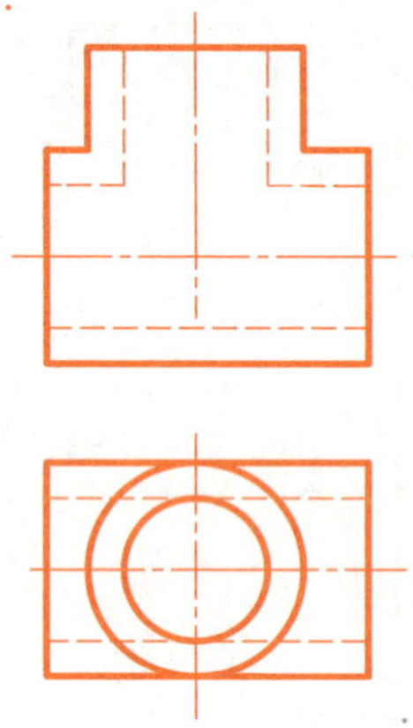

2.

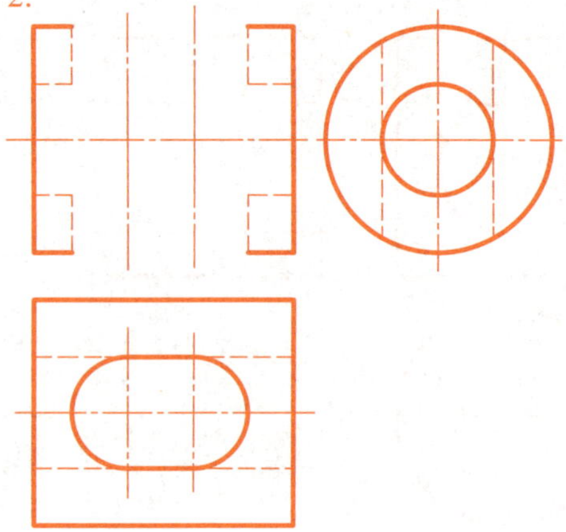

3.

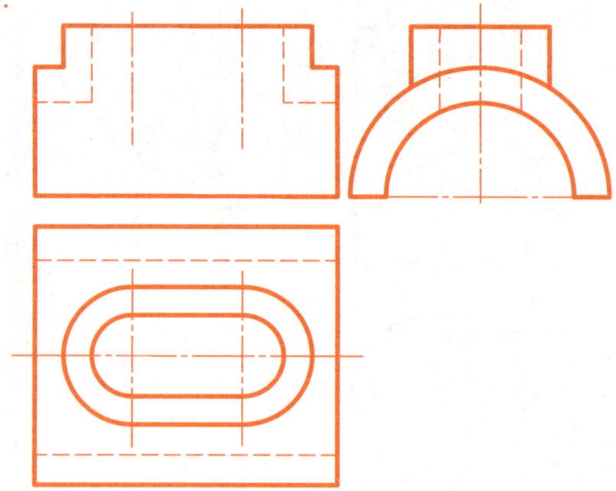

4.

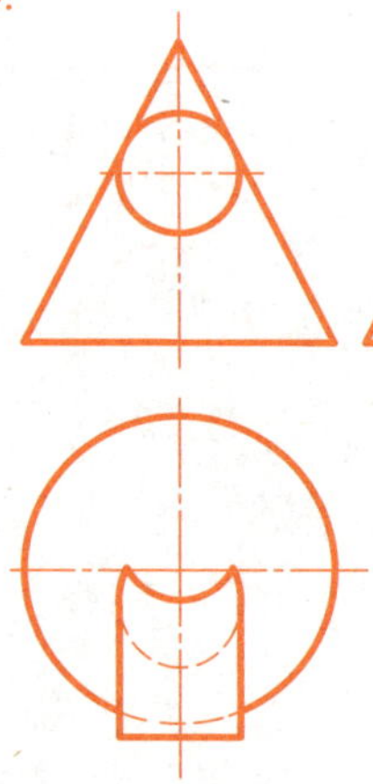

5.

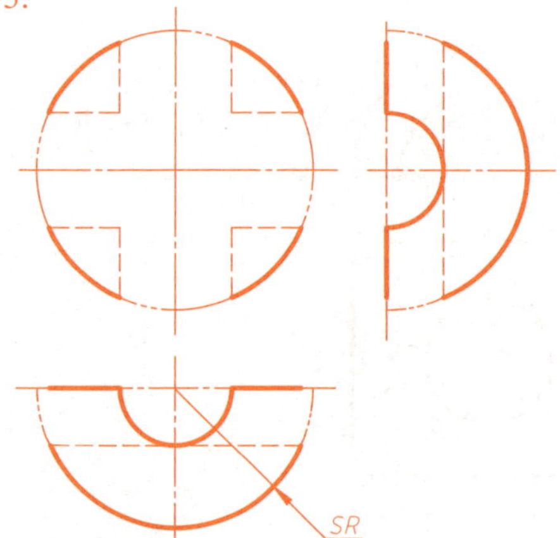


6.

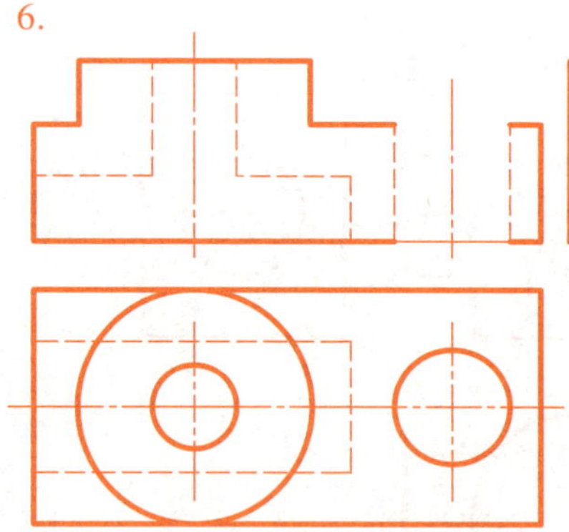

# 第 5 章　组合体三视图绘制与识读

| 5.4　组合体三视图识读 | 班级： | 姓名： | 学号： | 分数： |
| --- | --- | --- | --- | --- |

**5-9　根据两个完整视图，补全第三视图**（选择正确的视图）

1. 选择正确的左视图

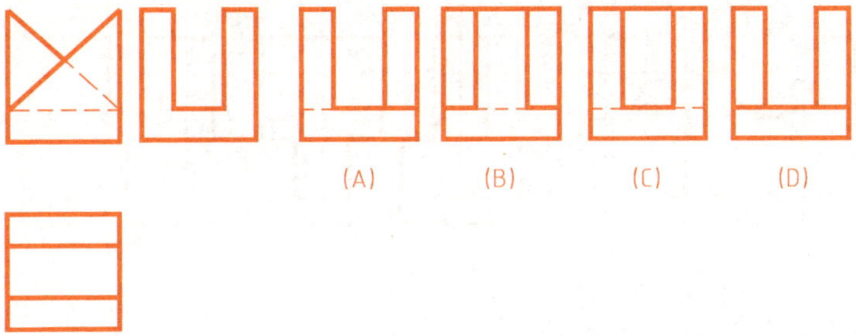


正确的左视图是：________

2. 选择正确的左视图

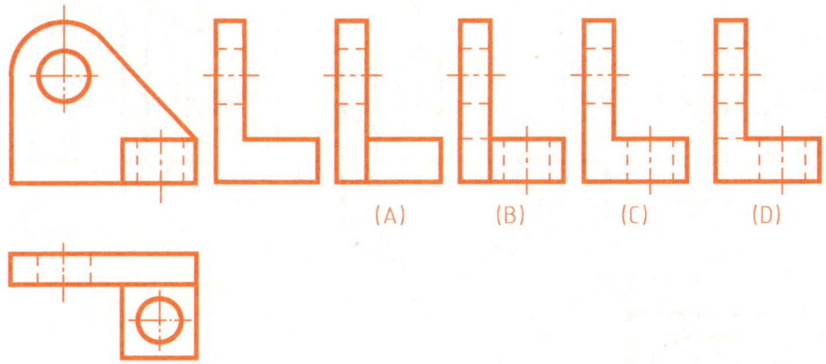


正确的左视图是：________

3. 选择正确的左视图

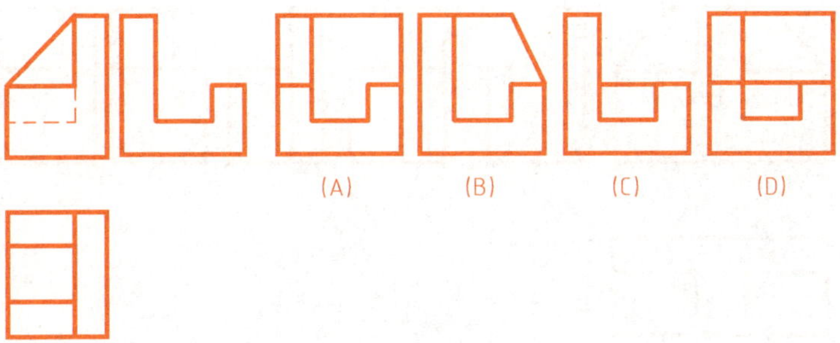


正确的左视图是：________

4. 选择正确的左视图

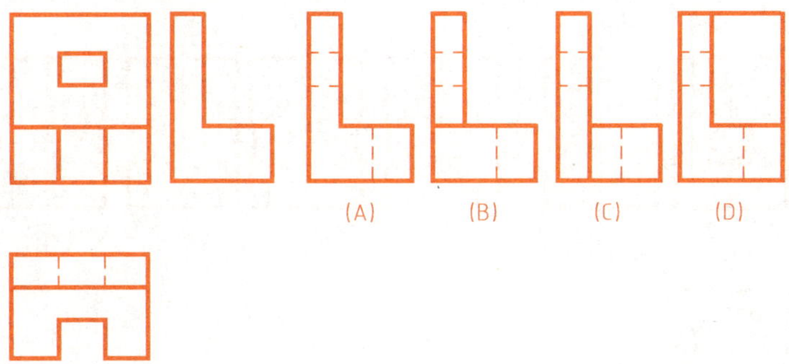


正确的左视图是：________

| 5.4　组合体三视图识读 | 班级： | 姓名： | 学号： | 分数： |
|---|---|---|---|---|

**5-9　根据两个完整视图，补全第三视图（选择正确的视图）（续）**

5. 选择正确的左视图

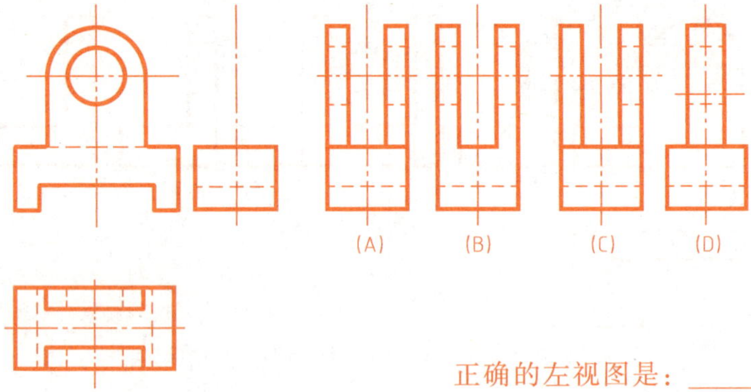


正确的左视图是：________

6. 选择正确的左视图

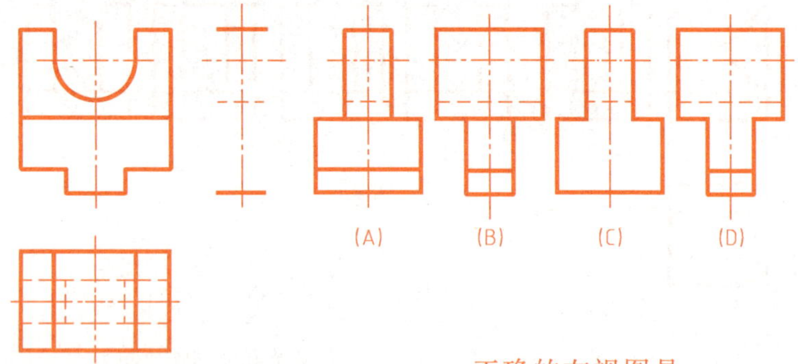


正确的左视图是：________

7. 选择正确的左视图

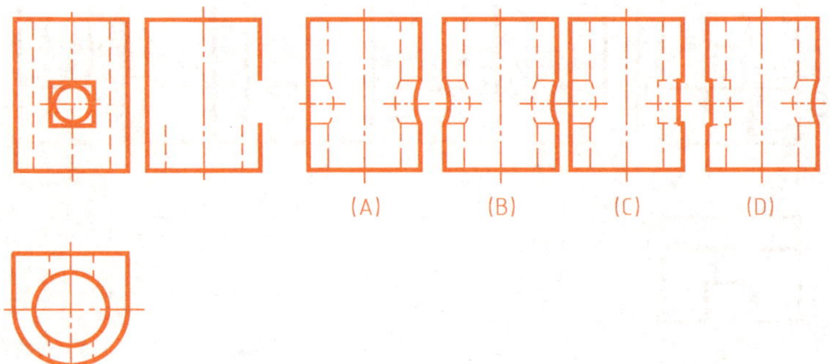


正确的左视图是：________

8. 选择正确的左视图

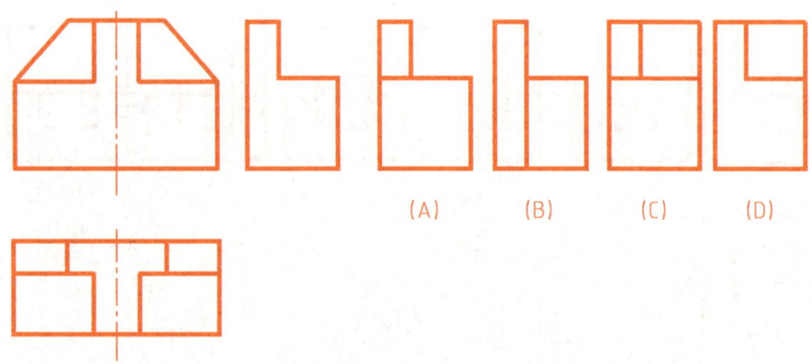


正确的左视图是：________

| 5.4　组合体三视图识读 | 班级： | 姓名： | 学号： | 分数： |
| --- | --- | --- | --- | --- |

**5-9　根据两个完整视图，补全第三视图（选择正确的视图）（续）**

9. 选择正确的主视图

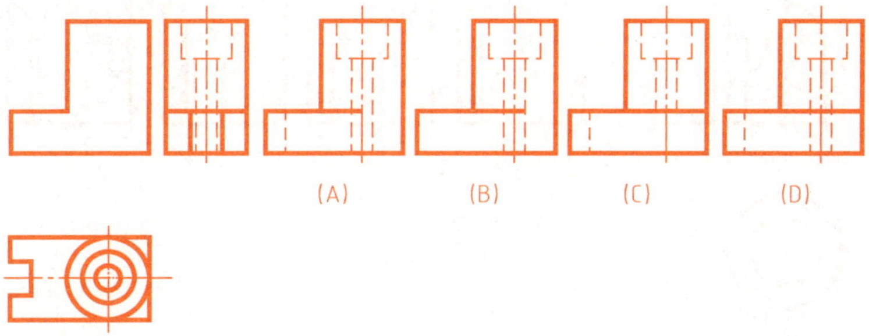


正确的主视图是：________

10. 选择正确的主视图

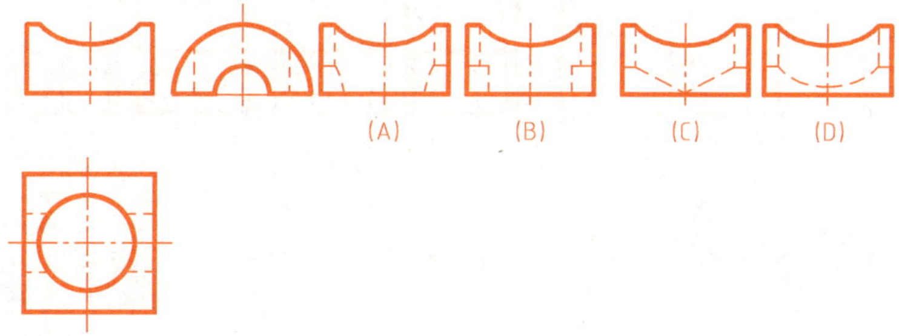


正确的主视图是：________

11. 选择正确的主视图

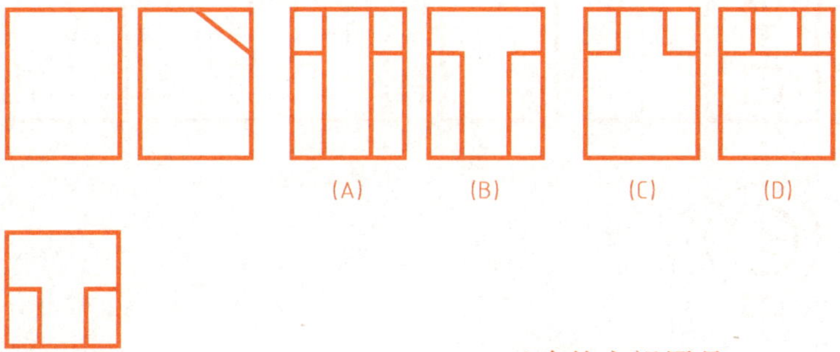


正确的主视图是：________

12. 选择正确的左视图

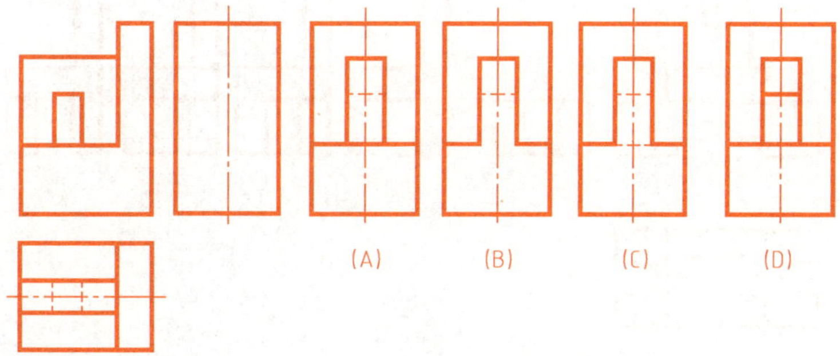


正确的左视图是：________

| 5.4　组合体三视图识读 | 班级： | 姓名： | 学号： | 分数： |
|---|---|---|---|---|

**5-9　根据两个完整视图，补全第三视图**（选择正确的视图）（续）

13. 选择正确的左视图

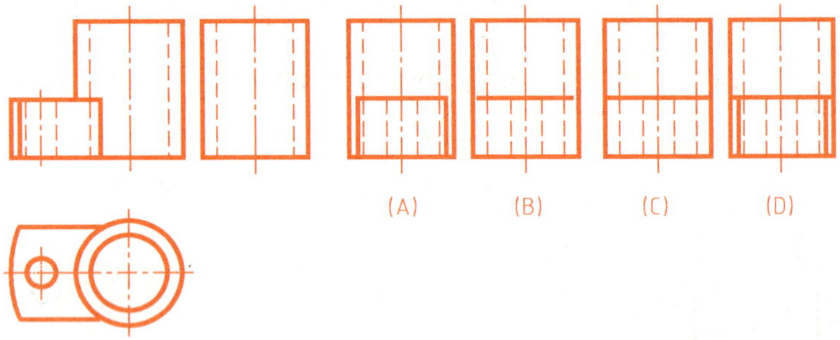


正确的左视图是：________

14. 选择正确的左视图

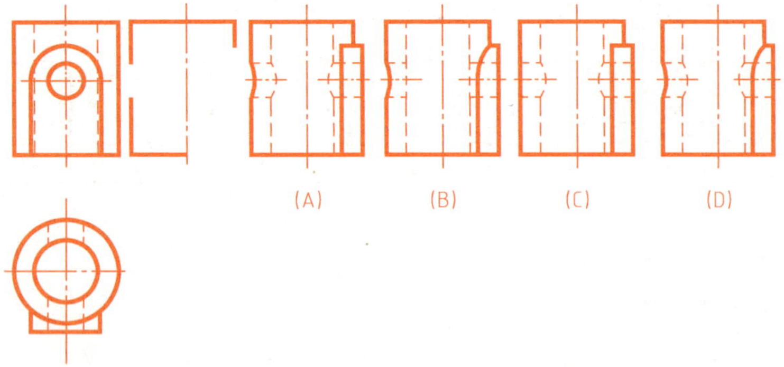


正确的左视图是：________

15. 选择正确的左视图

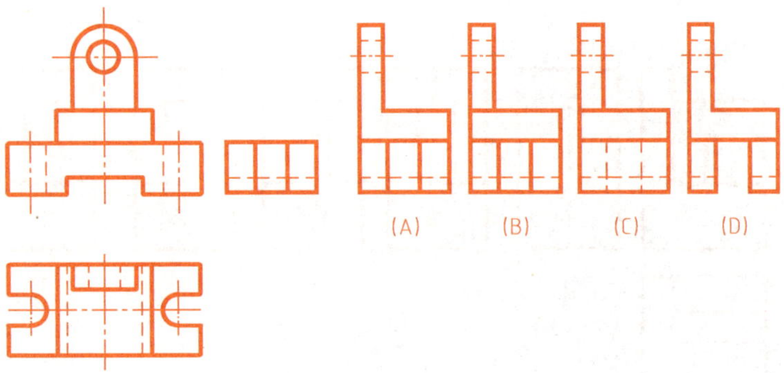


正确的左视图是：________

16. 选择正确的左视图

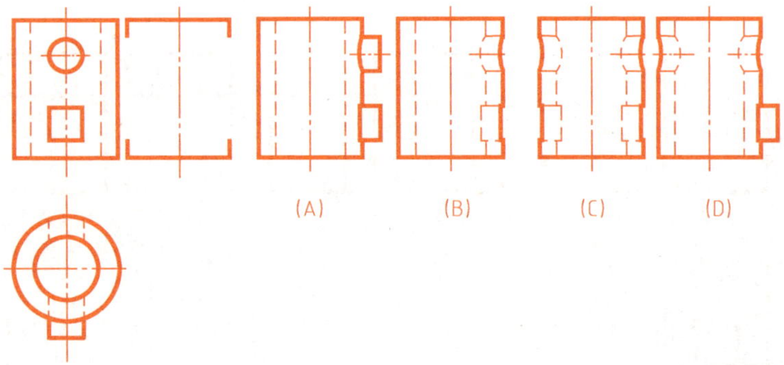


正确的左视图是：________

| 5.4　组合体三视图识读 | 班级： | 姓名： | 学号： | 分数： |
|---|---|---|---|---|

**5-10　根据组合体的两视图，补全第三视图**

1.

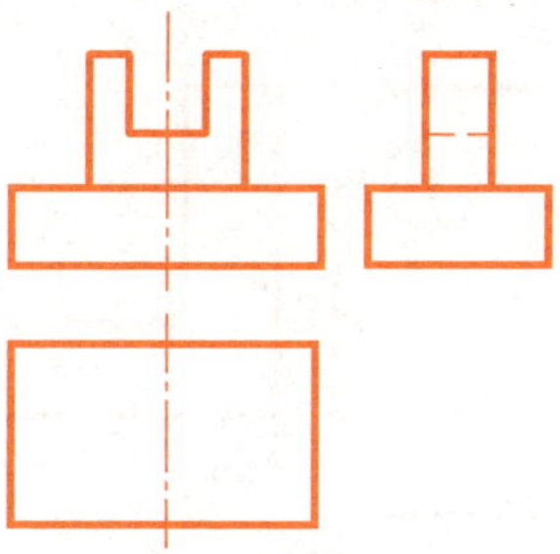

2.

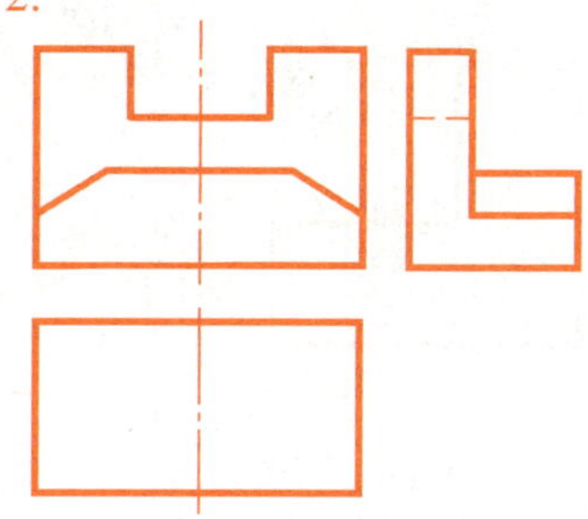

3.

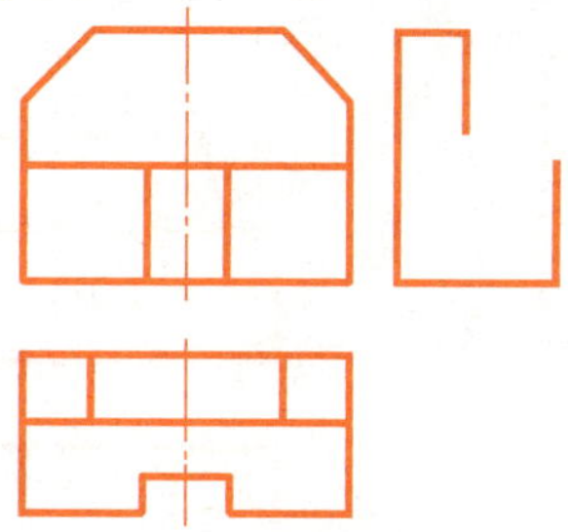

4.

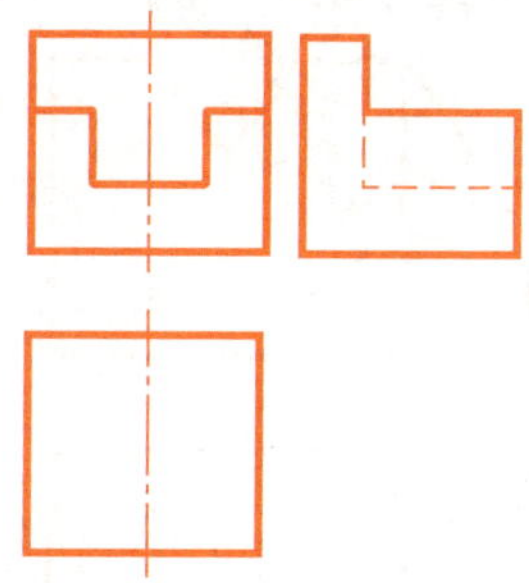

5.

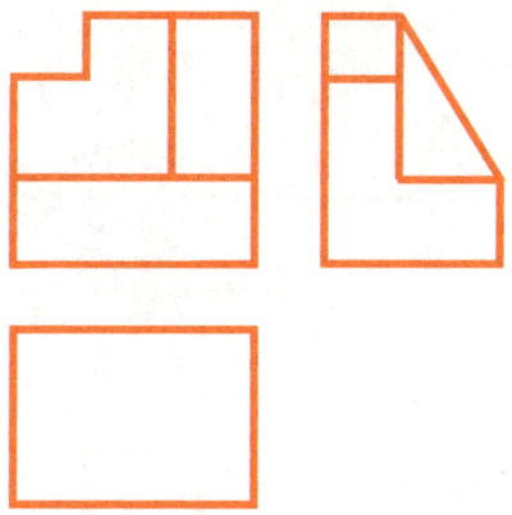

6.

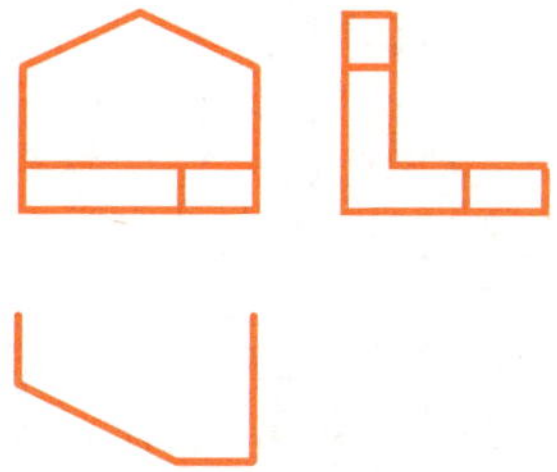

7.

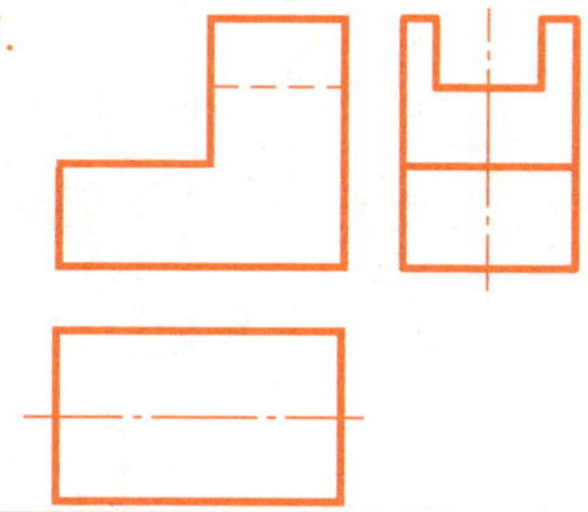

8.

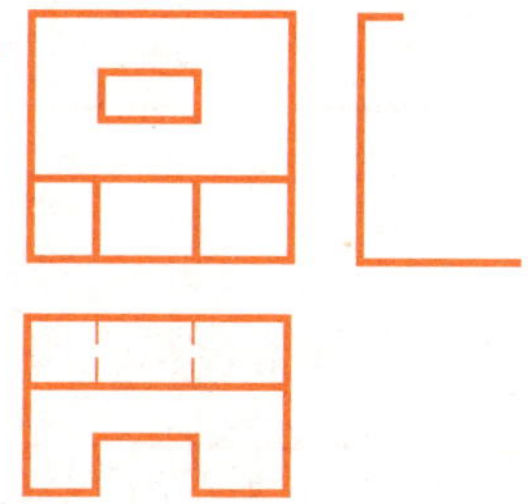

9.

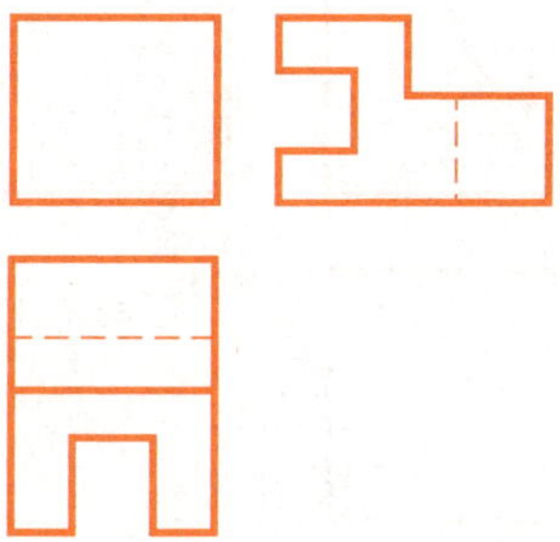

10.

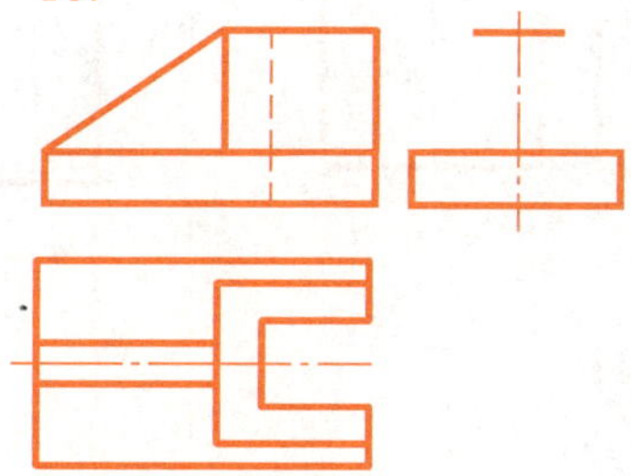

11.

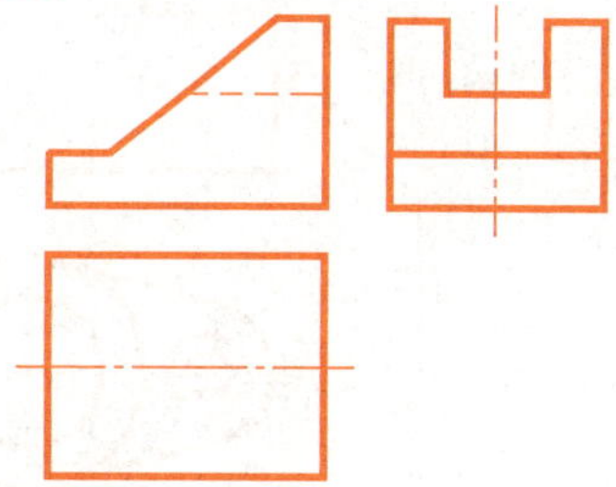

12.

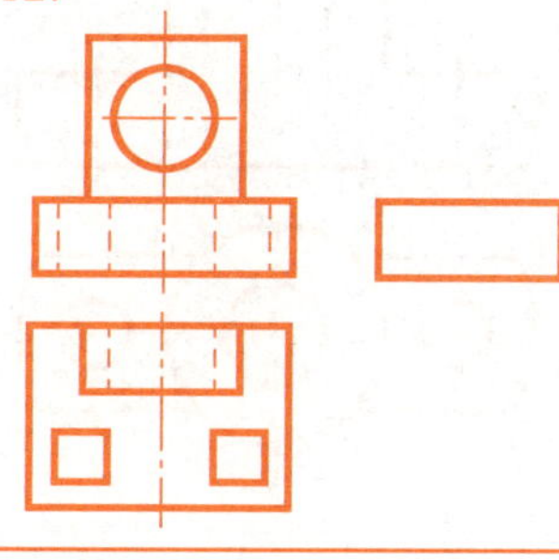

# 第 5 章　组合体三视图绘制与识读

| 5.4　组合体三视图识读 | 班级： | 姓名： | 学号： | 分数： |
| --- | --- | --- | --- | --- |

**5-11　根据不完整三视图，补画视图中所缺的线，完成三视图**

1. 补全左视图与俯视图

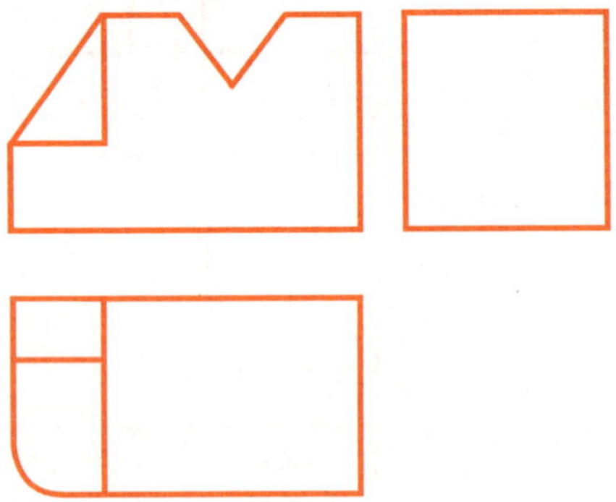

2. 补全左视图与俯视图

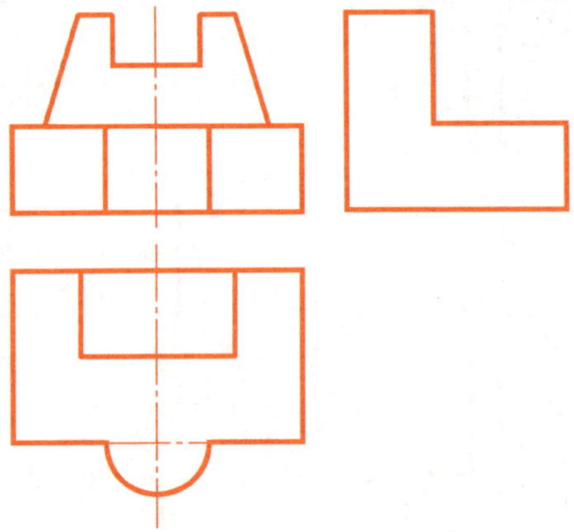

3. 补全主视图与俯视图

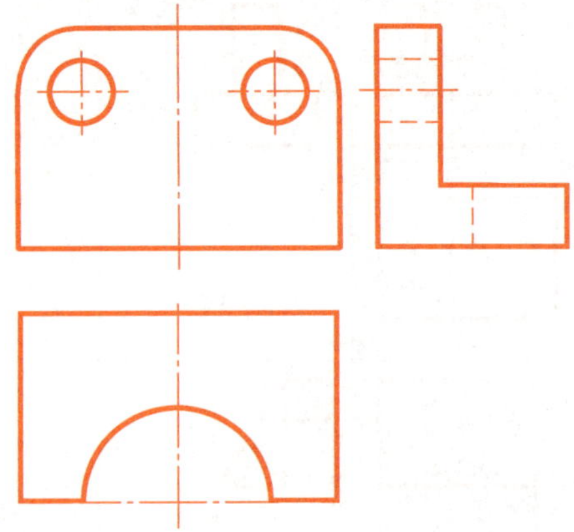

4. 补全主视图与左视图

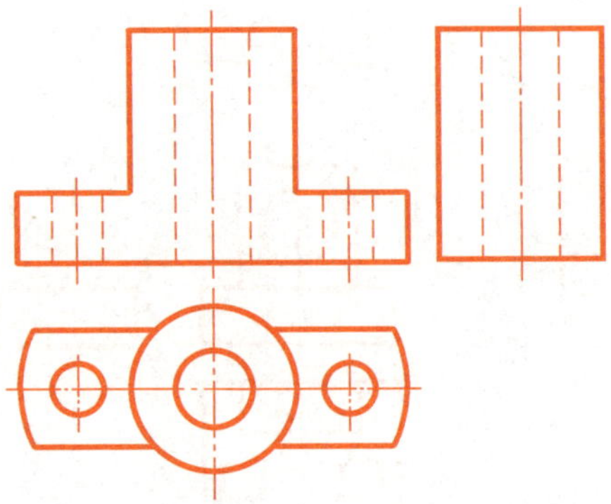

5. 补全主视图与左视图

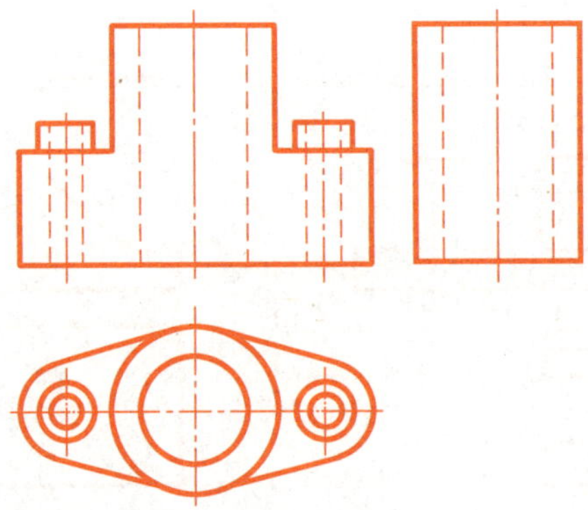

6. 补全俯视图

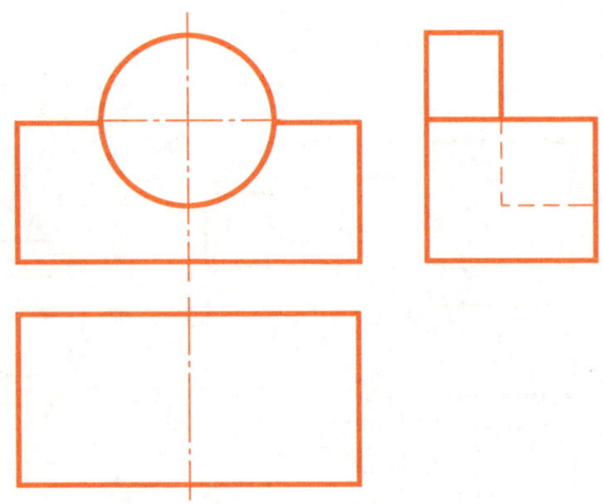

| 5.4　组合体三视图识读 | 班级： | 姓名： | 学号： | 分数： |
|---|---|---|---|---|

**5-11　根据不完整三视图，补画视图中所缺的线，完成三视图（续）**

7. 补全左视图与俯视图

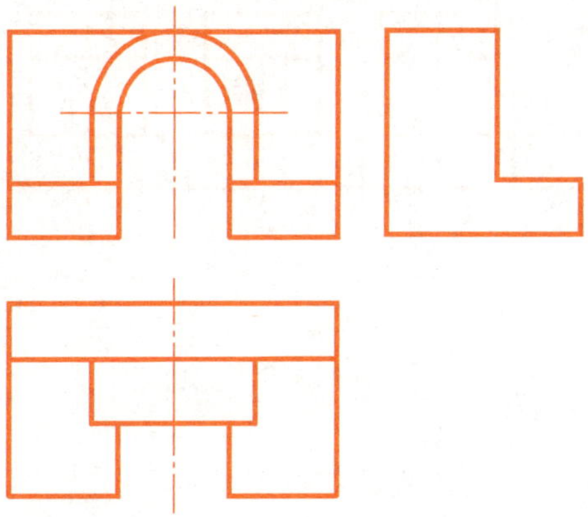

8. 补全左视图与俯视图

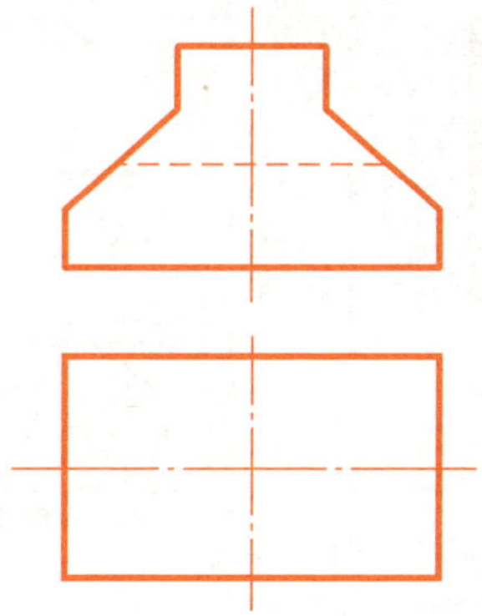

9. 补全左视图与俯视图

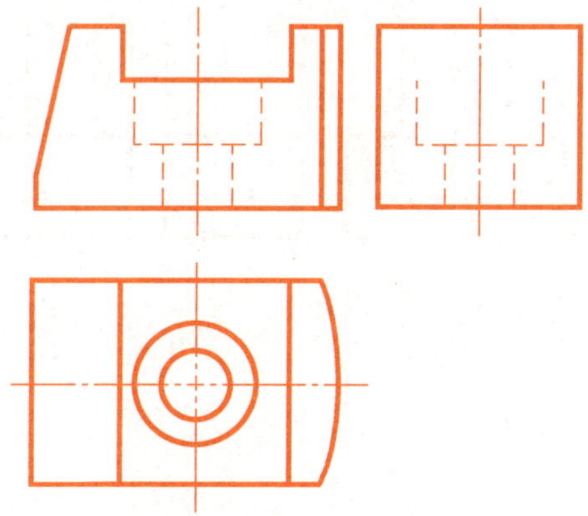

10. 补全主视图与俯视图

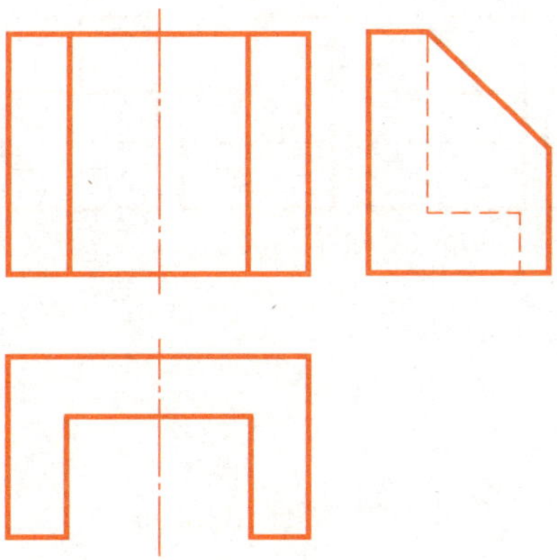

11. 补全左视图与俯视图

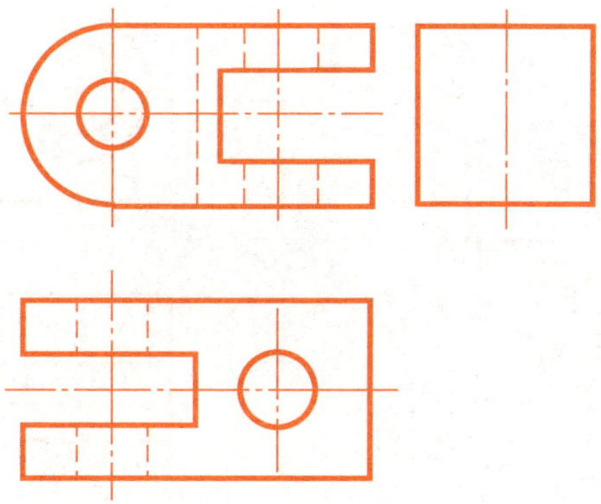

12. 补全左视图与俯视图

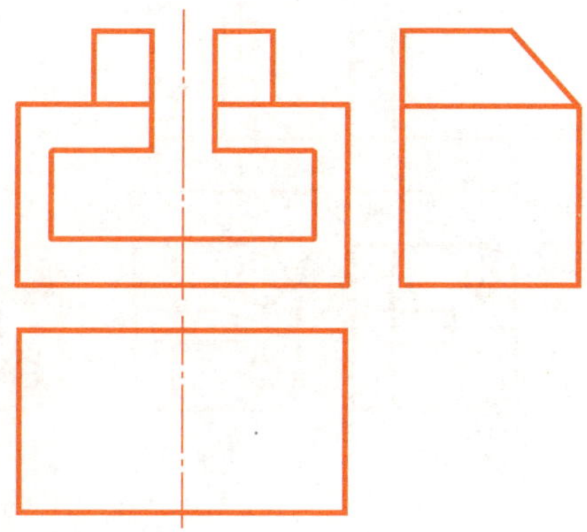

# 第 5 章　组合体三视图绘制与识读

| 5.4　组合体三视图识读 | 班级： | 姓名： | 学号： | 分数： |
| --- | --- | --- | --- | --- |
| **5-12　根据两视图，选择正确的第三视图** | | | | |

1. 选择正确的左视图

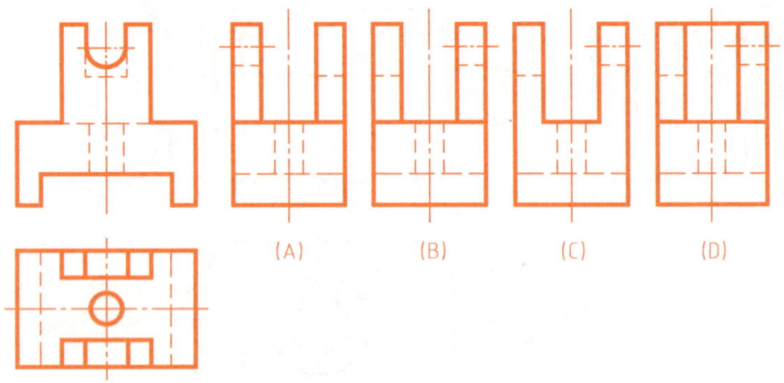


正确的左视图是：________

2. 选择正确的左视图

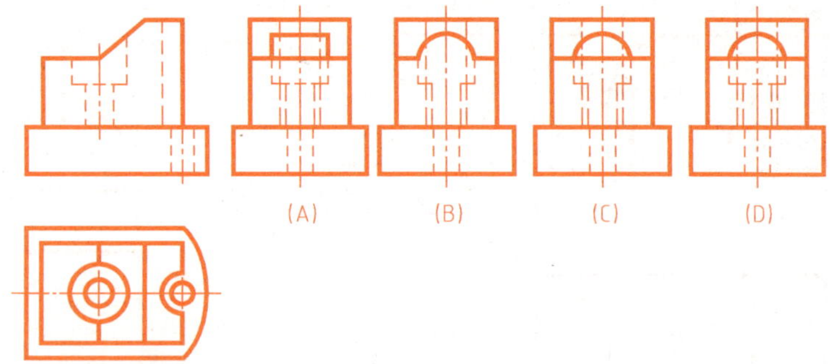


正确的左视图是：________

3. 选择正确的俯视图

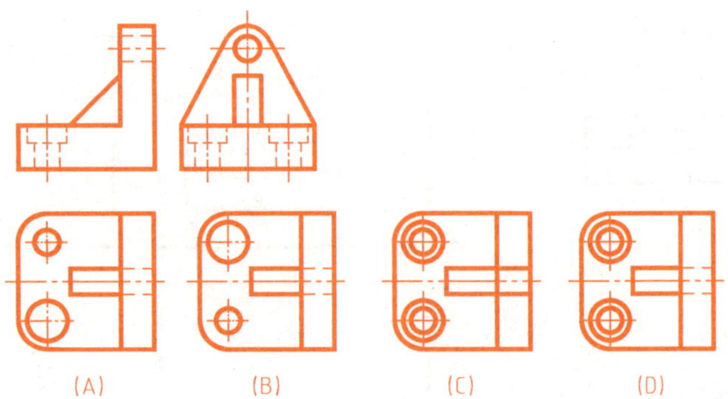


正确的俯视图是：________

4. 选择正确的左视图

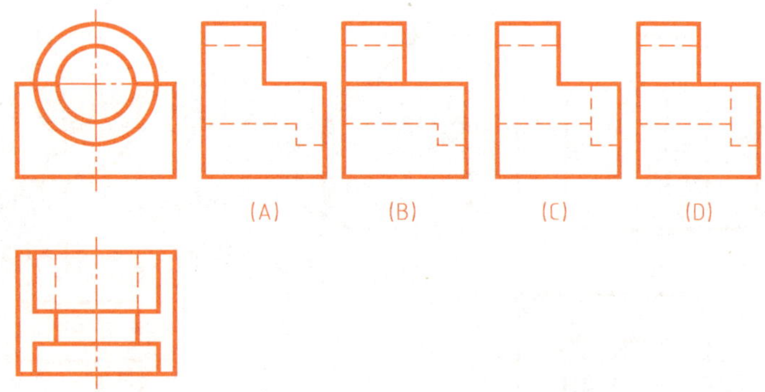


正确的左视图是：________

# 第 5 章　组合体三视图绘制与识读

| 5.4　组合体三视图识读 | 班级： | 姓名： | 学号： | 分数： |
|---|---|---|---|---|

**5-12　根据两视图，选择正确的第三视图（续）**

5. 选择正确的左视图

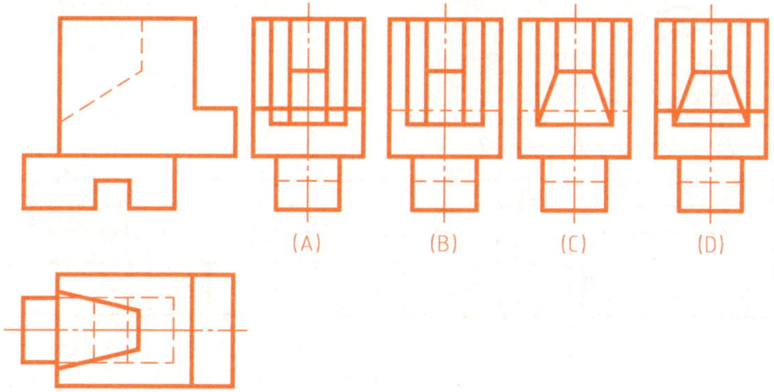


正确的左视图是：________

6. 选择正确的俯视图

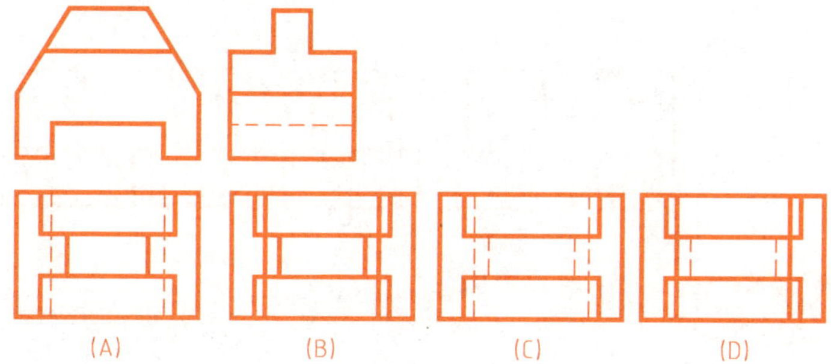


正确的俯视图是：________

7. 选择正确的俯视图

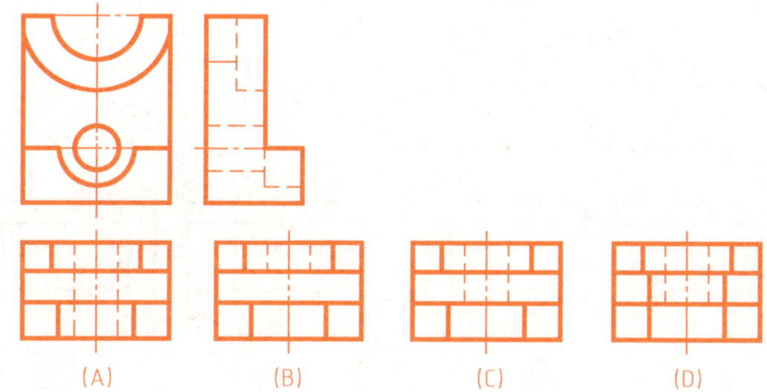


正确的俯视图是：________

8. 选择正确的左视图

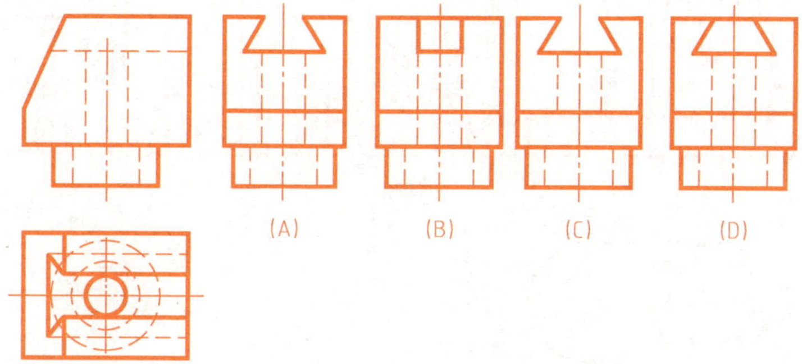


正确的左视图是：________

| 5.4 组合体三视图识读 | 班级： | 姓名： | 学号： | 分数： |
|---|---|---|---|---|

## 5-12 根据两视图，选择正确的第三视图（续）

9. 选择正确的主视图

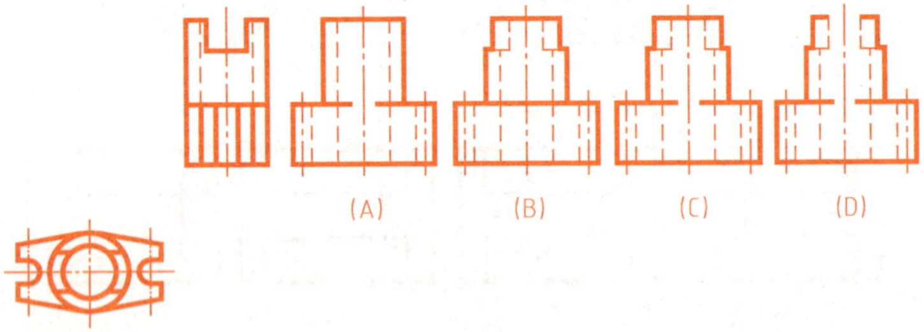


正确的主视图是：________

10. 选择正确的俯视图

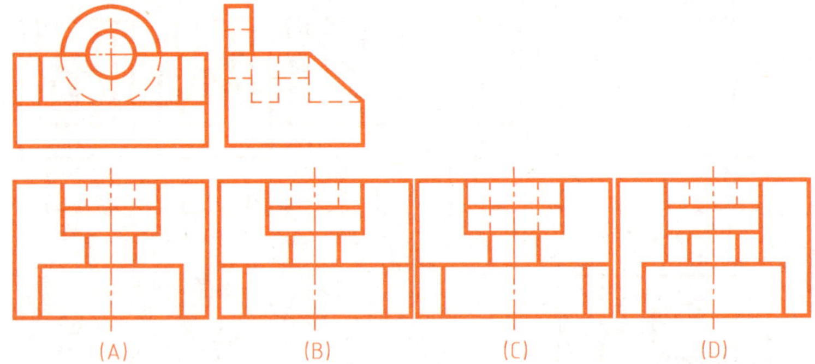


正确的俯视图是：________

11. 选择正确的左视图

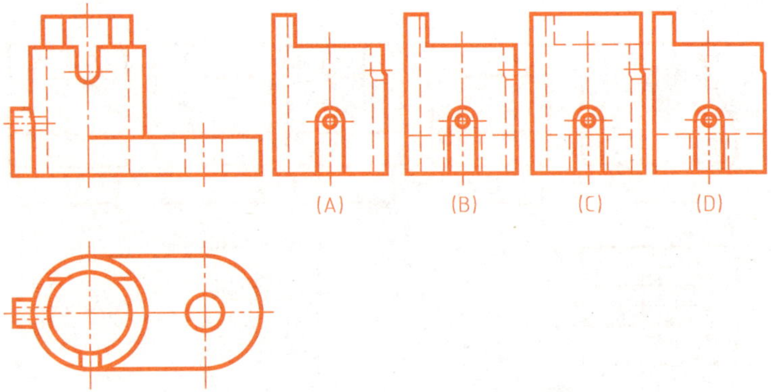


正确的左视图是：________

12. 选择正确的俯视图

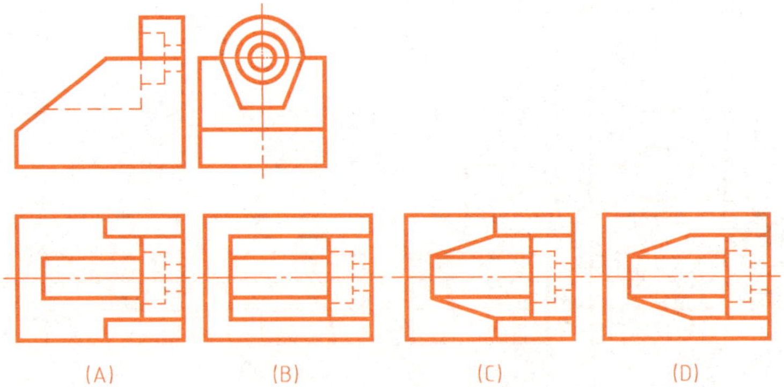


正确的俯视图是：________

# 第 5 章　组合体三视图绘制与识读

## 5.4　组合体三视图识读

班级：　　姓名：　　学号：　　分数：

### 5-12　根据两视图，选择正确的第三视图（续）

13. 选择正确的左视图

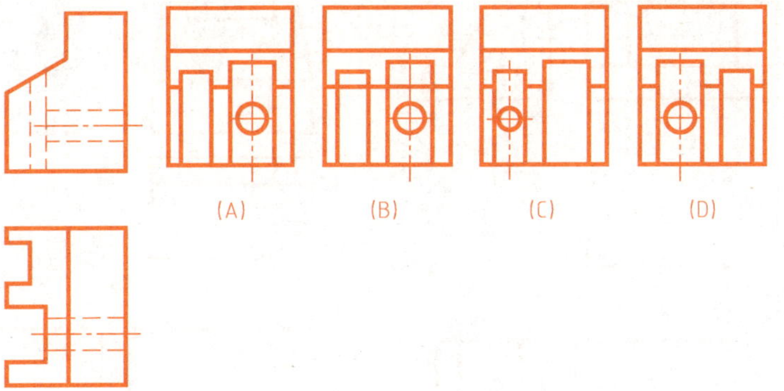


正确的左视图是：________

14. 选择正确的左视图

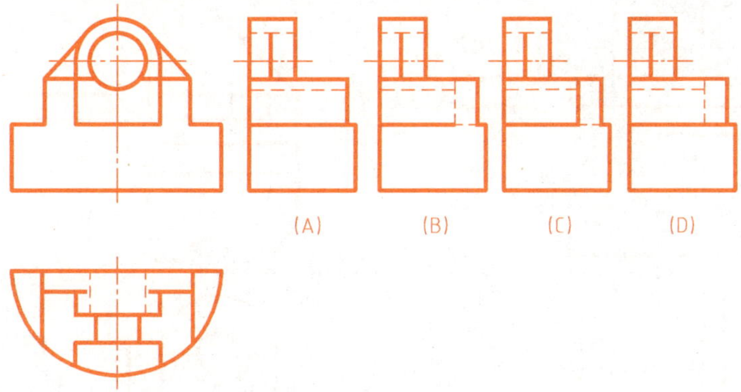


正确的左视图是：________

15. 选择正确的俯视图

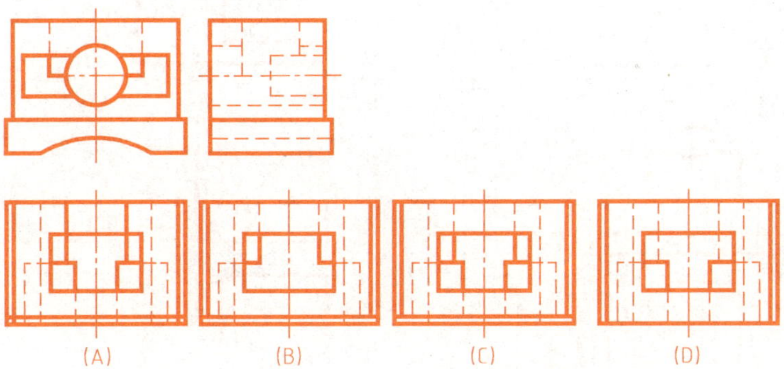


正确的俯视图是：________

16. 选择正确的左视图

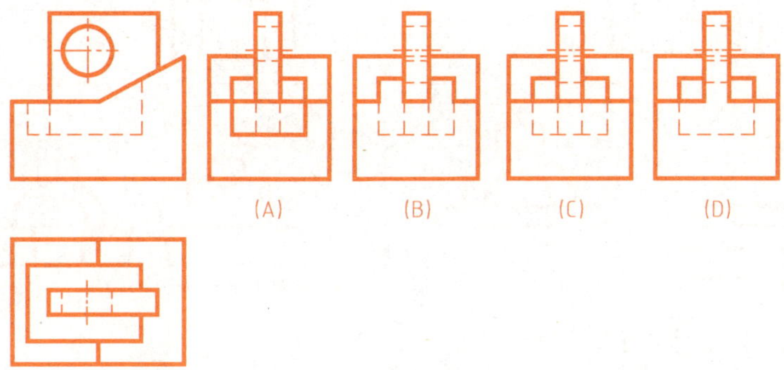


正确的左视图是：________

# 第 5 章　组合体三视图绘制与识读

| 5.4　组合体三视图识读 | 班级： | 姓名： | 学号： | 分数： |
|---|---|---|---|---|

**5-13**　根据组合体的两视图，补画第三视图（难度系数 0.5）

1.

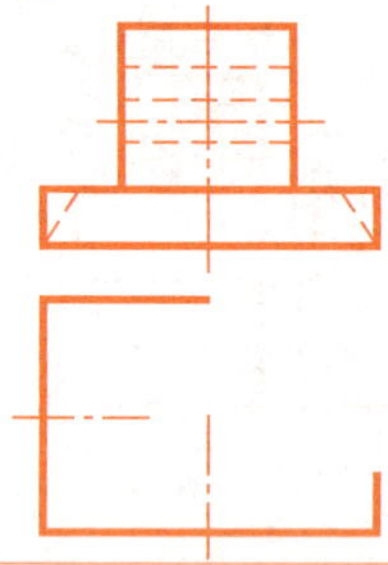

2.

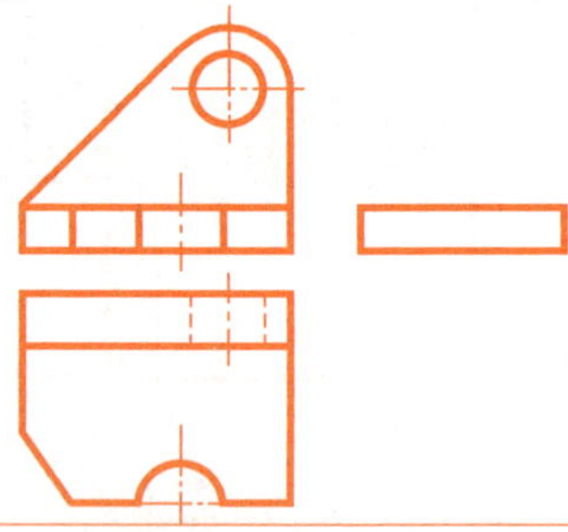

3.

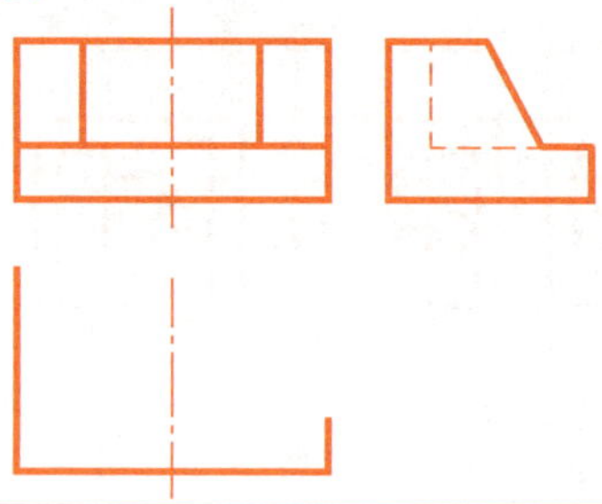

4.

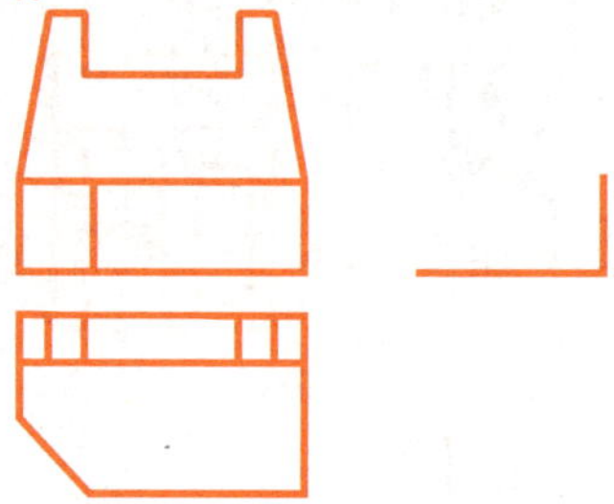

5.

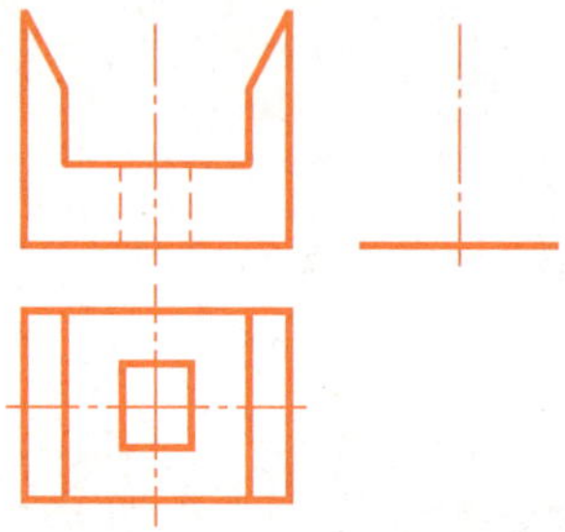

6.

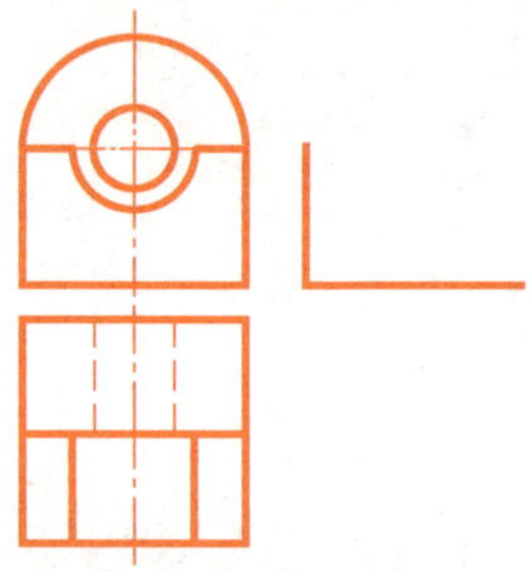

7.

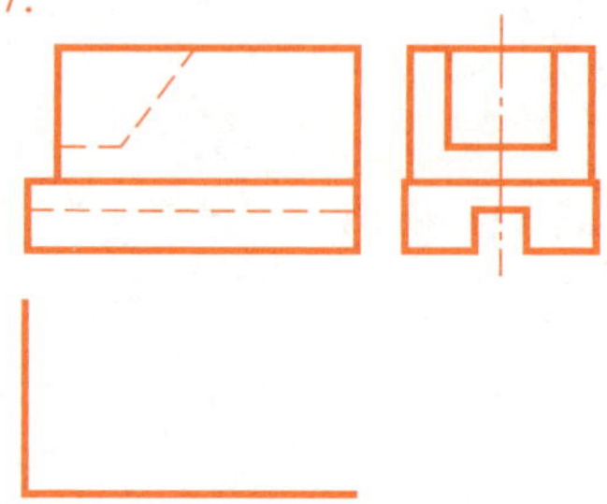

8.

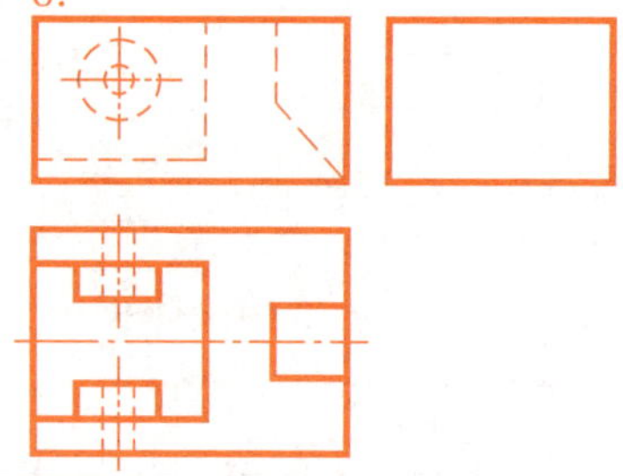

9.

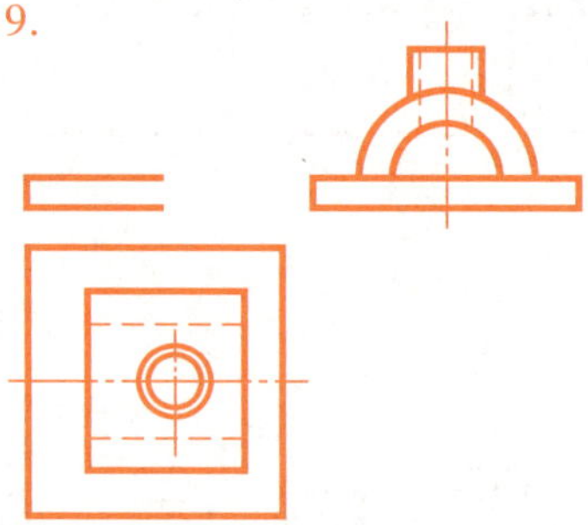

10.

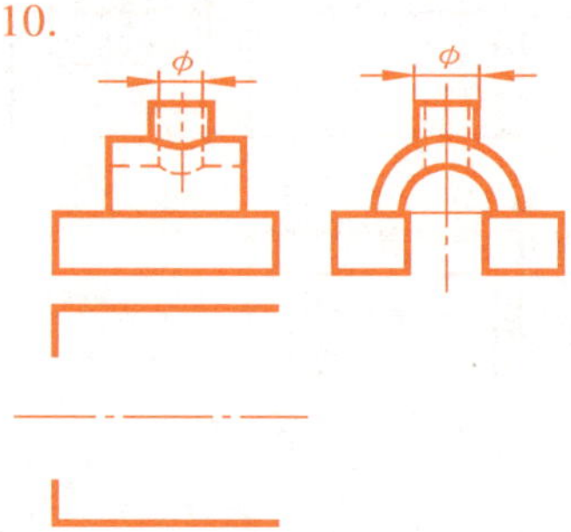


11.

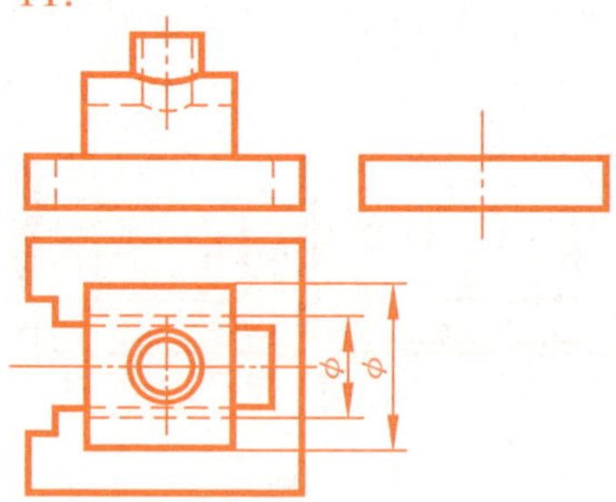


12.

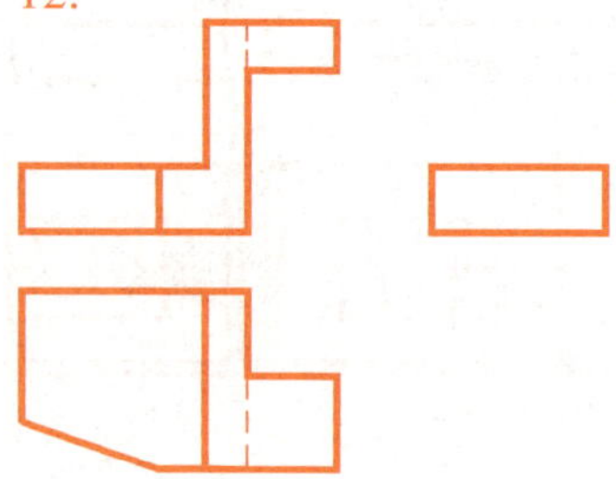

| 5.4　组合体三视图识读 | 班级： | 姓名： | 学号： | 分数： |
| --- | --- | --- | --- | --- |

**5-14　根据组合体的两视图，补画第三视图**（难度系数 0.6）

1.

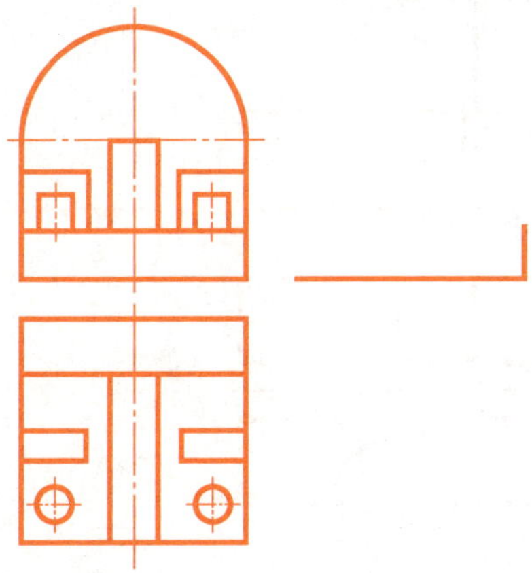

2.

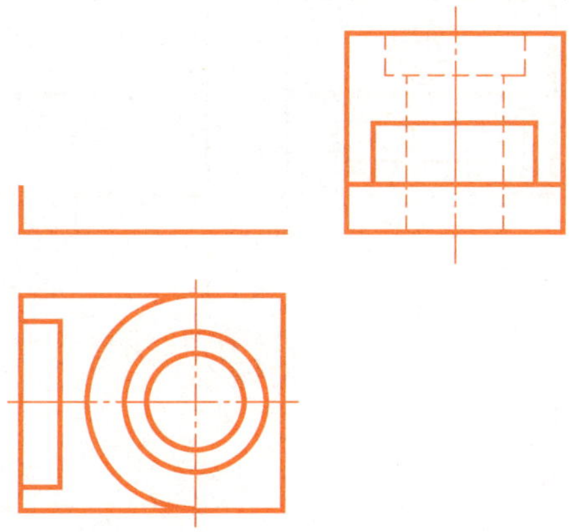

3.

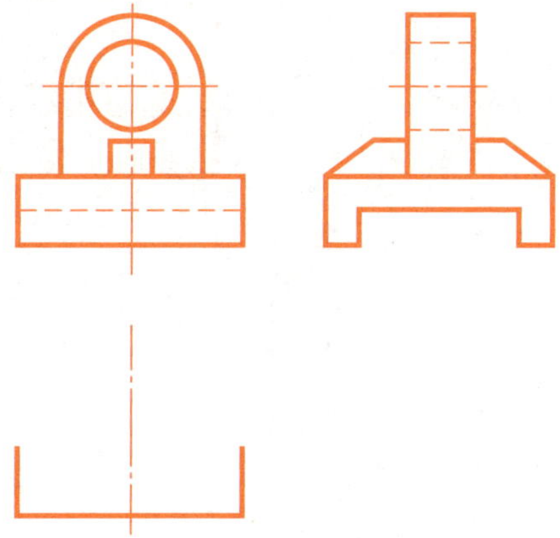

4.

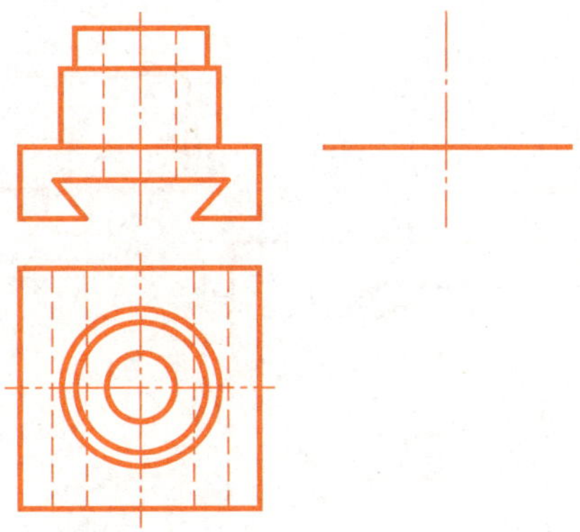

5.

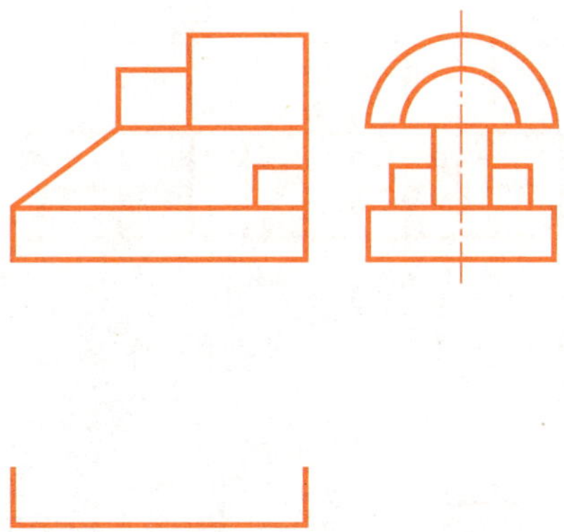

6.

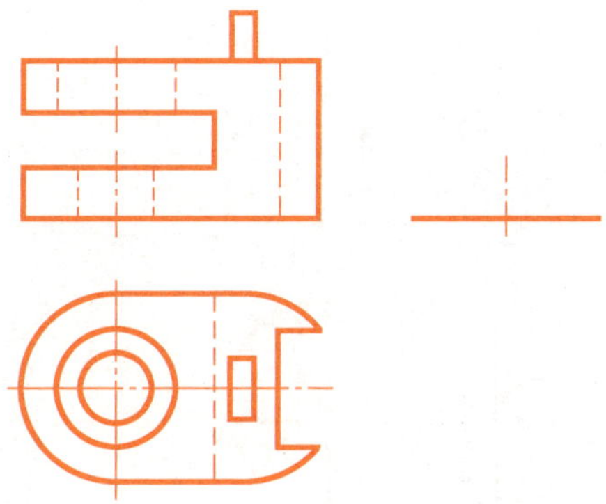

| 5.4　组合体三视图识读 | 班级： | 姓名： | 学号： | 分数： |
|---|---|---|---|---|

**5-15**　根据组合体的两视图，补画第三视图（难度系数 0.7）

1.

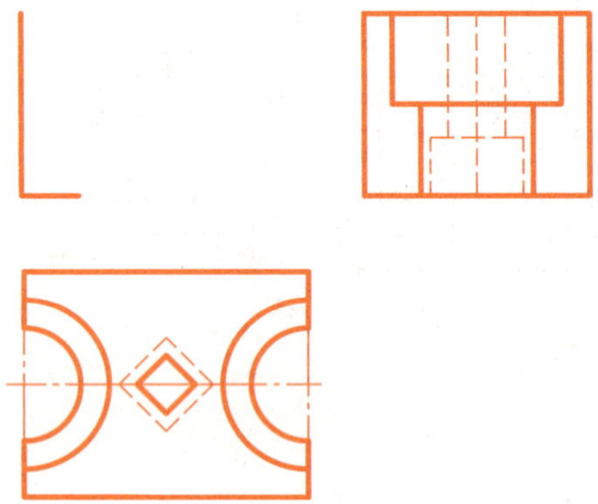

2.

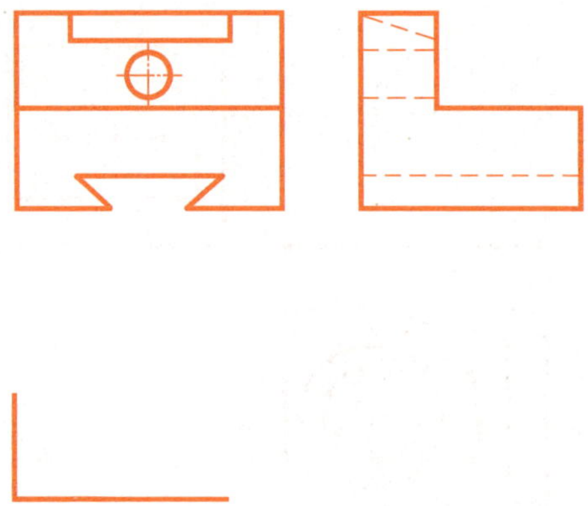

3.

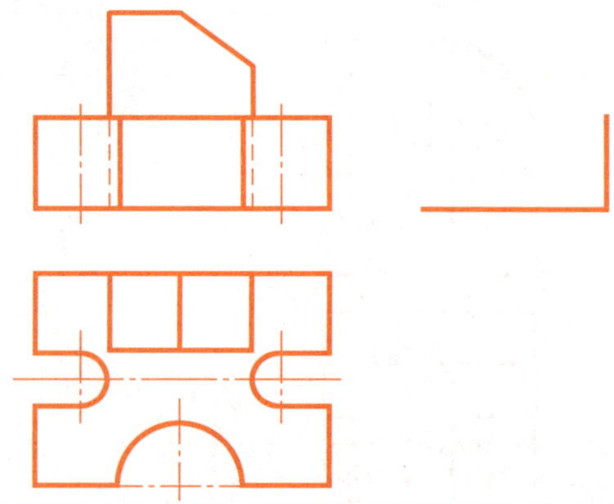

4.

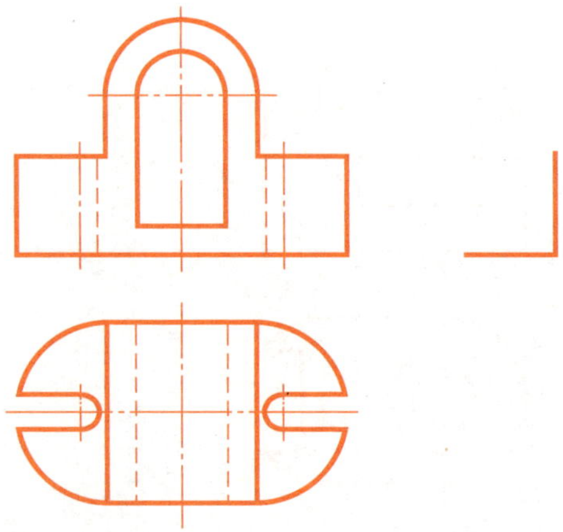

5.

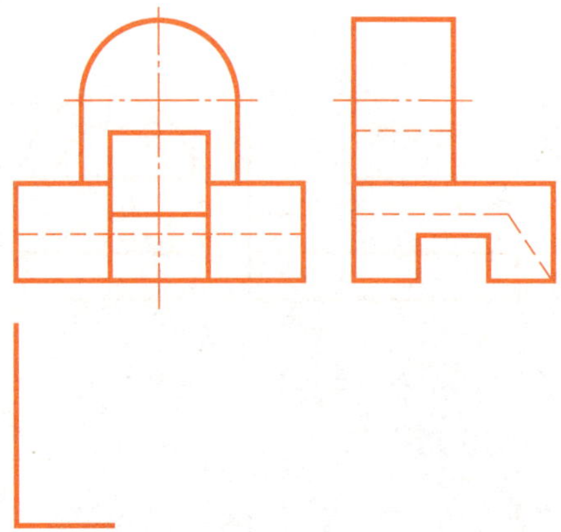

6.

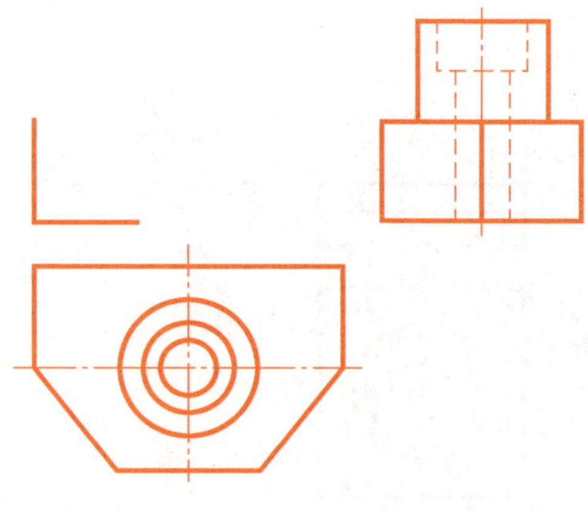

# 第 5 章　组合体三视图绘制与识读

| 5.4　组合体三视图识读 | 班级： | 姓名： | 学号： | 分数： |
| --- | --- | --- | --- | --- |

**5-16　根据不完整三视图，补画视图中所缺的线，完成三视图**

1. 补全左视图

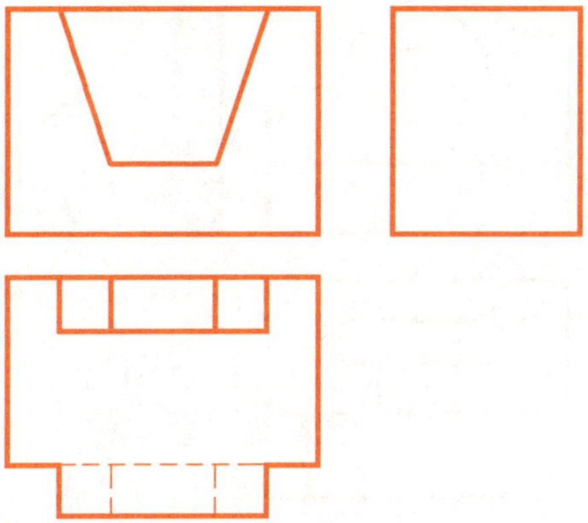

2. 补全左视图

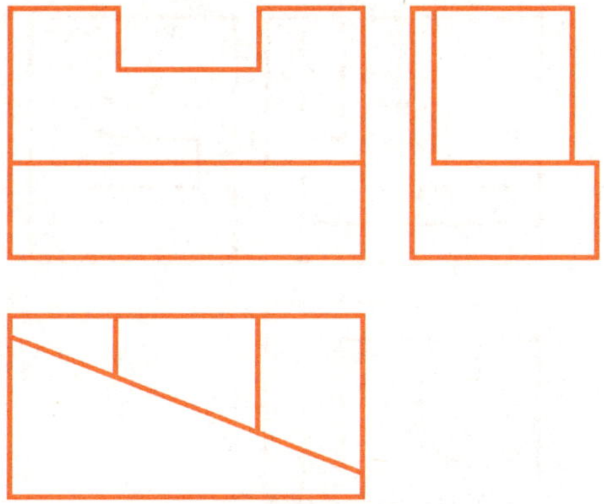

3. 补全俯视图

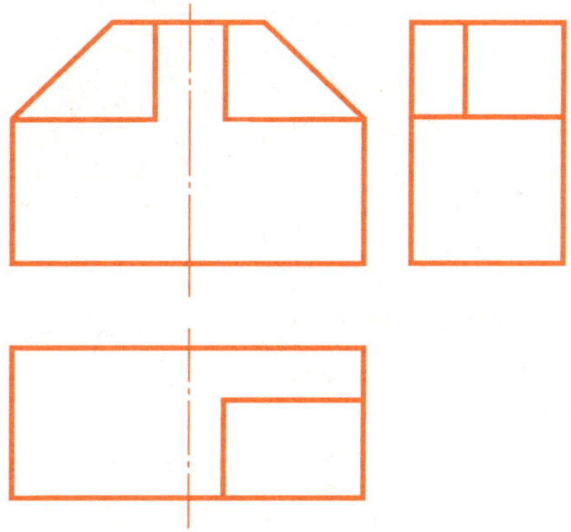

4. 补全主视图

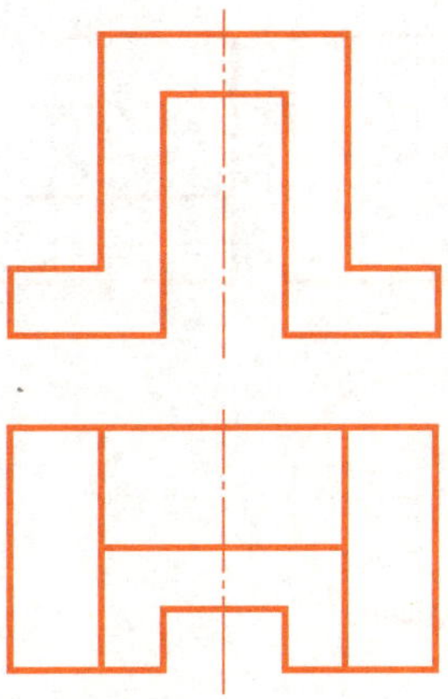

5. 补全俯视图

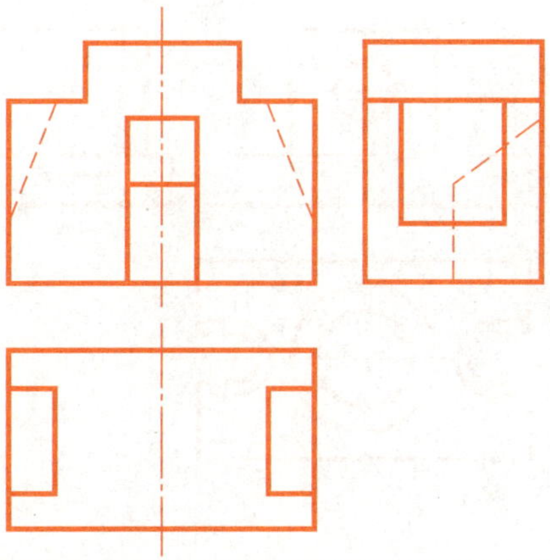

6. 补全左视图

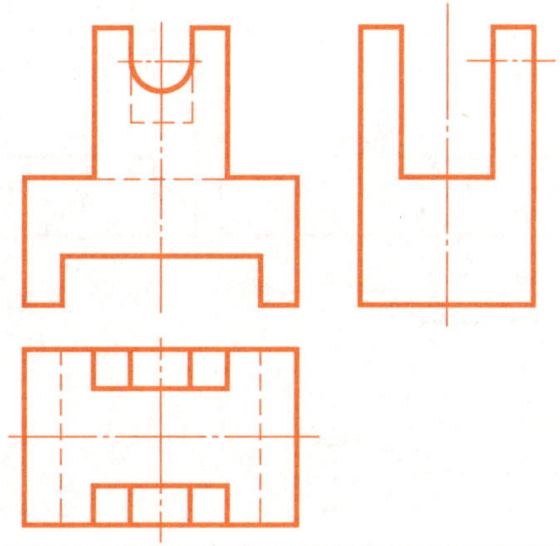

| 5.4　组合体三视图识读 | 班级： | 姓名： | 学号： | 分数： |
| --- | --- | --- | --- | --- |

5-16　根据不完整三视图，补画视图中所缺的线，完成三视图（续）

7. 补全俯视图

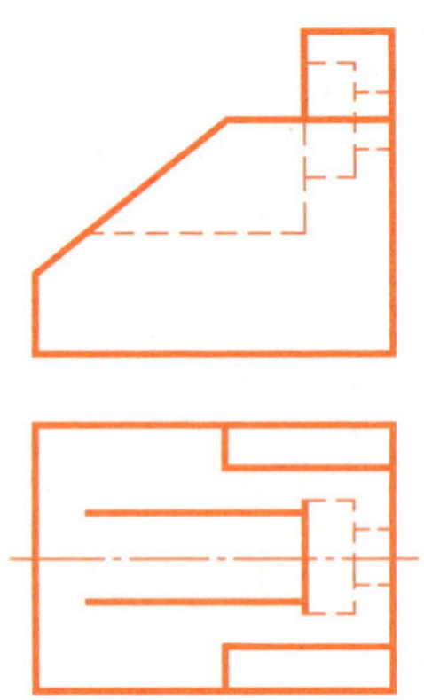

8. 补全左视图

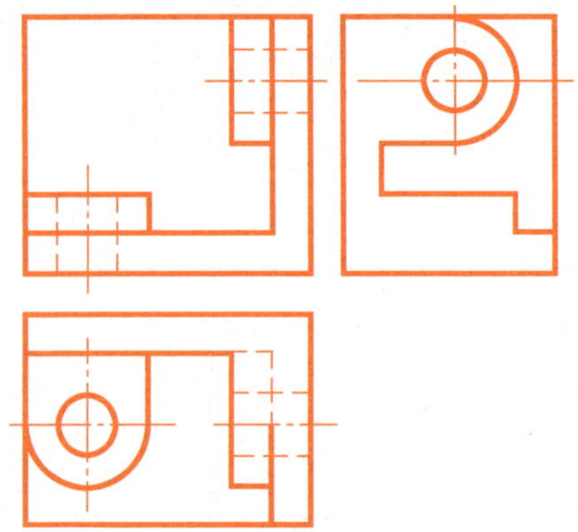

9. 补全左视图

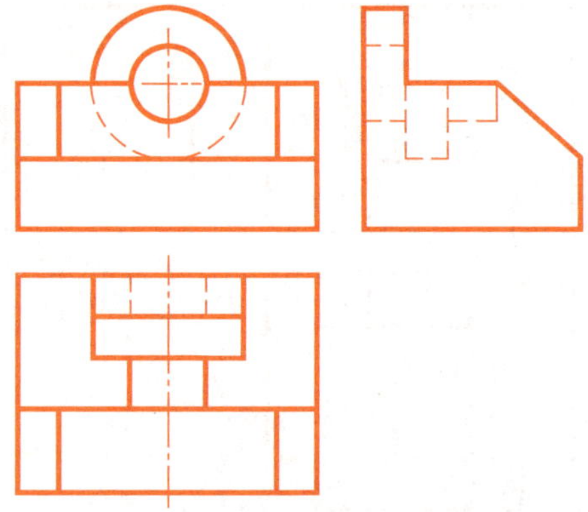

10. 补全左视图

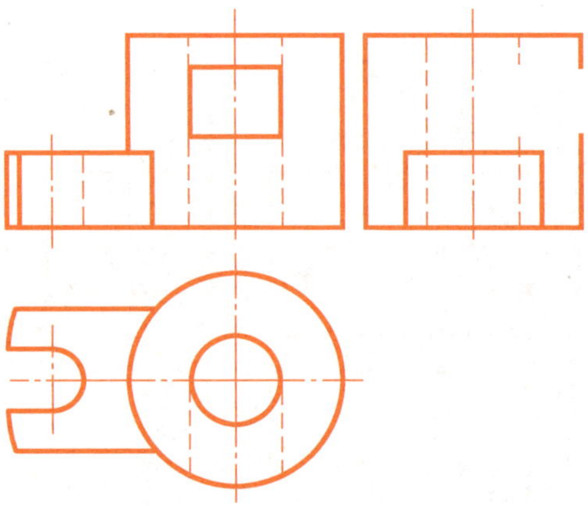

11. 补全主视图与左视图

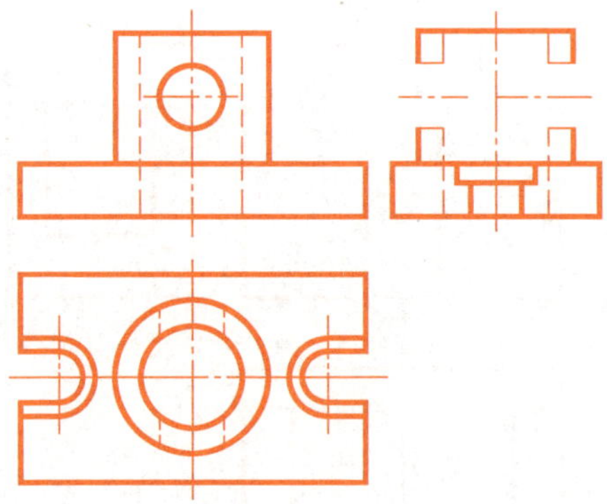

12. 补全左视图

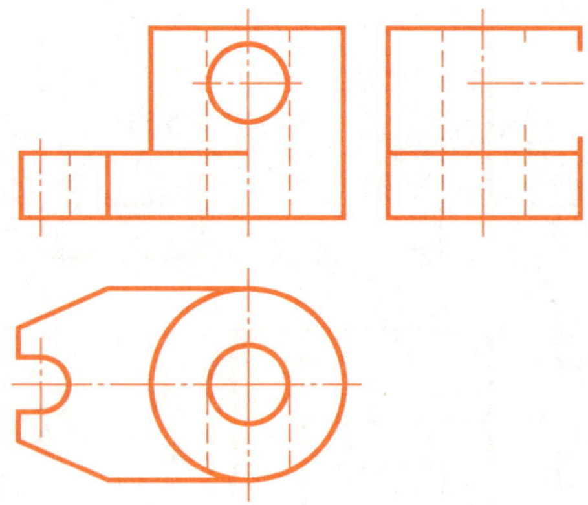

| 5.4　组合体三视图识读 | 班级： | 姓名： | 学号： | 分数： |
|---|---|---|---|---|

**5-17　根据组合体的两视图，补画第三视图**

1.

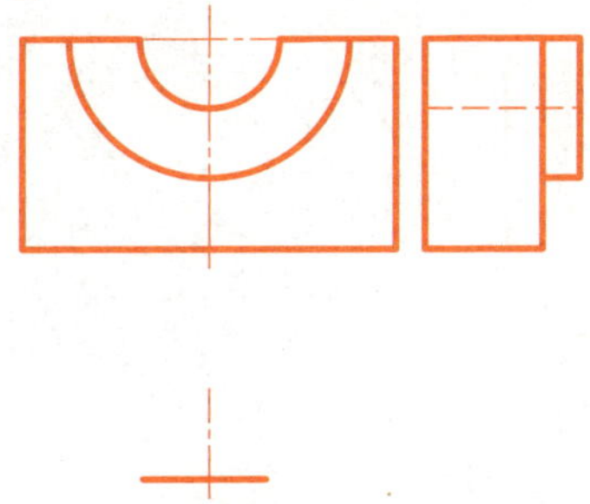

2.

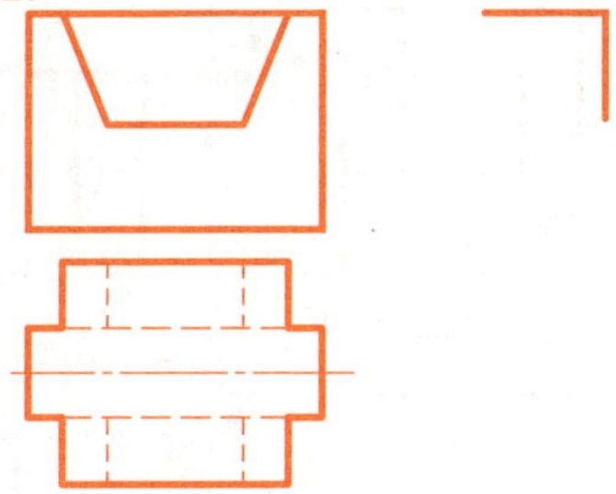

3.

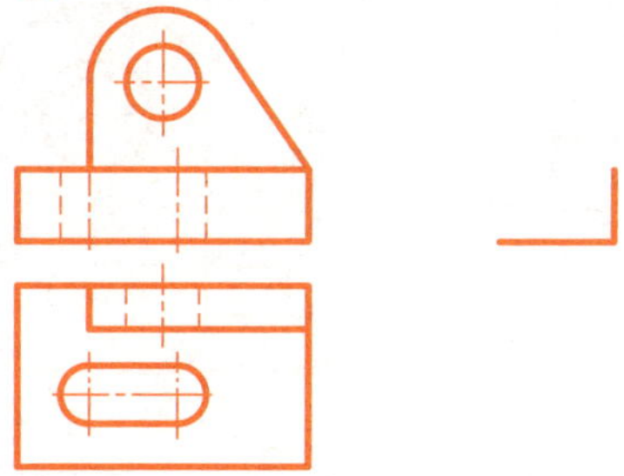

4.

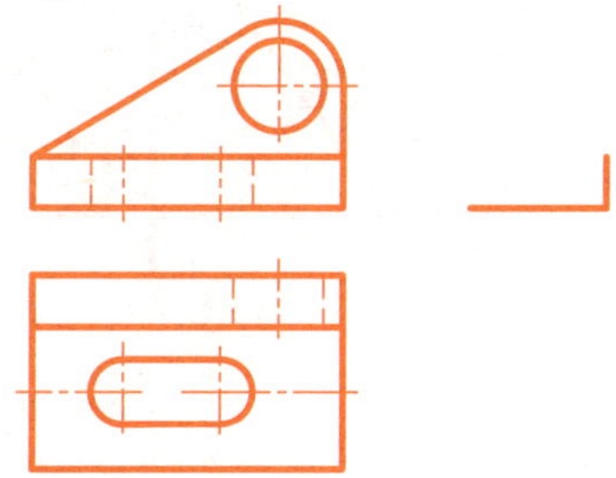

5.

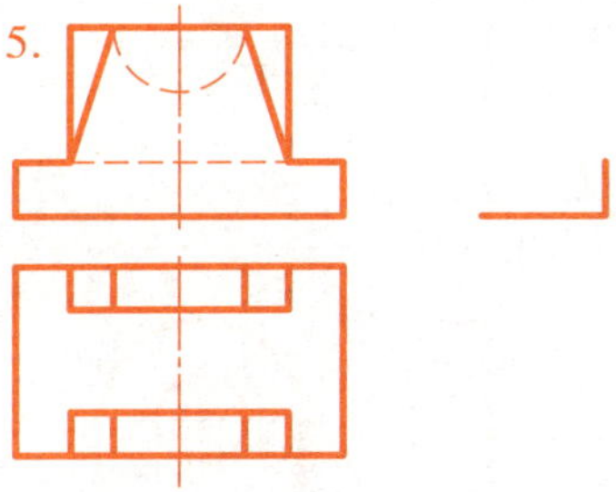

6.

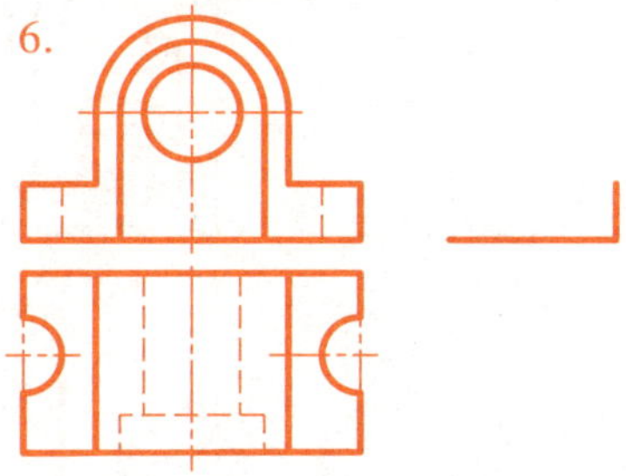

7.

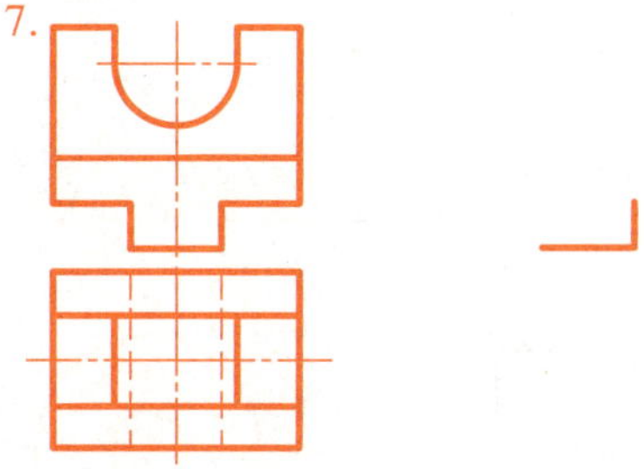

8.

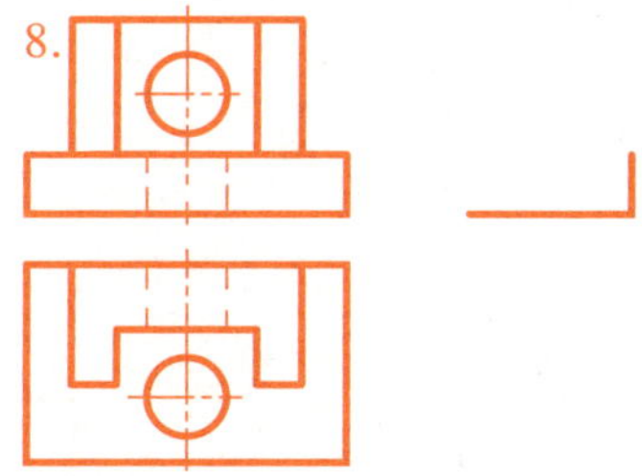

9.

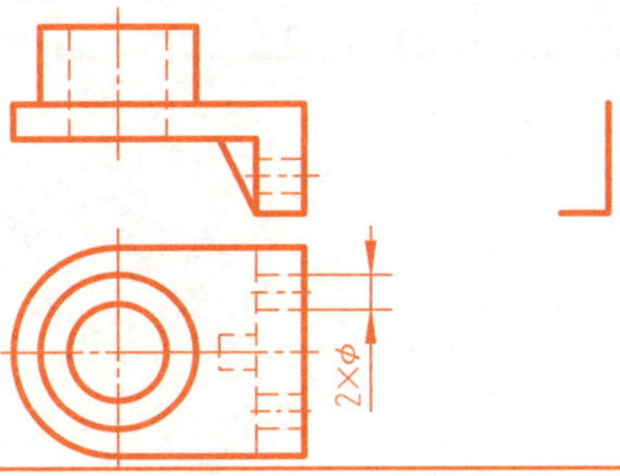


10.

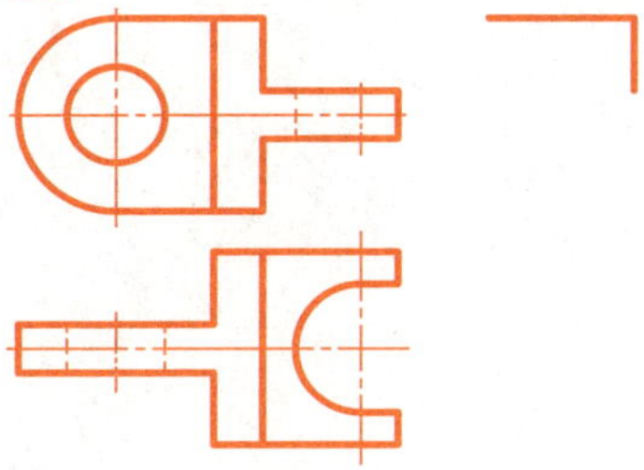

11.

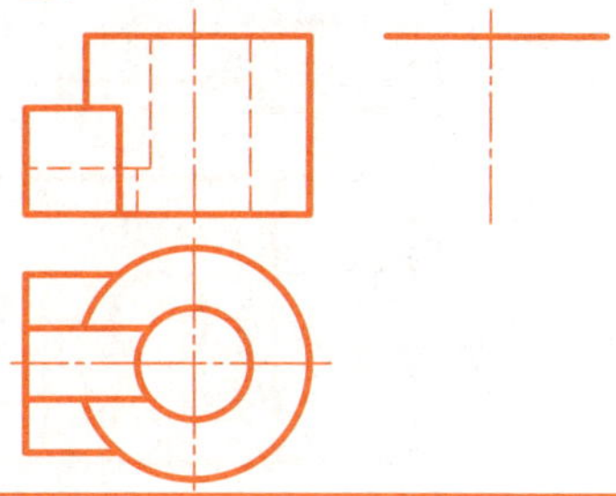

12.

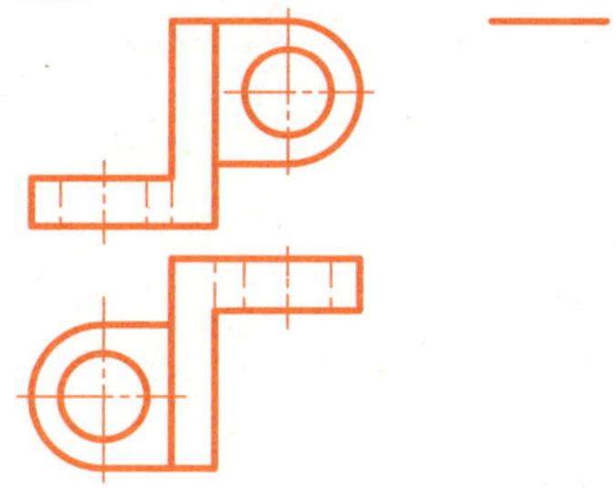

| 5.4　组合体三视图识读 | 班级： | 姓名： | 学号： | 分数： |
|---|---|---|---|---|

**5-18　根据组合体的两视图，补画第三视图**（难度系数 0.8）

1.

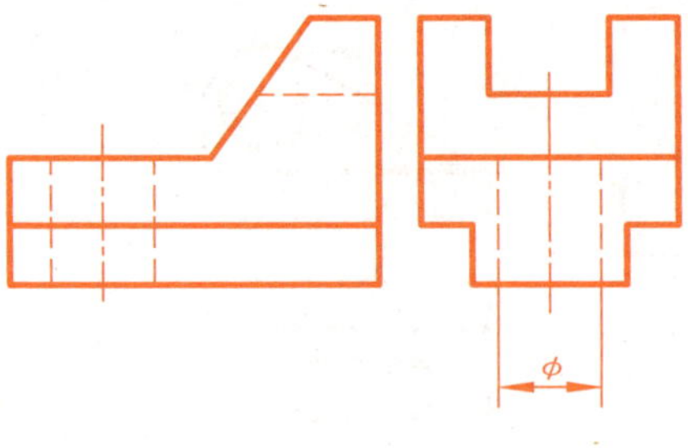


2.

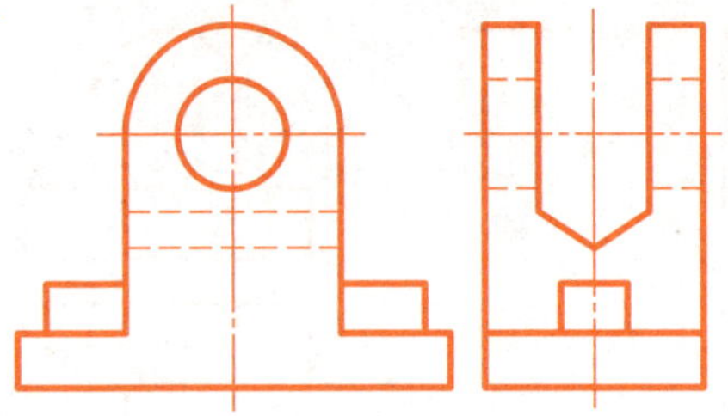

3.

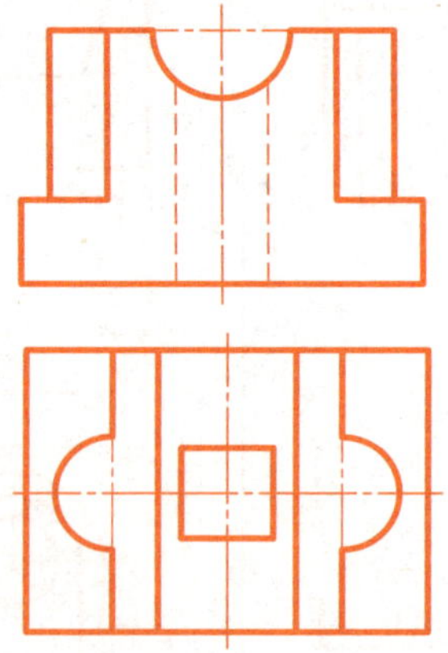

4.

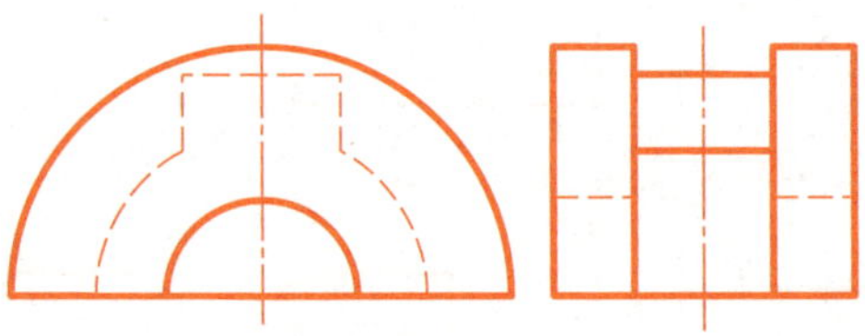

5.

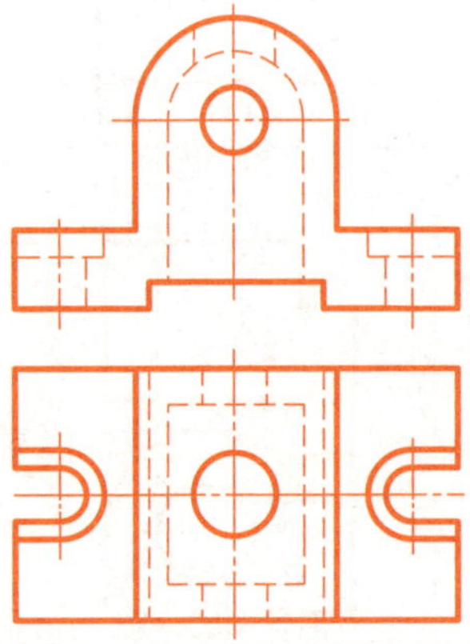

6.

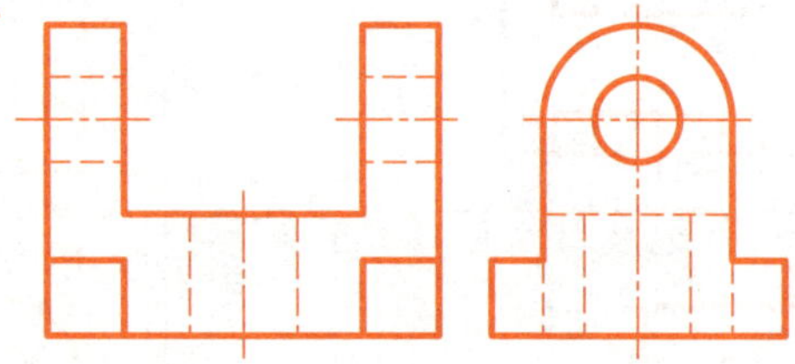

| 5.4　组合体三视图识读 | 班级： | 姓名： | 学号： | 分数： |
|---|---|---|---|---|

**5-19　根据组合体的两视图，补画第三视图**（难度系数 0.9）

1.

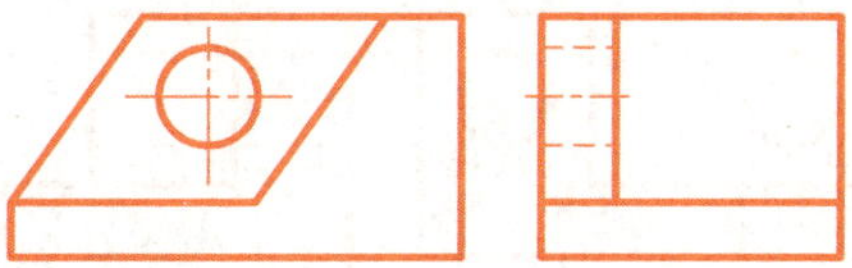

2.

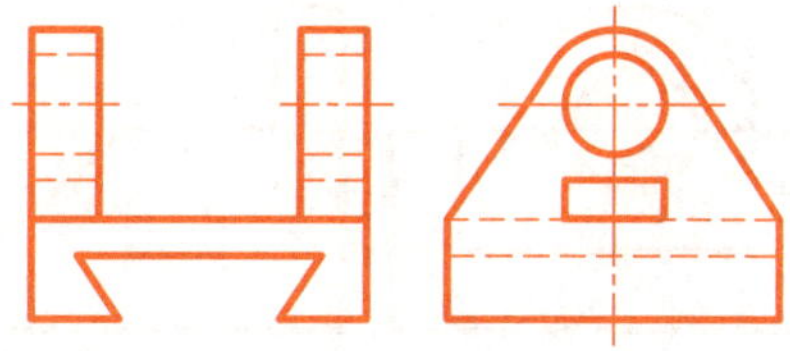

3.

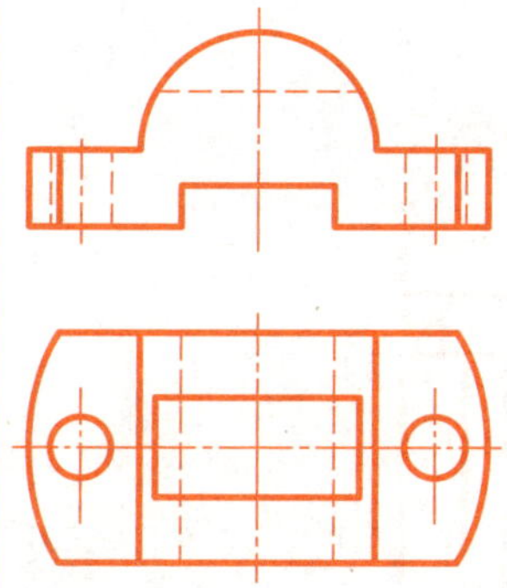

4.

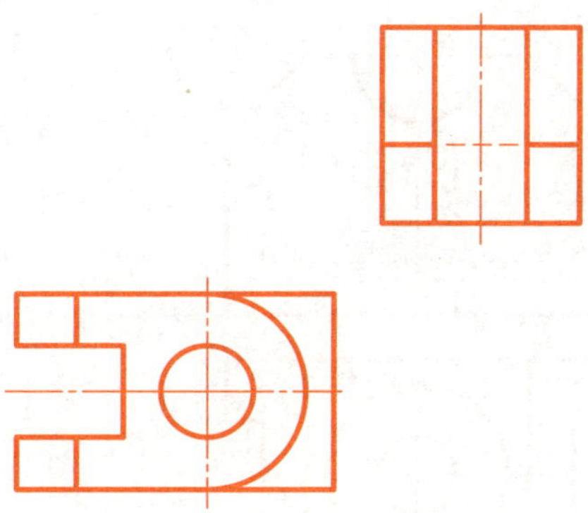

5.

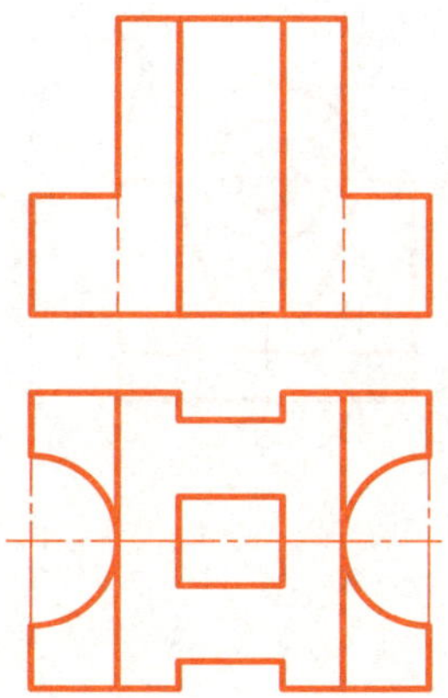

6.

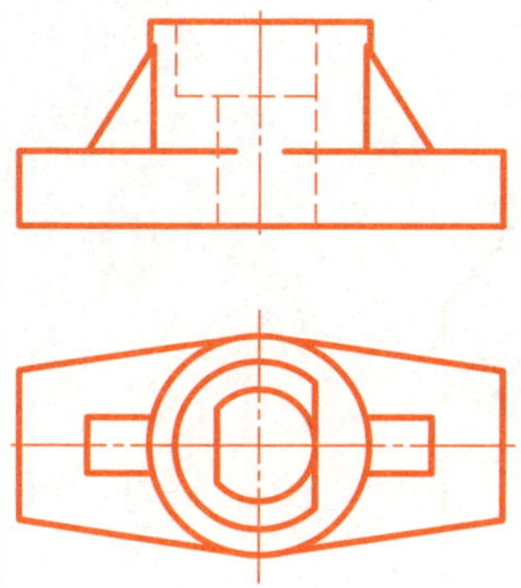

| 5.4　组合体三视图识读 | 班级： | 姓名： | 学号： | 分数： |
| --- | --- | --- | --- | --- |

**5-20　根据组合体的两视图，补画第三视图**（难度系数 0.7）

1.

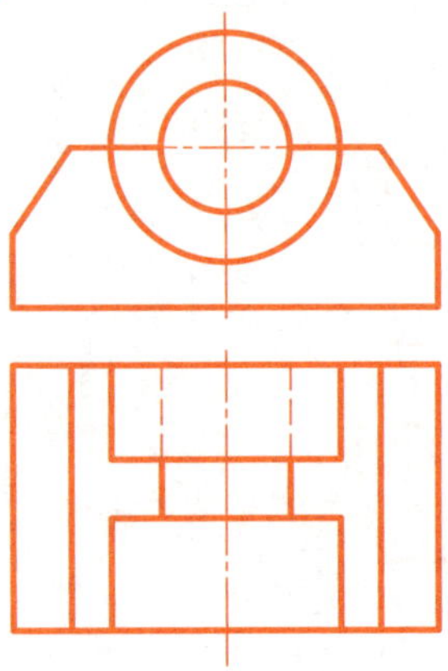

2.

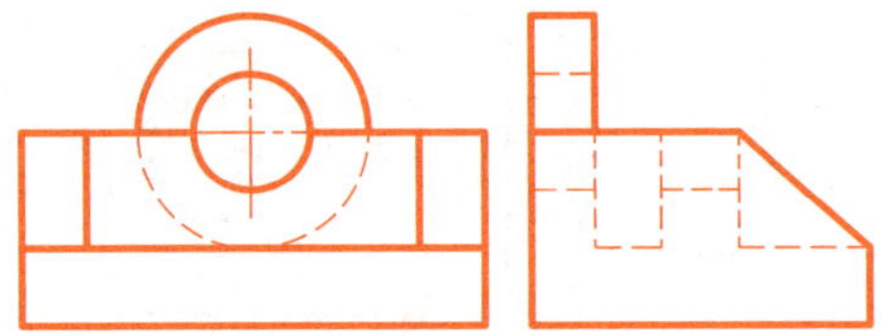

3.

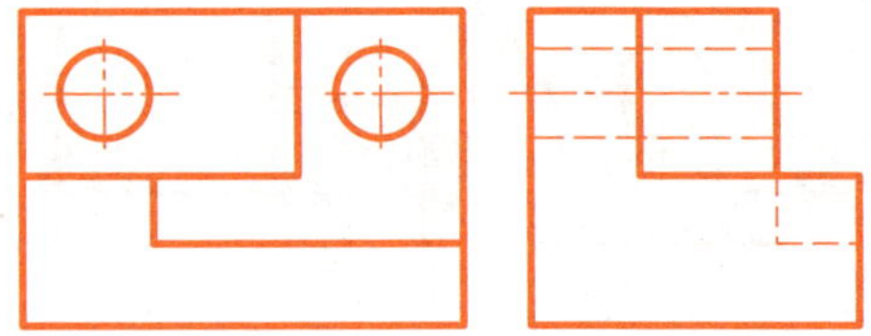

4.

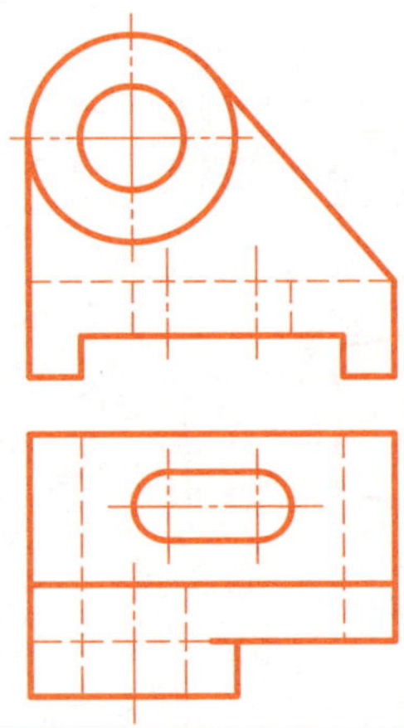

5.

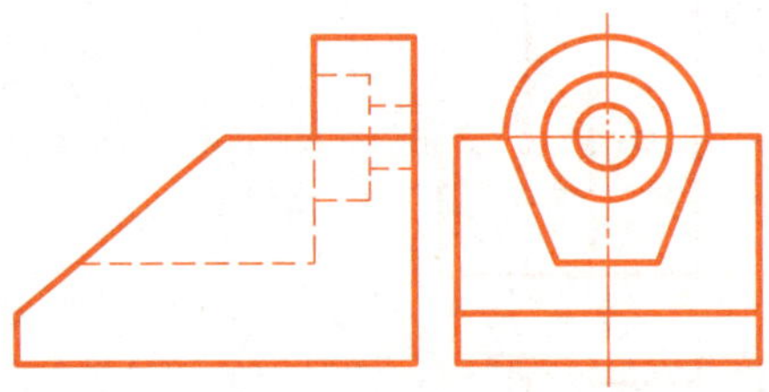

6.

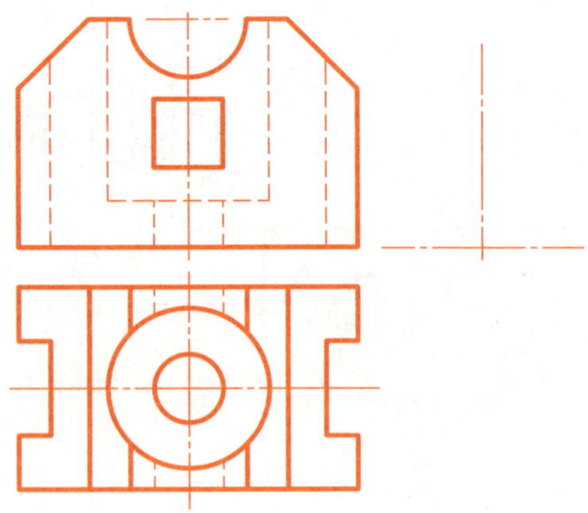

| 5.4 组合体三视图识读 | 班级： | 姓名： | 学号： | 分数： |
|---|---|---|---|---|

*5-21 根据组合体的两视图，补画第三视图

1.

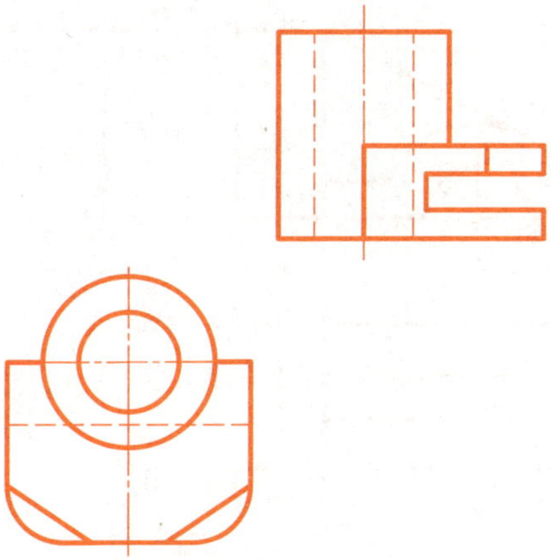

2.

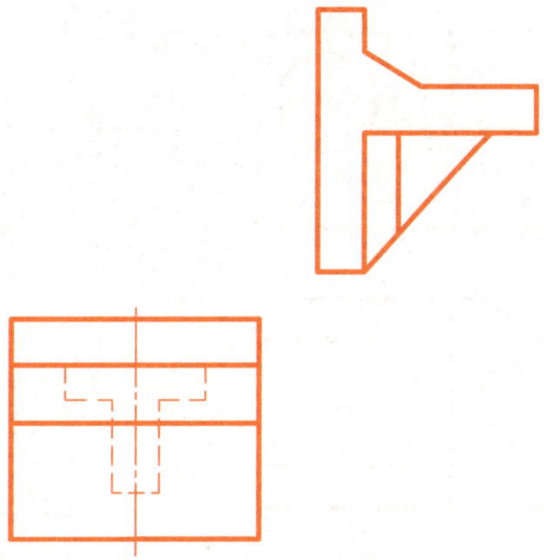

3.

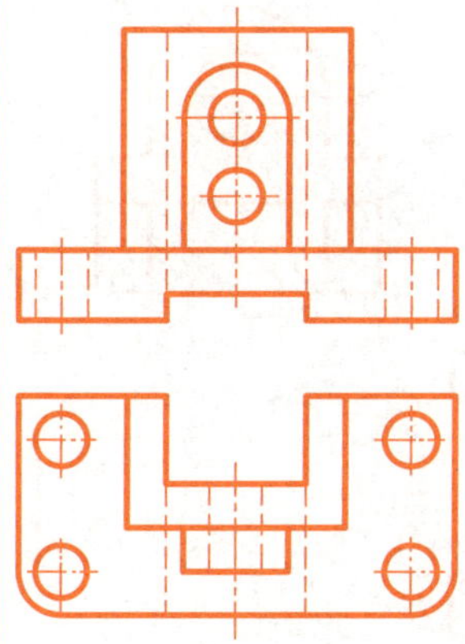

4.

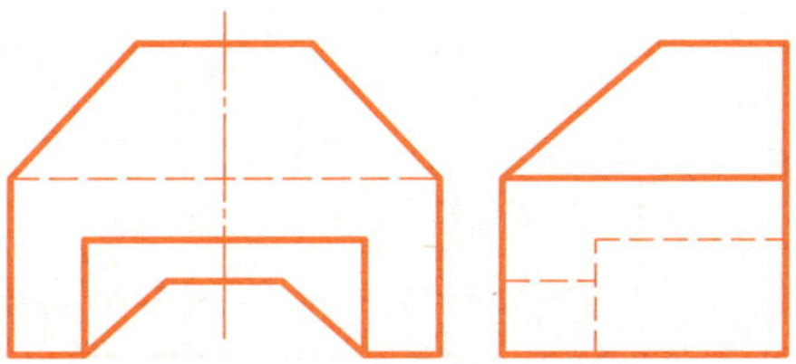

5.

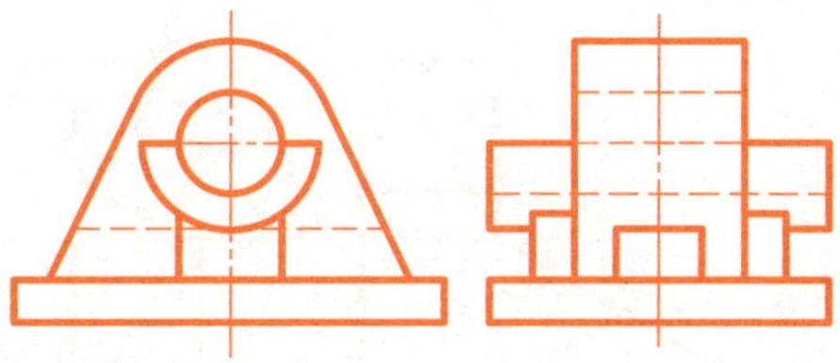

6.

| 5.4　组合体三视图识读 | 班级： | 姓名： | 学号： | 分数： |
|---|---|---|---|---|

5-22　根据组合体的两视图，补画第三视图

1.

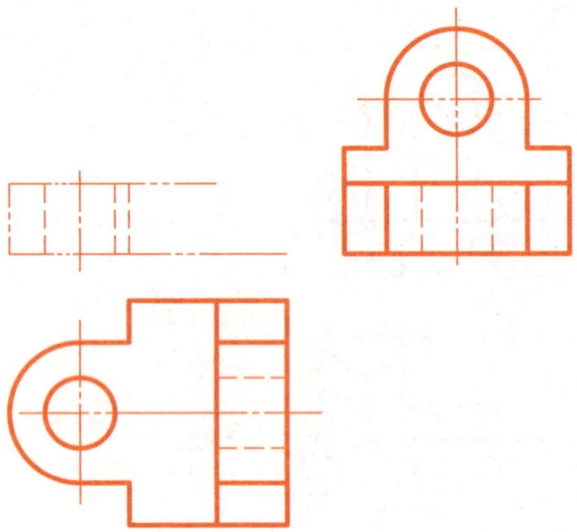

2.

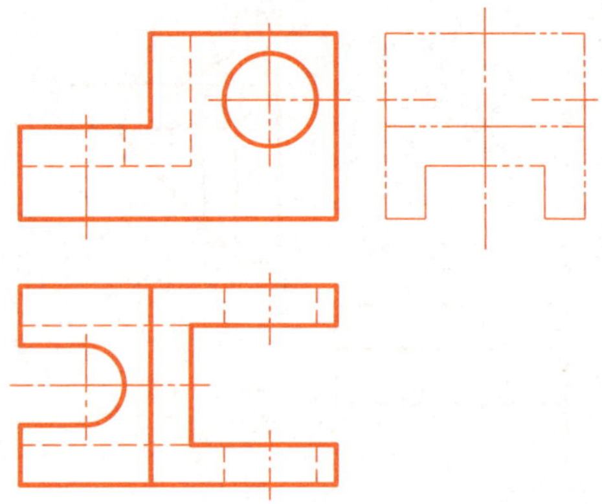

3.

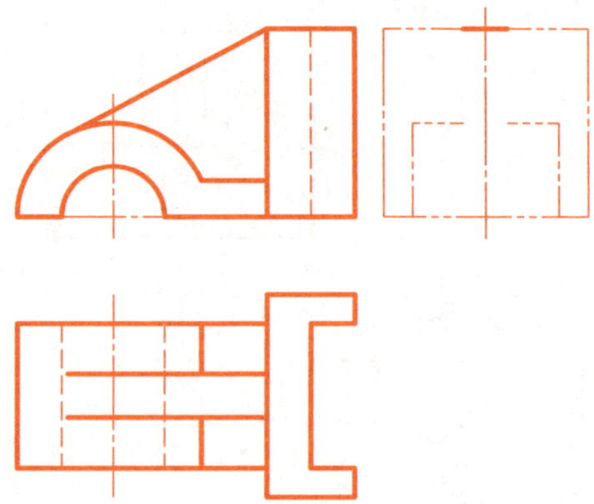

4.

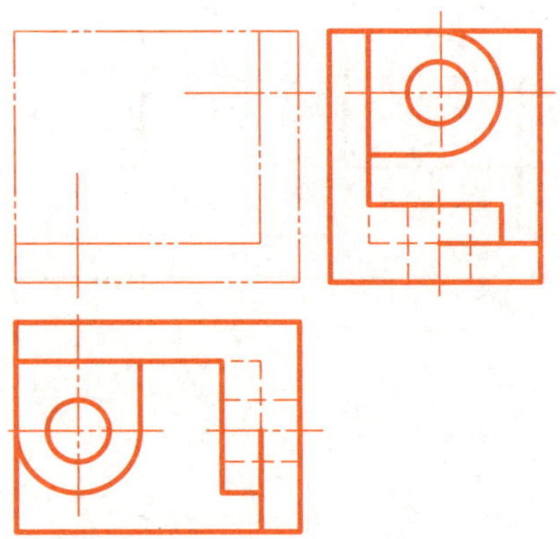

5.

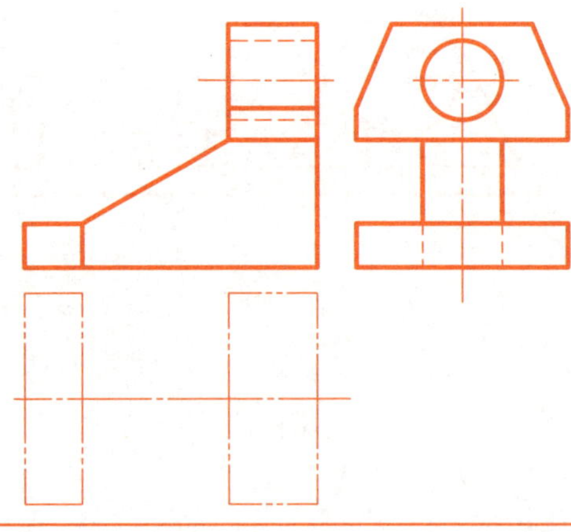

6.

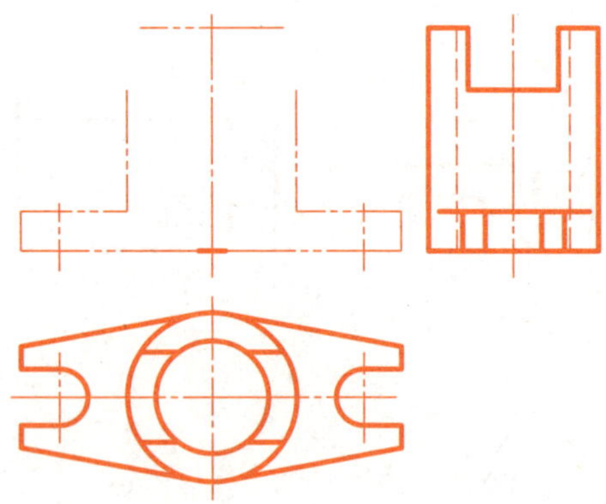

# 第 5 章　组合体三视图绘制与识读

| 5.4　组合体三视图识读 | 班级： | 姓名： | 学号： | 分数： |
|---|---|---|---|---|

*5-23　根据组合体的两视图，补画第三视图（难度系数 1）

1.

2.

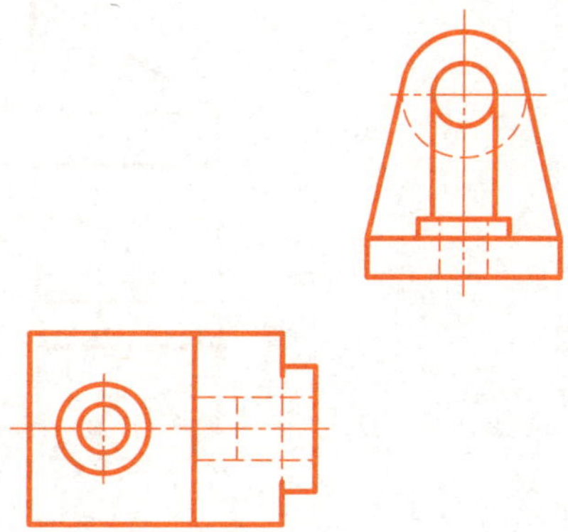

3.

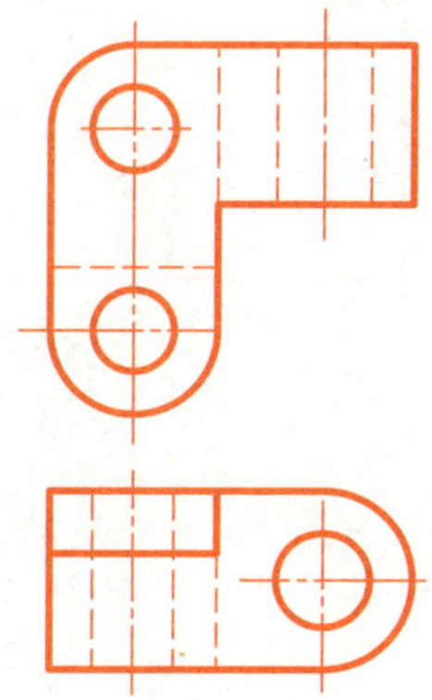

4.

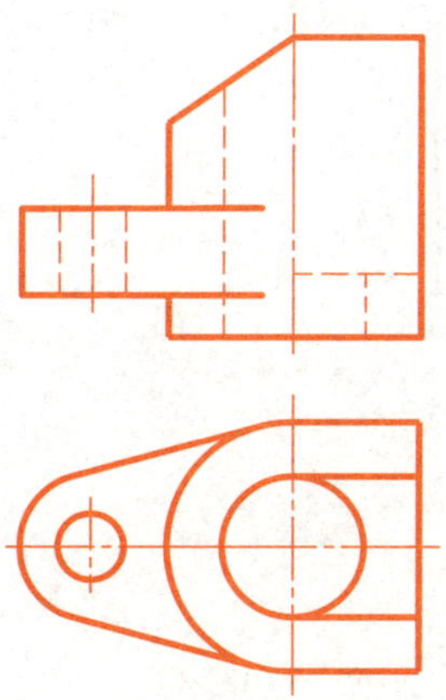

5.

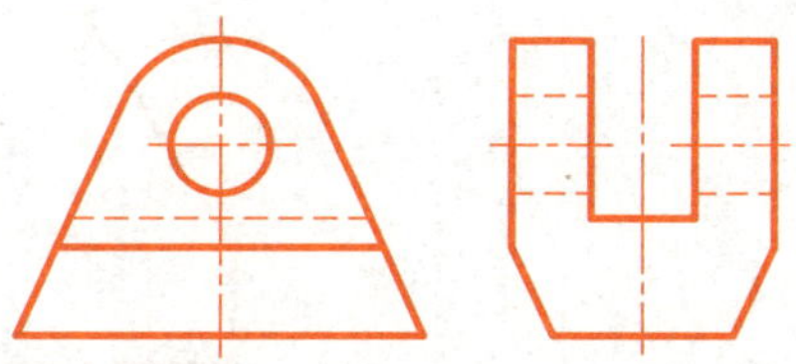

6.

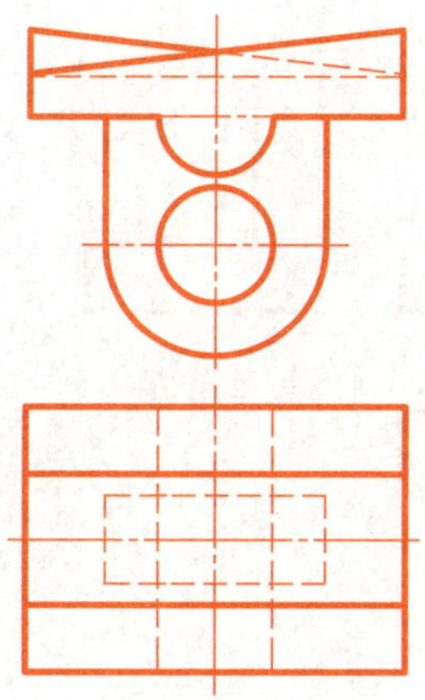

| 5.5　组合体轴测图绘制 | 班级： | 姓名： | 学号： | 分数： |
| --- | --- | --- | --- | --- |

**5-24　根据三视图，补全其轴测图**

1.

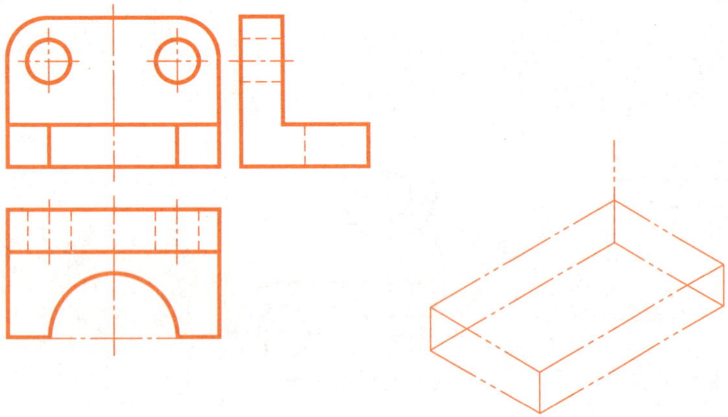

2.

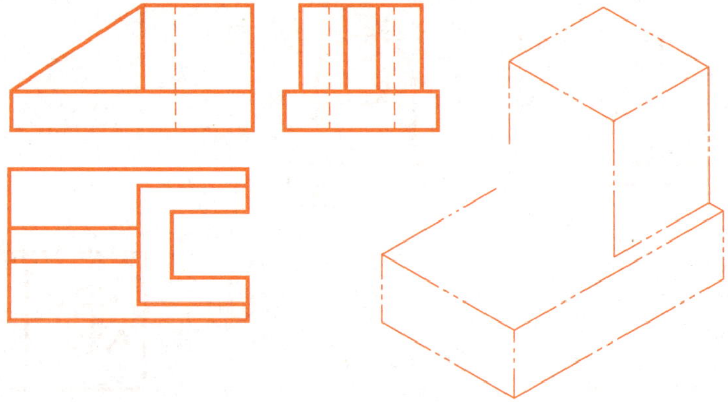

3.

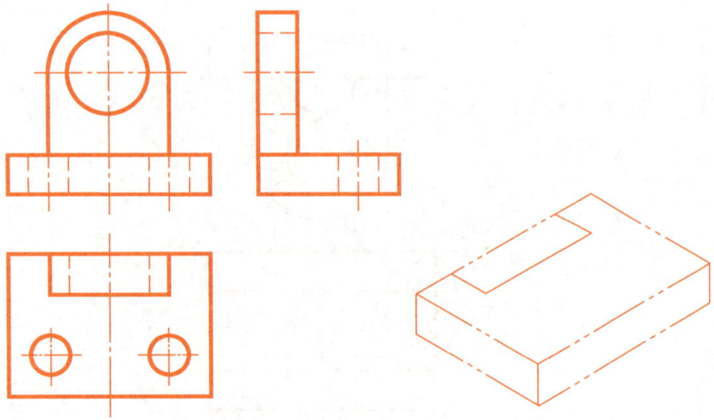

4.

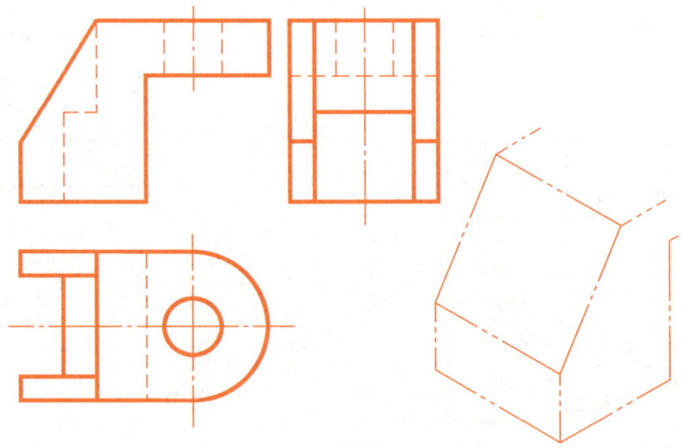

| 5.5　组合体轴测图绘制 | 班级： | 姓名： | 学号： | 分数： |
| --- | --- | --- | --- | --- |

**5-24　根据三视图，补全其轴测图（续）**

5.

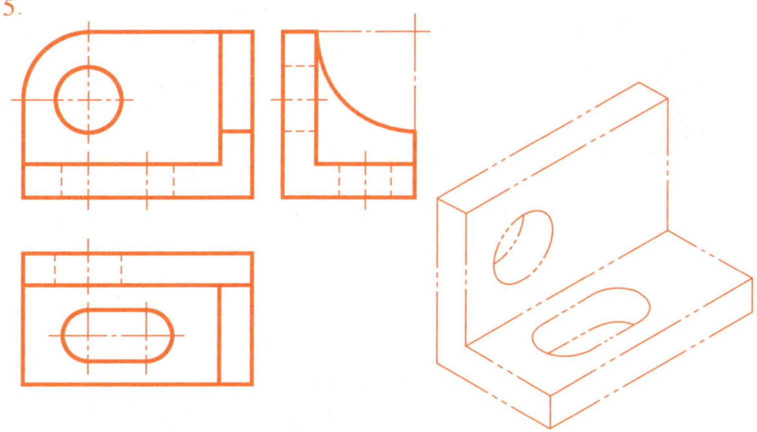

6.

7.

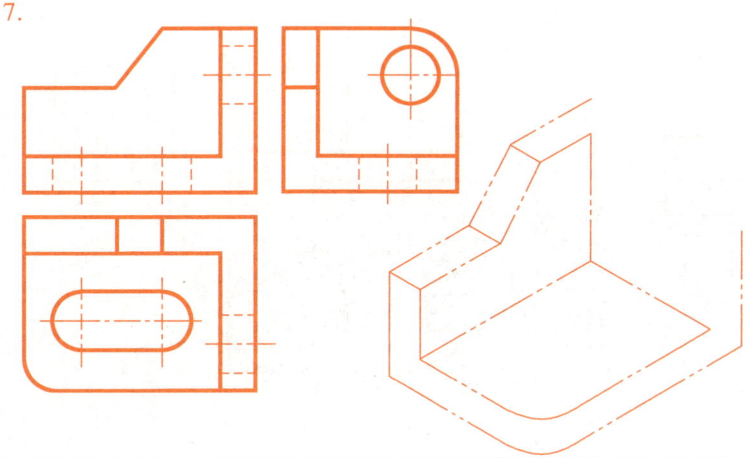

8.

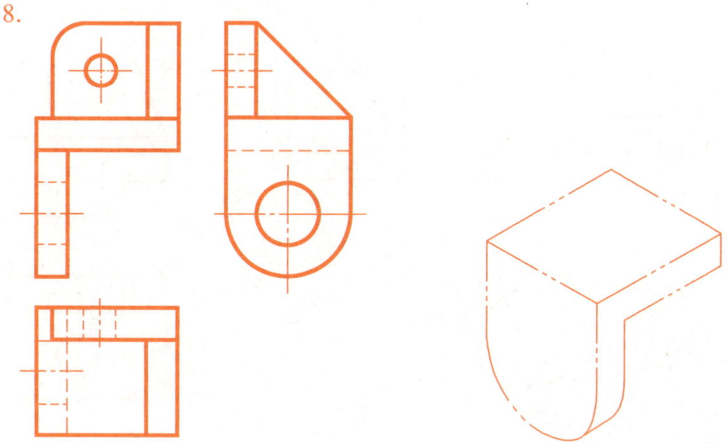

| 5.6　组合体尺寸分析与标注 | 班级： | 姓名： | 学号： | 分数： |
|---|---|---|---|---|

**5-25　标注下列组合体的尺寸（数值从图中按 1∶1 量取并取整数）（难度系数 0.5）**

1.

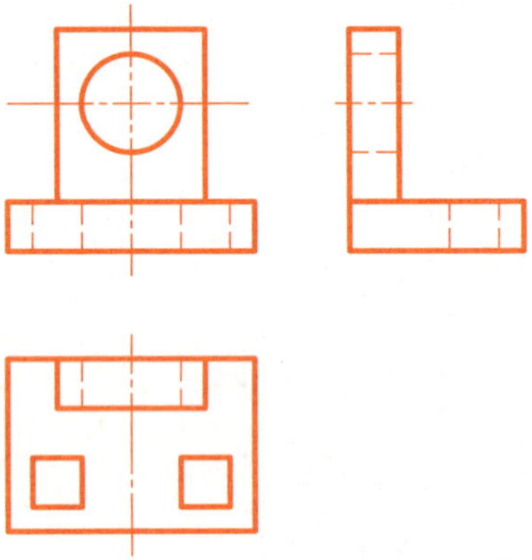

2.

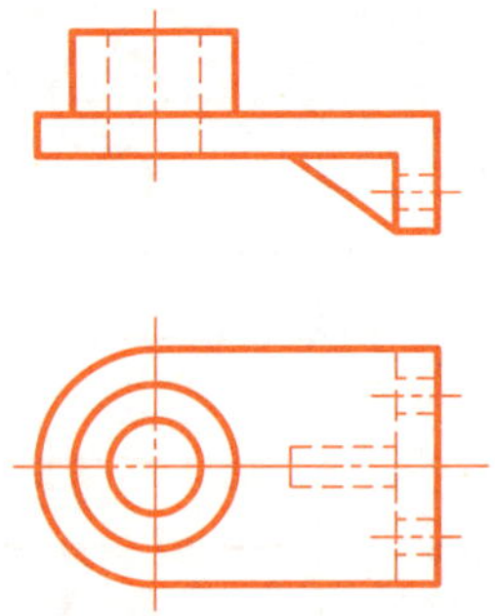

3.

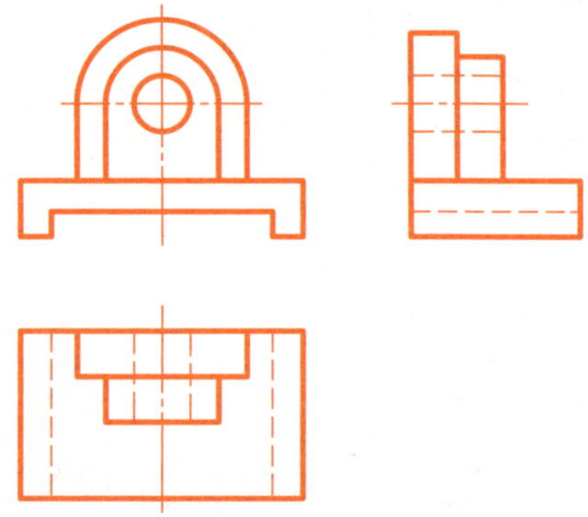

4.

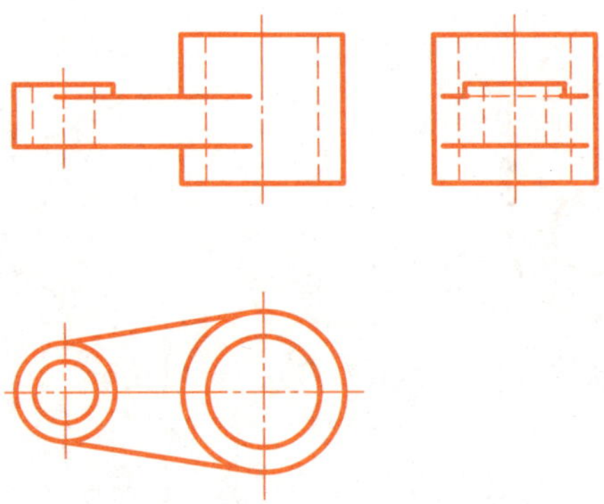

5.

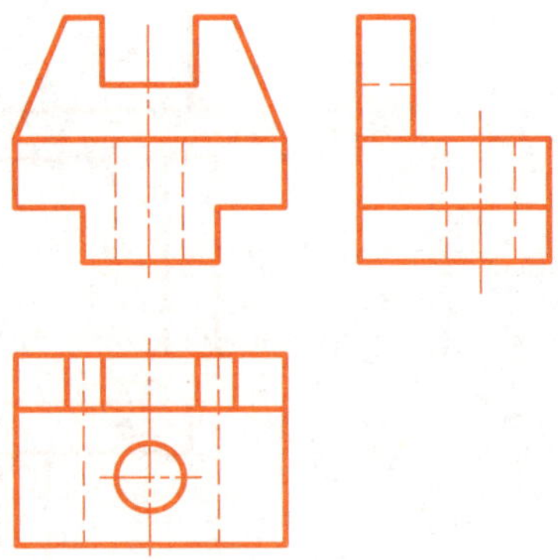

6.

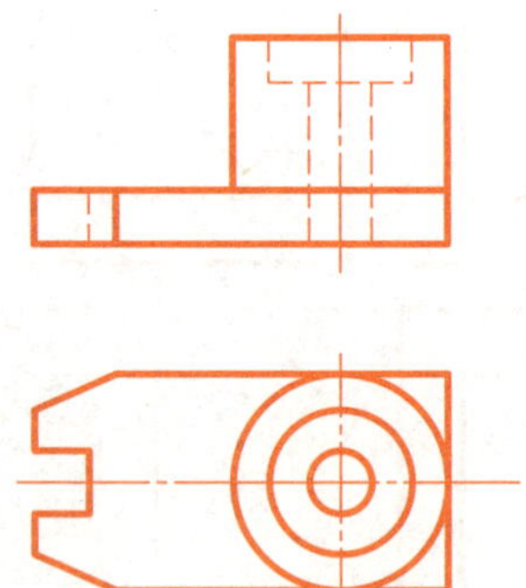

# 第 5 章 组合体三视图绘制与识读

| 5.6 组合体尺寸分析与标注 | 班级： | 姓名： | 学号： | 分数： |
|---|---|---|---|---|

5-26 标注下列组合体的尺寸（数值从图中按 1∶1 量取并取整数）（难度系数 0.6）

1.

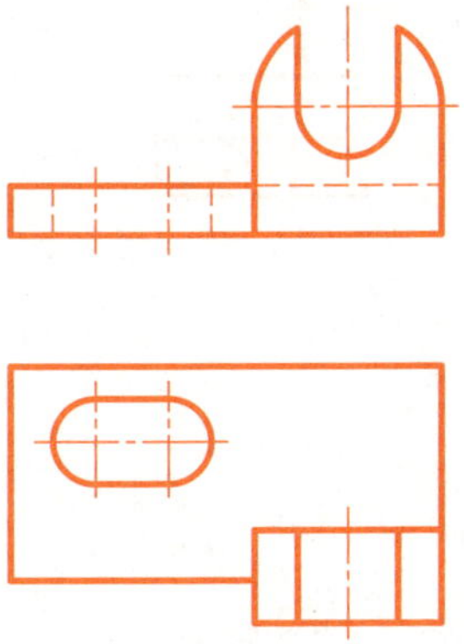

2.

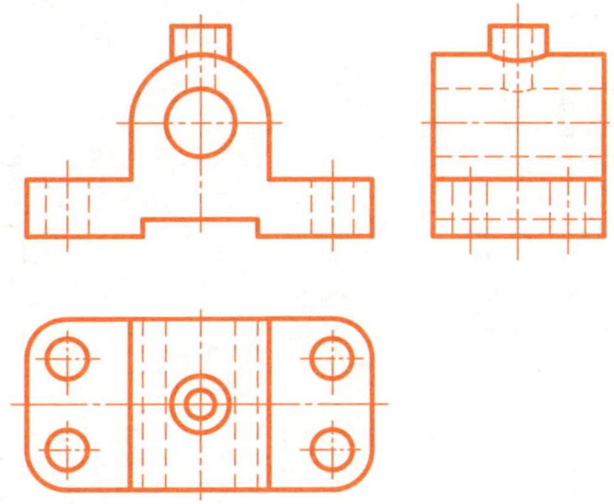

3.

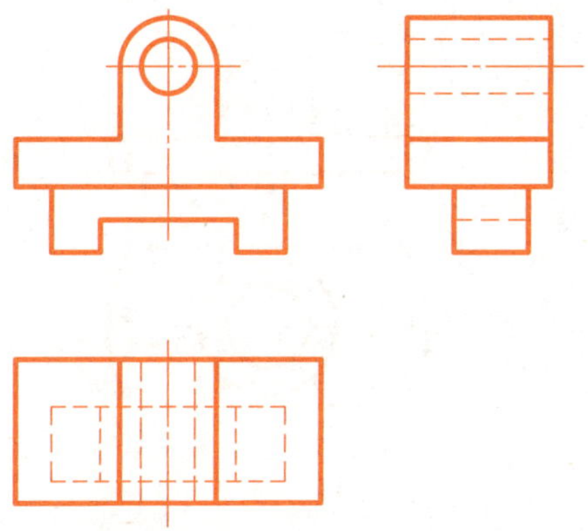

4.

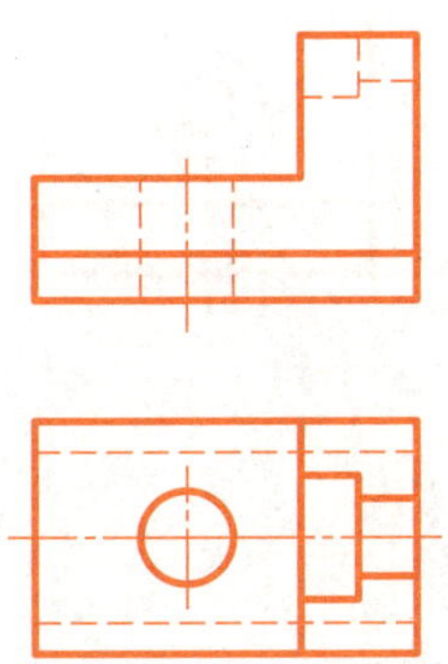

5.

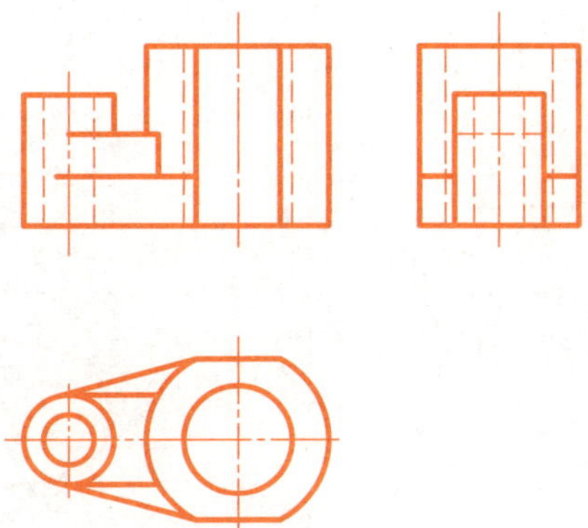

6.

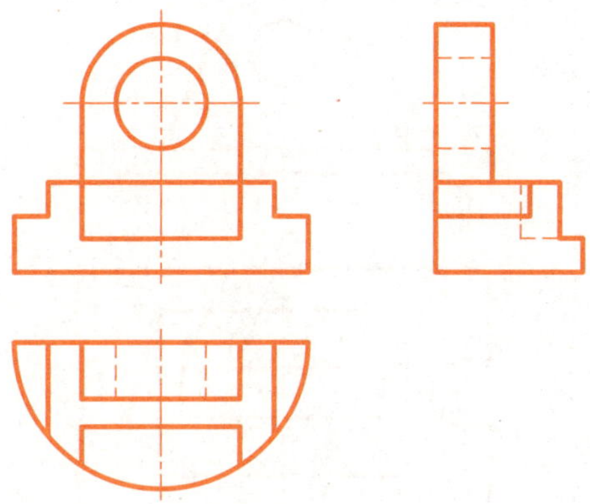

| 5.6　组合体尺寸分析与标注 | 班级： | 姓名： | 学号： | 分数： |
| --- | --- | --- | --- | --- |

*5-27　标注下列组合体的尺寸（数值从图中按1：1量取并取整数）（难度系数0.9）

1.

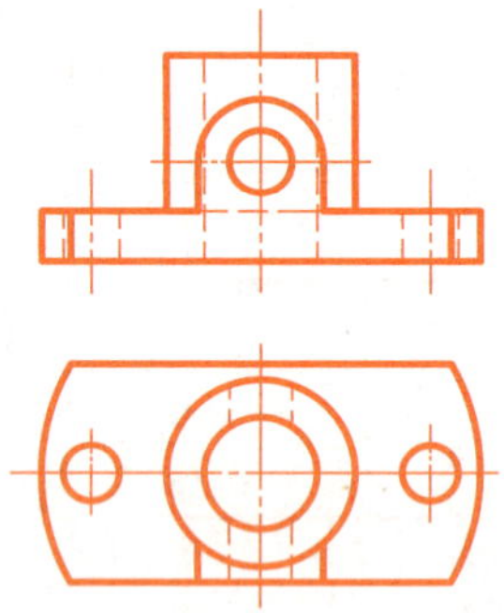

2.

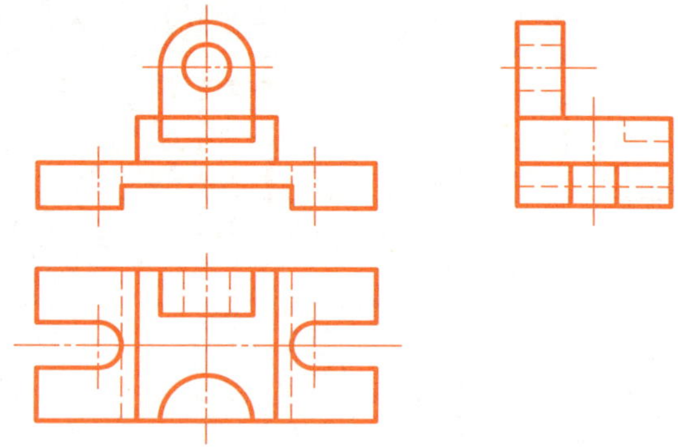

3.

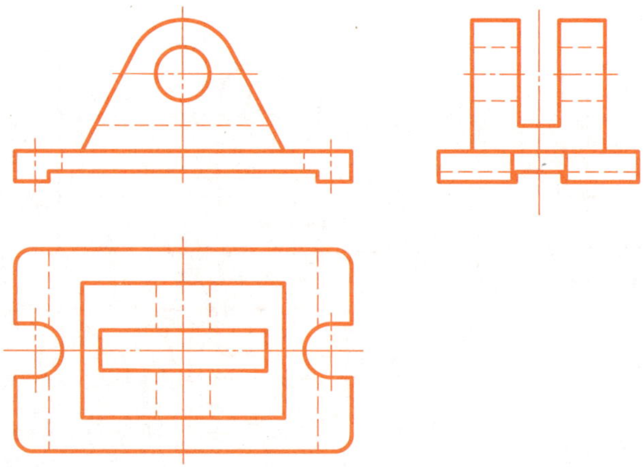

4.

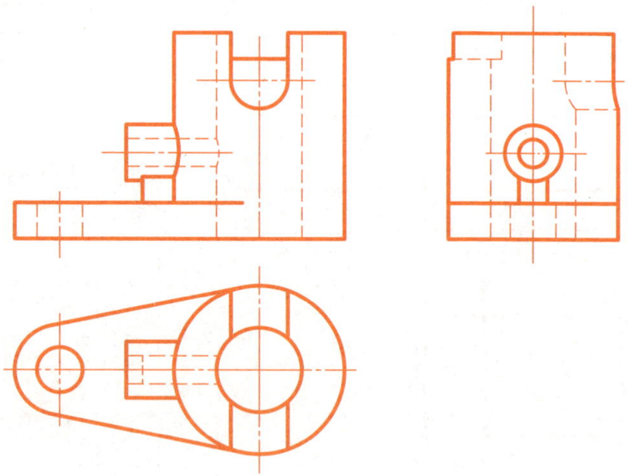

| 5.7　组合体绘制与识读综合训练 | 班级： | 姓名： | 学号： | 分数： |
|---|---|---|---|---|

**5-28　根据轴测图，绘制组合体三视图，并标注尺寸**（注：所有孔槽均为通孔、通槽）（绘制在图纸或坐标纸上）

1.

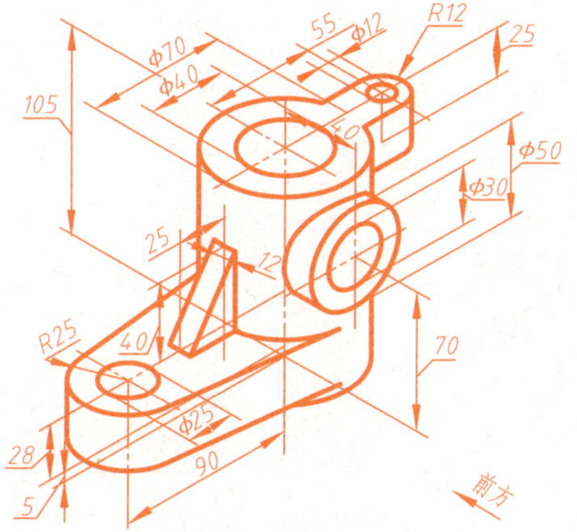


2.

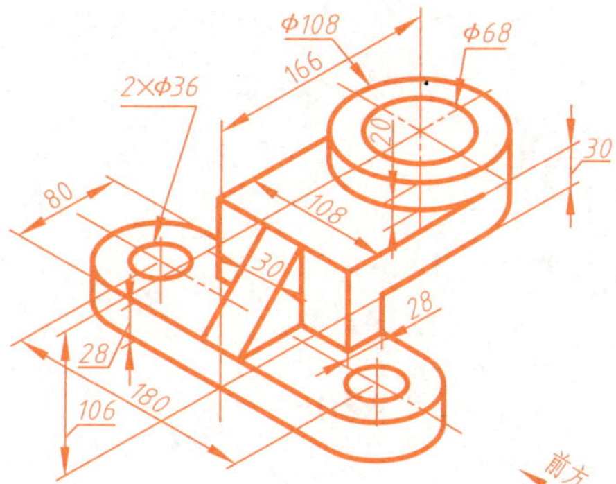


3.

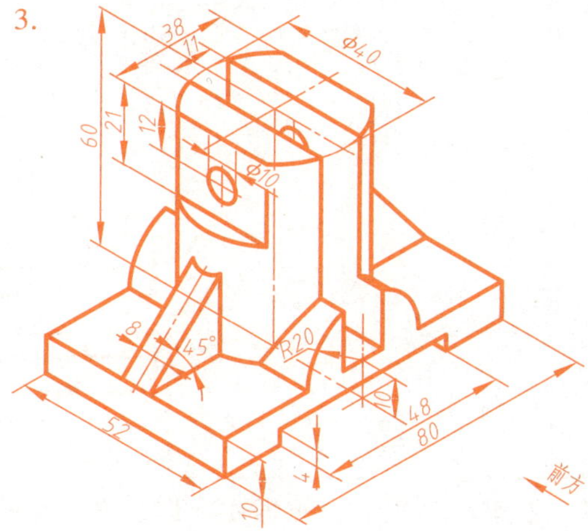


4.

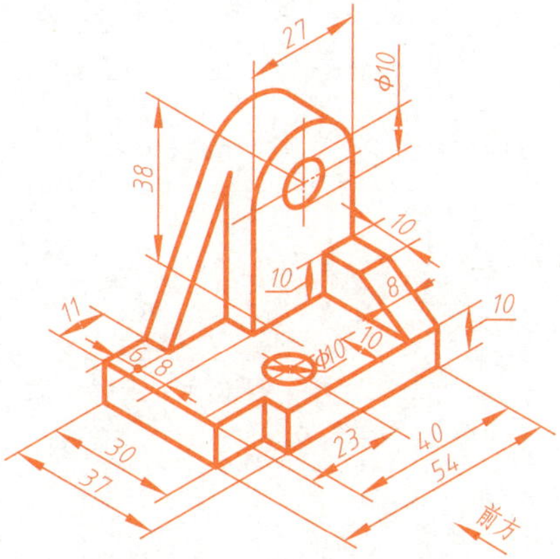


5.

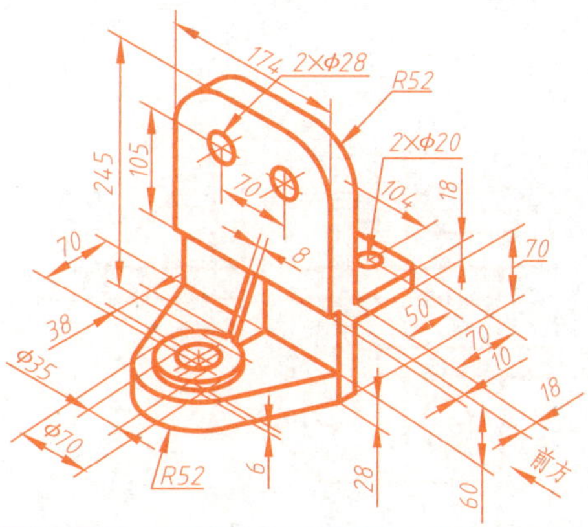


6.

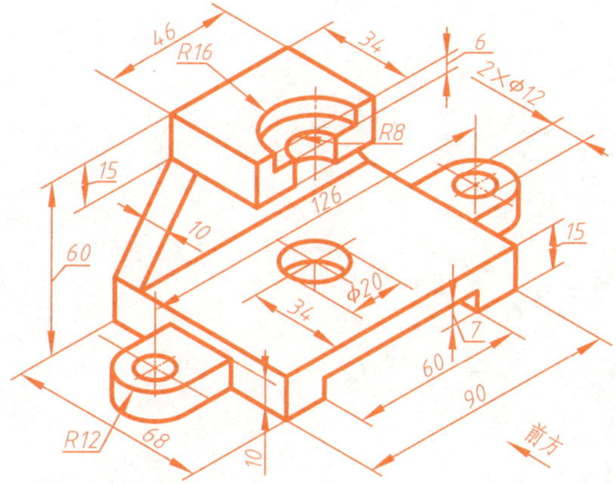

# 第 6 章　机件图样图形的绘制与识读

| 6.1　基本视图的绘制 | 班级： | 姓名： | 学号： | 分数： |
|---|---|---|---|---|

**6-1**　按第一角投影，根据立体图与主、俯、左三视图，补画右、后、仰视图

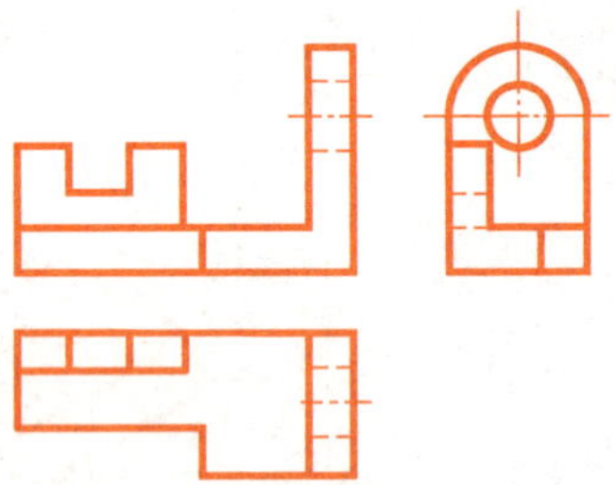

**6-2**　按第一角投影，根据主、俯、左三个视图，补画其他三个基本视图

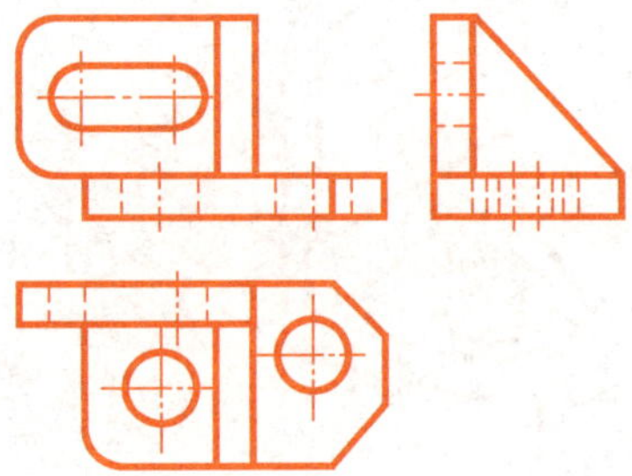

# 第 6 章　机件图样图形的绘制与识读

| 6.1　基本视图的绘制 | 班级： | 姓名： | 学号： | 分数： |
|---|---|---|---|---|

6-3　按第一角投影，根据主、俯、右中的两视图，补画第三视图

1.

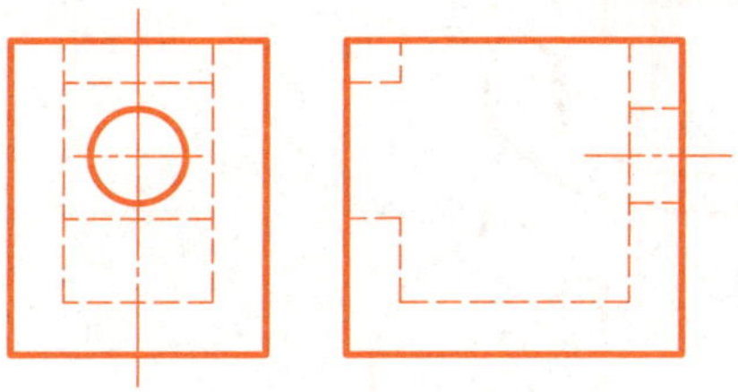

2.

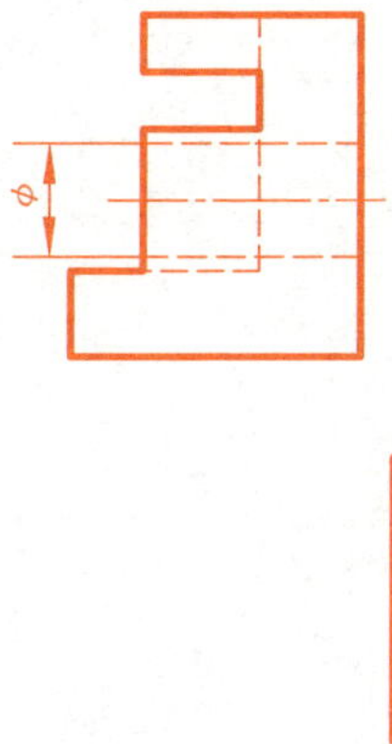

3.

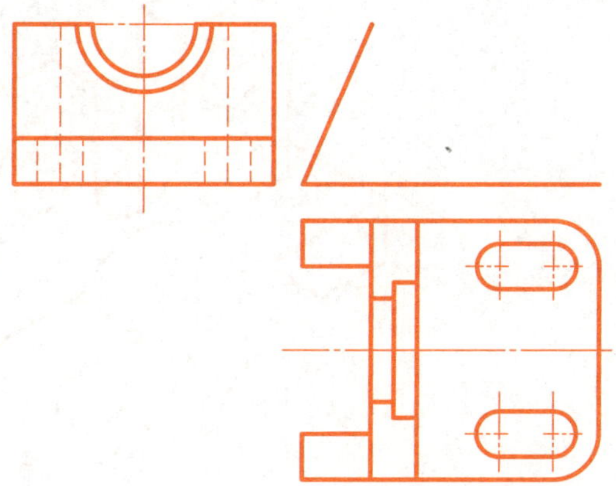

4.

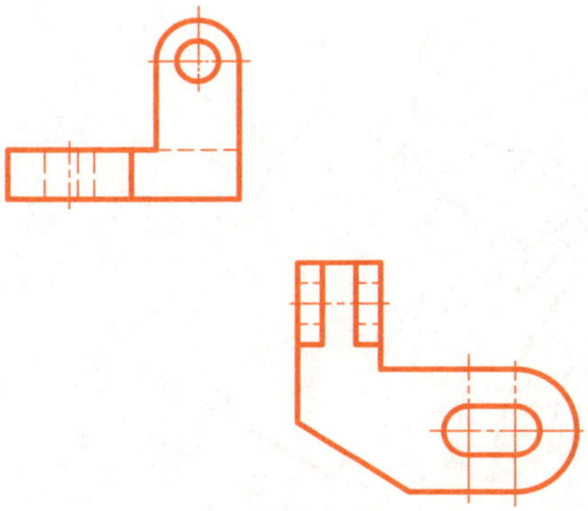

5.

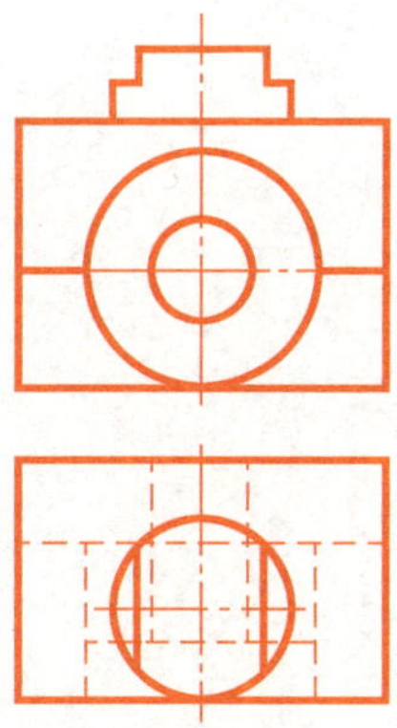

6.

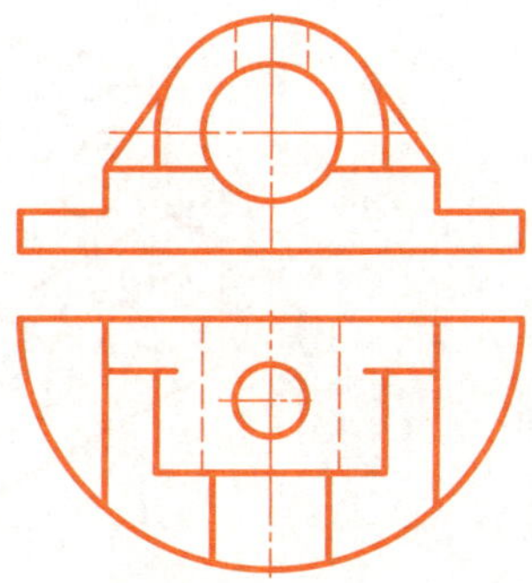

# 第 6 章　机件图样图形的绘制与识读

| 6.1　基本视图的绘制 | 班级： | 姓名： | 学号： | 分数： |
|---|---|---|---|---|

**6-4　按第三角投影，根据轴测图绘制其主、俯、右视图（注：都为通孔）**

1.

2.

3.

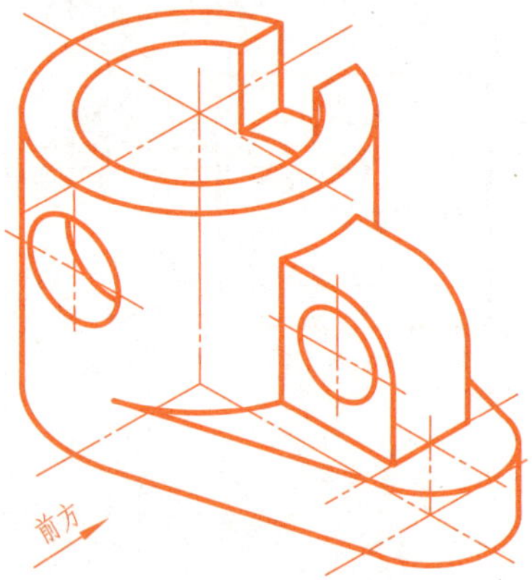


4.

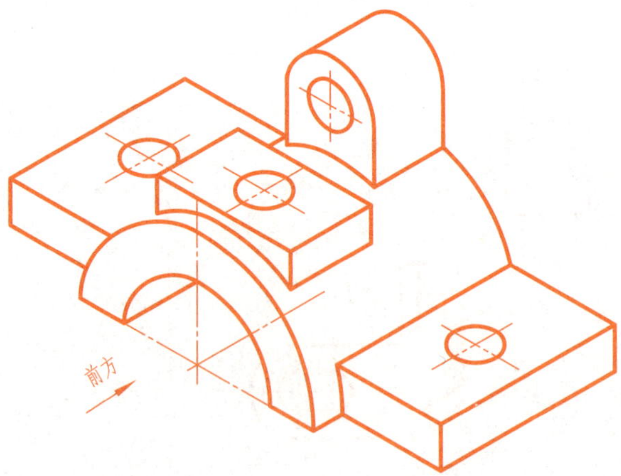

# 第 6 章　机件图样图形的绘制与识读

| 6.1　基本视图的绘制 | 班级： | 姓名： | 学号： | 分数： |
| --- | --- | --- | --- | --- |

## 6-5　按第三角投影，根据三视图绘制其轴测图

1.

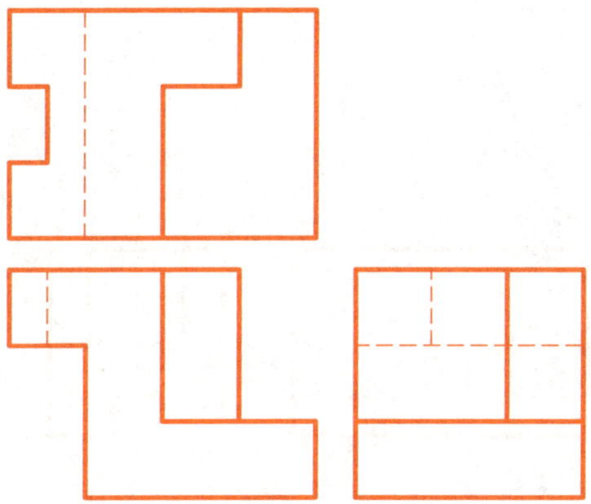

2.

3.

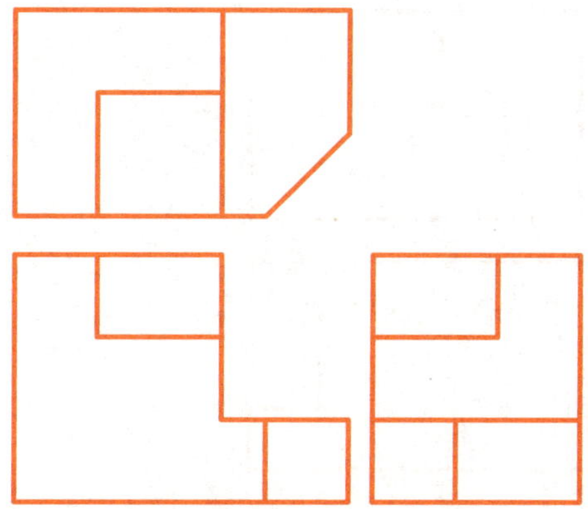

4.

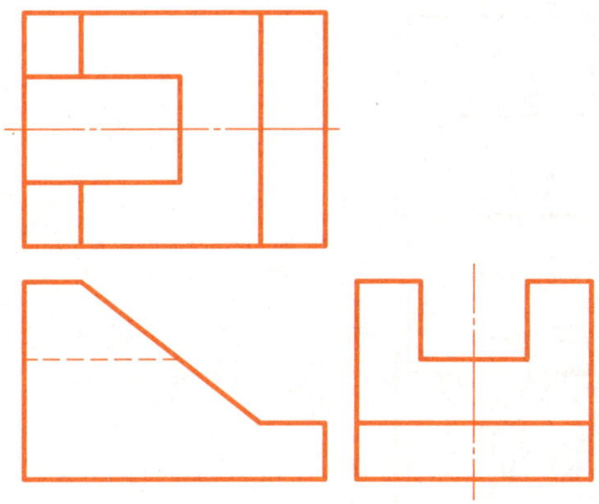

5.

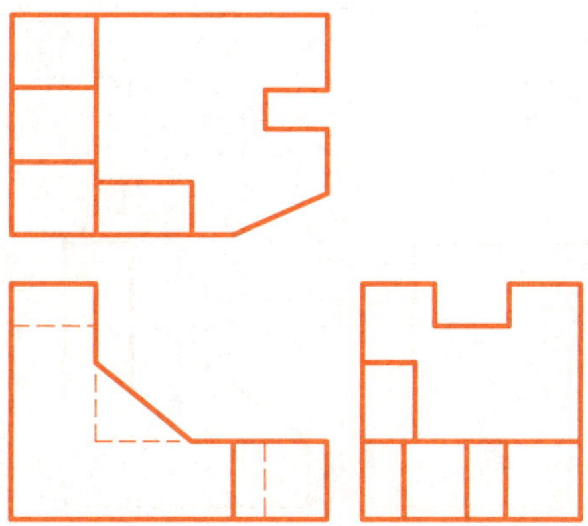

6.

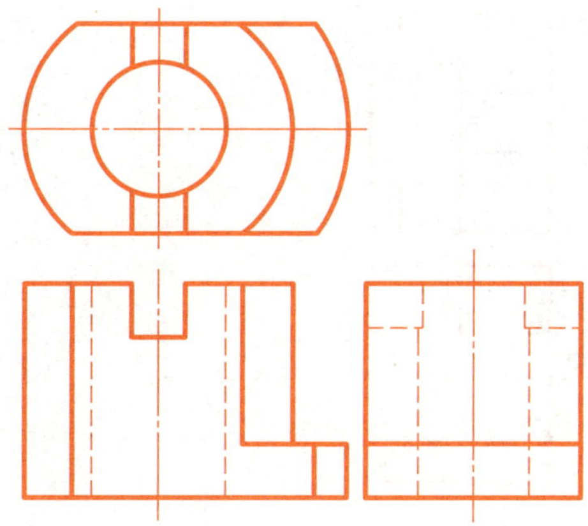

# 第 6 章　机件图样图形的绘制与识读

| 6.1　基本视图的绘制 | 班级： | 姓名： | 学号： | 分数： |
| --- | --- | --- | --- | --- |

**6-6　按第三角投影，根据两视图绘制第三视图**（难度系数 0.7）

1.

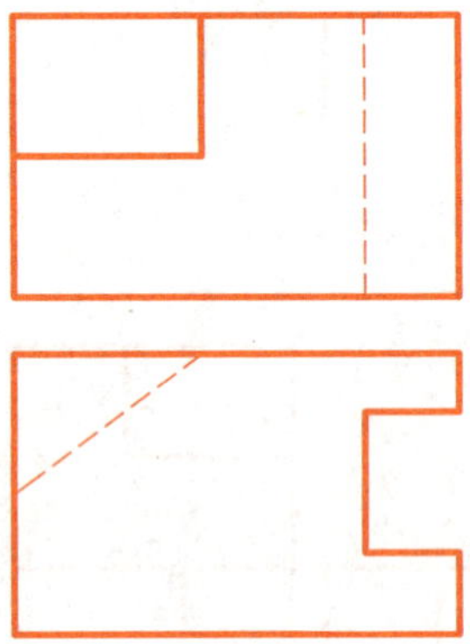

2.

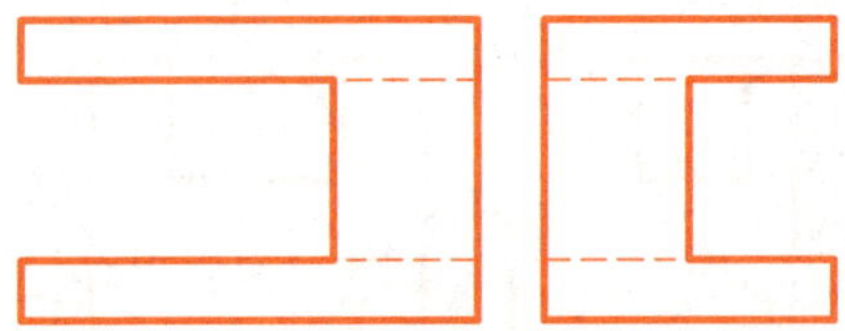

3.

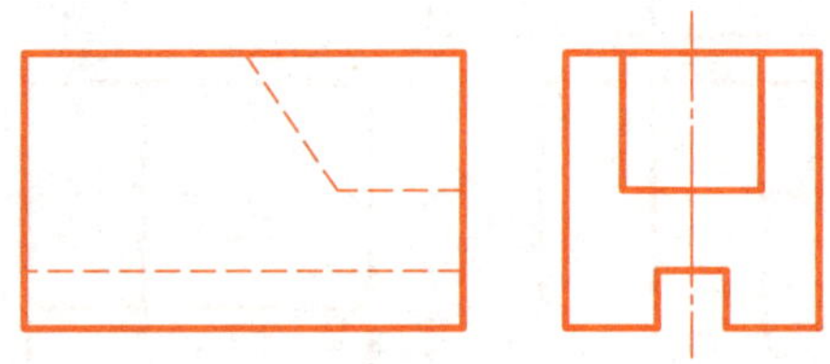

4.

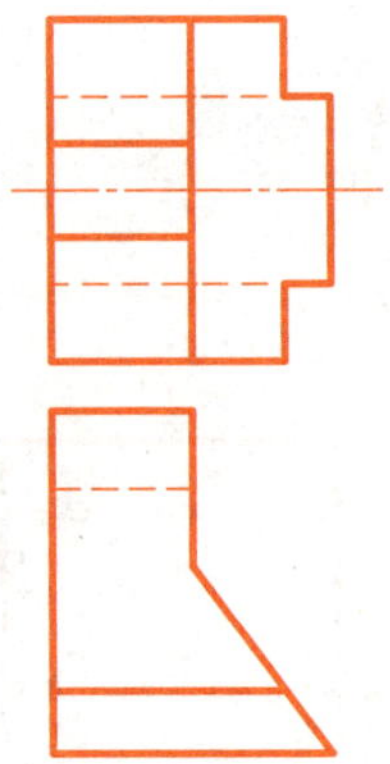

5.

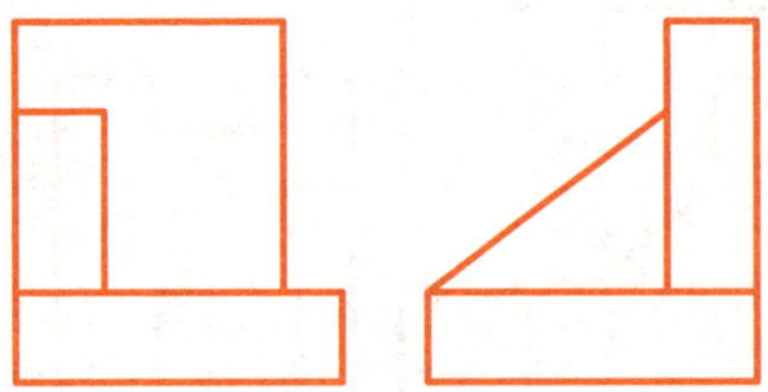

6.

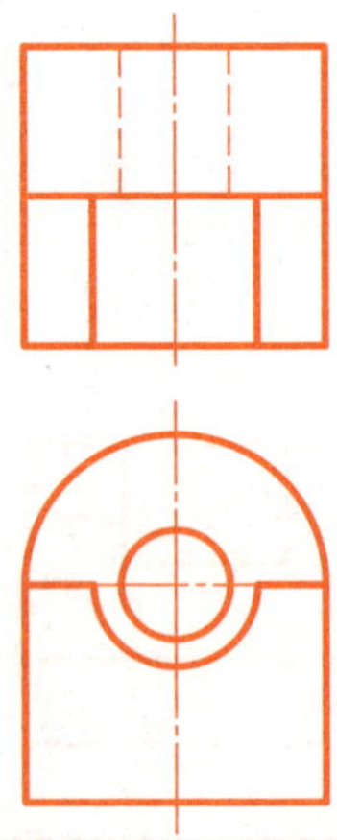

# 第 6 章　机件图样图形的绘制与识读

| 6.1　基本视图的绘制 | 班级： | 姓名： | 学号： | 分数： |
|---|---|---|---|---|

6-7　按第三角投影，根据两视图绘制第三视图（难度系数 0.9）

1.

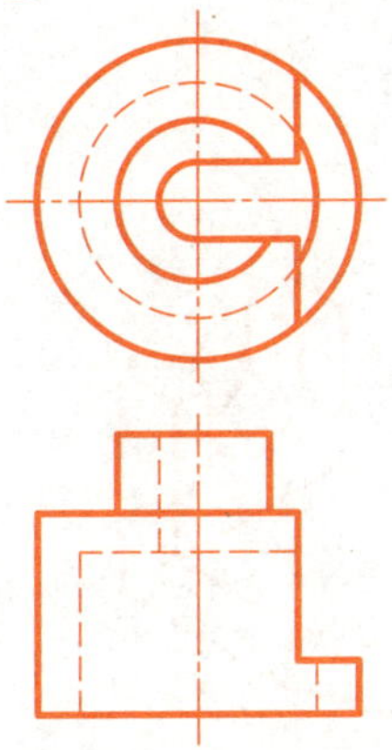

2.

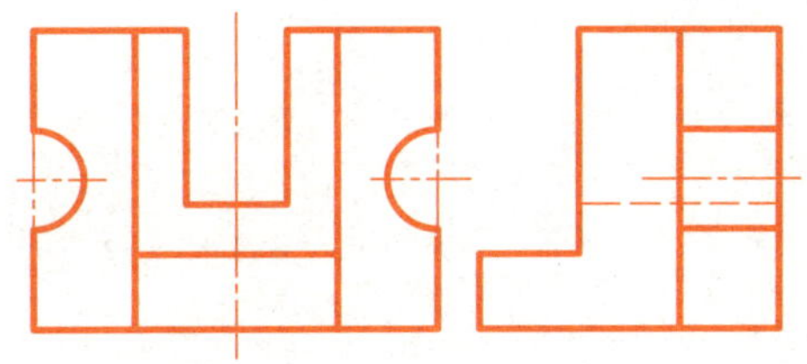

3.

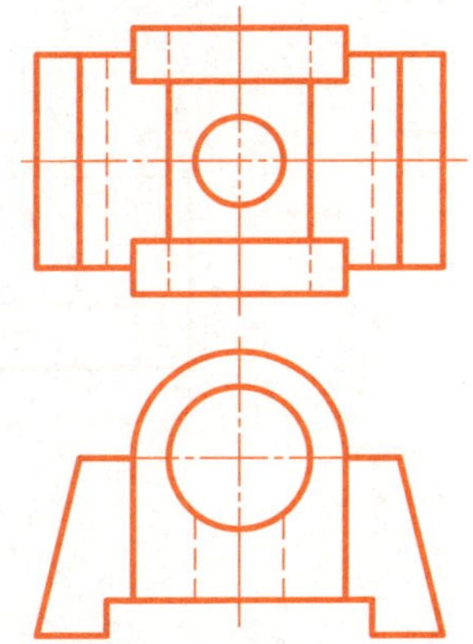

4.

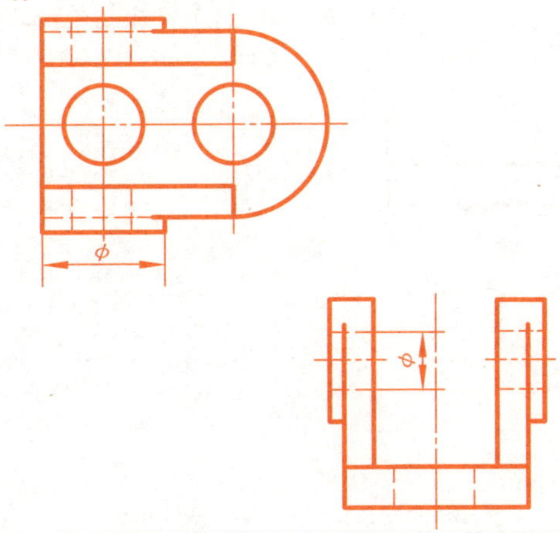

5.

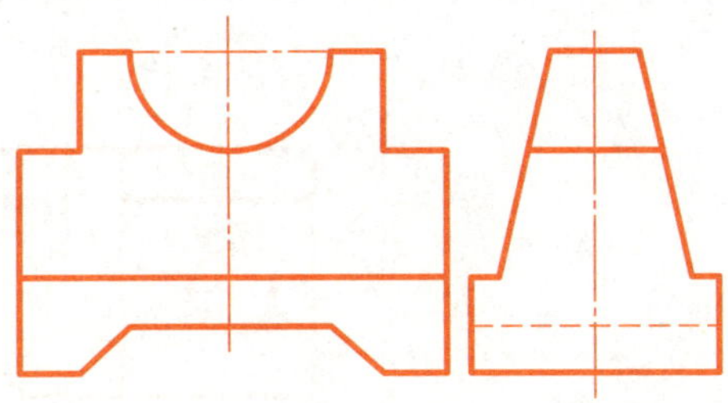

6.

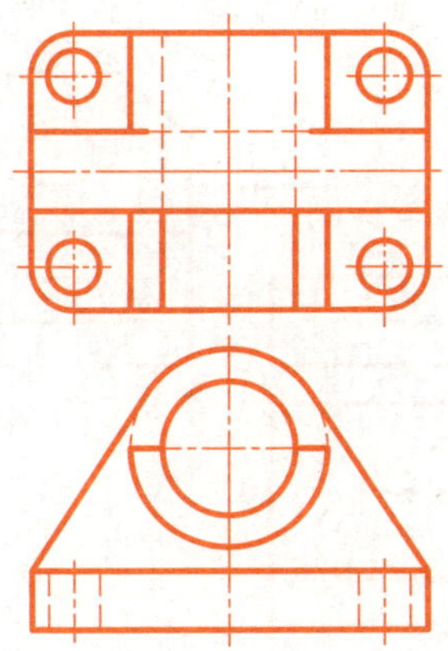

# 第 6 章　机件图样图形的绘制与识读

| 6.2　视图的画法与识读 | 班级： | 姓名： | 学号： | 分数： |
|---|---|---|---|---|

## 6-8　根据基本视图绘制向视图

1. 根据主、左、俯视图与轴测图，绘制 *D*、*E*、*F* 向视图

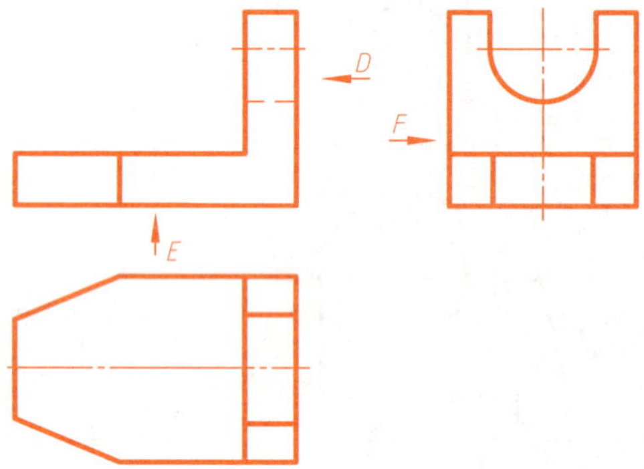


D　　F

E

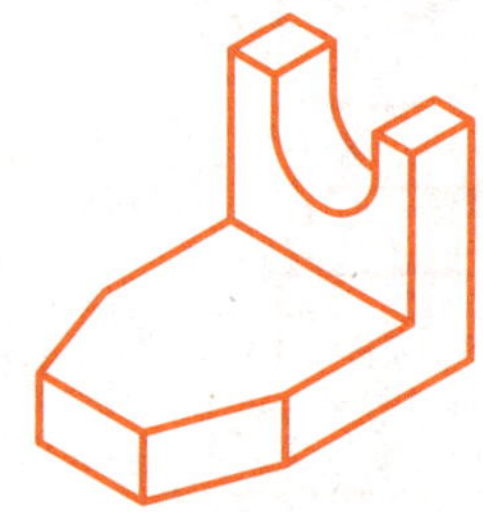

2. 根据所给视图，画 *A* 向视图

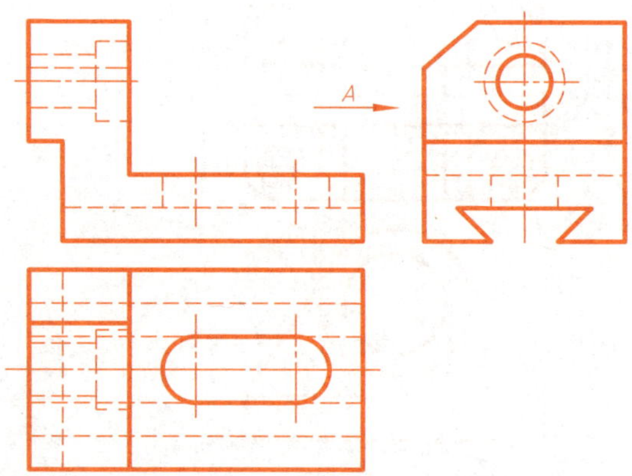


A

3. 根据主、左、俯三视图，补画后视图、*A* 向视图和 *B* 向视图

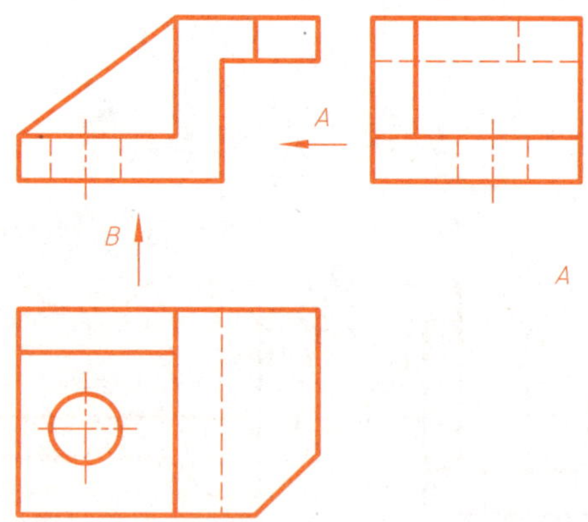


A　　B

| 6.2　视图的画法与识读 | 班级： | 姓名： | 学号： | 分数： |
| --- | --- | --- | --- | --- |

## 6-9　根据提供的视图绘制局部视图

1. 在指定位置绘制 *A* 向、*D* 向局部视图

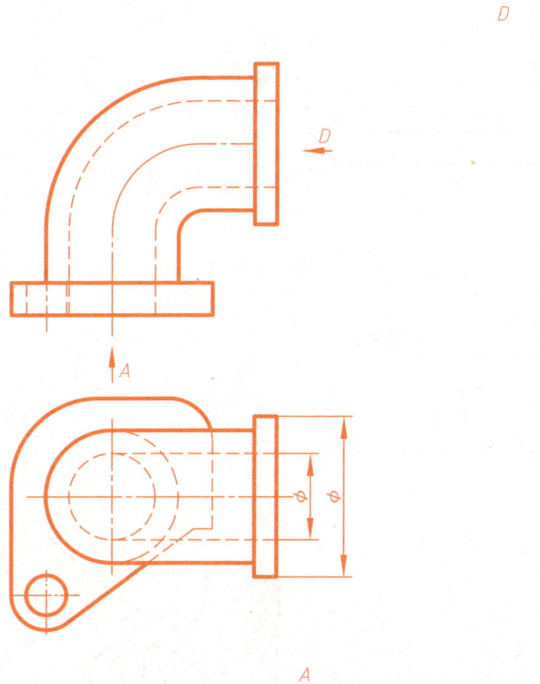


2. 根据所给视图和立体图，画 *A* 向局部视图和 *B* 向局部视图

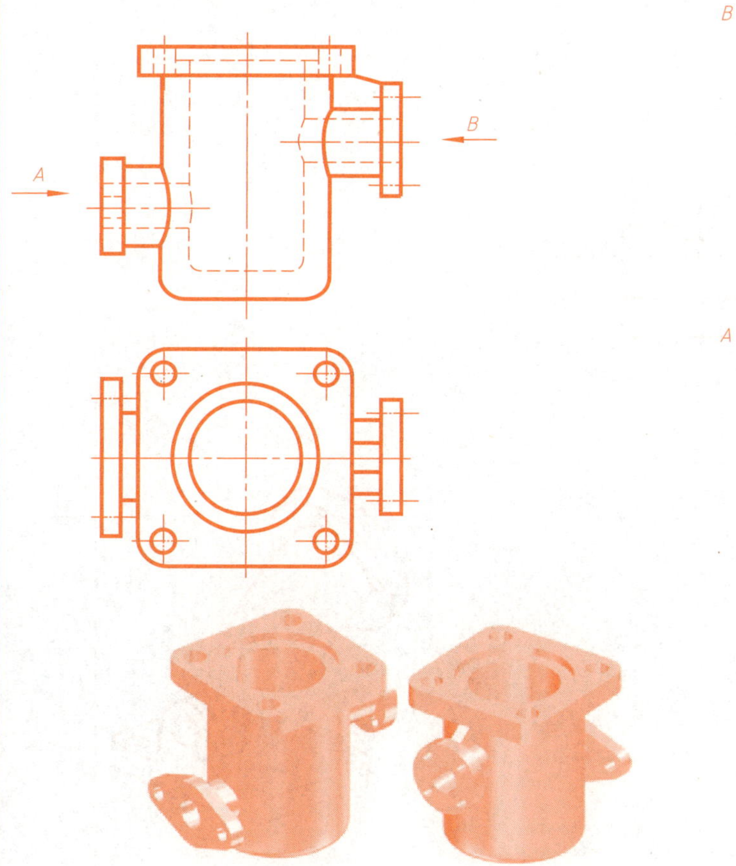

| 6.2　视图的画法与识读 | 班级： | 姓名： | 学号： | 分数： |
|---|---|---|---|---|

**6-10　根据提供视图，绘制 *A* 向斜视图与 *B* 向、*C* 向局部视图**

1.

2.

# 第 6 章　机件图样图形的绘制与识读

| 6. 4　三类剖视图的画法 | 班级： | 姓名： | 学号： | 分数： |
| --- | --- | --- | --- | --- |

**6-11　根据立体图，按要求绘图**（注：一般若没有指明用什么表达方法即用视图法）（剖视图要标注）

1. 绘制全剖主视图和俯视图

2. 绘制全剖主视图和俯视图

3. 绘制全剖主视图和俯视图

4. 绘制全剖主视图和俯视图

5. 绘制全剖主视图和俯视图

6. 绘制主视图和全剖俯视图

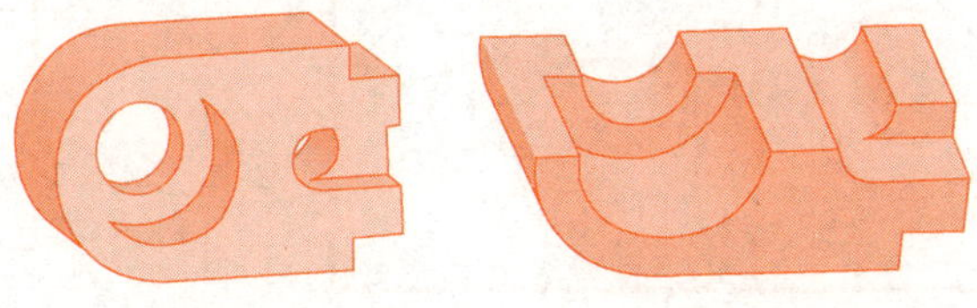

| 6.4　三类剖视图的画法 | 班级： | 姓名： | 学号： | 分数： |
| --- | --- | --- | --- | --- |

**6-12　根据两面视图，想象出机件形状，将主视图改画成全剖视图**（剖视图要标注）（难度系数 0.3）

1.

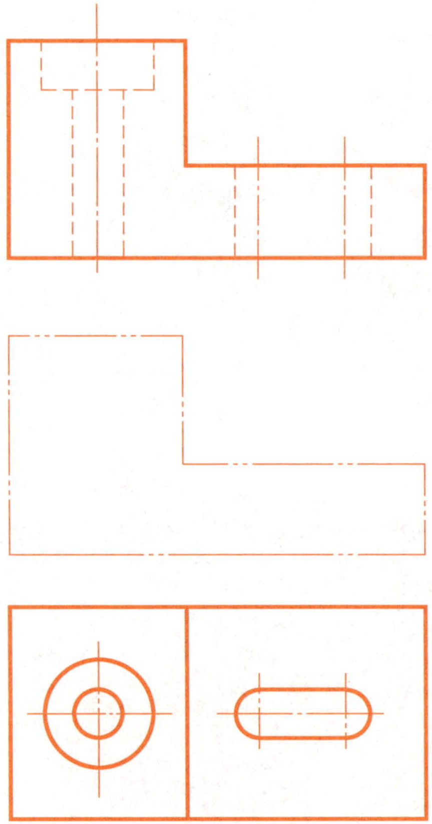

2.

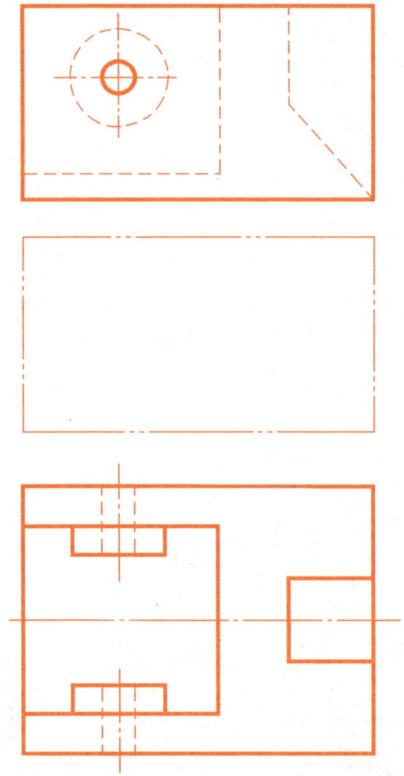

3.

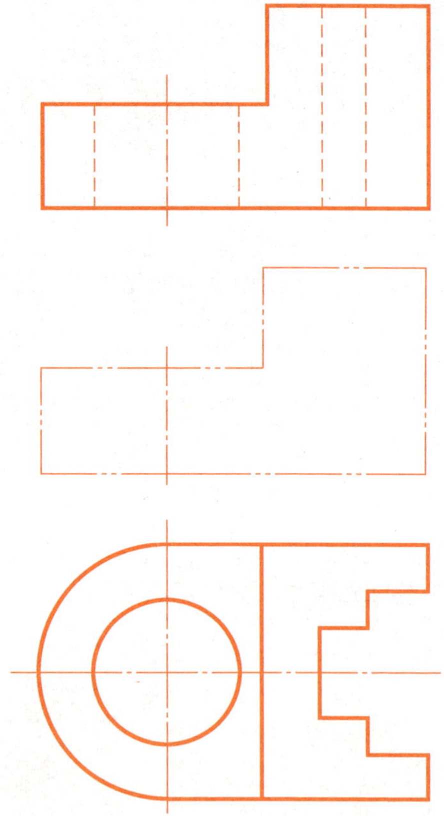

| 6.4 三类剖视图的画法 | 班级： | 姓名： | 学号： | 分数： |
|---|---|---|---|---|

**6-13 根据两面视图，想象出机件形状，将主视图改画成全剖视图**（剖视图要标注）（难度系数 0.4）

1.

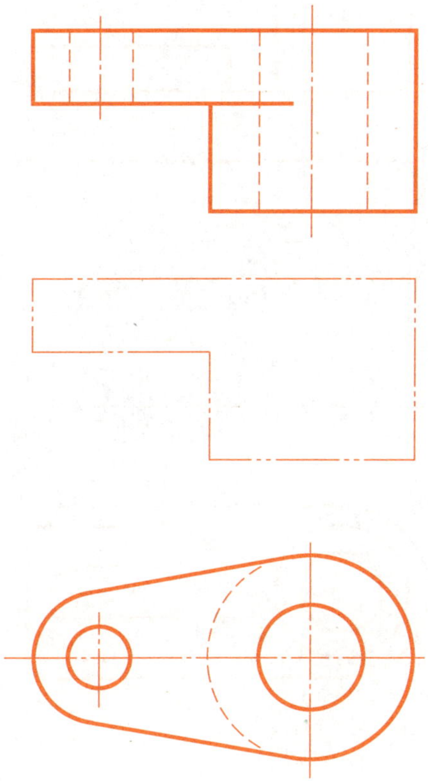

2.

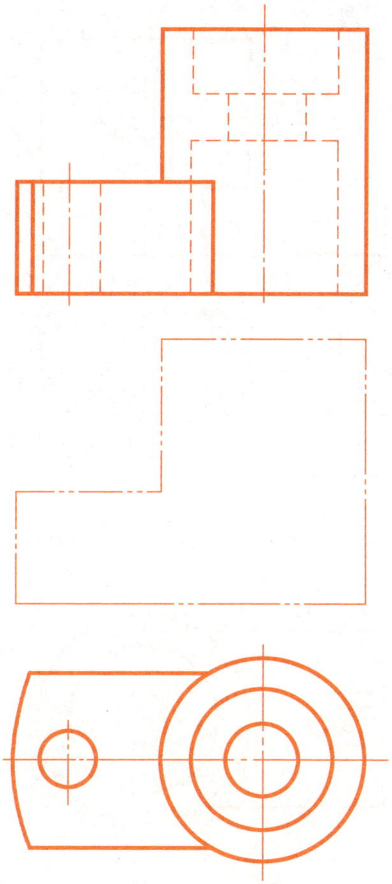

3.

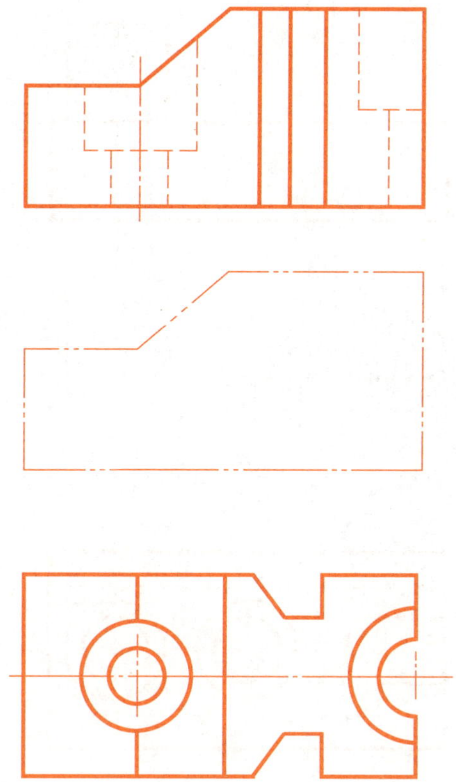

| 6.4　三类剖视图的画法 | 班级： | 姓名： | 学号： | 分数： |
|---|---|---|---|---|

**6-14　根据两面视图，想象出机件形状，将主视图改画成全剖视图**（剖视图要标注）（难度系数 0.5）

1.

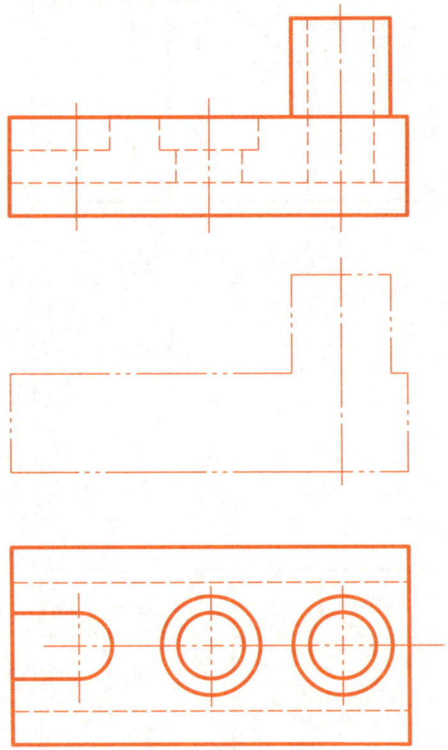

2.

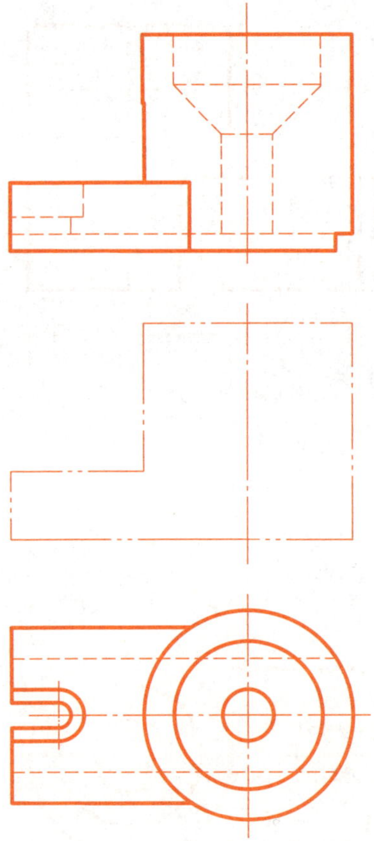

3.

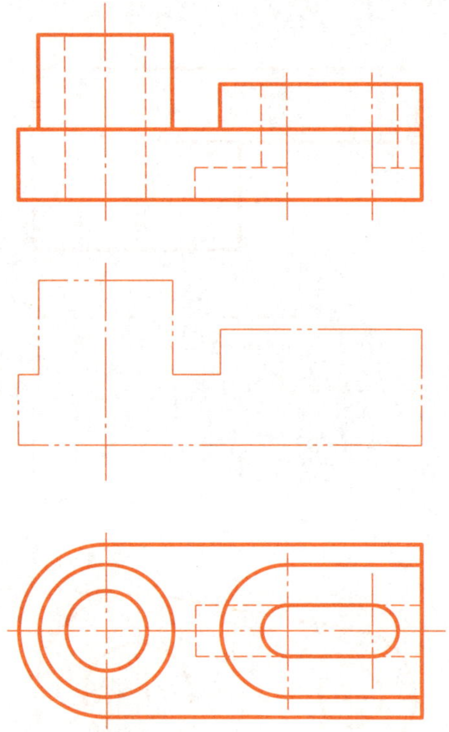

| 6.4　三类剖视图的画法 | 班级： | 姓名： | 学号： | 分数： |
|---|---|---|---|---|

**6-15　根据两面视图，想象出机件形状，将主视图改画成全剖视图**（难度系数 0.5）

1.

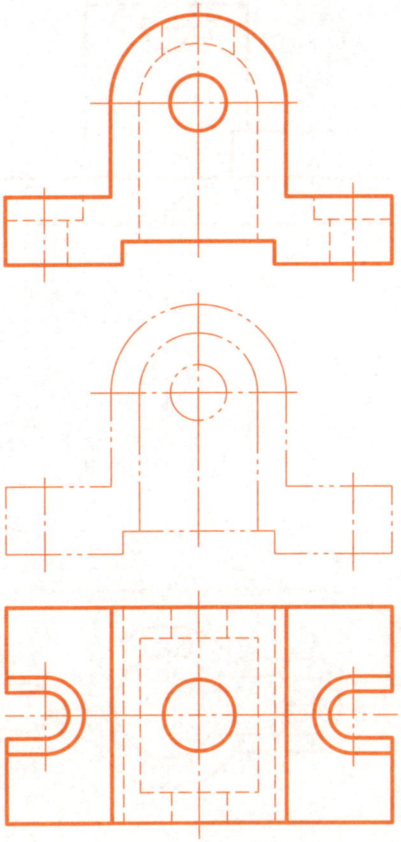

2.

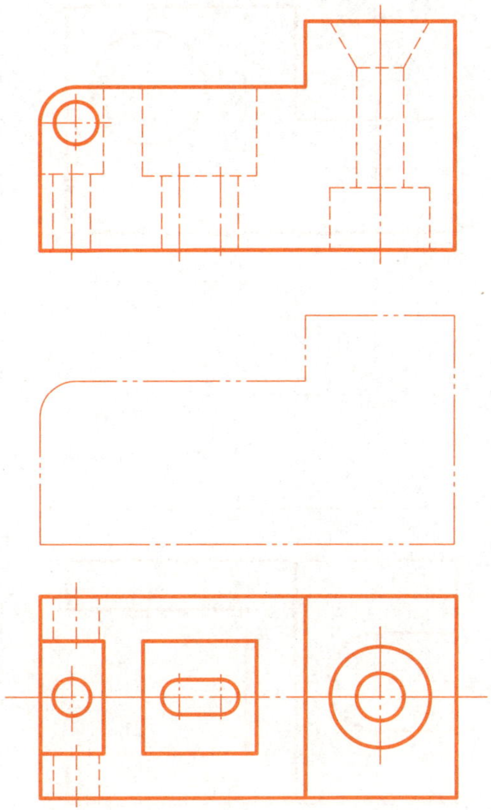

3.

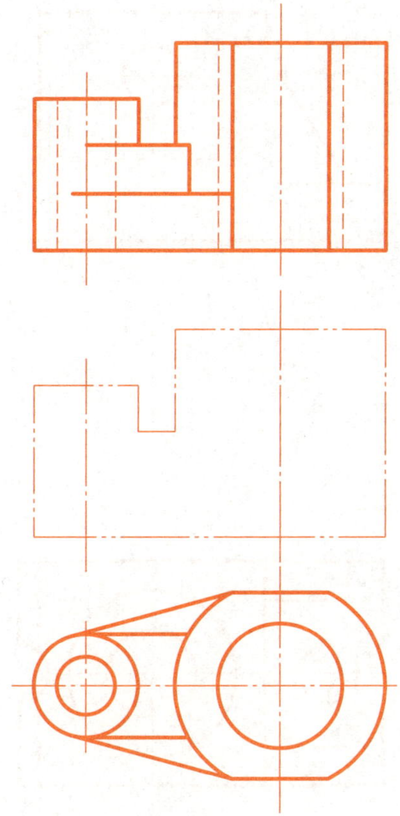

| 6.4　三类剖视图的画法 | 班级： | 姓名： | 学号： | 分数： |
|---|---|---|---|---|

**6-16**　根据两面视图，想象出机件形状，将主视图改画成全剖视图（难度系数 0.6）

1.

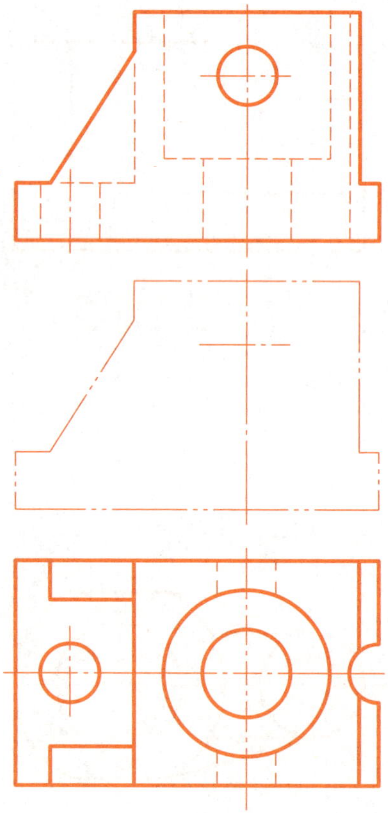

2.

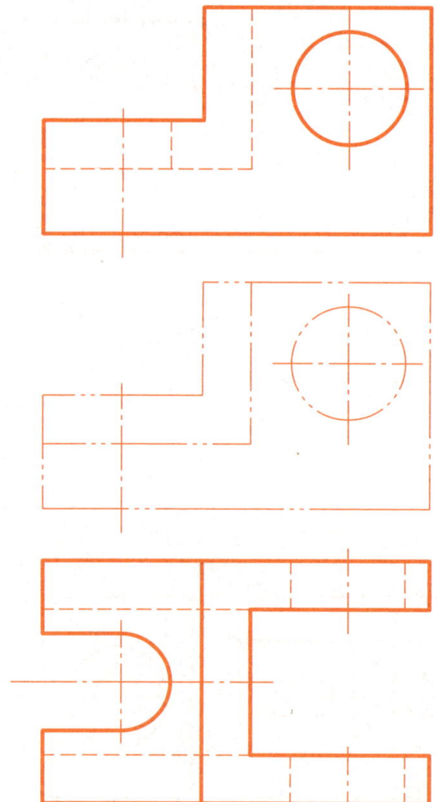

3.

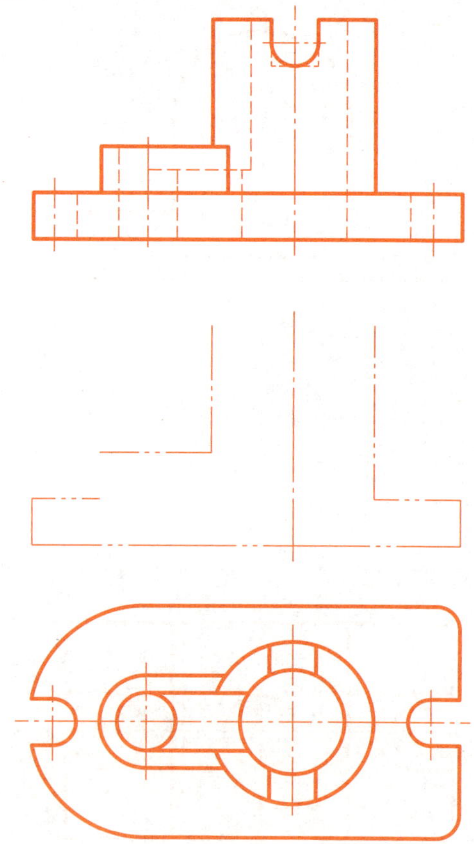

| 6.4　三类剖视图的画法 | 班级： | 姓名： | 学号： | 分数： |
|---|---|---|---|---|

**6-17　根据两面视图，想象出机体形状，将主视图改画为全剖主视图**（难度系数 0.7）

1.

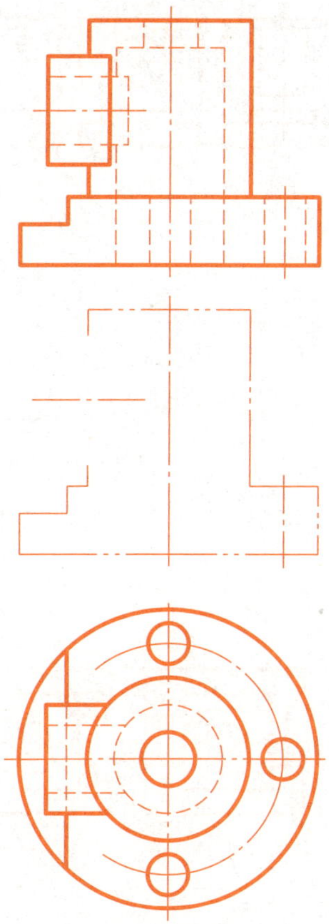

2.

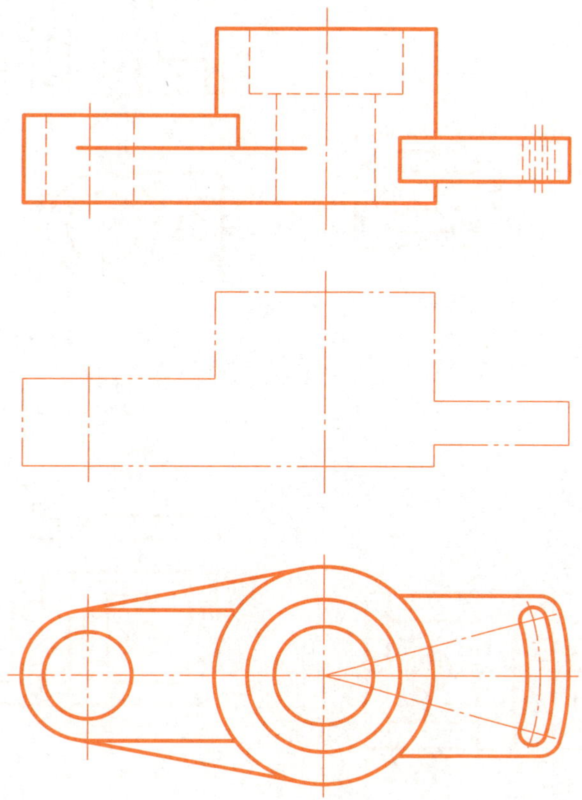

3.

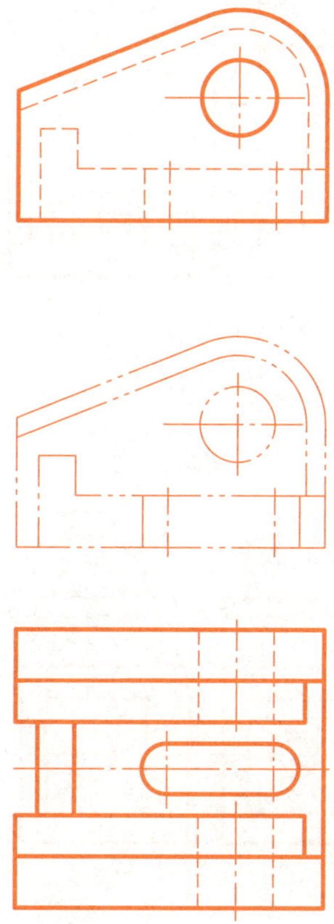

| 6.4　三类剖视图的画法 | 班级： | 姓名： | 学号： | 分数： |
| --- | --- | --- | --- | --- |

**6-18　根据提供的两个视图，选择另一个视图**

1. 选择正确的俯视图

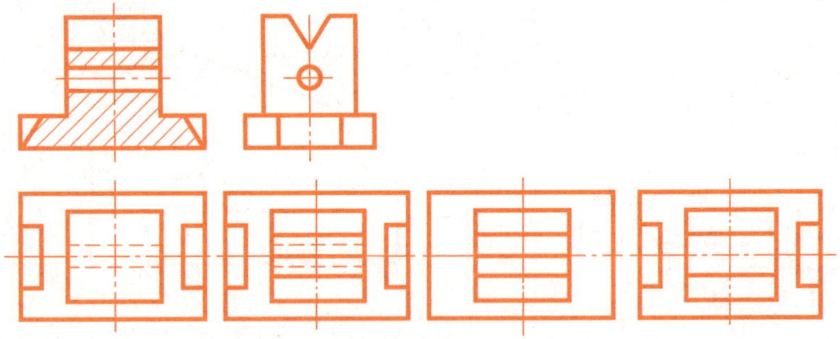

(A)　(B)　(C)　(D)

正确的俯视图是：________

2. 选择正确的左视图

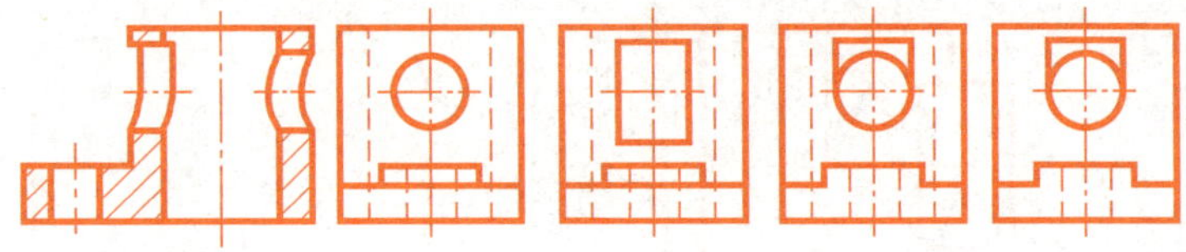

(A)　(B)　(C)　(D)

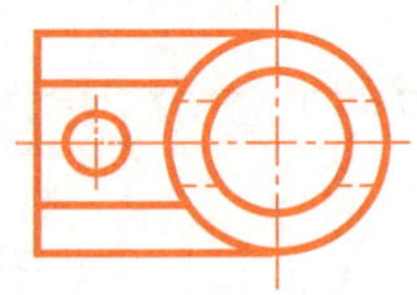

正确的左视图是：________

3. 选择正确的俯视图

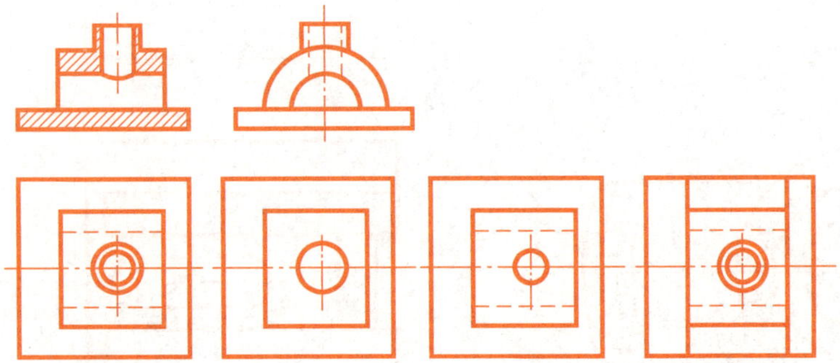

(A)　(B)　(C)　(D)

正确的俯视图是：________

4. 选择正确的俯视图

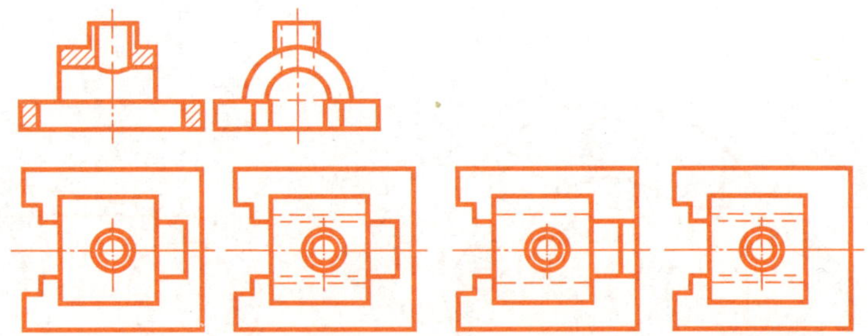

(A)　(B)　(C)　(D)

正确的俯视图是：________

# 第 6 章　机件图样图形的绘制与识读

| 6.4　三类剖视图的画法 | 班级： | 姓名： | 学号： | 分数： |
| --- | --- | --- | --- | --- |

**6-19　根据主视图和俯视图，绘制全剖俯视图**

1.

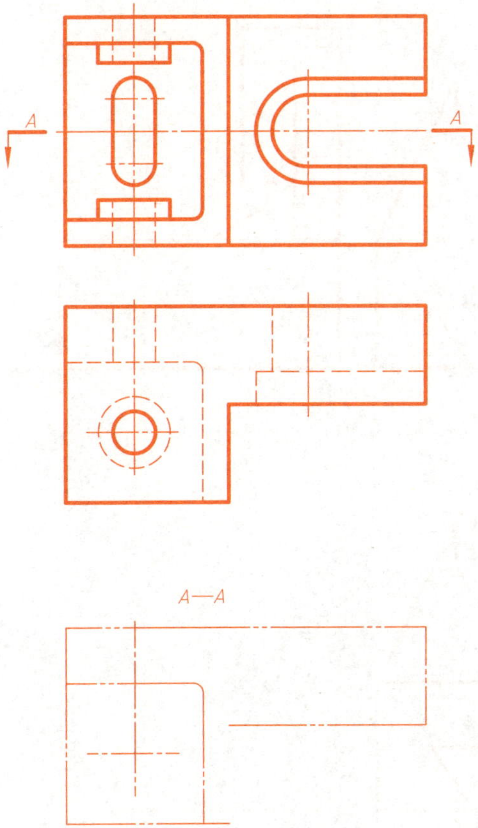


2.

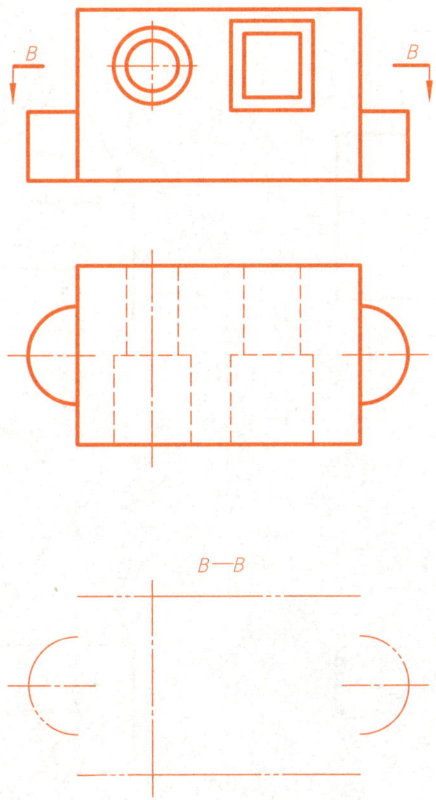


3. 练习标注

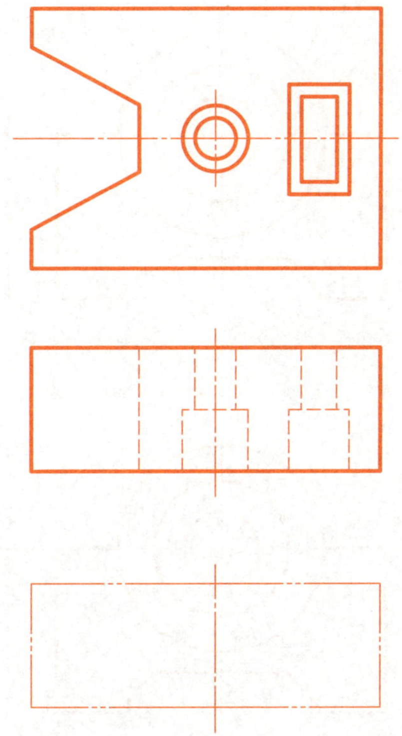

| 6.4　三类剖视图的画法 | 班级： | 姓名： | 学号： | 分数： |
|---|---|---|---|---|

**6-20　根据主视图和左视图，绘制全剖左视图**

1. 练习标注

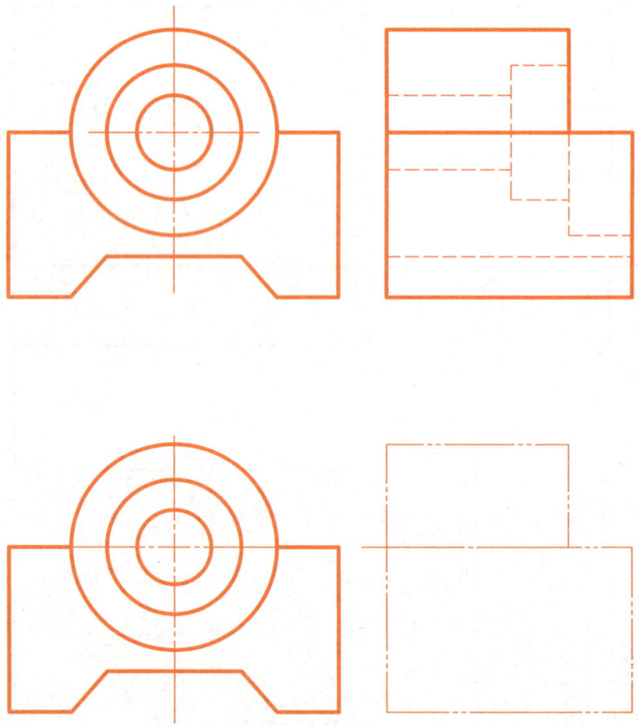

2. 练习标注

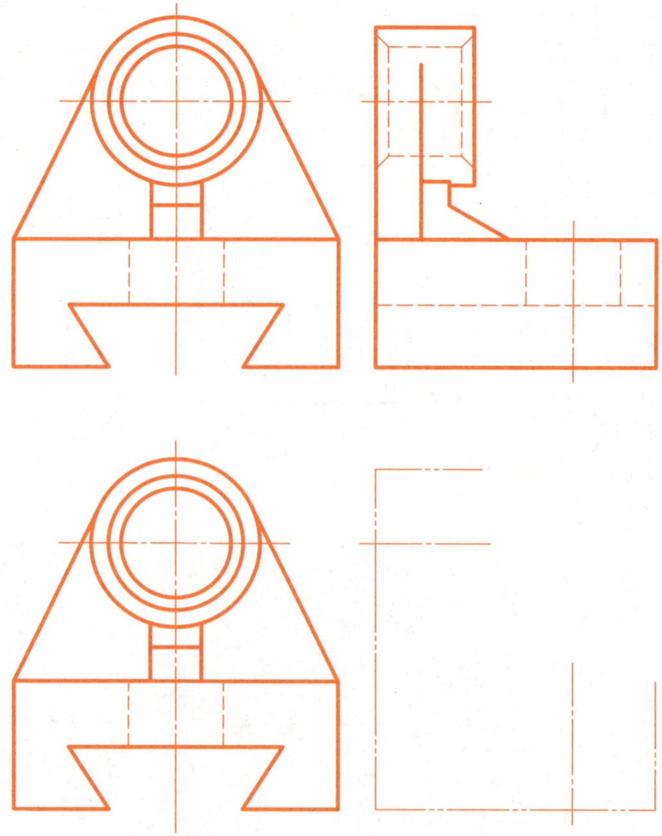

| 6.4　三类剖视图的画法 | 班级： | 姓名： | 学号： | 分数： |
|---|---|---|---|---|

**6-21　根据提供的两个视图，选择另一个视图**

1. 选择正确的左视图

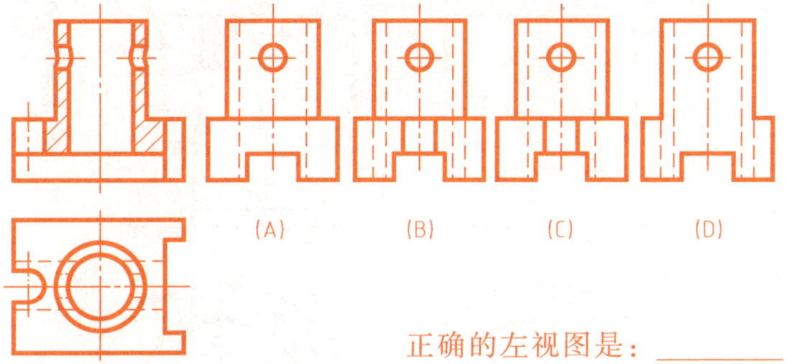


正确的左视图是：________

2. 选择正确的左视图

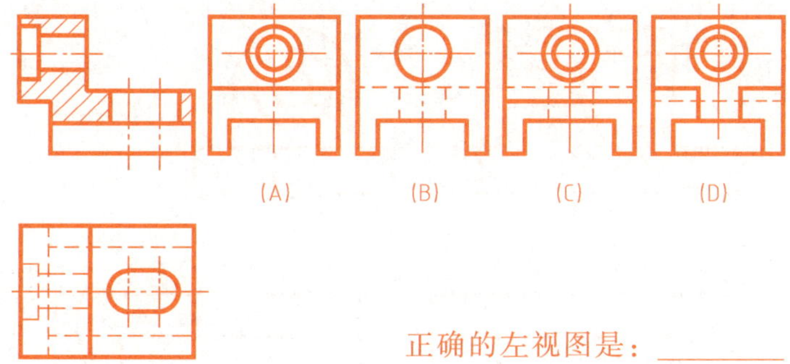


正确的左视图是：________

3. 选择正确的左视图

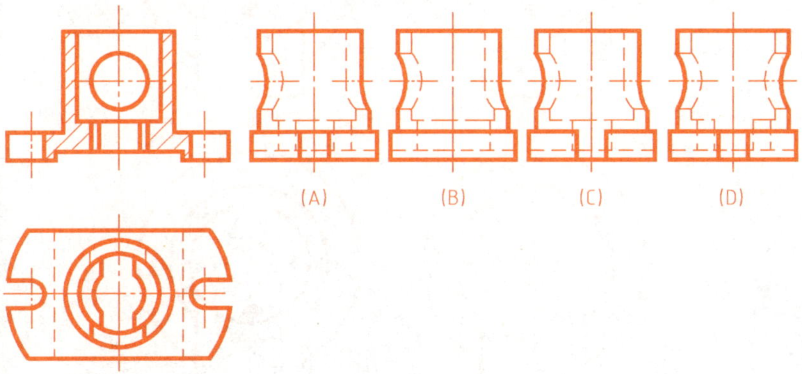


正确的左视图是：________

4. 选择正确的俯视图

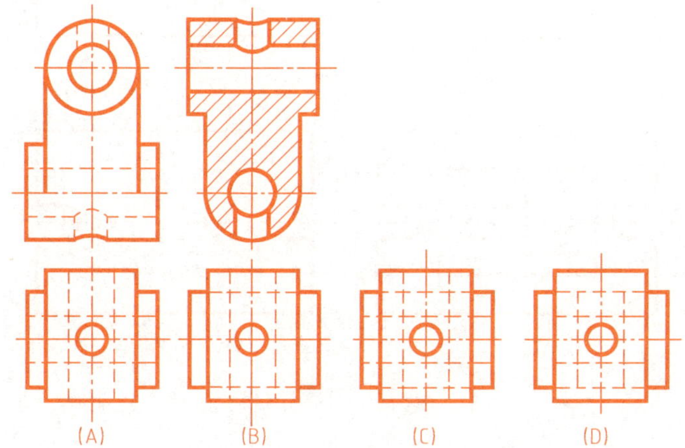


正确的俯视图是：________

## 6.4　三类剖视图的画法

班级：　　姓名：　　学号：　　分数：

### 6-22　根据提供的两个视图，选择另一个视图

1. 选择正确的俯视图

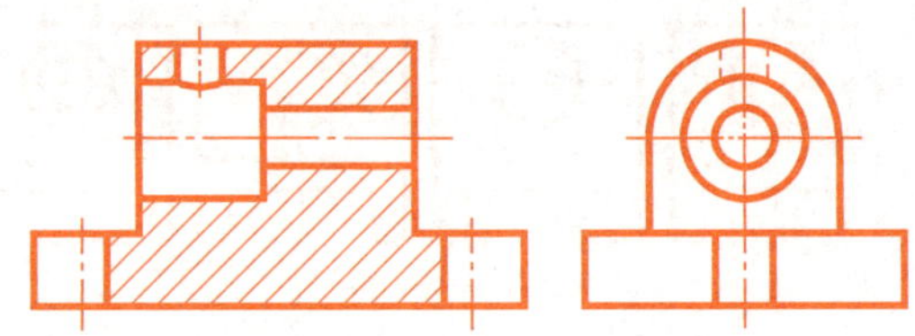

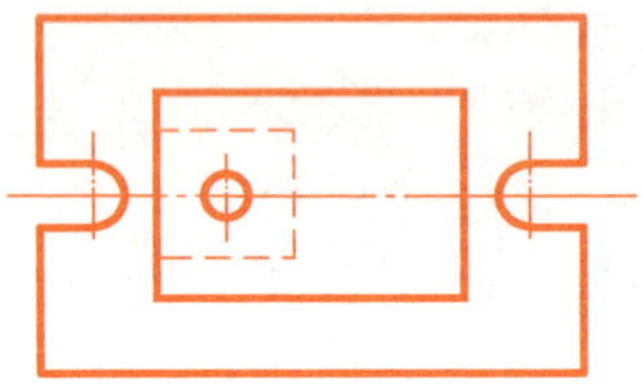

(A)

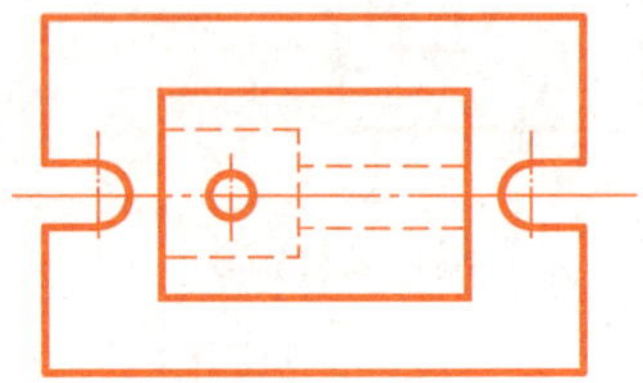

(B)

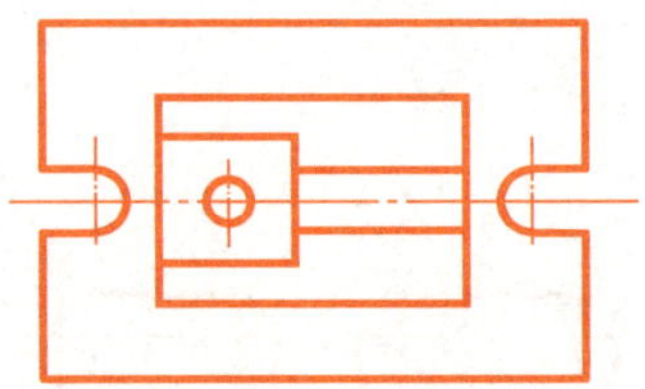

(C)

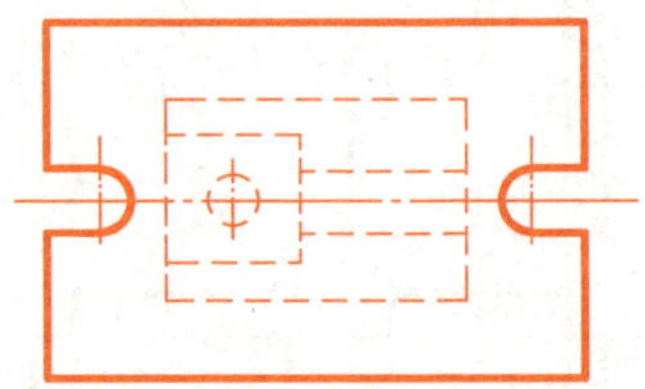

(D)

正确的俯视图是：________

2. 选择正确的俯视图

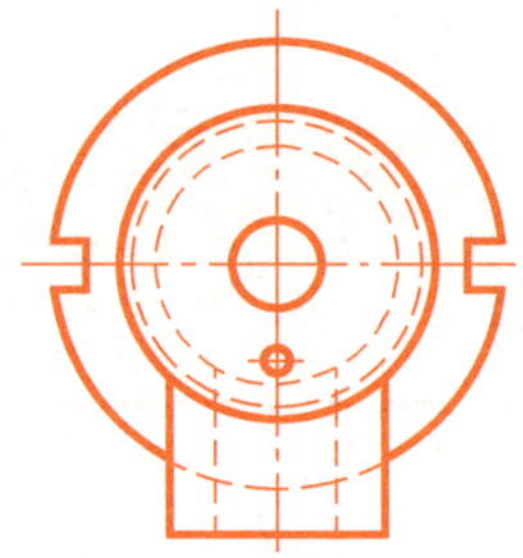

(A)

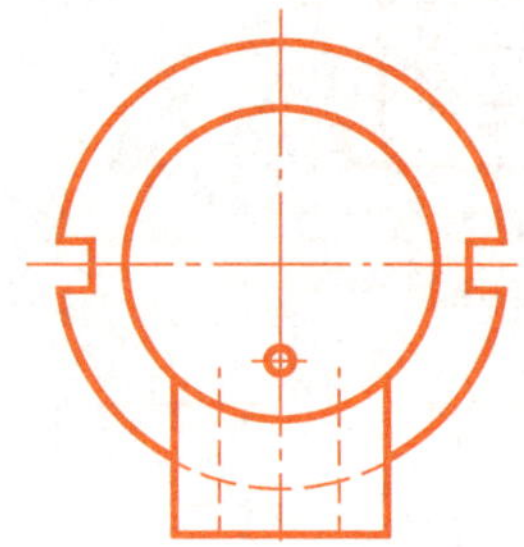

(B)

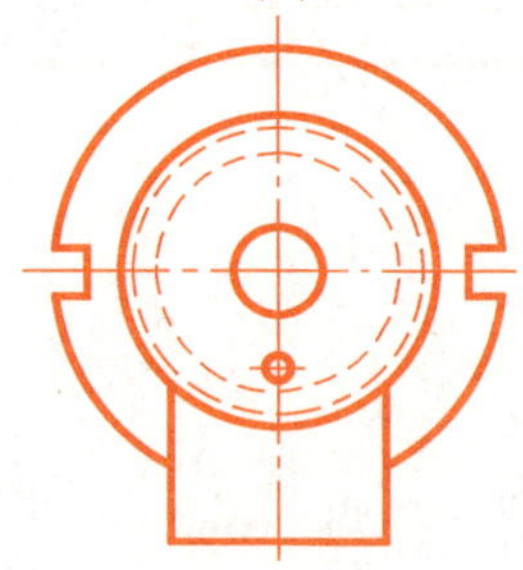

(C)

(D)

正确的俯视图是：________

| 6.4 三类剖视图的画法 | 班级： | 姓名： | 学号： | 分数： |
|---|---|---|---|---|

**6-23 根据提供的视图，将主视图画成半剖视图**（练习标注）（难度系数0.6）

1.

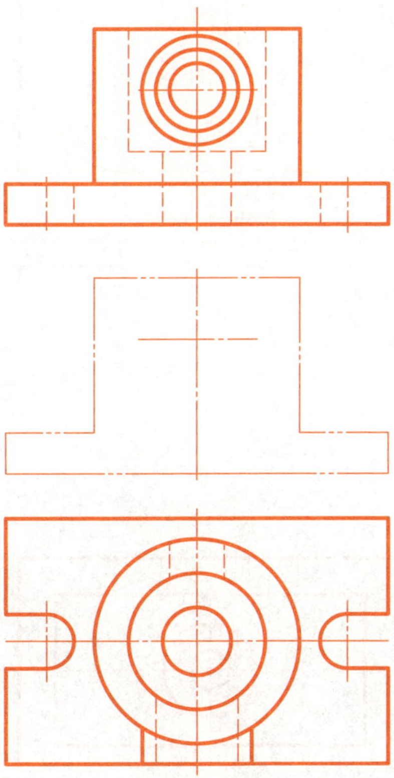

2.

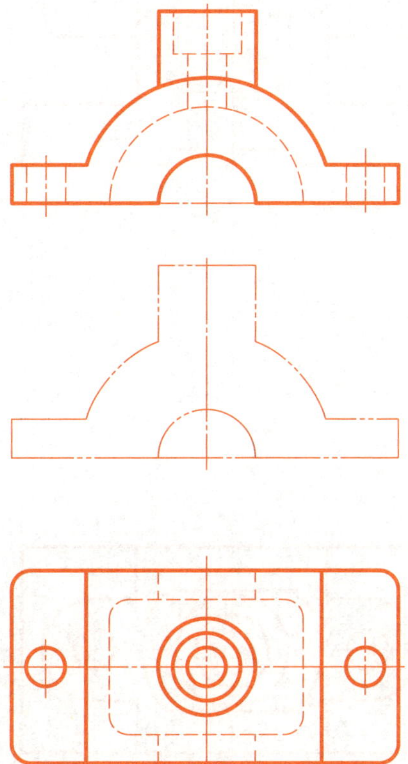

3.

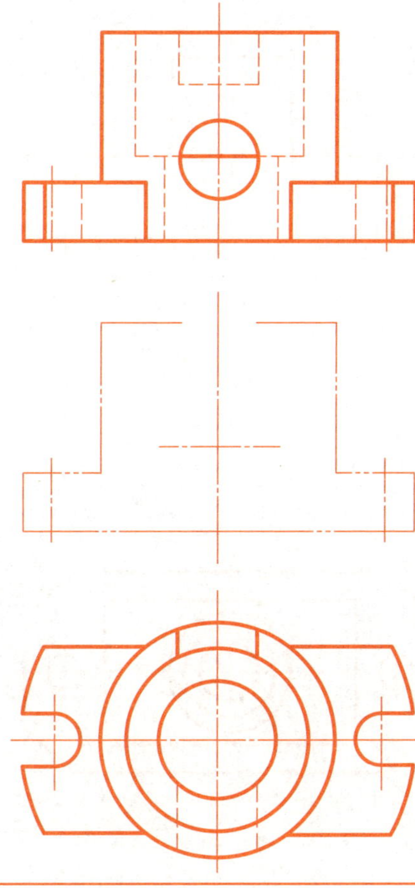

| 6.4　三类剖视图的画法 | 班级： | 姓名： | 学号： | 分数： |
|---|---|---|---|---|

**6-24**　根据提供的视图，将主视图画成半剖视图（难度系数 0.6）

1.

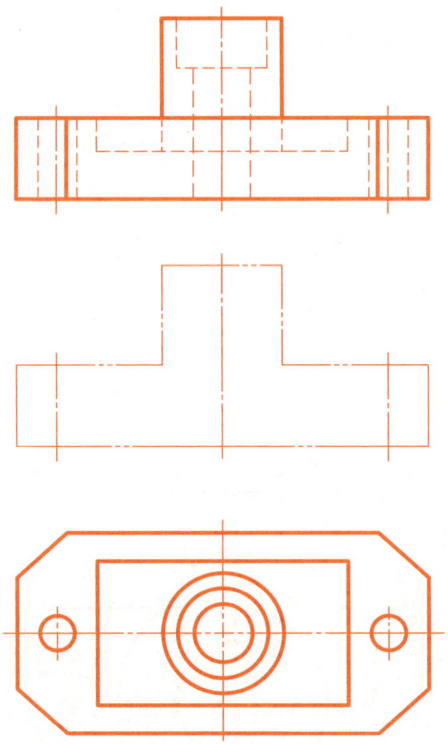

2.

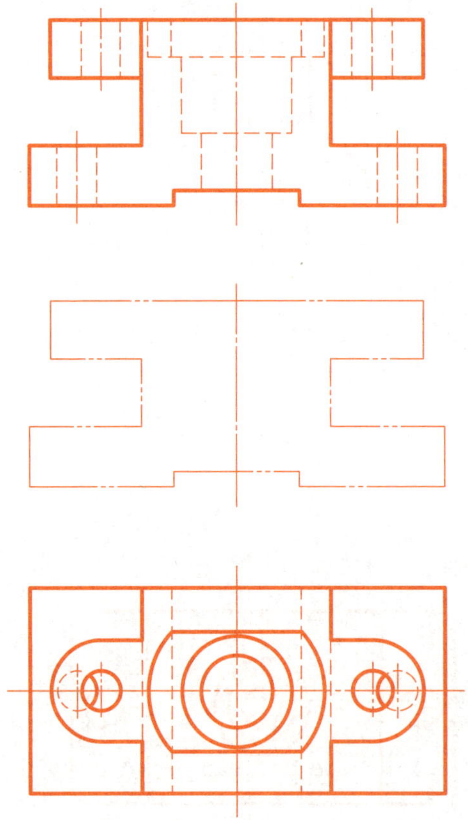

3.

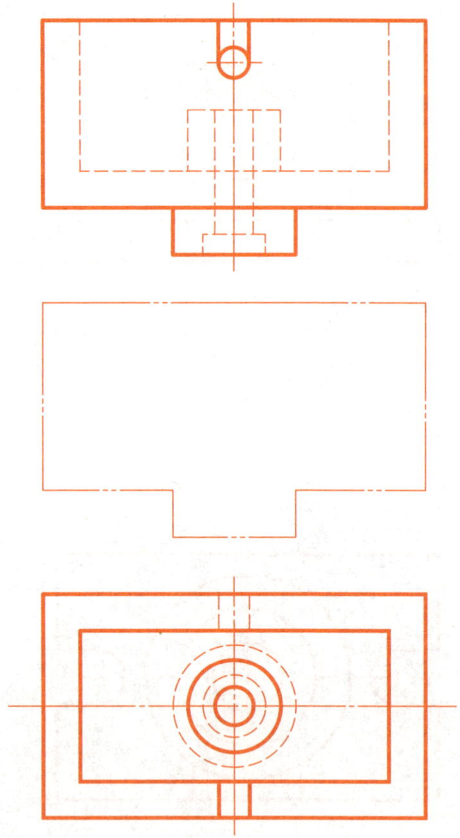

| 6.4 三类剖视图的画法 | 班级： | 姓名： | 学号： | 分数： |
| --- | --- | --- | --- | --- |

**6-25 根据提供的视图，按要求绘制剖视图**（难度系数 0.8）

1. 将主视图画成半剖视图

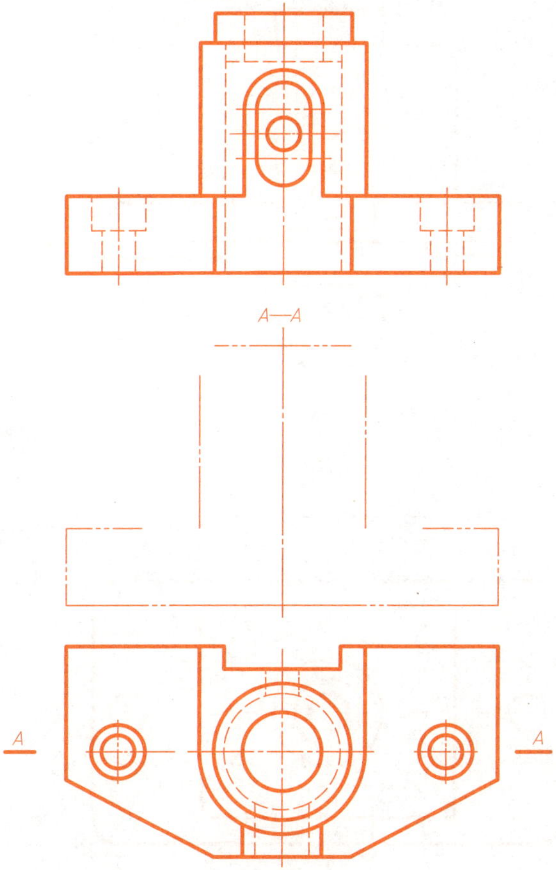


2. 将俯视图改为半剖视图

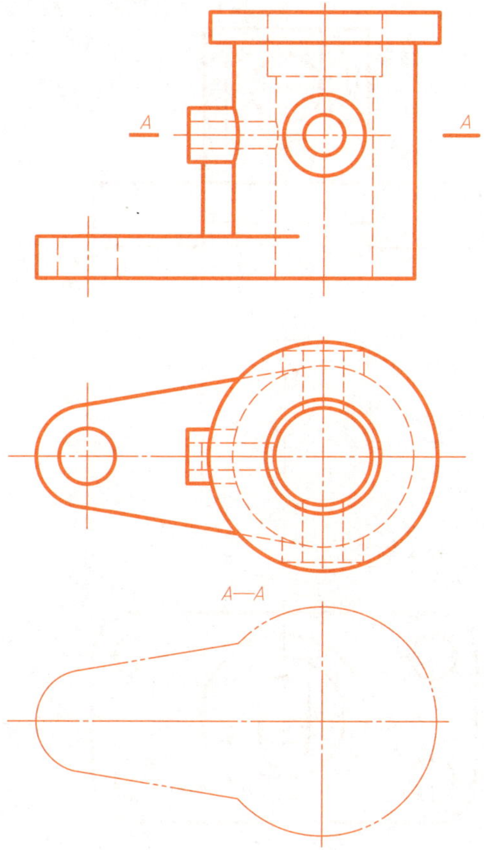

| 6.4　三类剖视图的画法 | 班级： | 姓名： | 学号： | 分数： |
|---|---|---|---|---|

**6-26　根据提供的视图，将主视图画成半剖视图**

1.

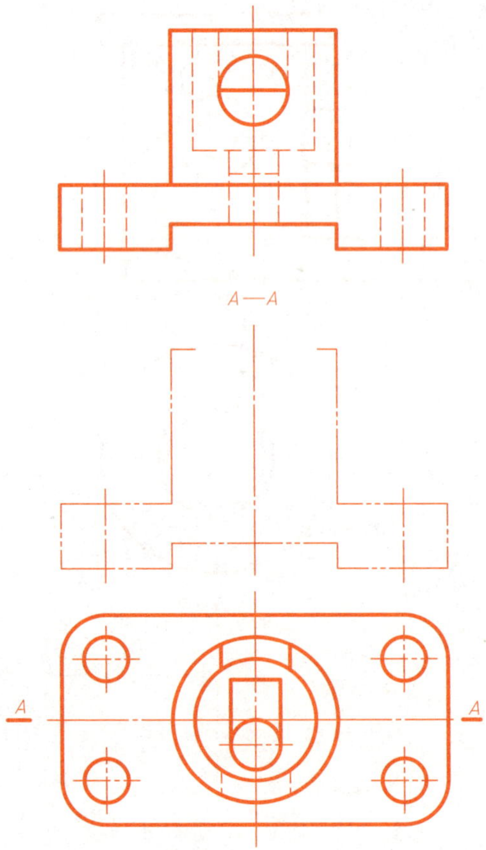


2.

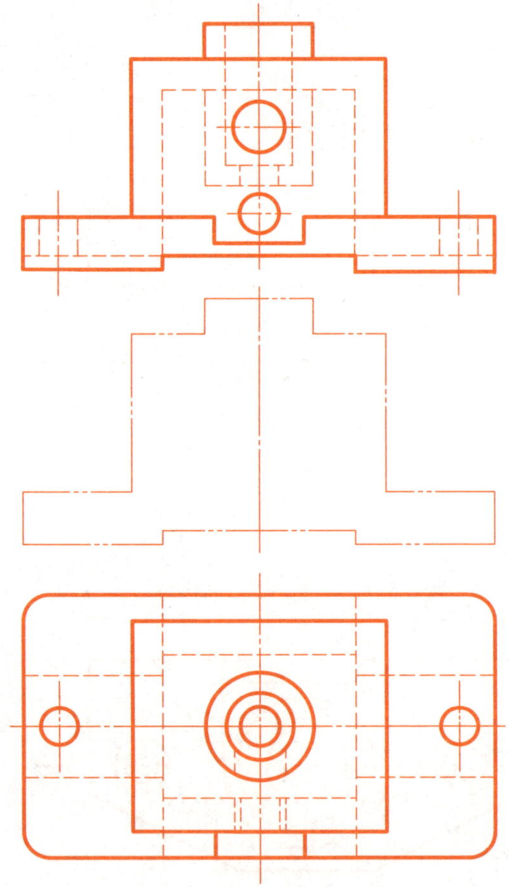

| 6.4　三类剖视图的画法 | 班级： | 姓名： | 学号： | 分数： |
|---|---|---|---|---|

**6-27　根据主视图与俯视图，将主视图改为半剖视图，并绘制全剖的左视图**（难度系数 1.0）

1.

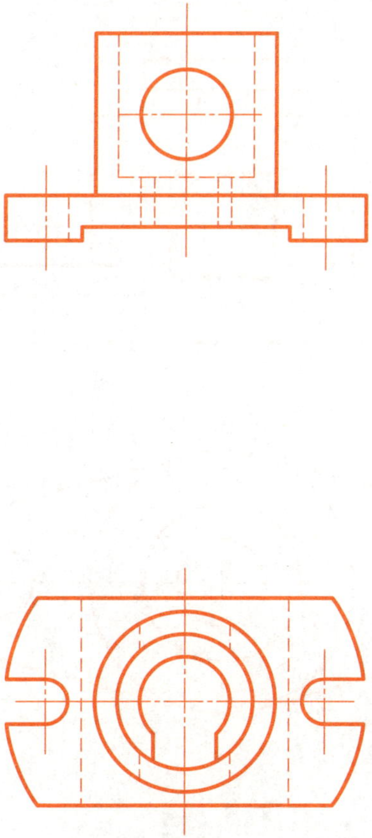

2.

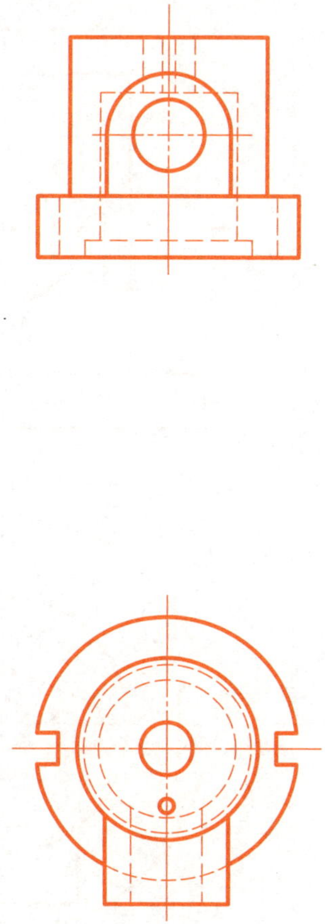

| 6.4　三类剖视图的画法 | 班级： | 姓名： | 学号： | 分数： |
| --- | --- | --- | --- | --- |

*6-28　根据提供的主视图和俯视图，按要求绘制剖视图（绘图时不需量取尺寸）

1. 绘制俯视图、全剖主视图、半剖左视图

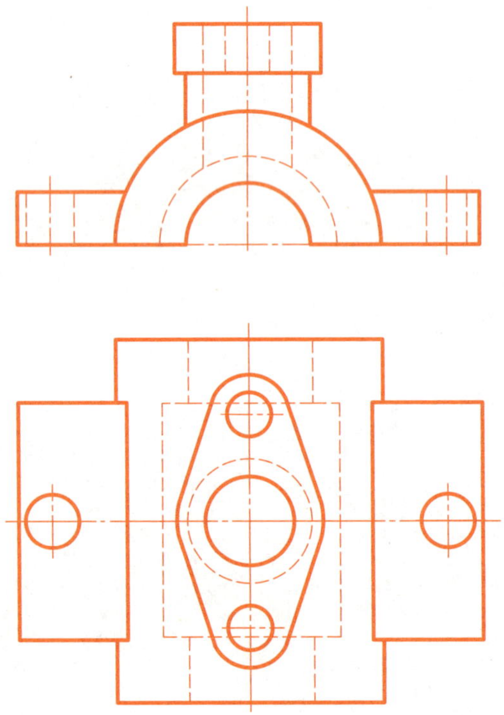

2. 绘制半剖主视图与半剖俯视图

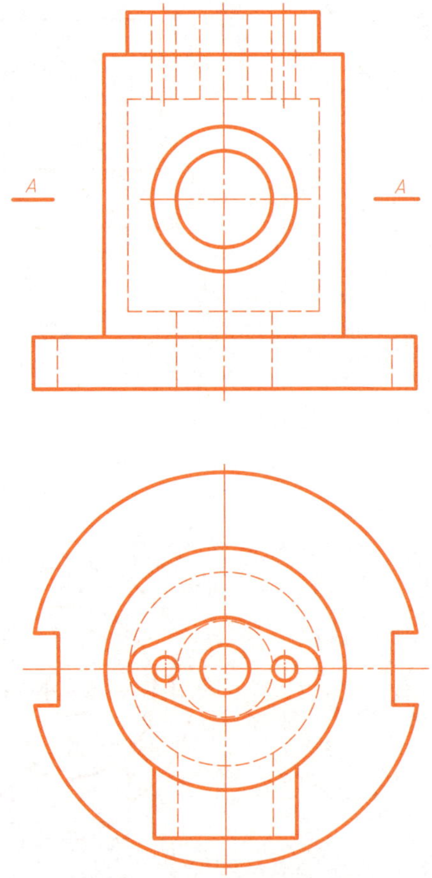


3. 绘制俯视图、半剖主视图与全剖左视图

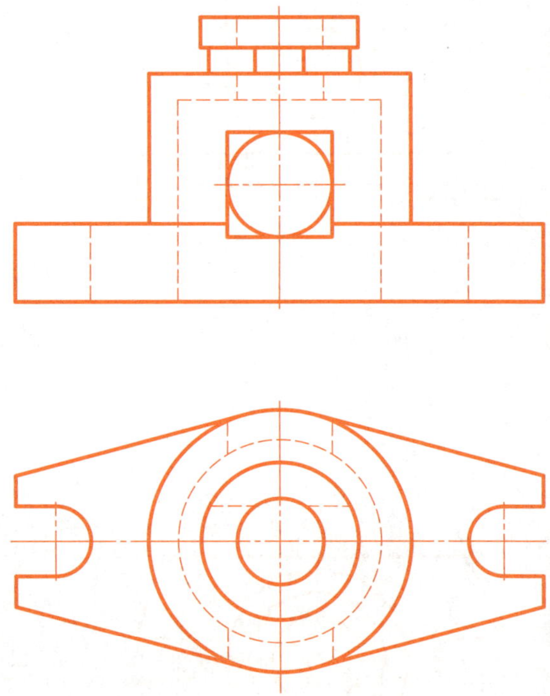

| 6.4　三类剖视图的画法 | 班级： | 姓名： | 学号： | 分数： |
|---|---|---|---|---|

6-29　根据三视图，绘制半剖主视图和半剖左视图

1.

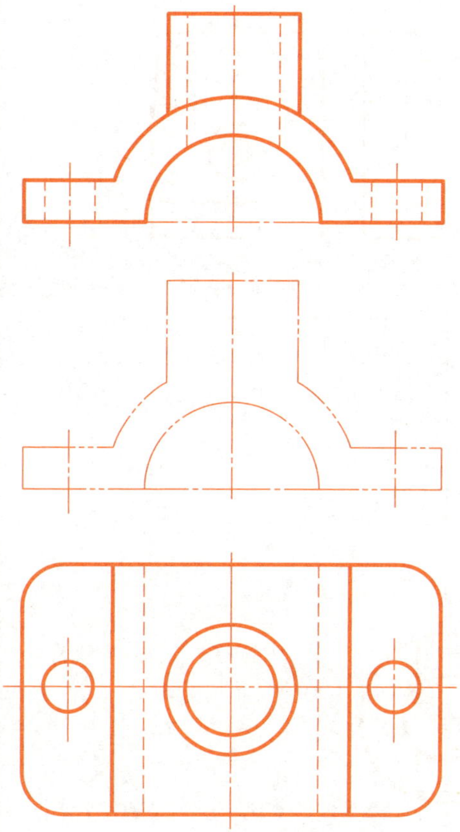

2.

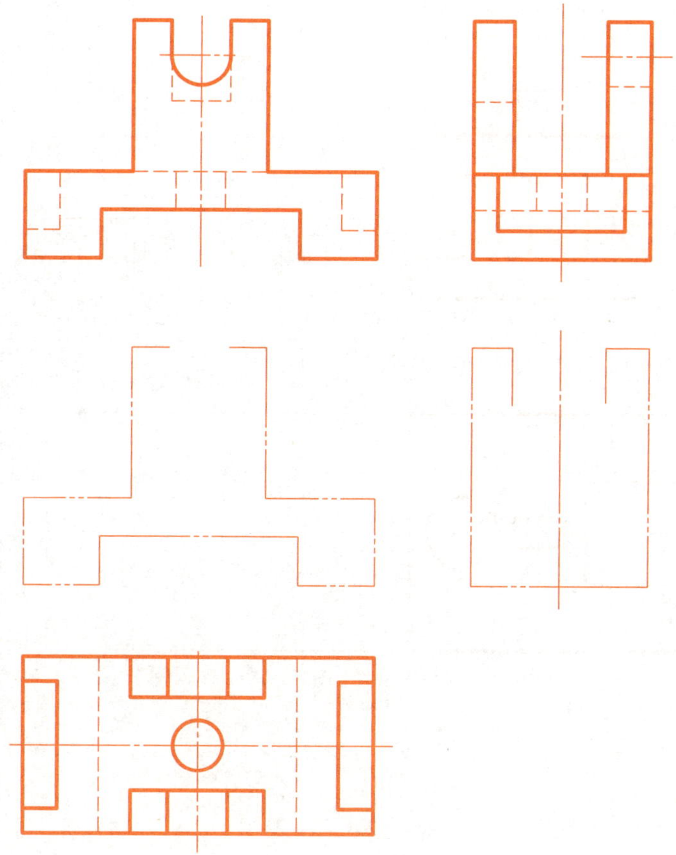

| 6.4　三类剖视图的画法 | 班级： | 姓名： | 学号： | 分数： |
|---|---|---|---|---|

**6-30　按要求绘制剖视图**

1. 根据两面视图，将主视图改画成全剖视图，俯视图改画成半剖视图

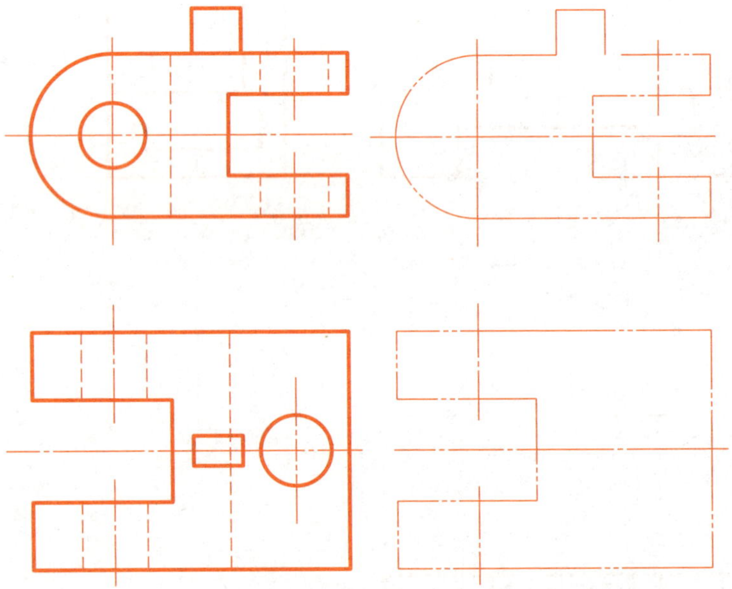

2. 根据三视图，将主视图、左视图改画成全剖视图

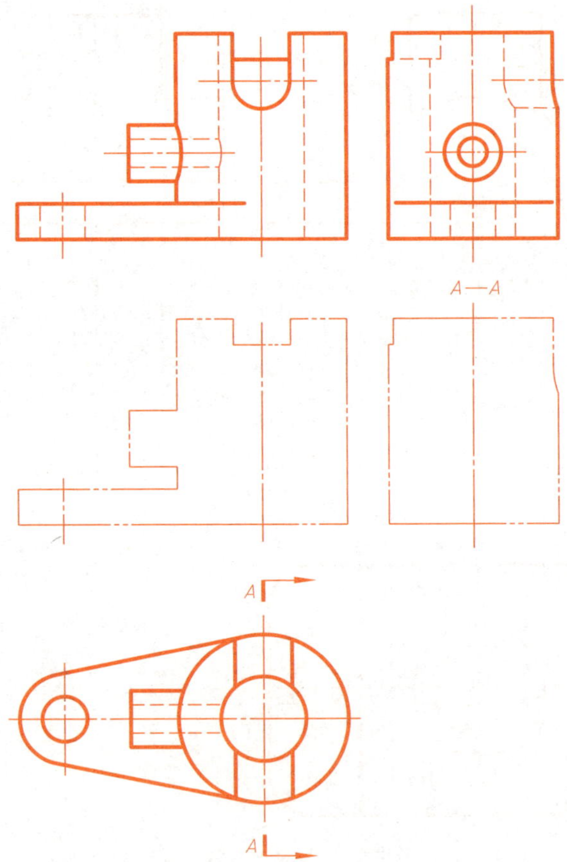

| 6.4　三类剖视图的画法 | 班级： | 姓名： | 学号： | 分数： |
|---|---|---|---|---|

**6-31　按要求绘制剖视图**

1. 根据三视图，绘制半剖主视图和全剖左视图

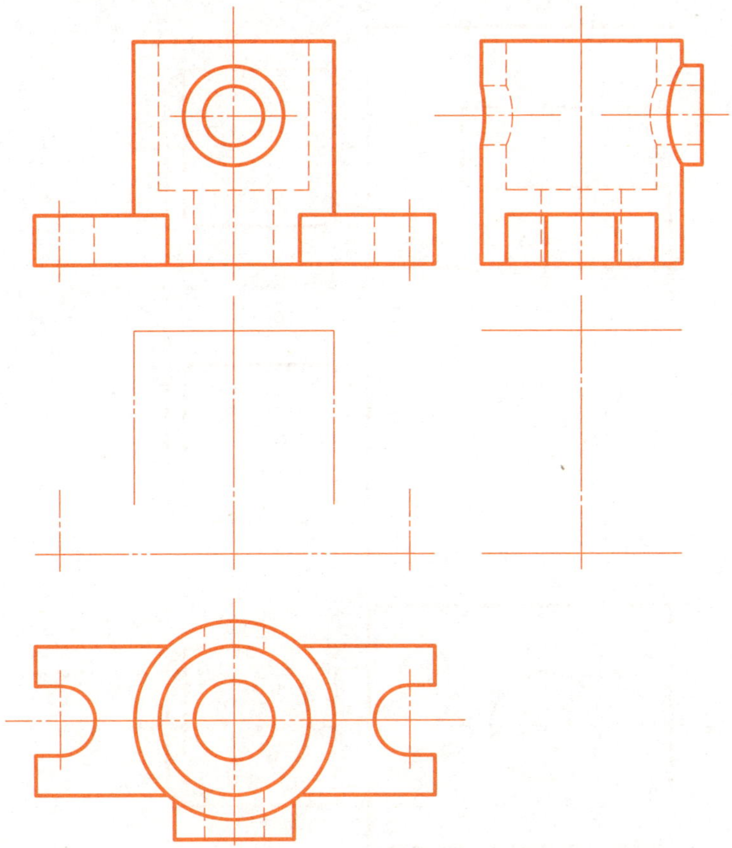

2. 根据视图，绘制全剖主视图与半剖俯视图

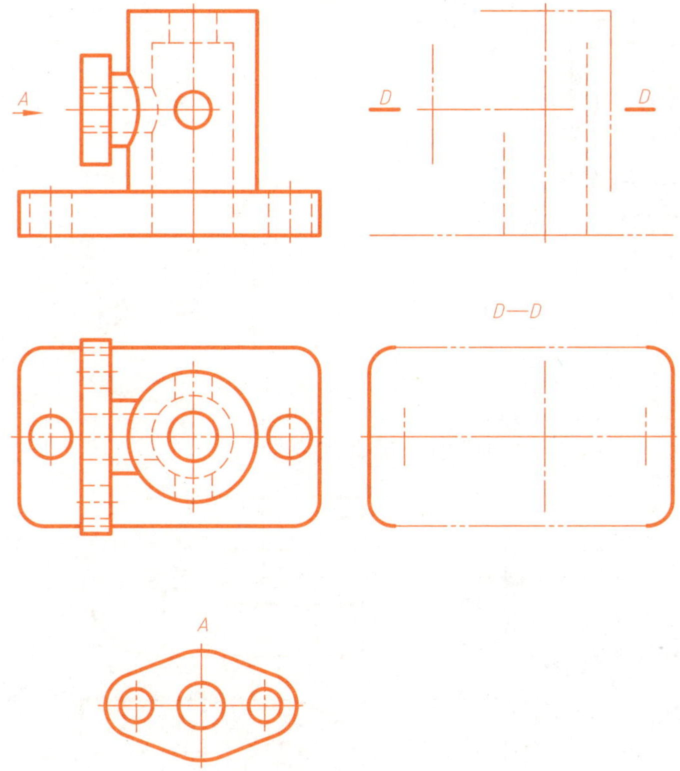

| 6.4 三类剖视图的画法 | 班级： | 姓名： | 学号： | 分数： |
|---|---|---|---|---|

**6-32 根据视图绘制局部剖视图**

1. 绘制俯视图（画成局部剖视图）

2. 将主视图改画成局部剖视图

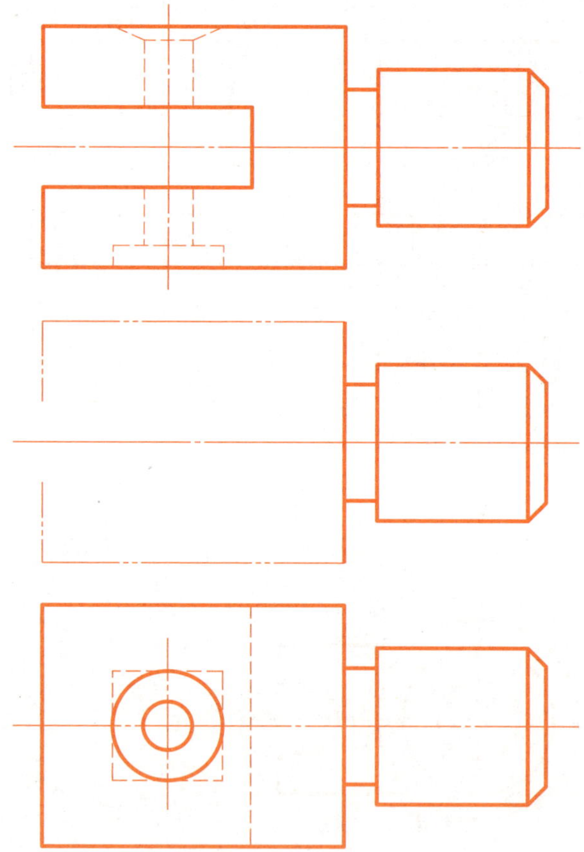

3. 将主视图、俯视图改画成局部剖视图

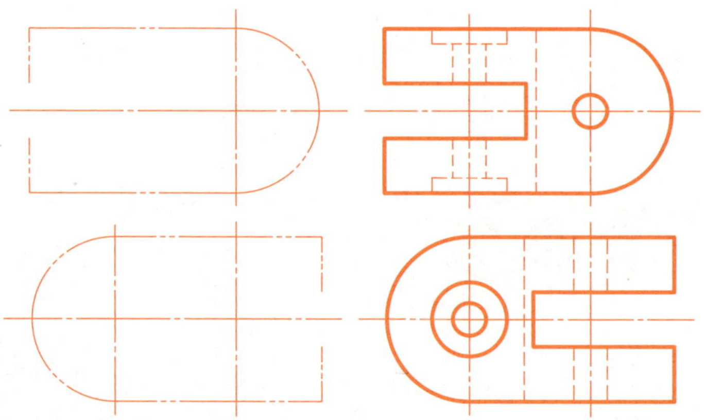

| 6.4　三类剖视图的画法 | 班级： | 姓名： | 学号： | 分数： |
|---|---|---|---|---|

**6-33　把主视图、俯视图改画成局部剖视图**（提示：主视图需对两处位置局部剖视）

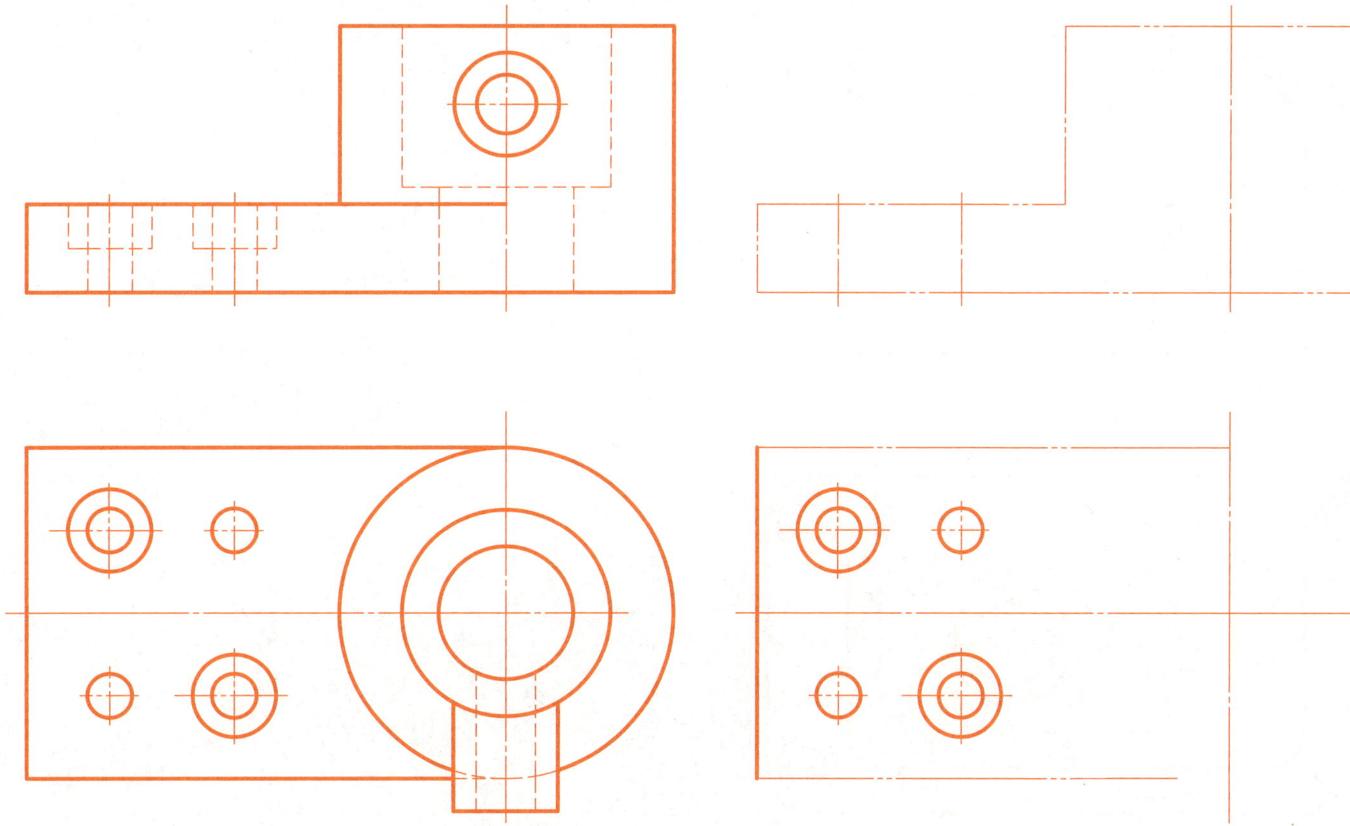

| 6.4 三类剖视图的画法 | 班级： | 姓名： | 学号： | 分数： |
| --- | --- | --- | --- | --- |

6-34 把主视图、俯视图改画成局部剖视图（提示：主视图、俯视图各需对两处位置局部剖视）

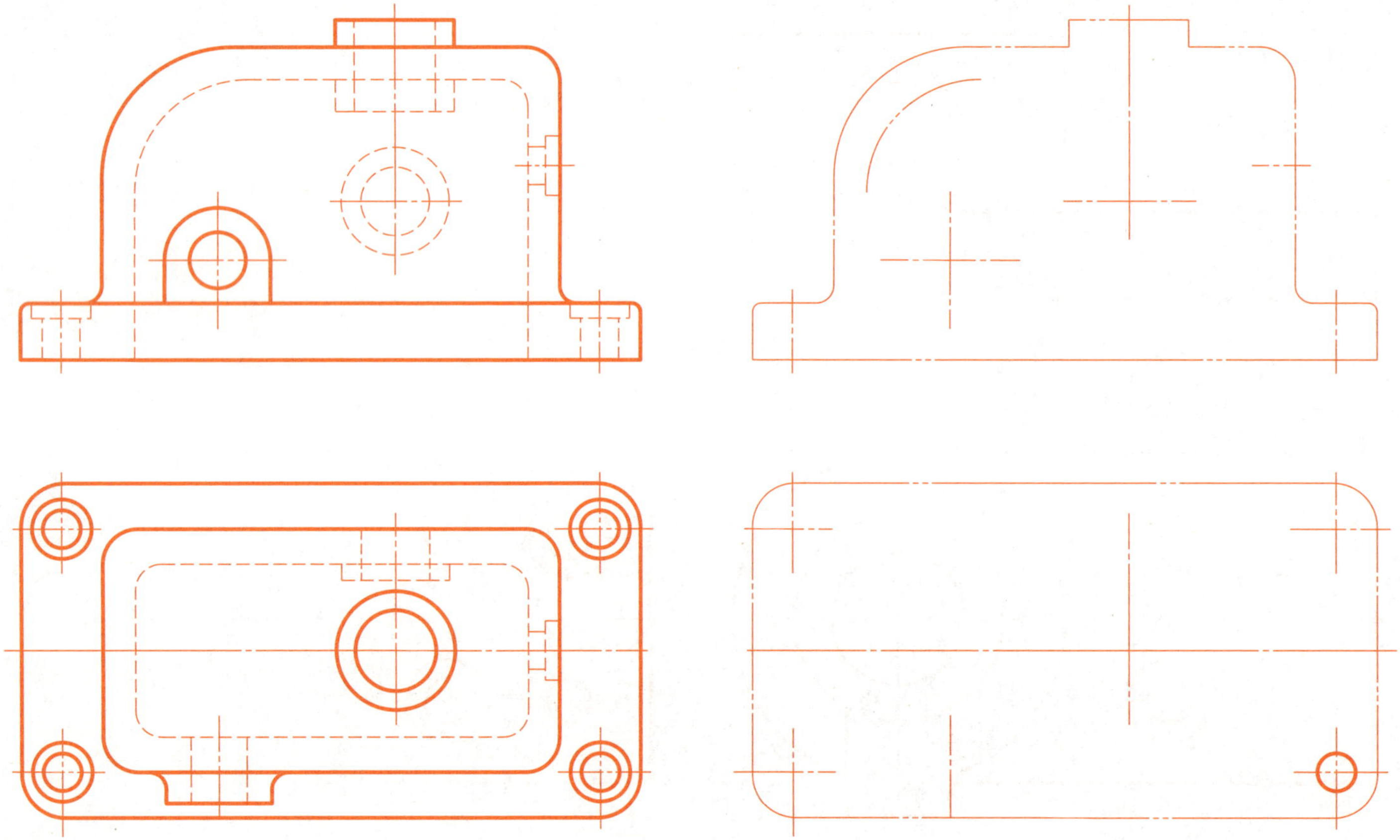

| 6.5　剖视图常用的剖切方法与画法 | 班级： | 姓名： | 学号： | 分数： |
|---|---|---|---|---|

6-35　绘制一个垂直面剖开倾斜结构的剖视图

1. 根据主、俯视图，绘制 A—A 全剖视图

A—A

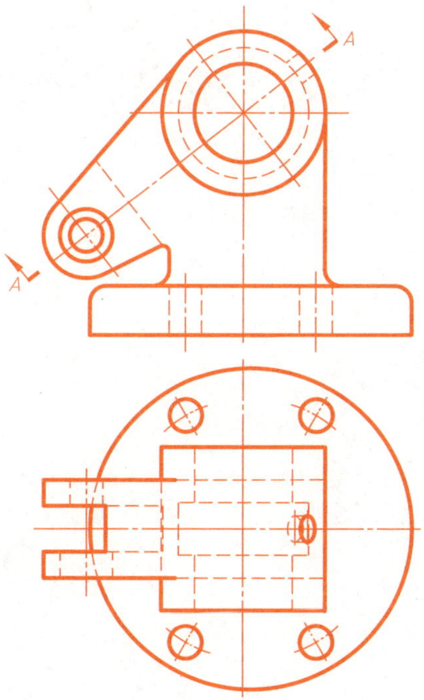


2. 根据视图，绘制 A—A 全剖视图

A—A

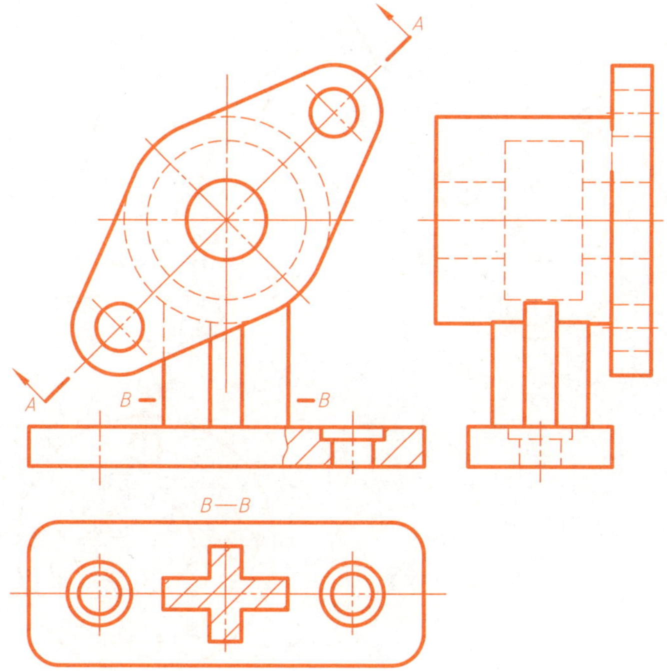

| 6.5　剖视图常用的剖切方法与画法 | 班级： | 姓名： | 学号： | 分数： |
|---|---|---|---|---|

**6-35　绘制一个垂直面剖开倾斜结构的剖视图（续）**

3. 根据左边视图，在右边绘制 *A*—*A* 全剖视图和完成 *B*—*B* 全剖视图

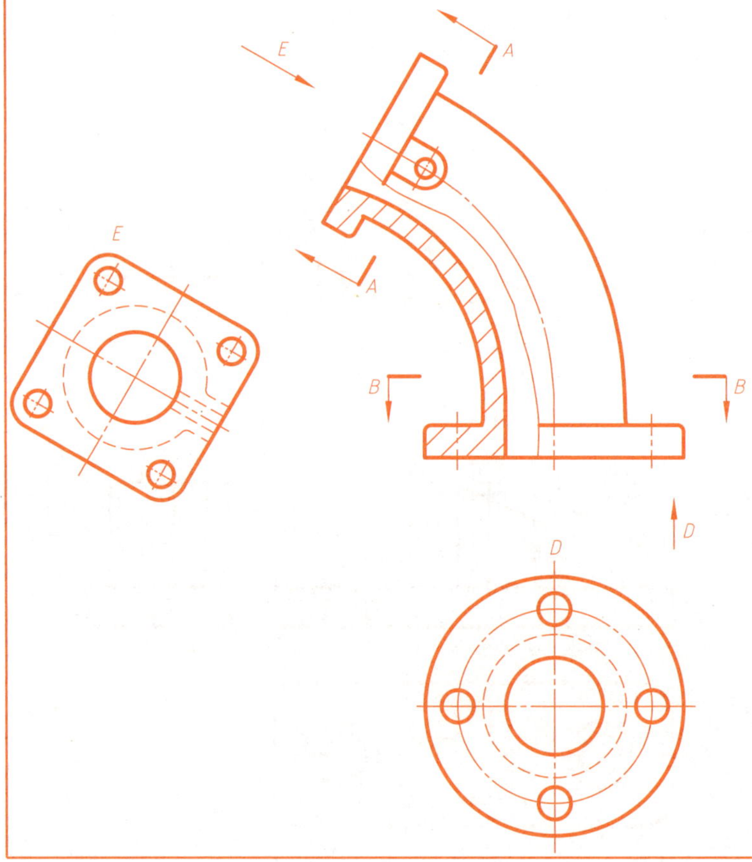


A—A

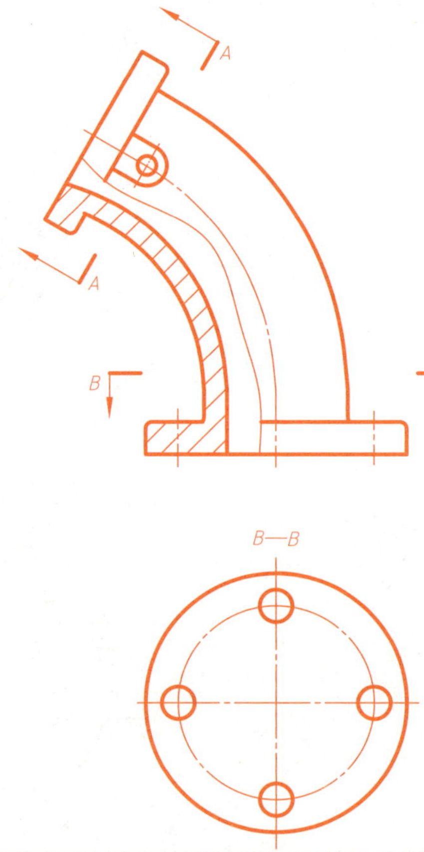

| 6.5　剖视图常用的剖切方法与画法 | 班级： | 姓名： | 学号： | 分数： |
| --- | --- | --- | --- | --- |

**6-36　根据提供的视图画几个平行平面剖切的全剖主视图**

1.

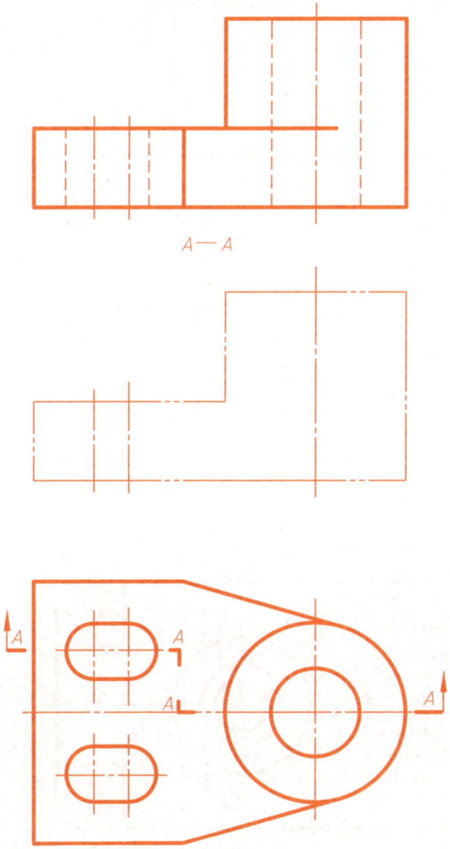


2.

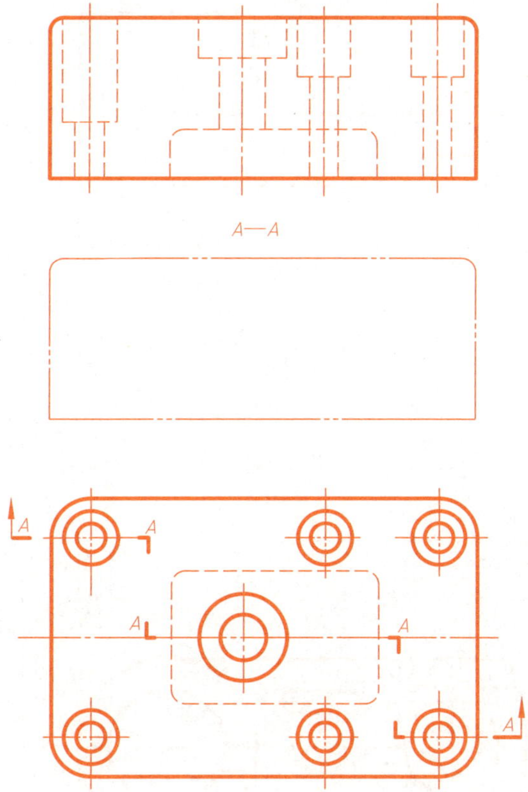


3.

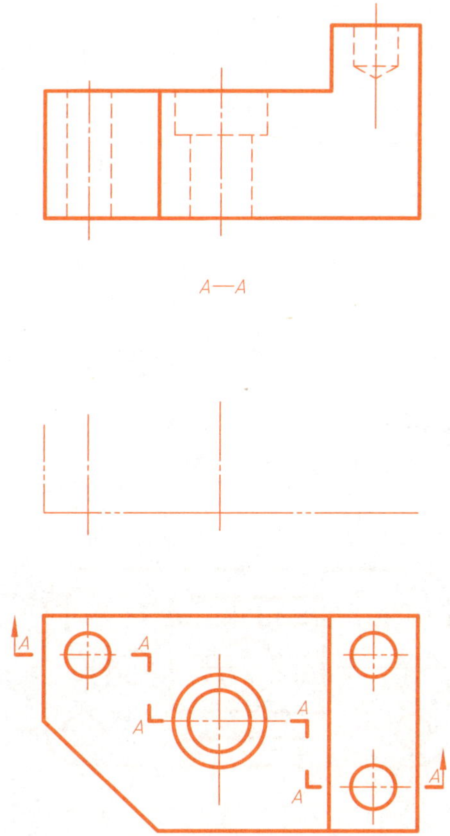

| 6.5　剖视图常用的剖切方法与画法 | 班级： | 姓名： | 学号： | 分数： |
|---|---|---|---|---|

6-37　将主视图改为由几个平行的剖切平面剖切的全剖视图（注：补全标注）

1.

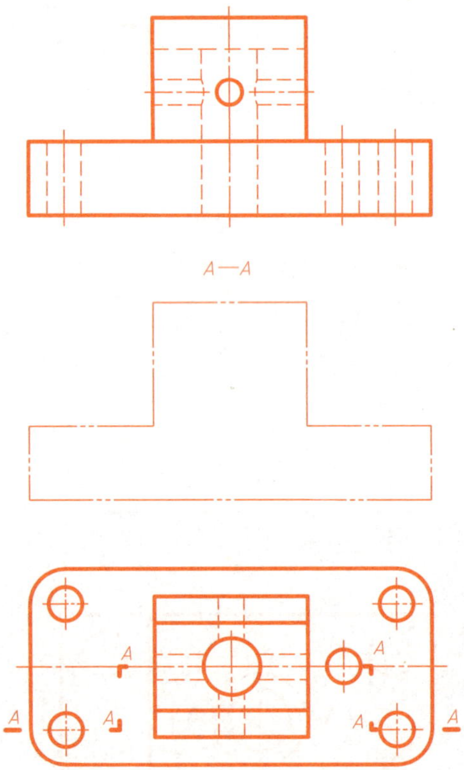


2.

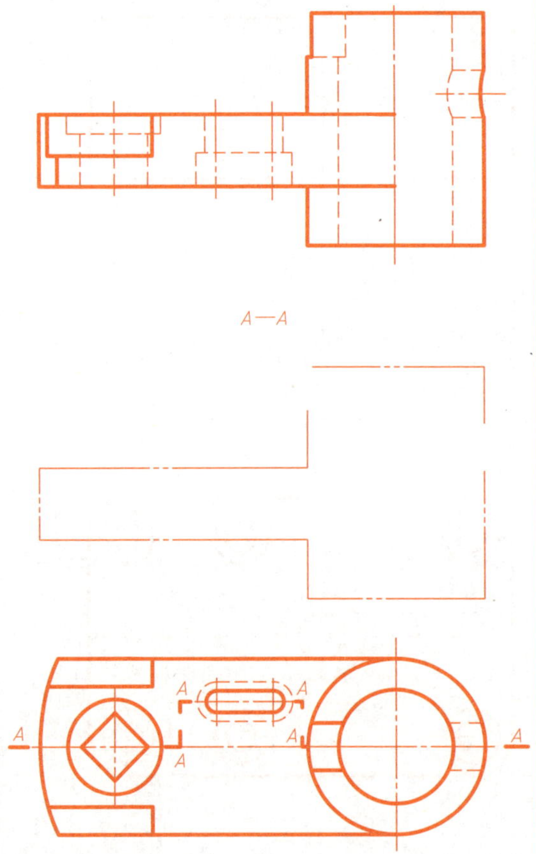


3.

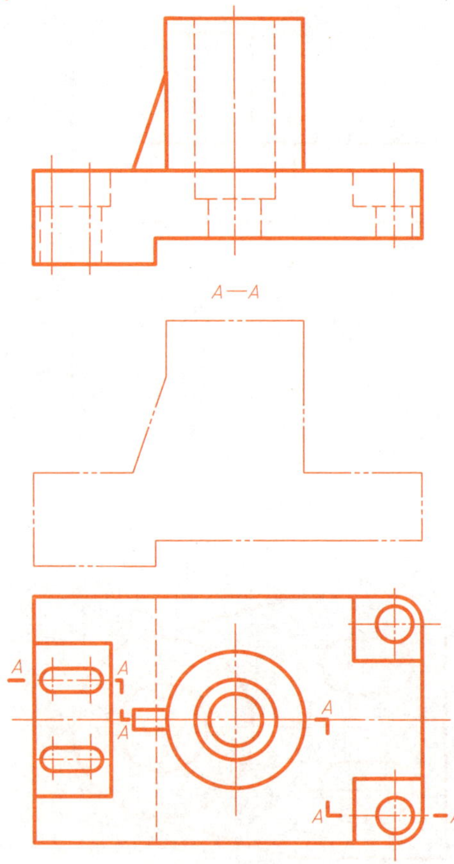

# 第 6 章　机件图样图形的绘制与识读

| 6. 5　剖视图常用的剖切方法与画法 | 班级： | 姓名： | 学号： | 分数： |
| --- | --- | --- | --- | --- |

**6-38　根据提供的视图，将主视图改成几个平行平面剖切的剖视图**（提示：需要标注）

1. 将主视图改成几个平行平面剖切的全剖视图

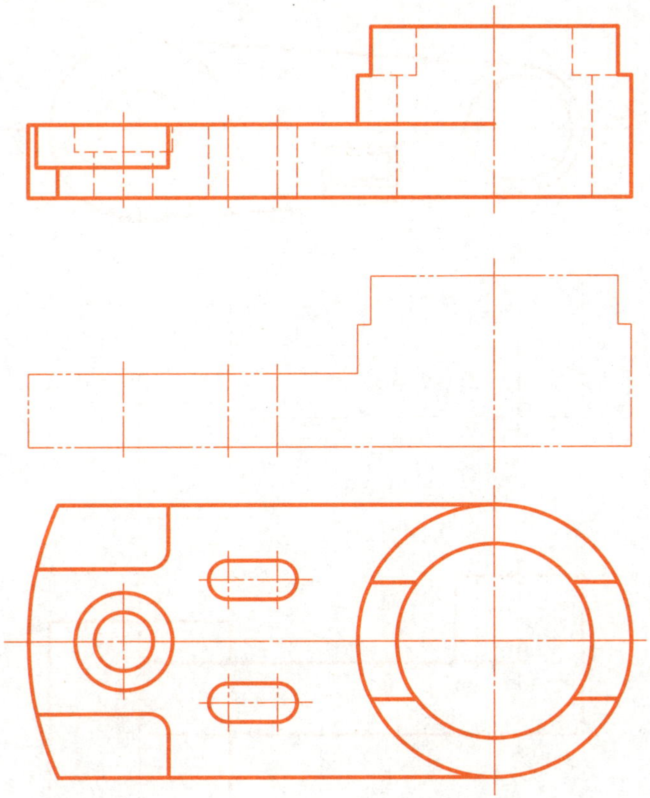

2. 将主视图改成几个平行平面剖切的局部剖视图

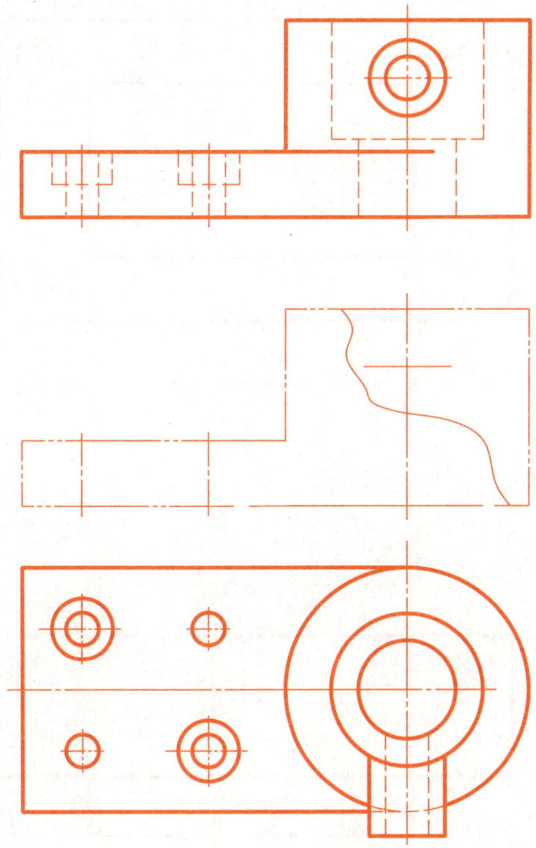

| 6.5　剖视图常用的剖切方法与画法 | 班级： | 姓名： | 学号： | 分数： |
|---|---|---|---|---|
| 6-39　根据提供的视图画几个平行平面剖切的全剖俯视图 | | | | |

1.

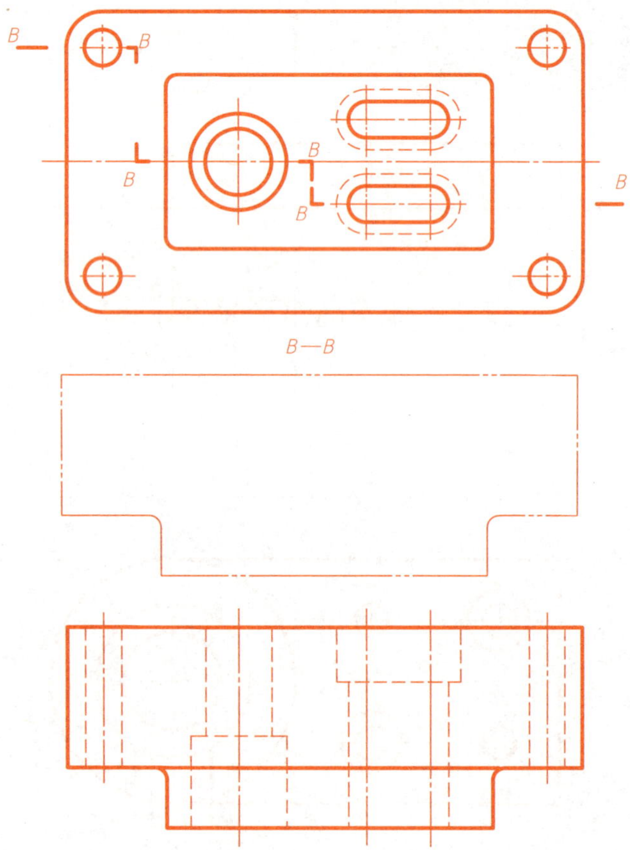


2.

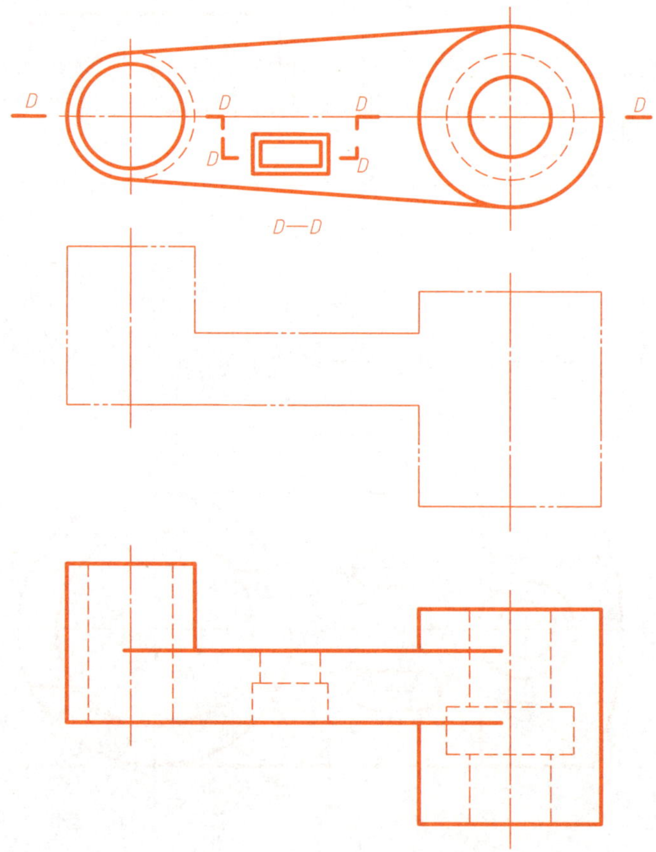

## 6.5　剖视图常用的剖切方法与画法

班级：　姓名：　学号：　分数：

**6-40**　根据提供的视图画几个平行平面剖切的全剖左视图（提示：完成标注）

1.

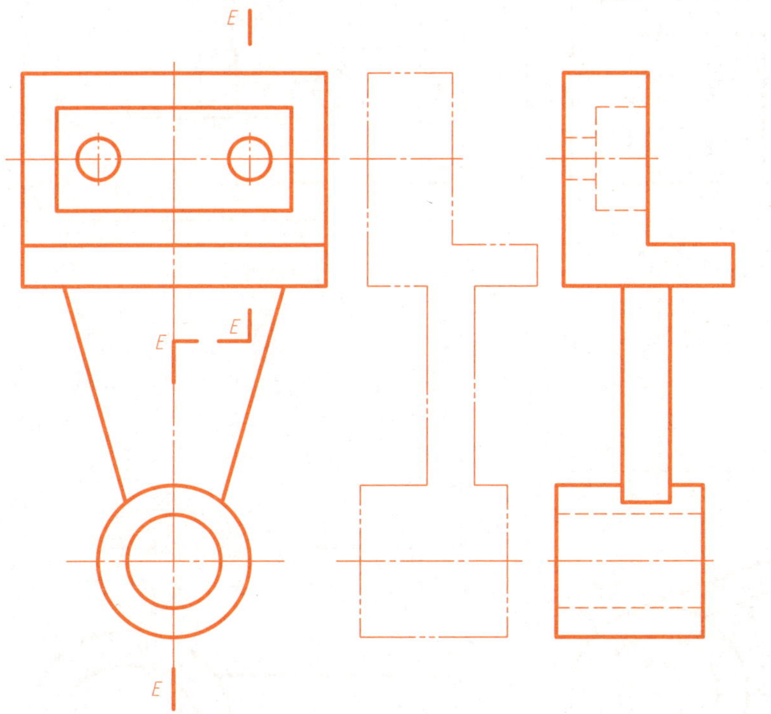


2.

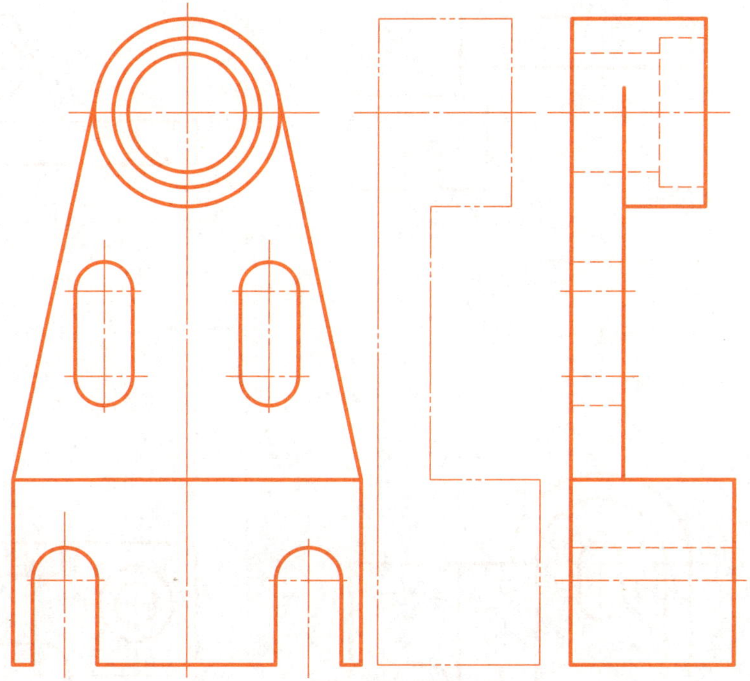

| 6.5　剖视图常用的剖切方法与画法 | 班级： | 姓名： | 学号： | 分数： |
|---|---|---|---|---|

*6-41　根据提供的视图绘制几个平行平面剖切的全剖主视图（提示：完成标注）

1.

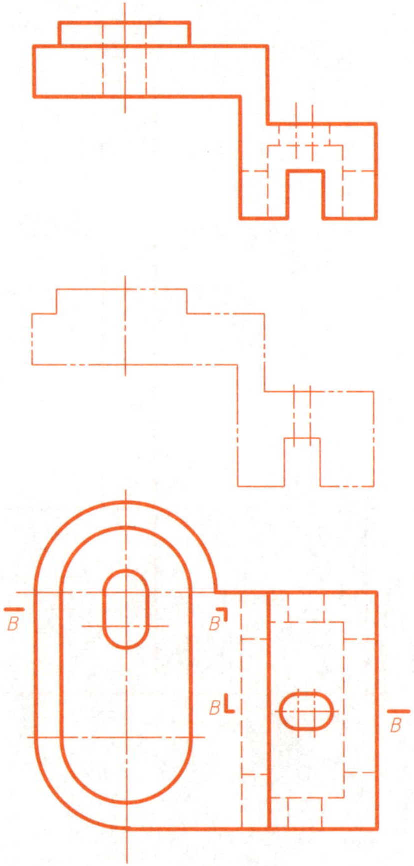


2.

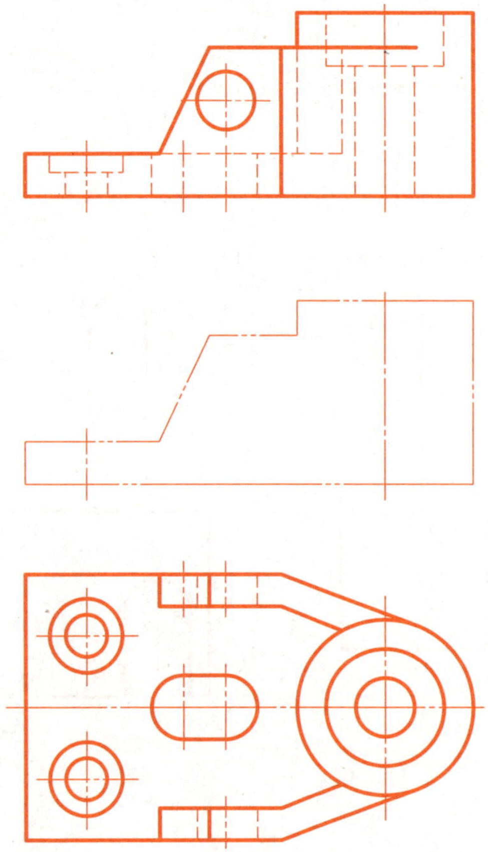

3.

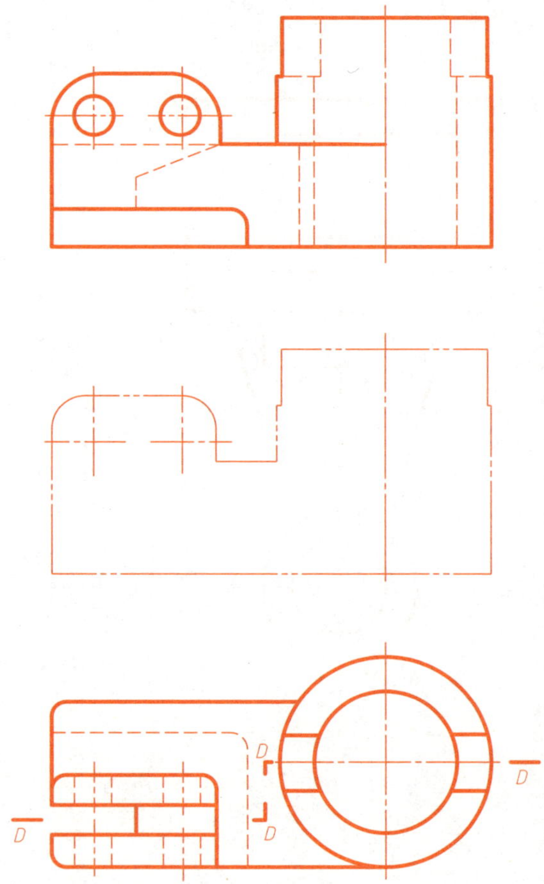

| 6.5　剖视图常用的剖切方法与画法 | 班级： | 姓名： | 学号： | 分数： |
|---|---|---|---|---|

**6-42　将俯视图改成用相交平面剖切的全剖视图**（提示：用相交剖切平面剖切的剖视图需要标注）

1.

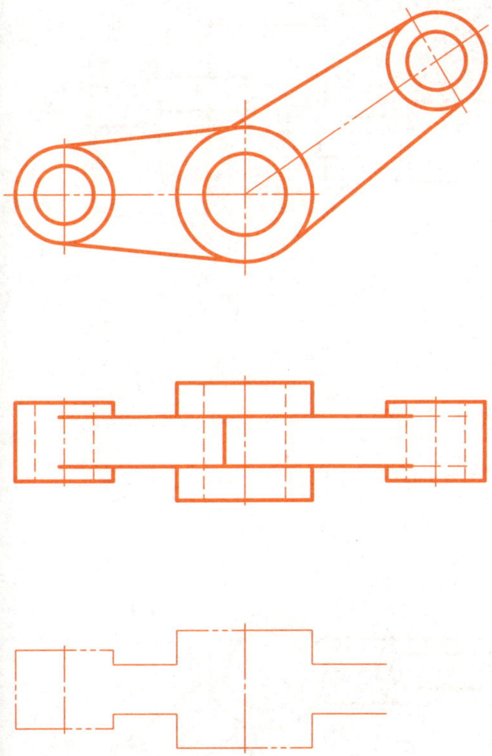

2.

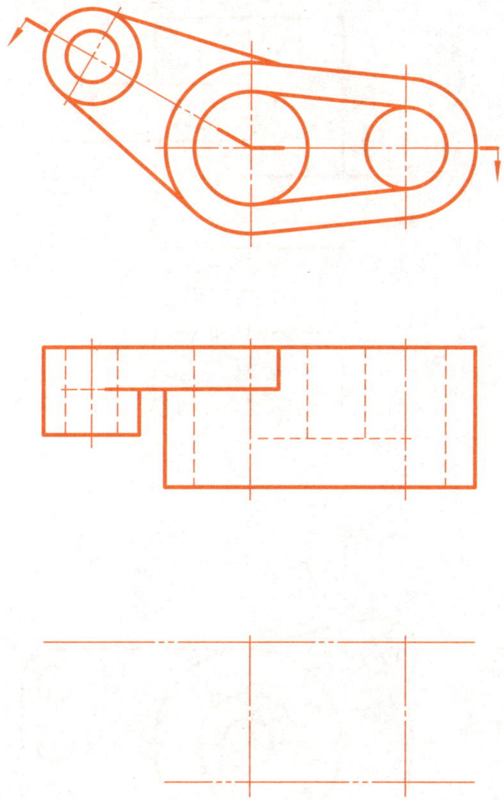

3.

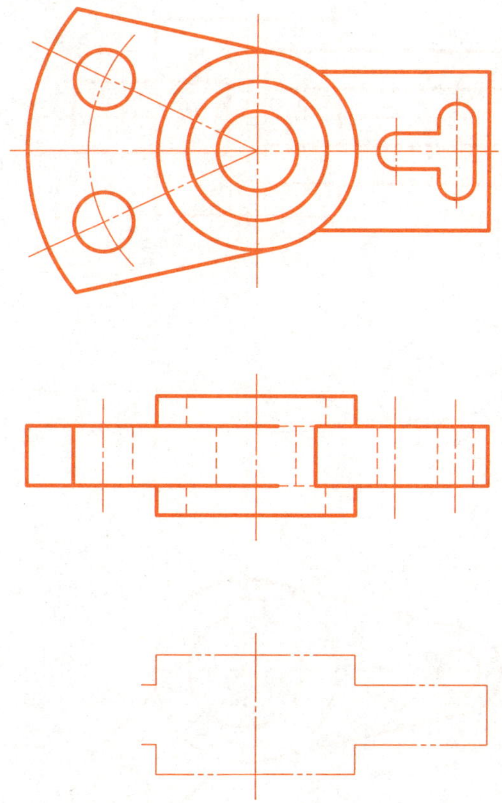

| 6.5　剖视图常用的剖切方法与画法 | 班级： | 姓名： | 学号： | 分数： |
|---|---|---|---|---|

**6-43**　将主视图改为由两个相交平面剖切的全剖视图（提示：需要标注）

1.

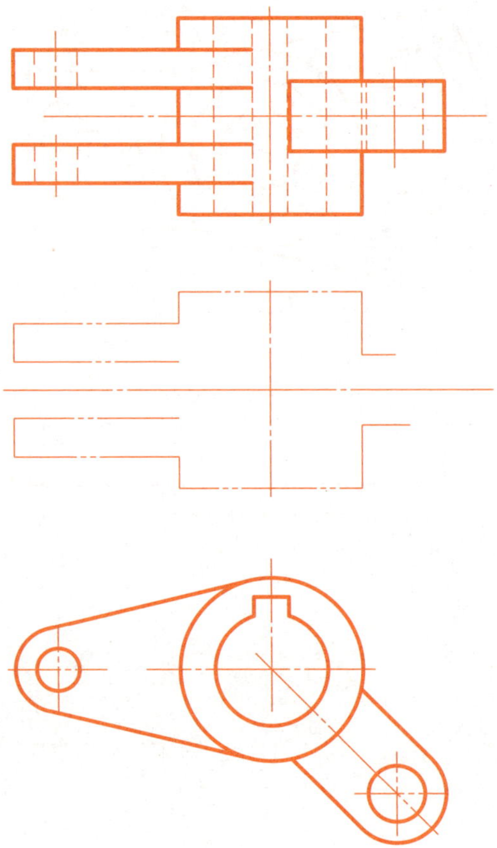

2.

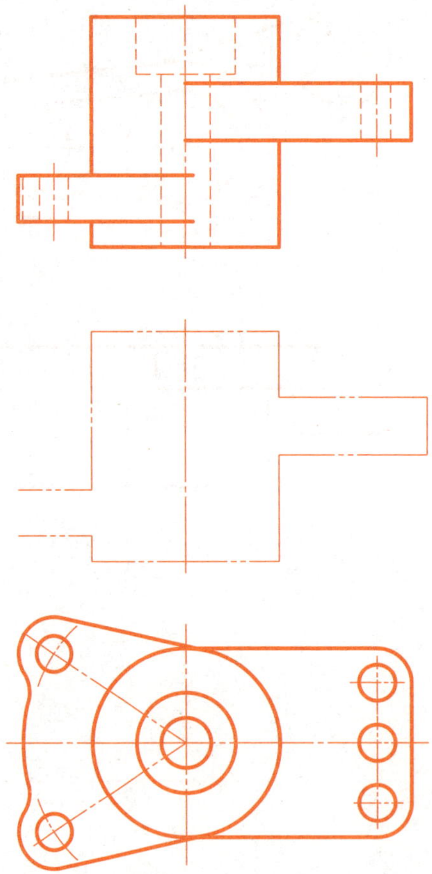

3.

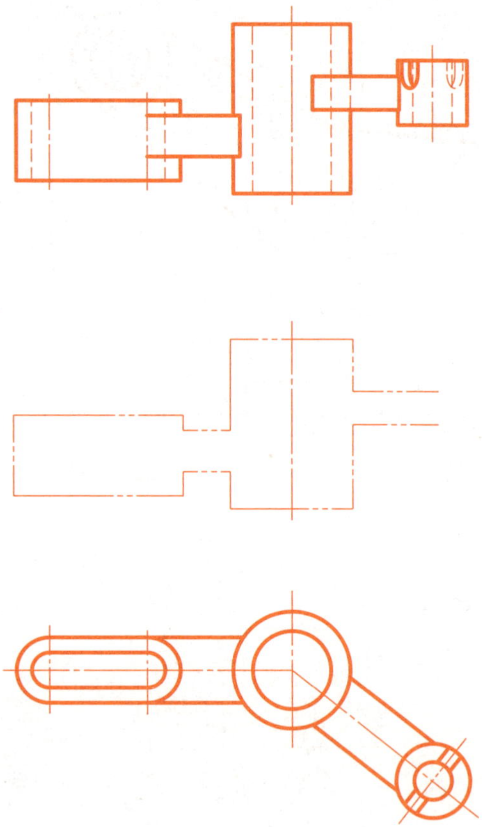

# 第 6 章　机件图样图形的绘制与识读

| 6.5　剖视图常用的剖切方法与画法 | 班级： | 姓名： | 学号： | 分数： |
|---|---|---|---|---|

6-44　将主视图画成用相交平面剖切的全剖视图（提示：需要标注）

1.

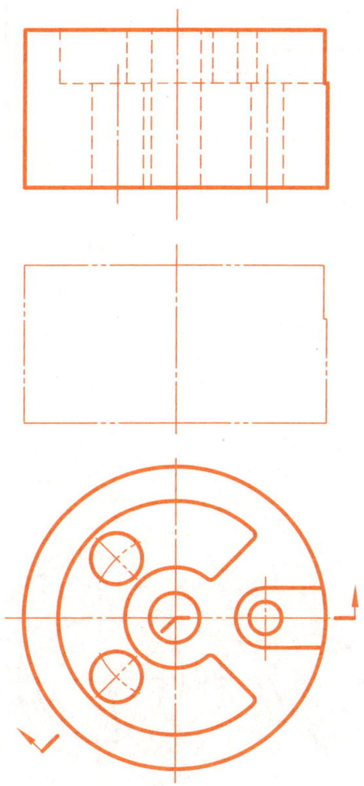

2.

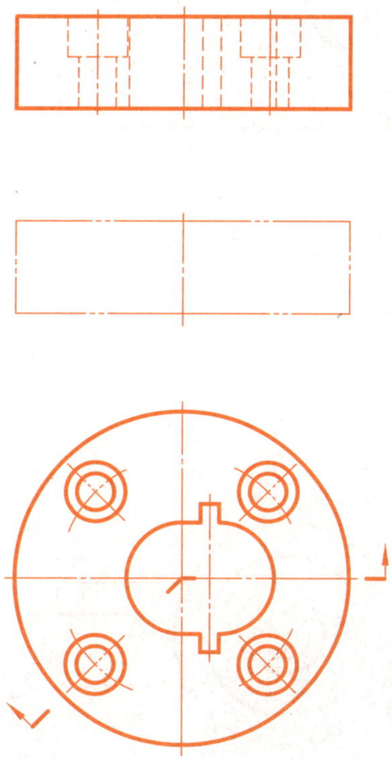

3.

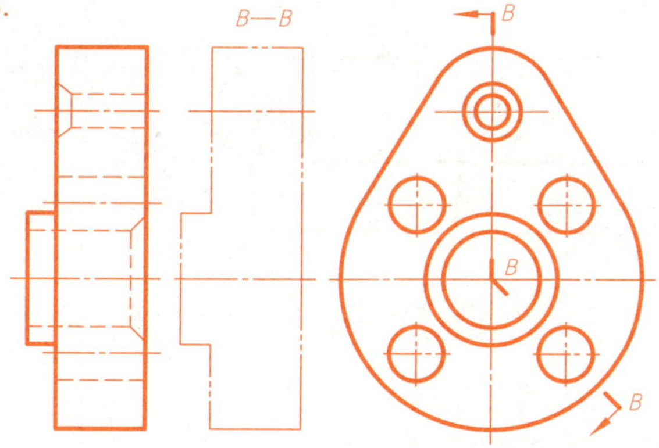


4.

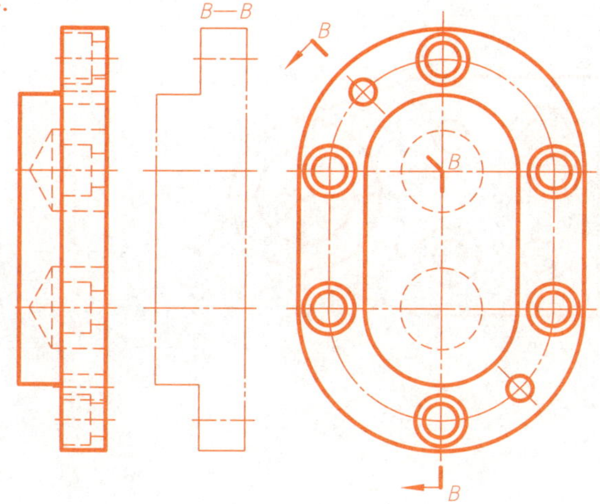

| 6.5　剖视图常用的剖切方法与画法 | 班级： | 姓名： | 学号： | 分数： |
|---|---|---|---|---|

**6-45　将主视图画成组合面剖切的全剖视图（提示：需要标注）**

1.

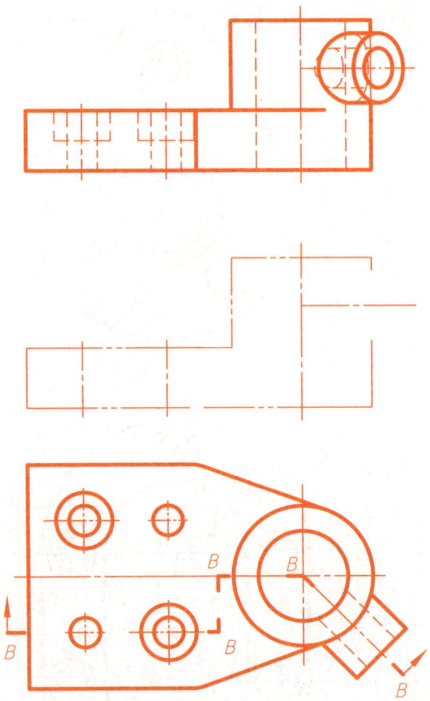


2.

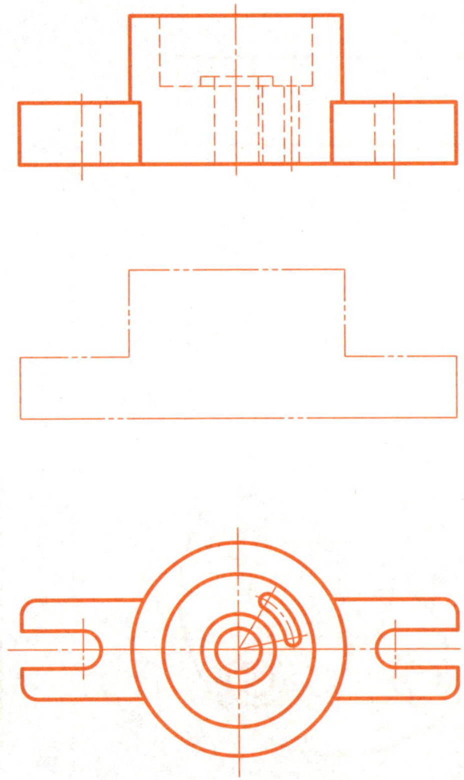

3.

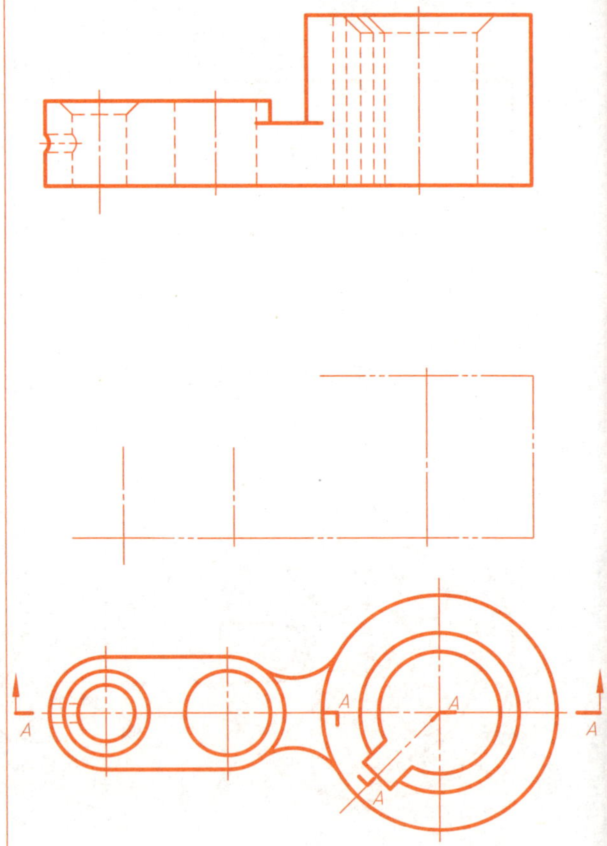

| 6.5　剖视图常用的剖切方法与画法 | 班级： | 姓名： | 学号： | 分数： |
|---|---|---|---|---|

**6-46　根据提供的视图绘制组合面剖切的全剖视图（提示：需要标注）**

1. 将俯视图改画成全剖视图

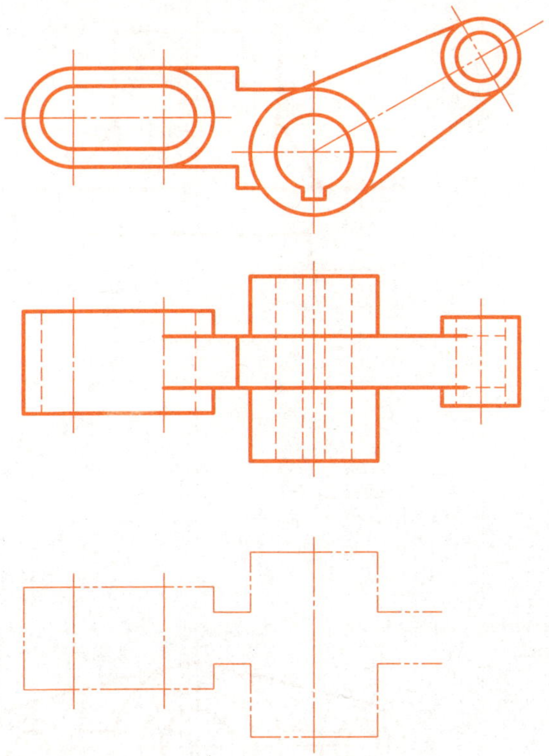

2. 将左视图改画成全剖视图

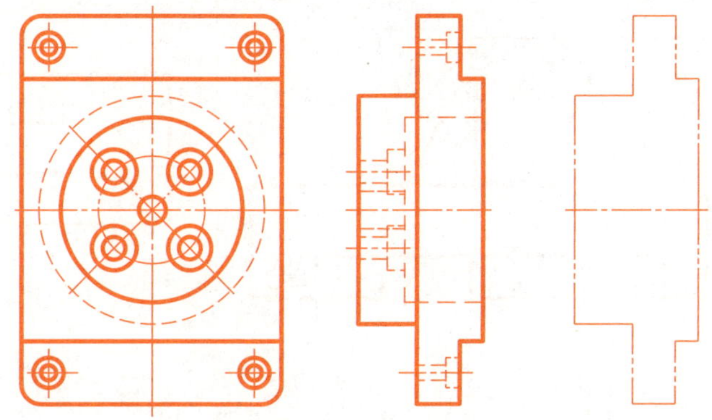

3. 将主视图改画成全剖视图

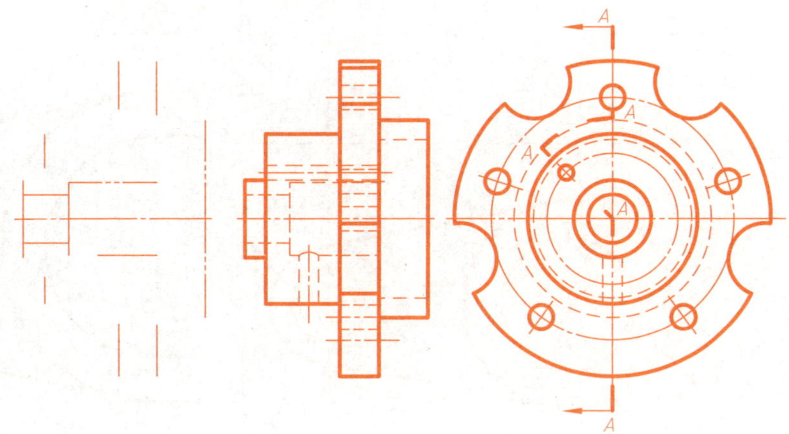

| 6.6　剖视图中的规定画法 | 班级： | 姓名： | 学号： | 分数： |
| --- | --- | --- | --- | --- |

**6-47　根据两面视图，将主视图改画成剖视图**（提示：注意规定画法）

1. 将主视图改画成全剖视图

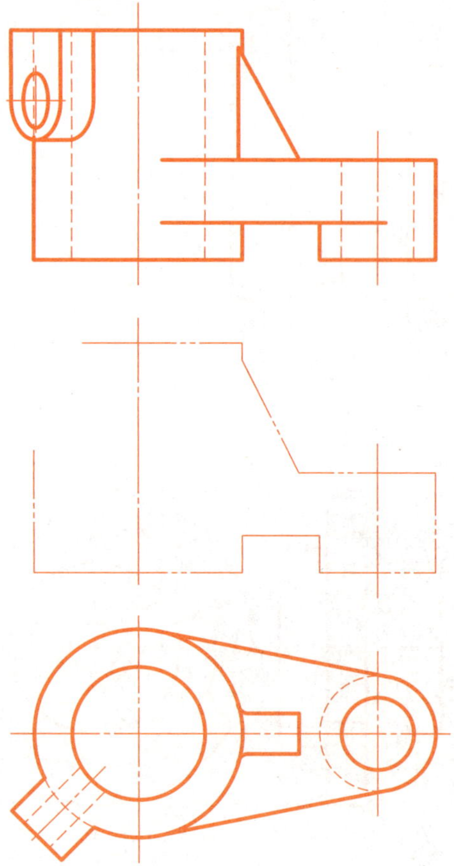

2. 将主视图改画成全剖视图

3. 将主视图改画成半剖视图

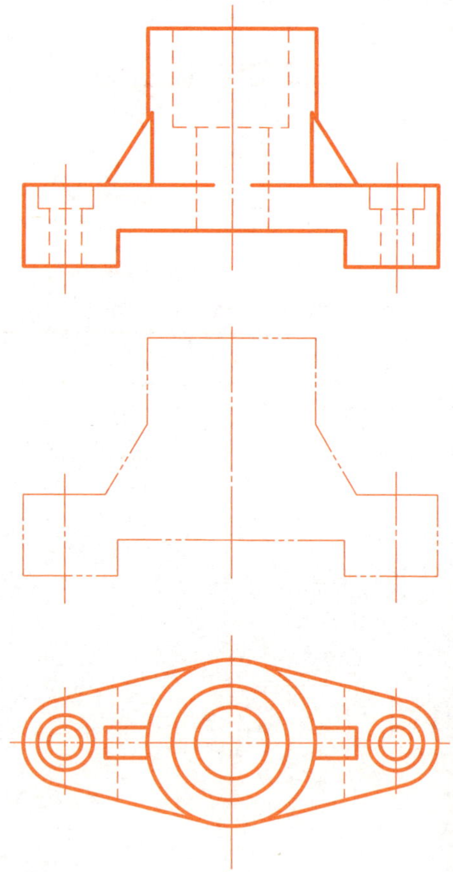

# 第 6 章　机件图样图形的绘制与识读

| 6.6　剖视图中的规定画法 | 班级： | 姓名： | 学号： | 分数： |
|---|---|---|---|---|

**6-48　根据两面视图，将指定视图改画成剖视图**（提示：注意规定画法）

1. 将左视图画成组合平面剖切的全剖视图

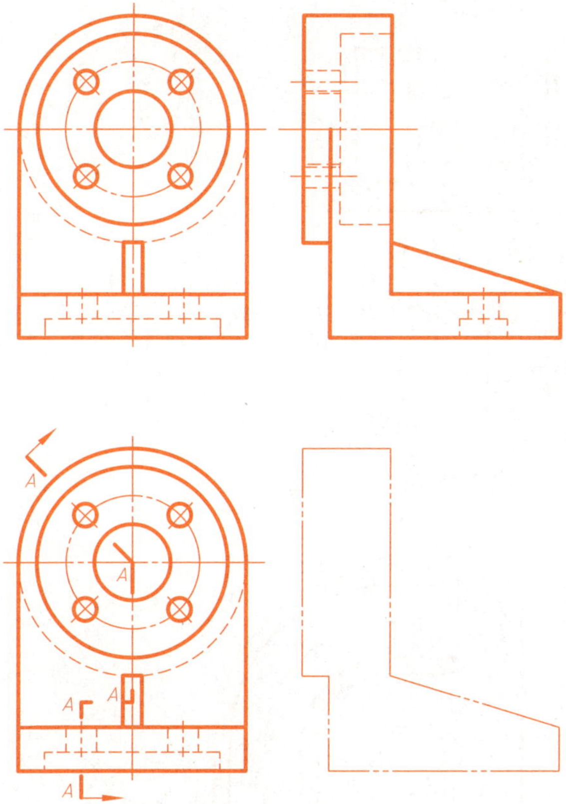


2. 将主视图画成全剖视图

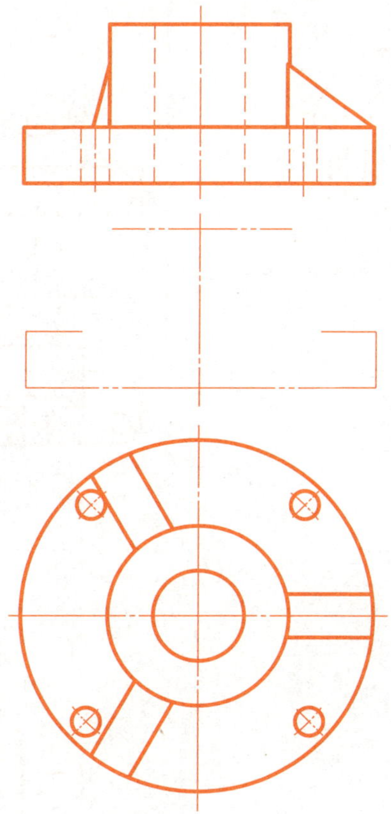

3. 将主视图改为正确的全剖视图

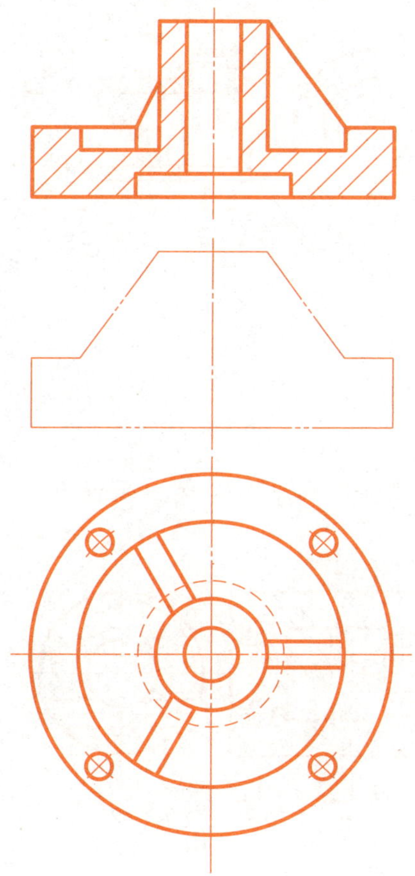

| 6.6　剖视图中的规定画法 | 班级： | 姓名： | 学号： | 分数： |
| --- | --- | --- | --- | --- |

**6-49　根据提供的视图，按要求绘图**（提示：注意剖视图中的规定画法）

1. 绘制 *A—A* 全剖视图与 *B—B* 全剖视图

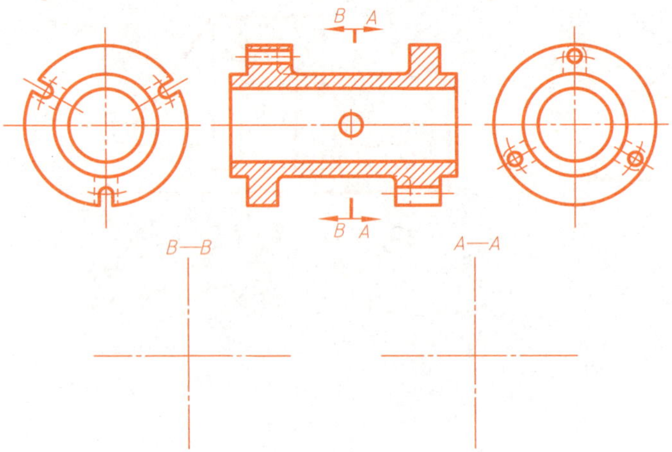


2. 绘制 *C* 向视图

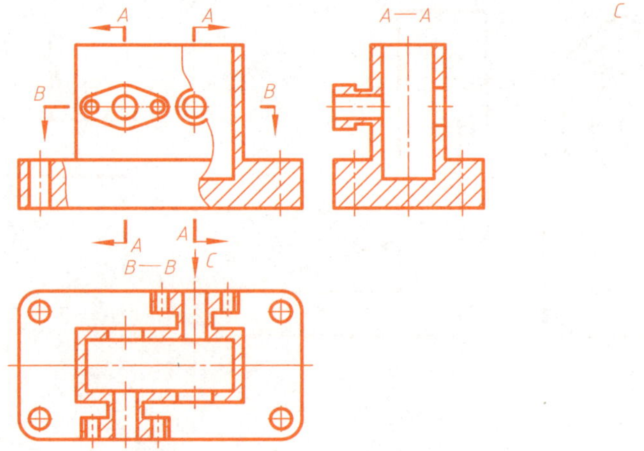


3. 绘制 *E* 向视图与 *B—B* 全剖视图

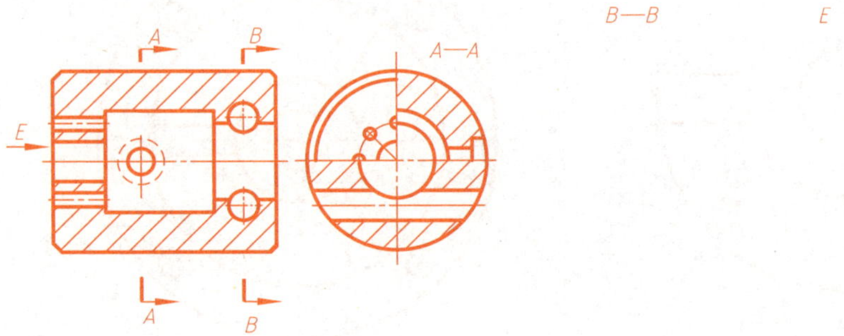


4. 绘制 *C* 向局部视图与 *E* 向局部视图

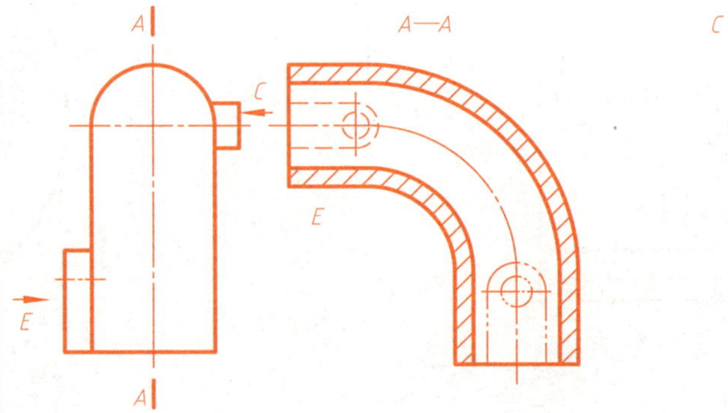

# 第 6 章　机件图样图形的绘制与识读

| 6.7　剖视图的识读 | 班级： | 姓名： | 学号： | 分数： |
|---|---|---|---|---|

**6-50**　根据两面视图，想象出机件形状，绘制左视图

1.

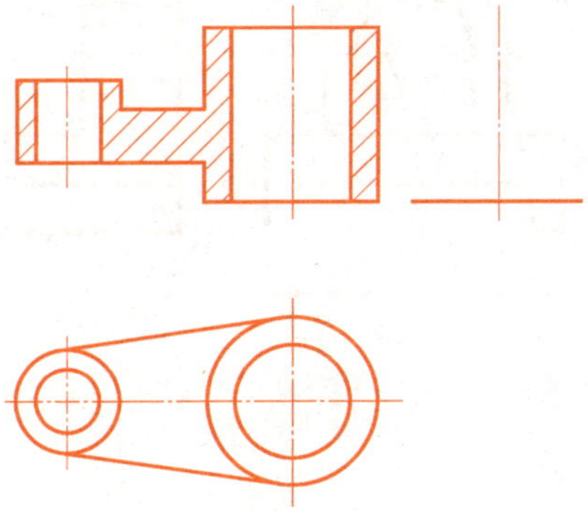

2.

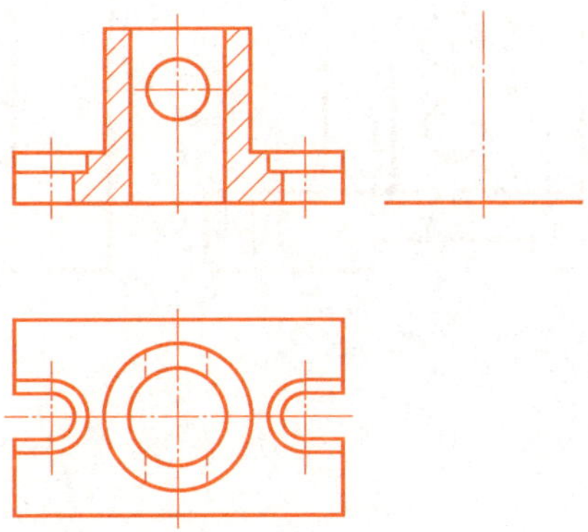

**6-51**　根据主、左视图，想象出机件形状，绘制俯视图

1.

2.

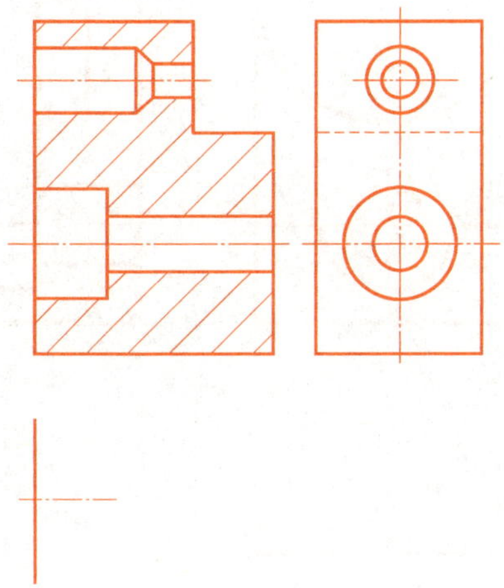

| 6.7 剖视图的识读 | 班级： | 姓名： | 学号： | 分数： |
|---|---|---|---|---|

6-52 根据两面视图，想象出机件形状，绘制俯视图

1.

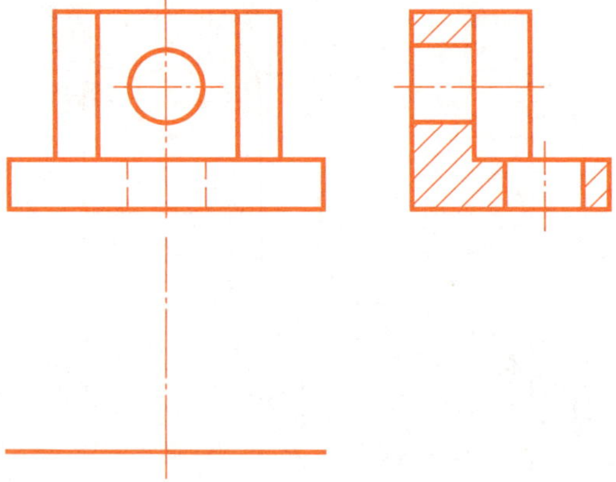

2.

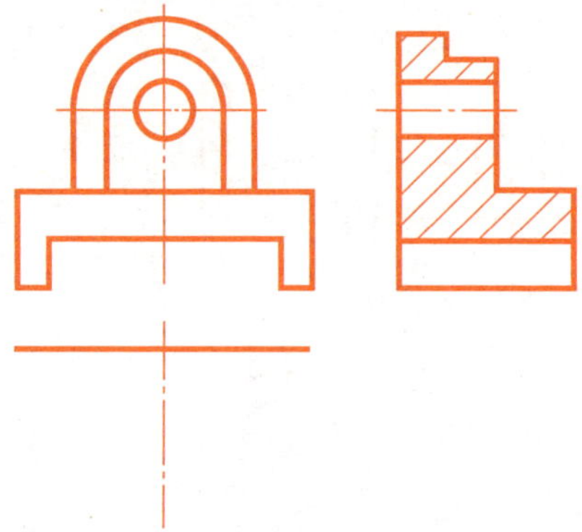

3.

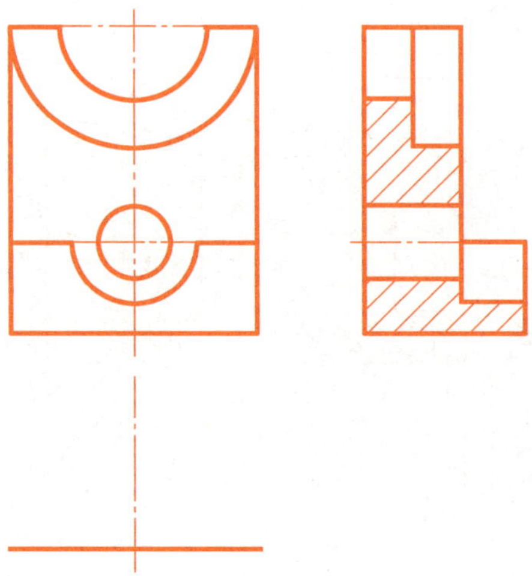

4.

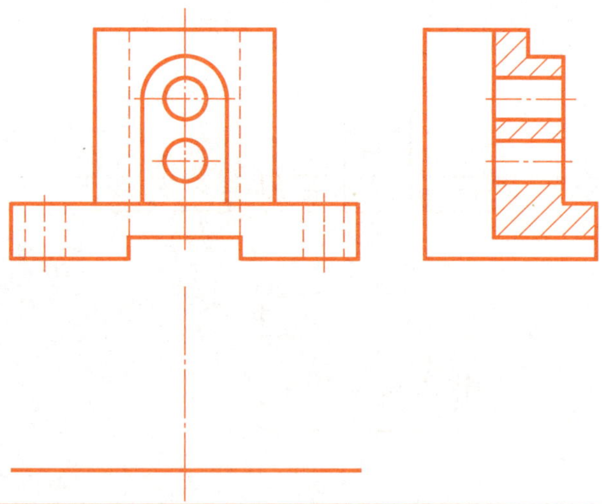

| 6.7　剖视图的识读 | 班级： | 姓名： | 学号： | 分数： |
| --- | --- | --- | --- | --- |

6-53　根据两面视图，想象出机件形状，绘制左视图

1.

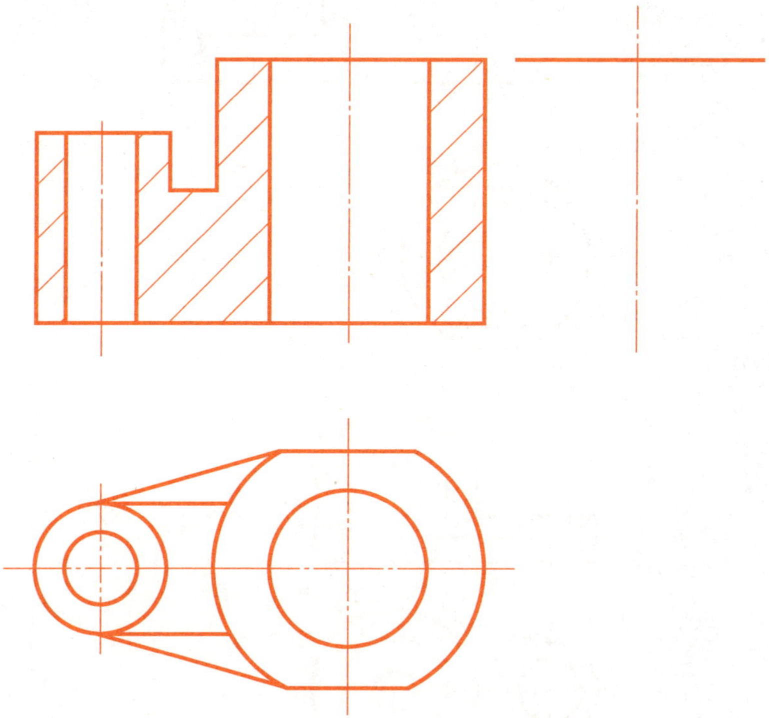

2.

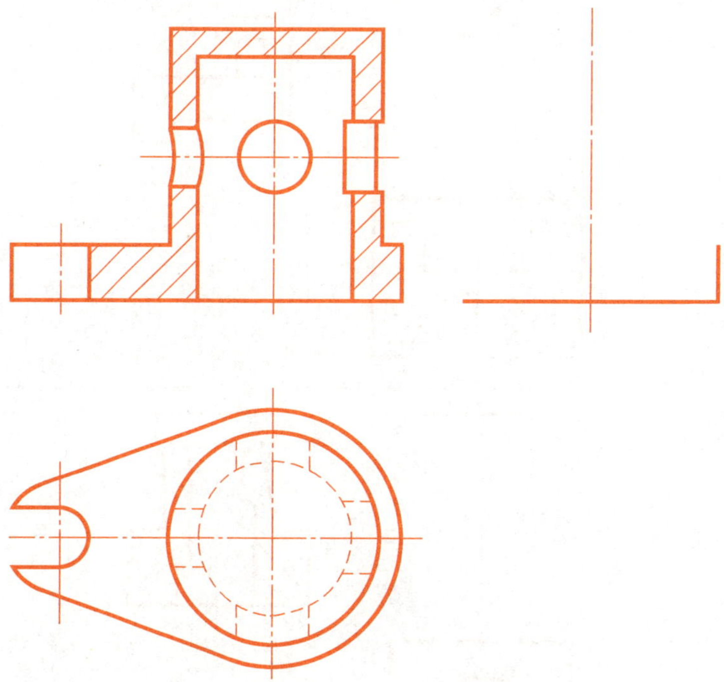

| 6.7　剖视图的识读 | 班级： | 姓名： | 学号： | 分数： |
| --- | --- | --- | --- | --- |

**6-54　根据主视图、俯视图、左视图中的两个视图，完成第三视图**

1.

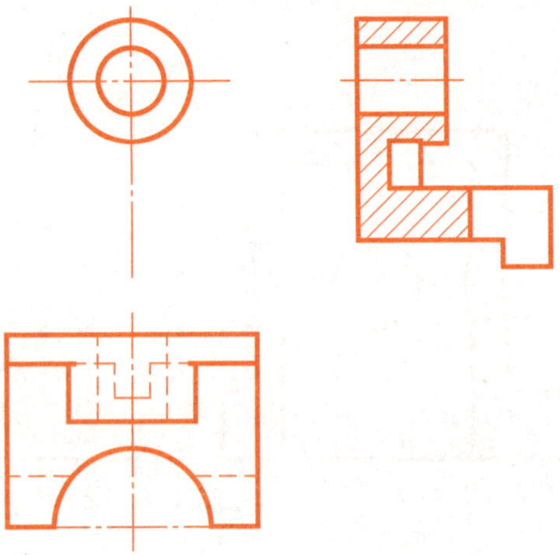

2.

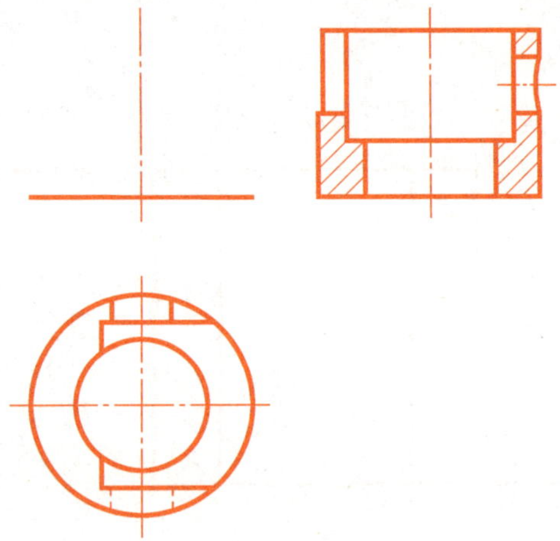

3.

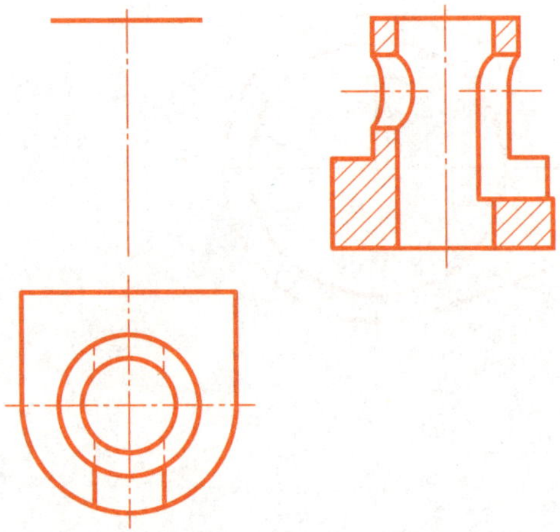

4.

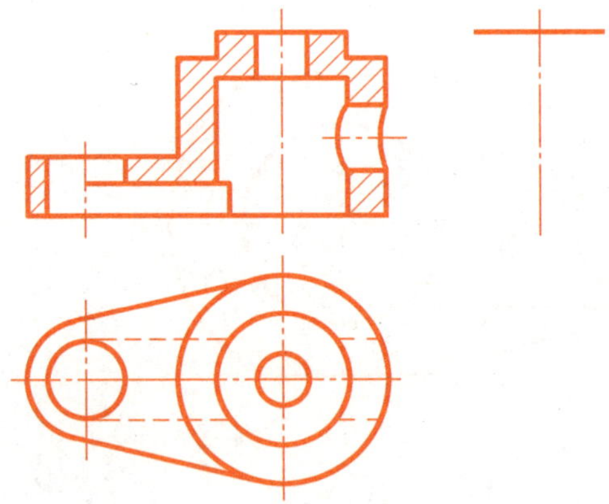

| 6.7 剖视图的识读 | 班级： | 姓名： | 学号： | 分数： |
|---|---|---|---|---|

**6-55 根据提供的视图，按要求绘图**

1. 绘制左视图

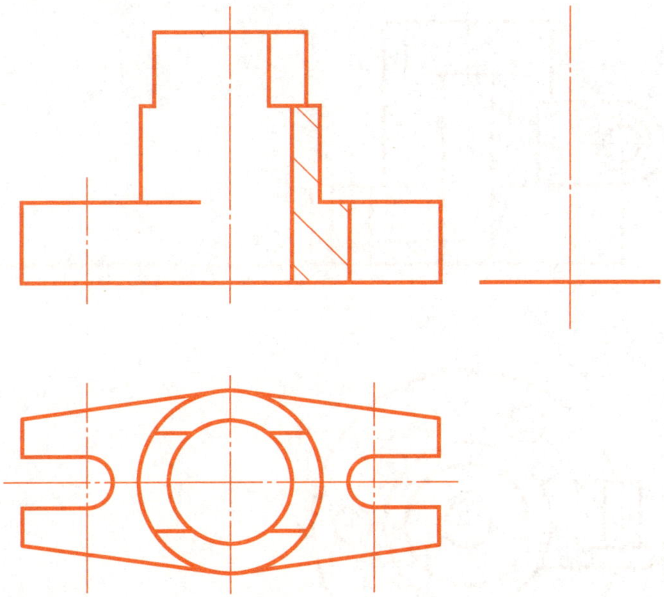

2. 绘制主视图

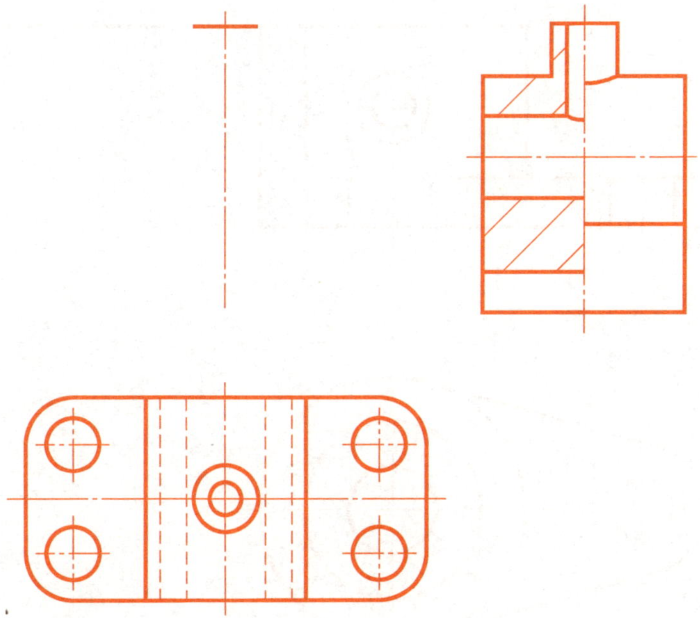

| 6.7　剖视图的识读 | 班级： | 姓名： | 学号： | 分数： |
|---|---|---|---|---|

**6-56　根据视图和局部剖视图，绘制左视图**

1.

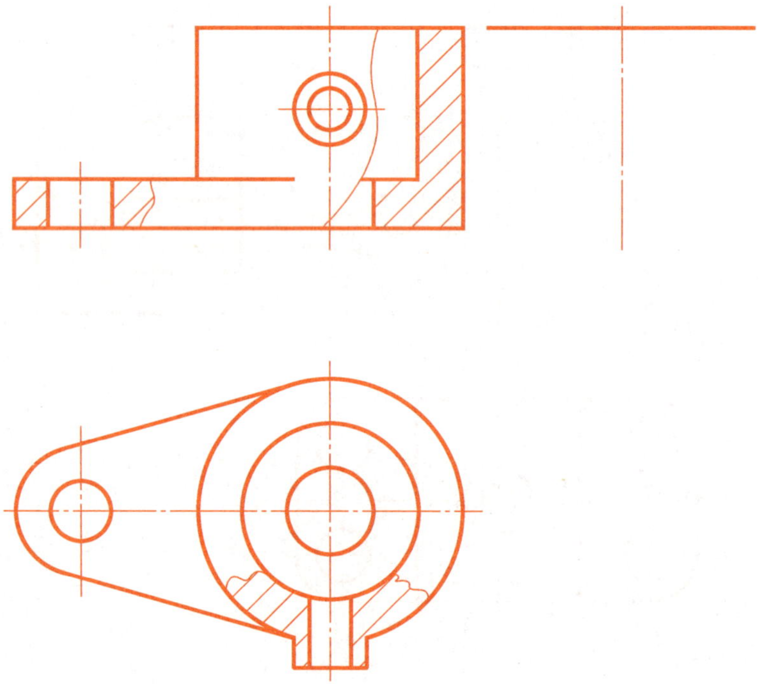

2.

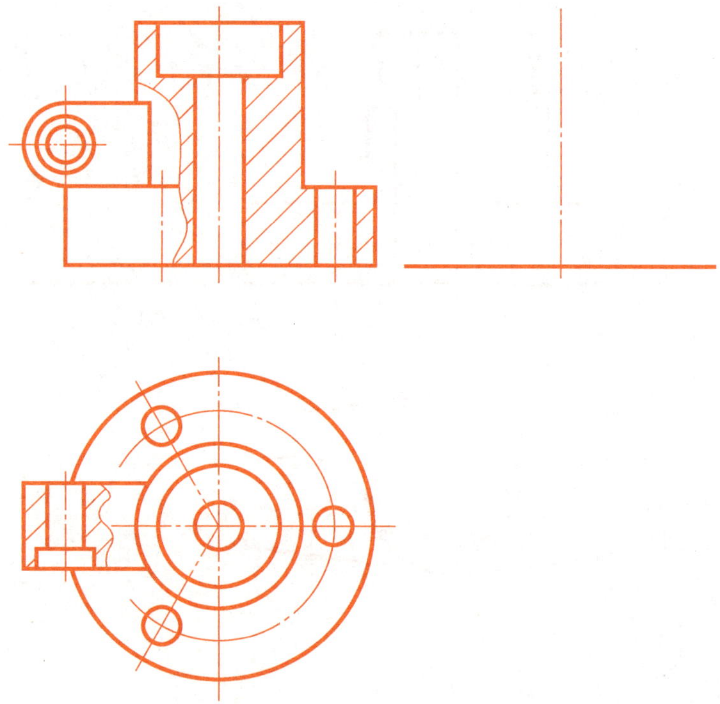

| 6.7　剖视图的识读 | 班级： | 姓名： | 学号： | 分数： |
|---|---|---|---|---|
| 6-56　根据视图和局部剖视图，绘制左视图（续） | | | | |

3.

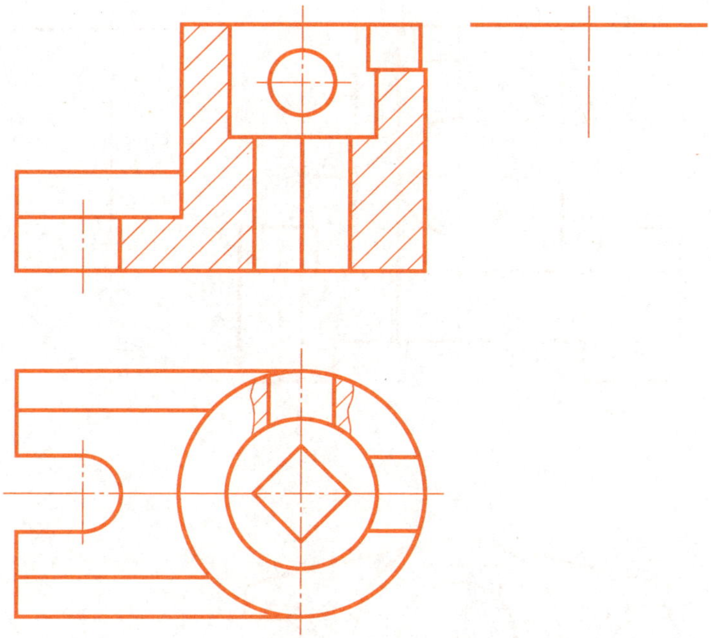

4.

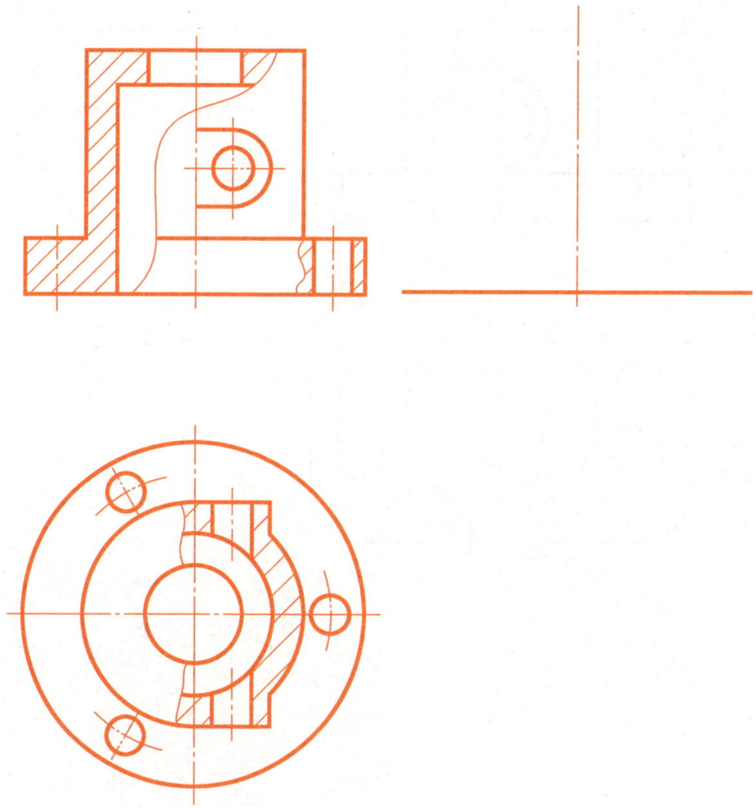

| 6.7　剖视图的识读 | 班级： | 姓名： | 学号： | 分数： |
| --- | --- | --- | --- | --- |

**6-57　根据提供的视图，想象出机件形状，按要求重新绘图**

1. 绘制全剖左视图

2. 绘制半剖左视图

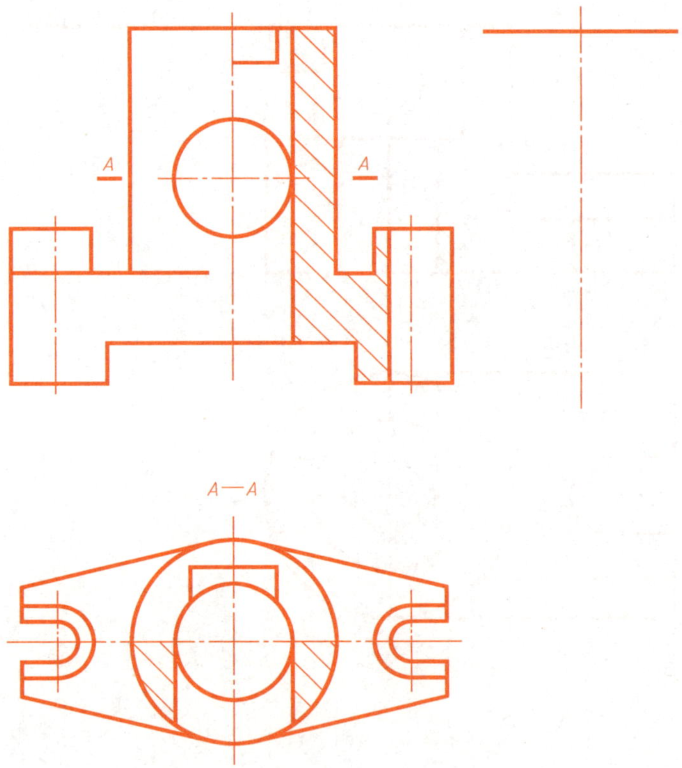

| 6.7　剖视图的识读 | 班级： | 姓名： | 学号： | 分数： |
|---|---|---|---|---|

**6-58**　根据主、俯、左视图，绘制 *A* 向视图、*B* 向视图、*D*—*D* 全剖视图、*E*—*E* 全剖视图

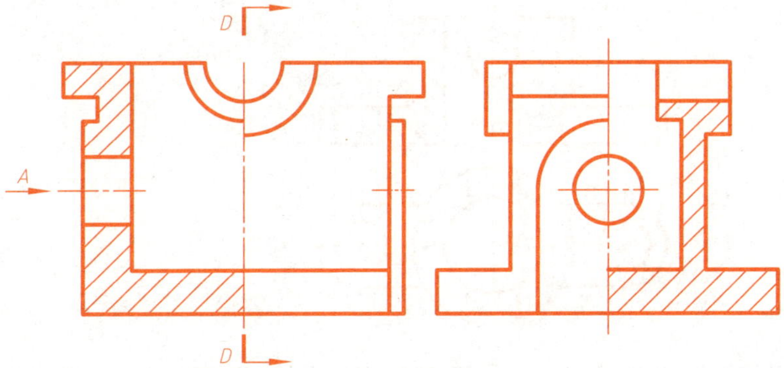


D—D

A

E—E

B

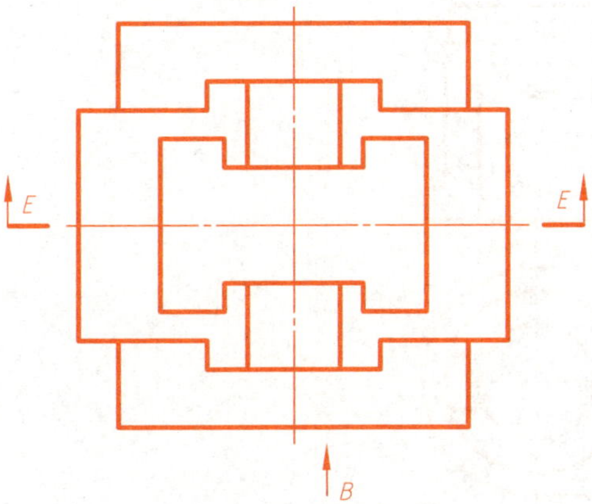

| 6.7 剖视图的识读 | 班级： | 姓名： | 学号： | 分数： |
|---|---|---|---|---|

**6-59 识读视图，想象出机件形状，按要求绘图**

1. 绘制半剖左视图

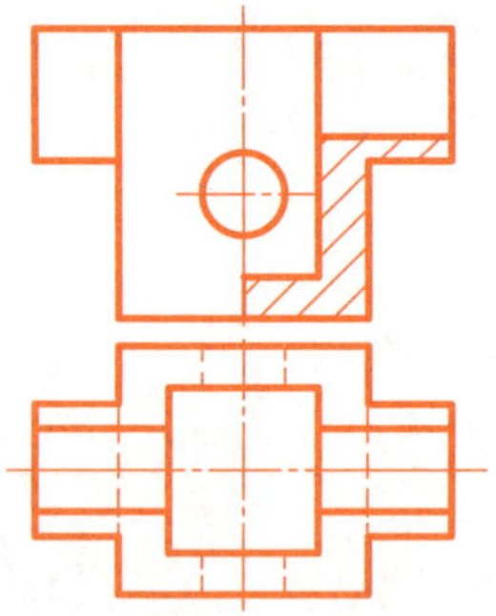

2. 绘制半剖左视图

3. 绘制左视图（虚线不用绘制）

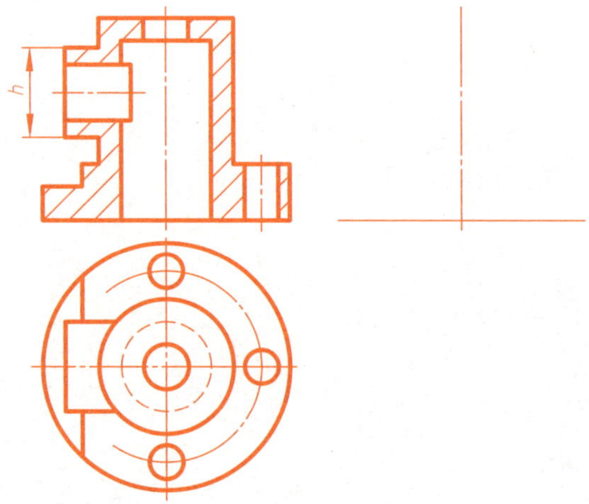


4. 绘制 *A—A* 全剖左视图

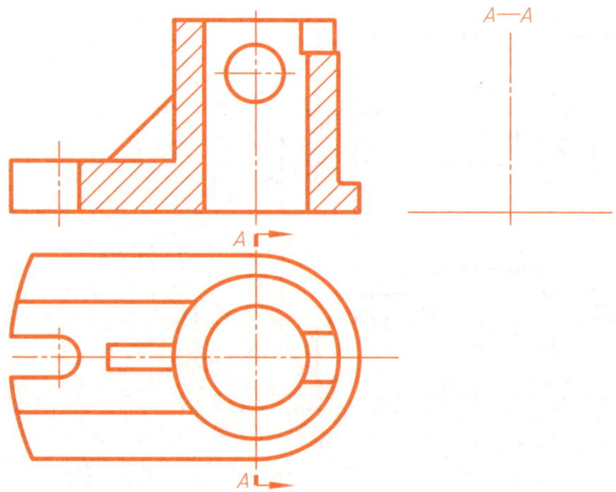

# 第 6 章　机件图样图形的绘制与识读

| 6.7　剖视图的识读 | 班级： | 姓名： | 学号： | 分数： |
| --- | --- | --- | --- | --- |

**6-60　识读视图，想象出机件形状，按要求绘图**

1. 完成 A—A 半剖左视图

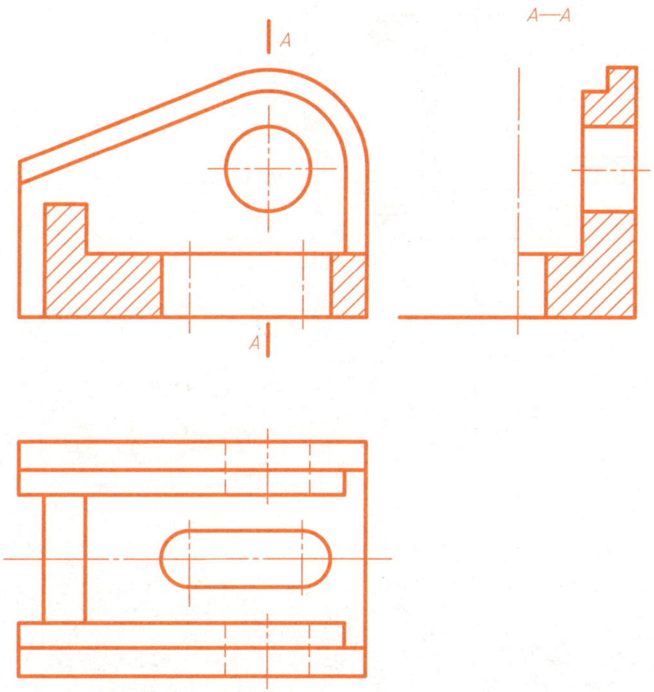


2. 完成半剖左视图

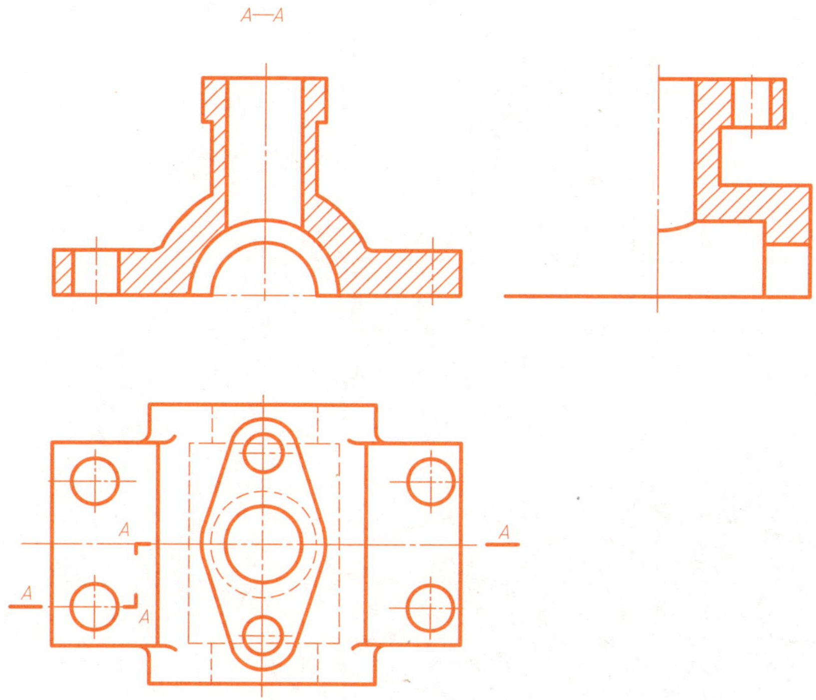

| 6.7　剖视图的识读 | 班级： | 姓名： | 学号： | 分数： |
|---|---|---|---|---|

**6-61　识读视图，想象出机件形状，按要求绘图**

1. 绘制全剖左视图

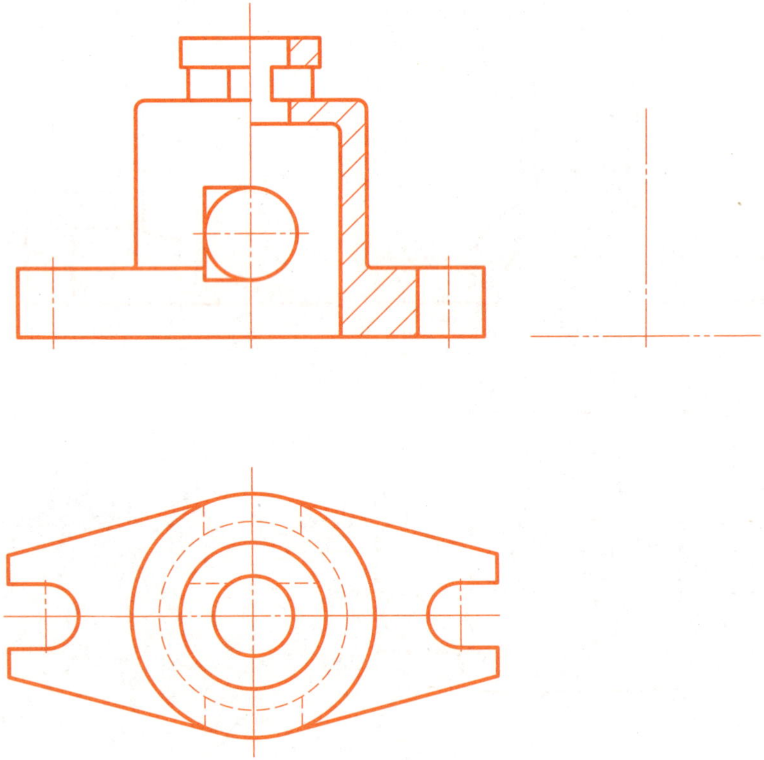

2. 绘制半剖俯视图与左视图

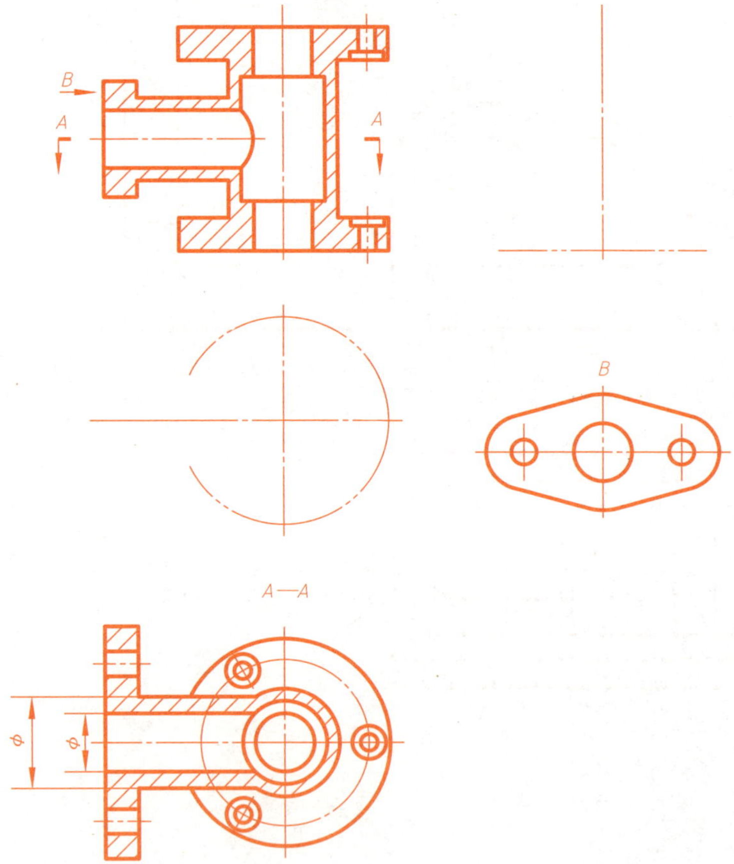

| 6.8　断面图的画法 | 班级： | 姓名： | 学号： | 分数： |
|---|---|---|---|---|

**6-62　选择正确的移出断面图**

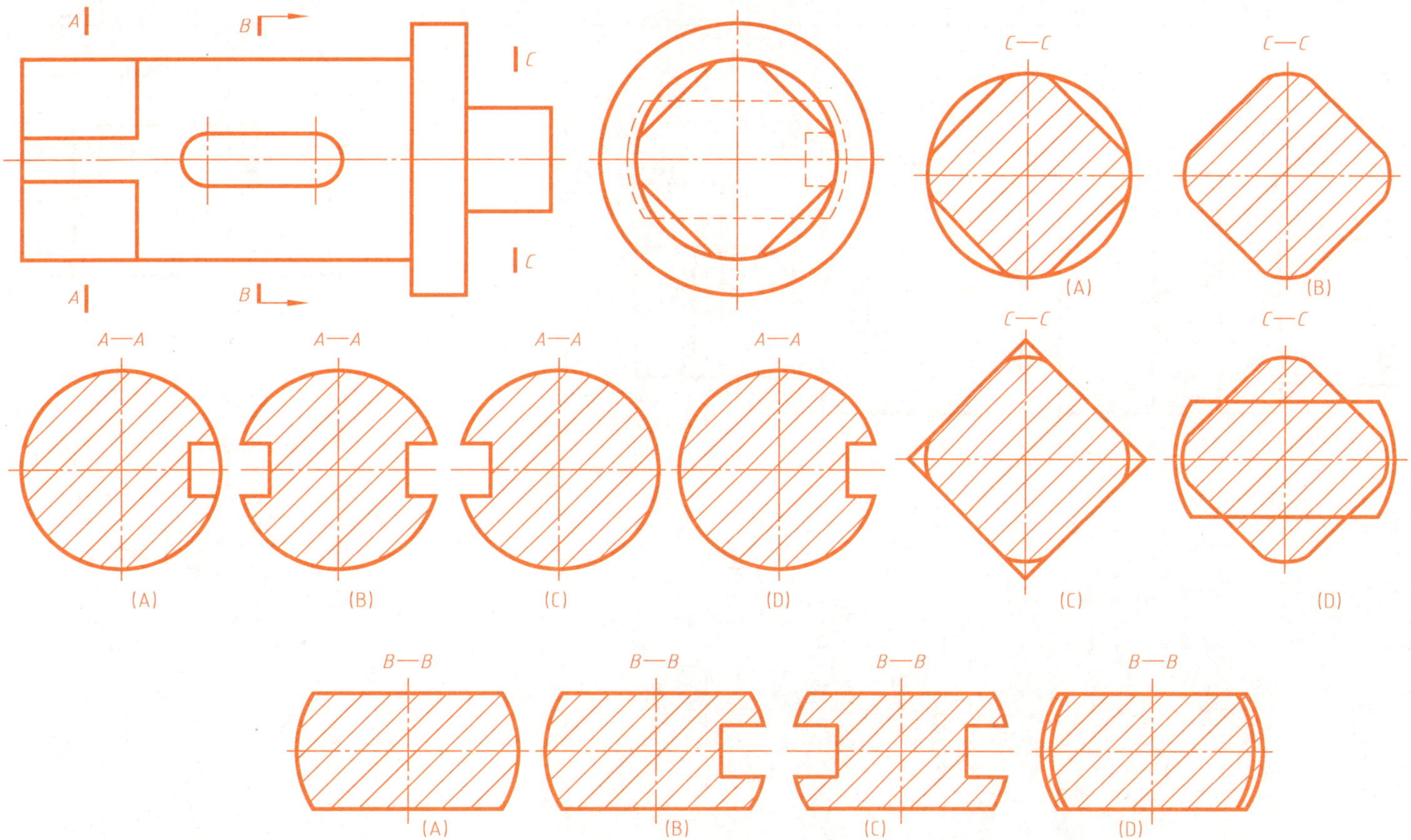


正确的 *A—A* 断面图是：________　　正确的 *B—B* 断面图是：________　　正确的 *C—C* 断面图是：________

| 6.8　断面图的画法 | 班级： | 姓名： | 学号： | 分数： |
|---|---|---|---|---|

**6-63**　根据视图想象机件结构，绘制指定剖切位置处的移出断面图（注：未指明深度的孔为通孔；两相交细实线所在框表示立体上的面为平面）

1.

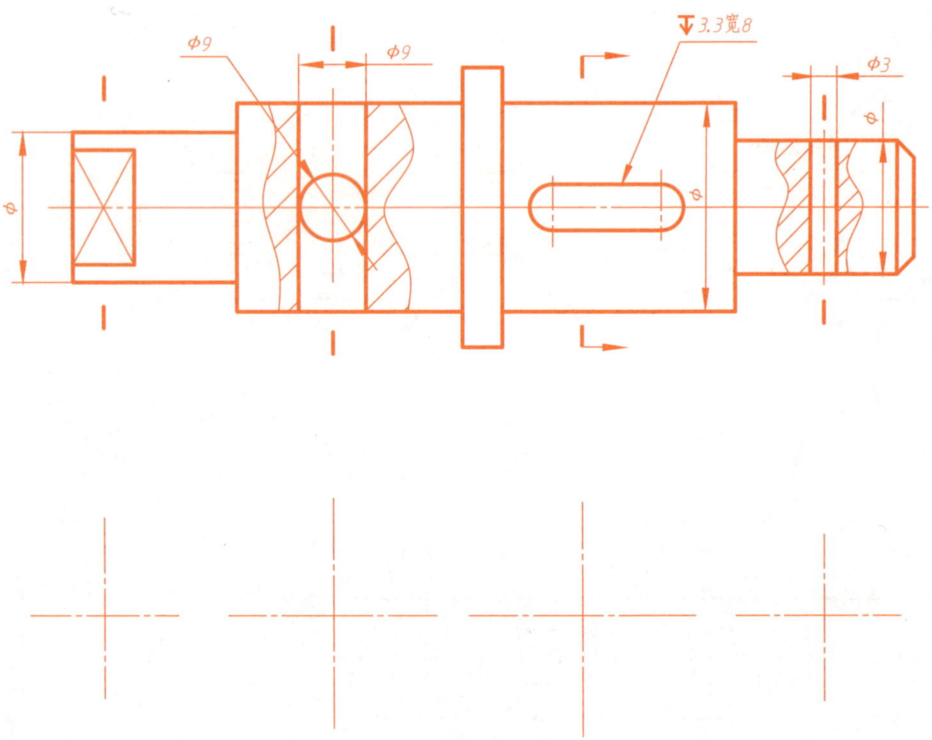


2.

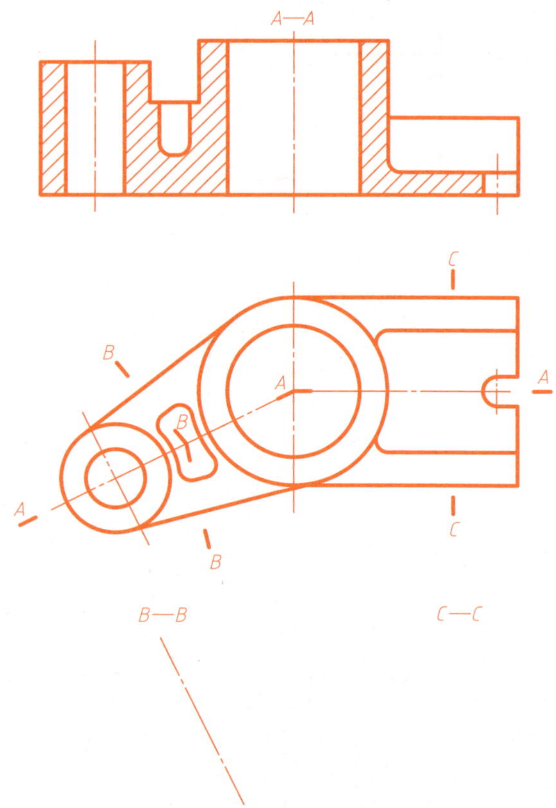

| 6.10　机体表达方法综合应用 | 班级： | 姓名： | 学号： | 分数： |
|---|---|---|---|---|

*6-64　选用适当的表达方法，按尺寸重新绘图表达下面的机件（注：用 A2 坐标纸，比例自定）

1.

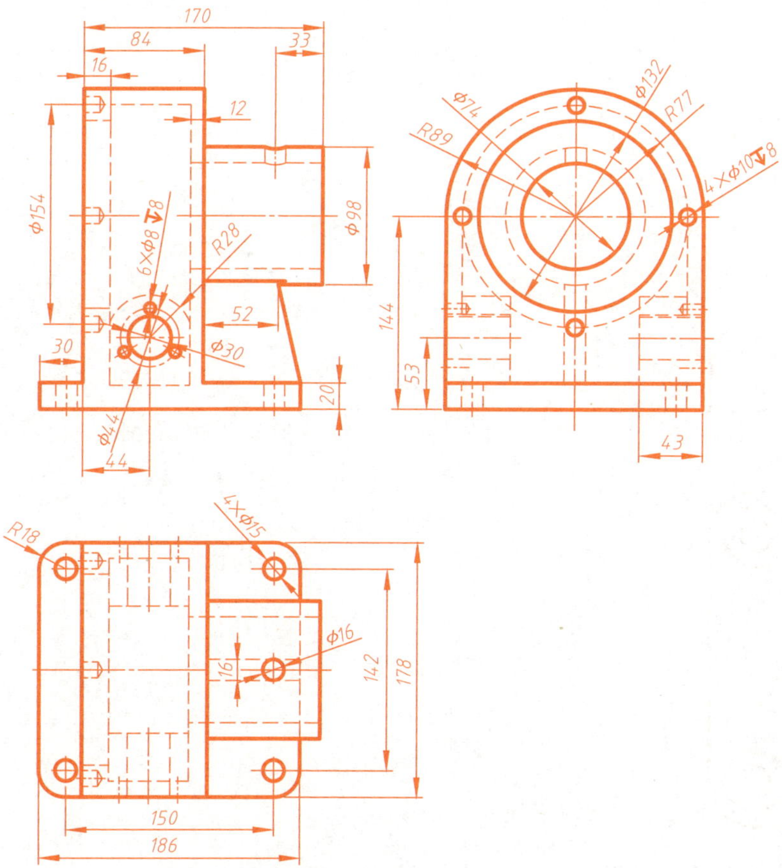


2.

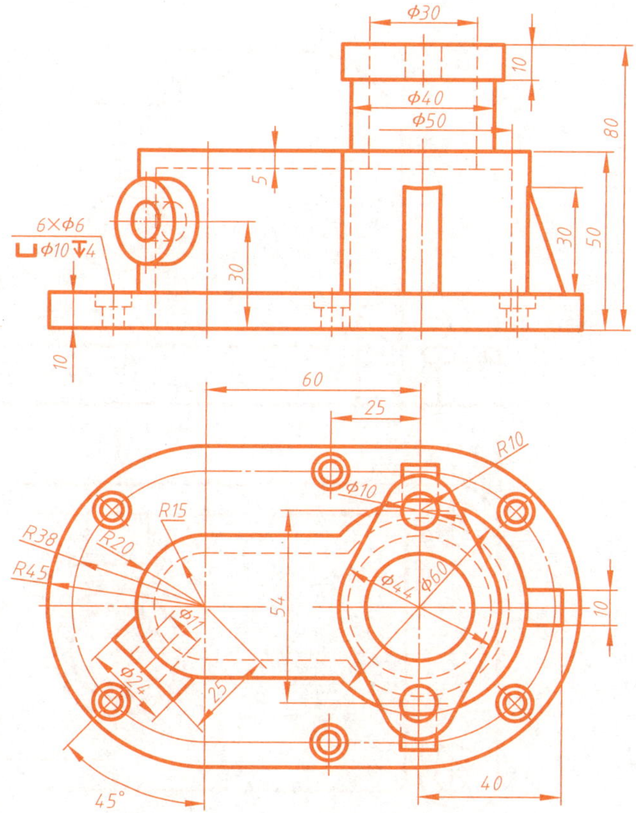

| 6.10　机体表达方法综合应用 | 班级： | 姓名： | 学号： | 分数： |
|---|---|---|---|---|

*6-65　识读视图，想象出机件形状，绘制 *A—A* 全剖视图

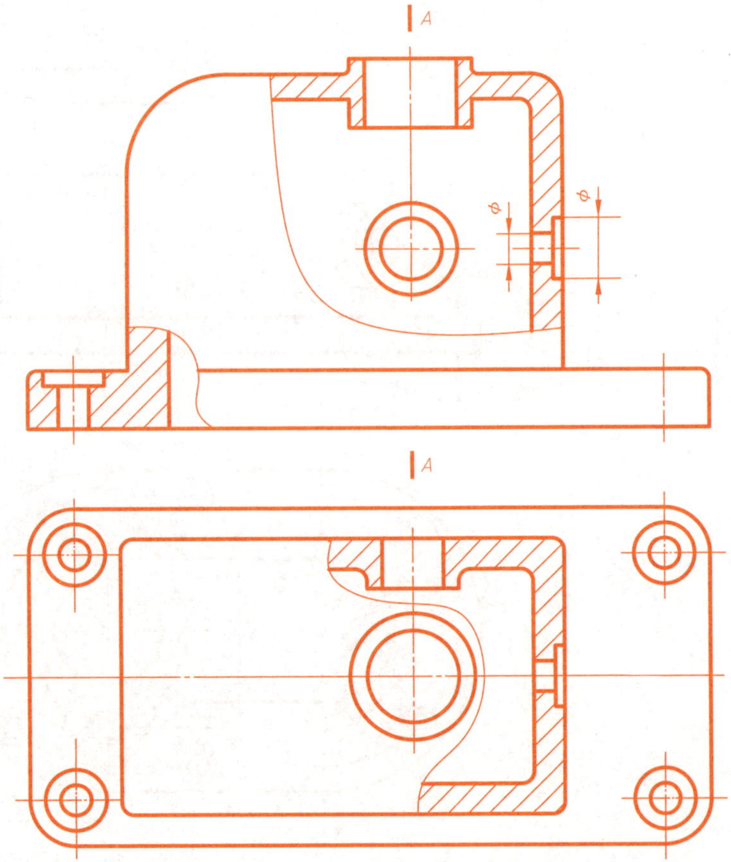


A—A

| 6.10　机体表达方法综合应用 | 班级： | 姓名： | 学号： | 分数： |
|---|---|---|---|---|

*6-66　识读视图，想象出机件形状，绘制 *A—A* 半剖视图

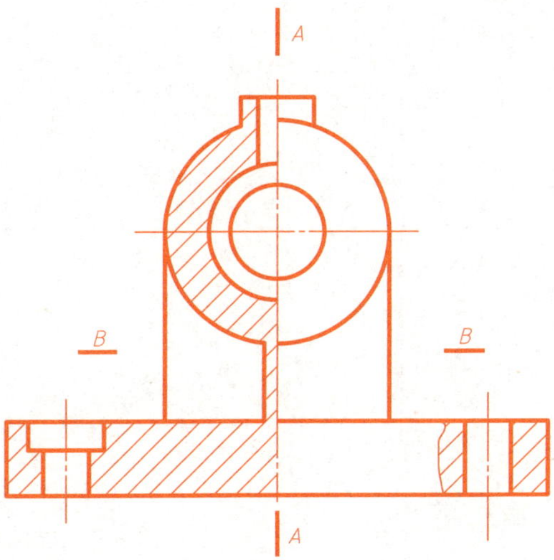


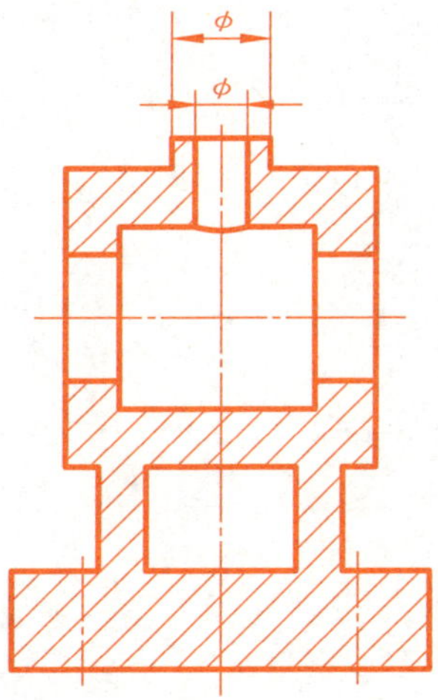


A—A

B—B

| 6.10　机体表达方法综合应用 | 班级： | 姓名： | 学号： | 分数： |
|---|---|---|---|---|

*6-67　识读视图，想象出机件形状，绘制 *A—A* 半剖视图和 *B* 向视图

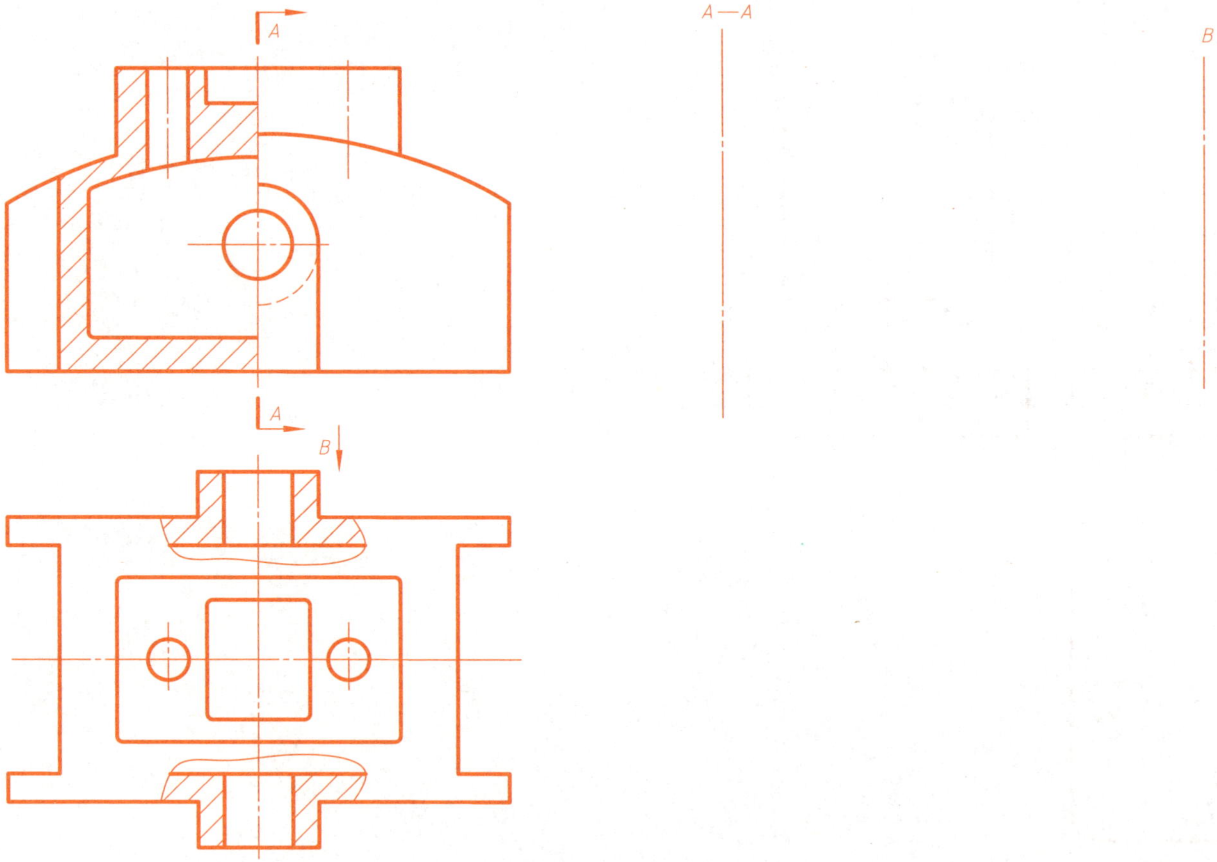

| 6.10　机体表达方法综合应用 | 班级： | 姓名： | 学号： | 分数： |
| --- | --- | --- | --- | --- |

* 6-68　识读视图，想象出机件形状，绘制 C—C 全剖视图

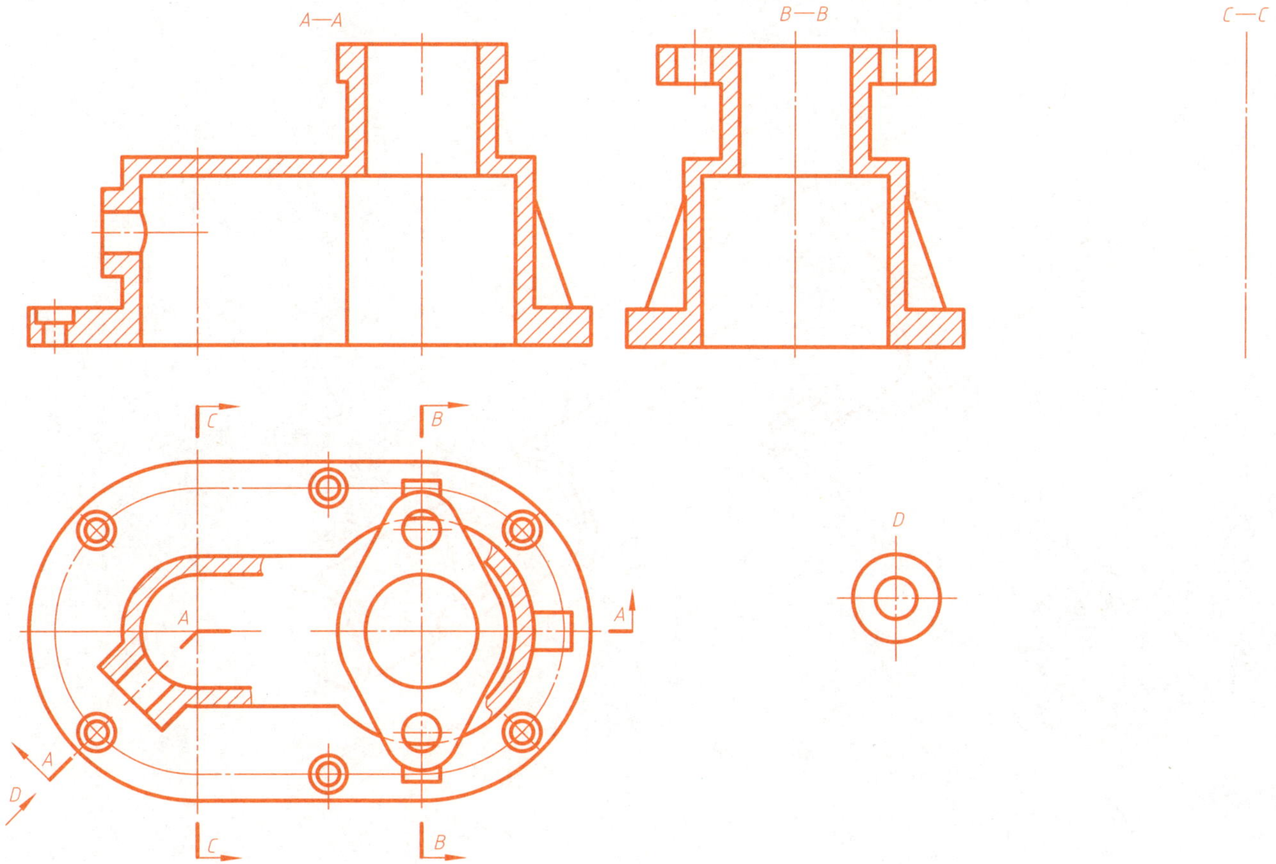

## 7.2　零件表达方案的选择

| 7.2　零件表达方案的选择 | 班级： | 姓名： | 学号： | 分数： |
|---|---|---|---|---|

**7-1　根据轴测图，选择合适的表达方案，按尺寸绘制零件图**（注：可选用 A3 图幅，比例取 2：1）

提示：可先不标注各符号，等学习技术要求后，再完成整个零件图。

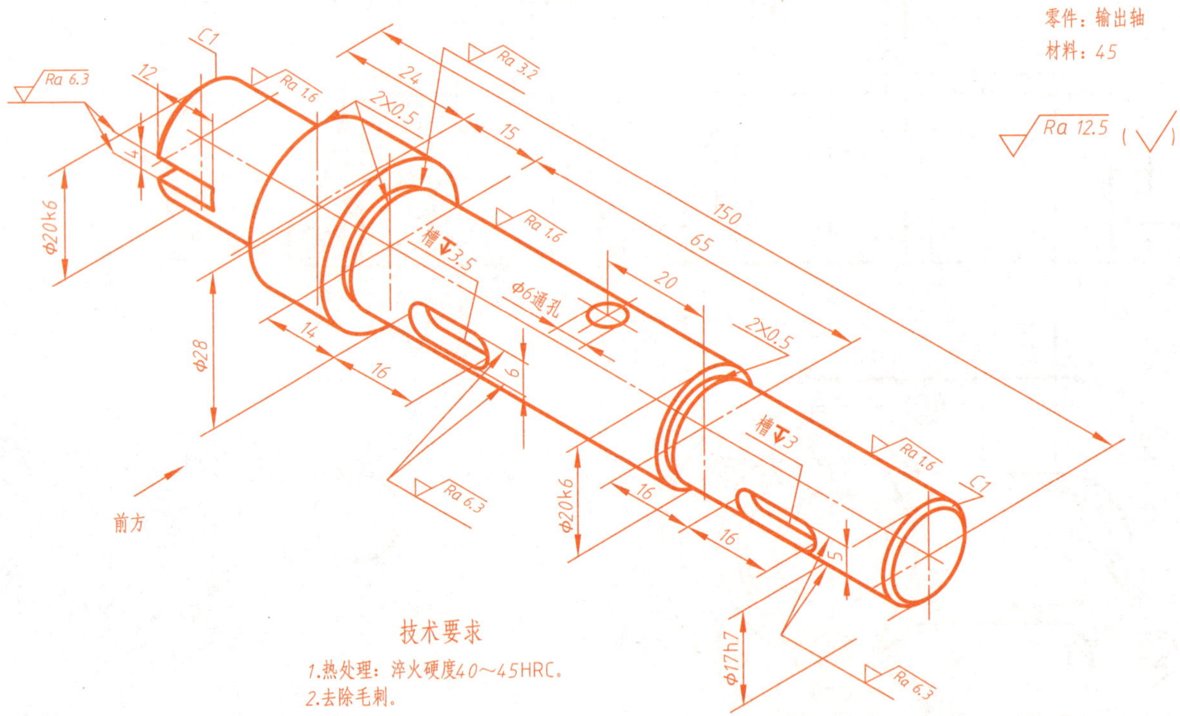

| 7.4 零件的技术要求 | 班级： | 姓名： | 学号： | 分数： |
| --- | --- | --- | --- | --- |

**7-2 根据给定要求标注表面粗糙度代号，并在尺寸线上填写有公差带代号的尺寸**（公差等级取 IT8，基本偏差自定）

1. 要求左、右侧面为√Ra 3.2，上、下侧面为√Ra 6.3，孔表面为√Ra 1.6

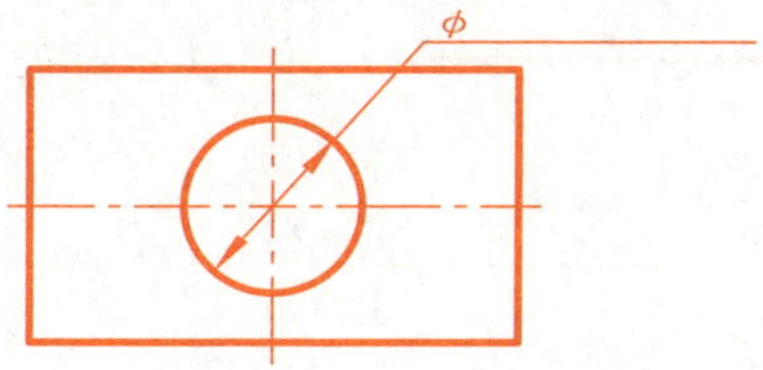


2. 要求孔面和底面为√Ra 3.2，其余表面均为非加工表面

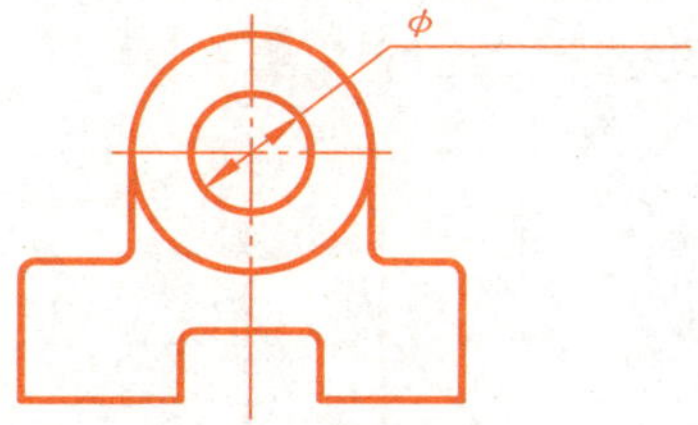


3. 要求全部表面为√Ra 12.5

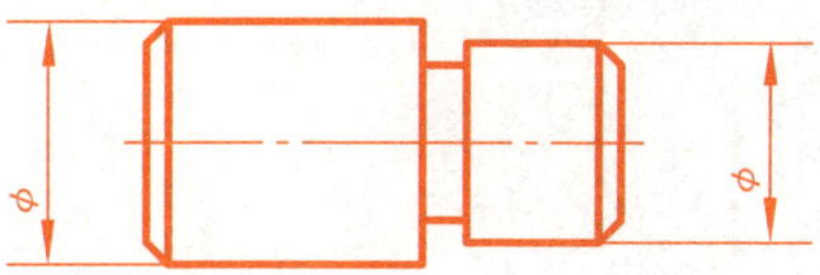


**7-3 将几何公差要求用代号标注在图上，并在尺寸线上填写有公差带代号的尺寸**（公差等级取 IT6，基本偏差自定）

1. 右边圆柱的圆柱度公差为 0.04mm

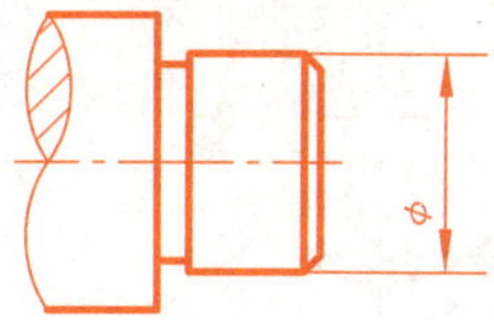


2. 槽 20mm 对距离为 40mm 的两平面的对称度公差为 0.06mm

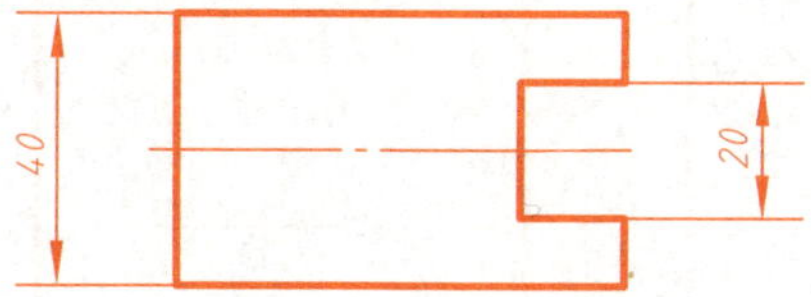


3. 右边外圆柱轴线对右边内孔轴线的同轴度公差为 φ0.02mm；右端面对右边内孔轴线的垂直度公差为 0.04mm

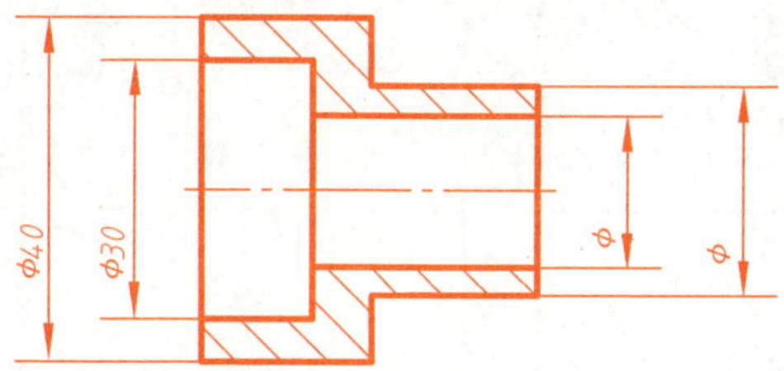

# 第 7 章　零件图绘制与识读

| 7.5　螺纹的画法与标注 | 班级： | 姓名： | 学号： | 分数： |
|---|---|---|---|---|

## 7-4　根据题目要求完成螺纹的主视图与左视图

1. 补全螺杆的视图

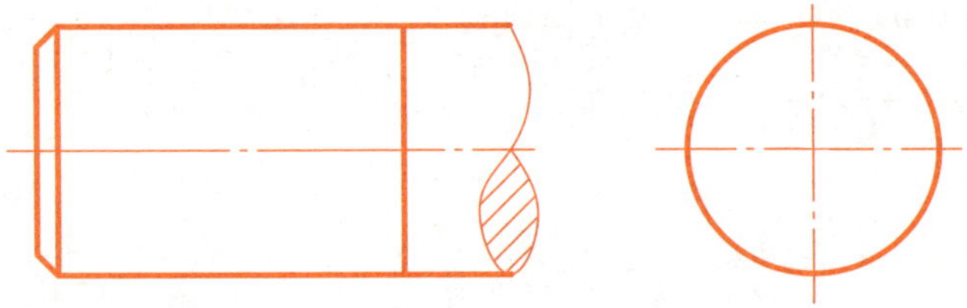

2. 补全螺孔的视图（通孔）

3. 补全螺孔的视图（不通孔）

4. 在杆的左端制有长度为 35mm 的粗牙普通螺纹，螺纹倒角 $C2$，完成螺杆图

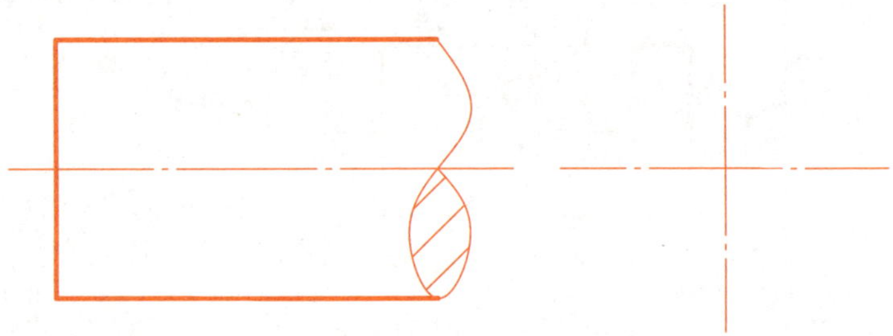

5. 零件左端加工有 M30 的粗牙普通螺纹，钻孔深为 25mm，螺孔深为 23mm，螺纹倒角 $C2$，完成螺孔图

| 7.5　螺纹的画法与标注 | 班级： | 姓名： | 学号： | 分数： |
|---|---|---|---|---|

## 7-5　根据题目要求完成螺纹的标记

### 1. 根据给定条件，在图中标注螺纹代号

（1）粗牙普通螺纹，公称直径 24mm，螺距 3mm，单线，左旋，中径和顶径公差带代号均为 6h，长旋合长度

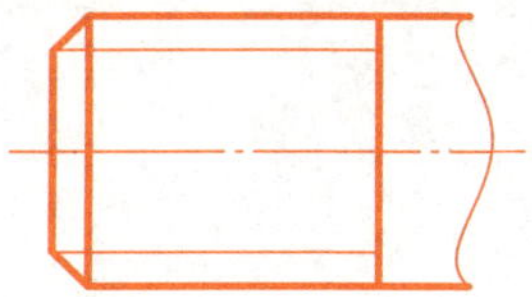

（2）细牙普通螺纹，公称直径 16mm，螺距 1mm，单线，右旋，中径和顶径公差带代号均为 6G，短旋合长度

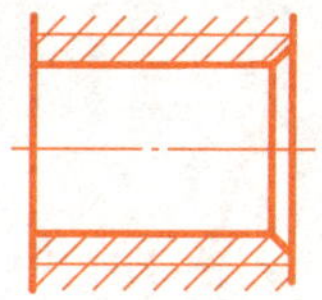

（3）55°密封管螺纹，尺寸代号为 1/4，左旋

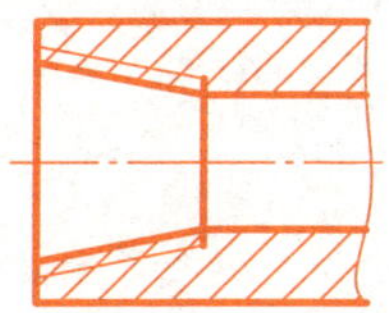

（4）55°非密封的管螺纹，尺寸代号为 1/2，公差等级为 A 级，右旋

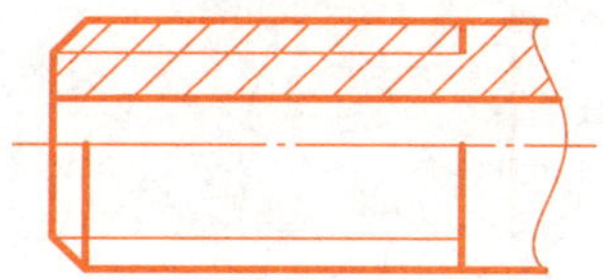

（5）梯形螺纹，公称直径为 20mm，螺距 2mm，双线，左旋，中径公差带代号为 7h，中等旋合长度

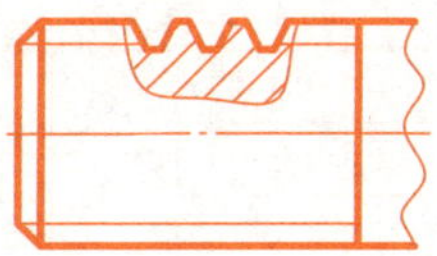

（6）锯齿形螺纹，公称直径为 40mm，螺距 7mm，单线，左旋，中径公差带代号为 7e，长旋合长度

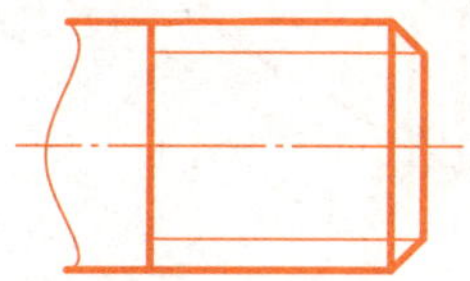

### 2. 识读螺纹标记，完成填空

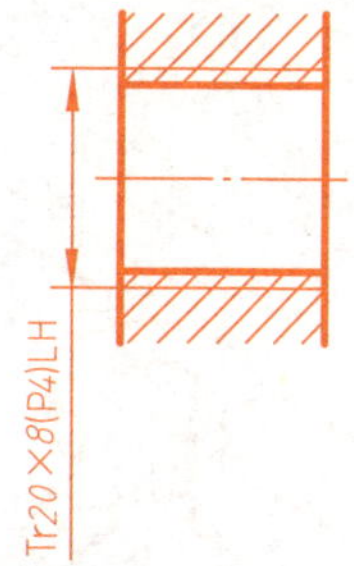


该螺纹类型为______，
公称直径______ mm，
导程为______ mm，
螺距为______ mm，
线数为______，
旋向为______。

该螺纹类型为_______，
尺寸代号为_______，
公差等级为_______，
旋向为_______。

| * 零件图的绘制训练 | 班级： | 姓名： | 学号： | 分数： |
| --- | --- | --- | --- | --- |

**7-6　根据轴测图选择合适的表达方案，按尺寸绘制出零件图**

说明：零件前后对称、左右对称

提示：绘制完整零件图

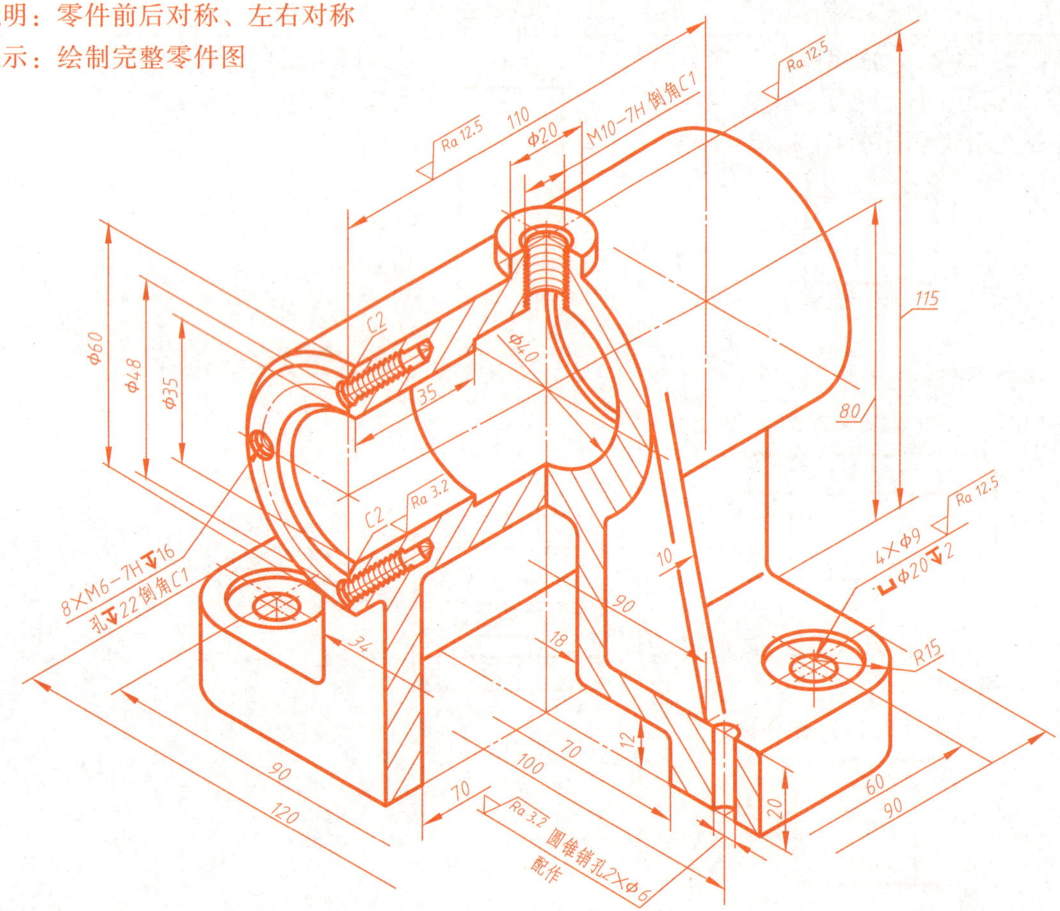


技术要求

未注铸造圆角R3。

| 设计 | (姓名) | (日期) | 材料 | HT150 | |
| --- | --- | --- | --- | --- | --- |
| 校核 | (姓名) | (日期) | 比例 | 1:1 | 支座 |
| 审核 | | | | | |
| 工艺 | | | 共 张 第 张 | | |

| 7.7　齿轮零件图的绘制 | 班级： | 姓名： | 学号： | 分数： |
| --- | --- | --- | --- | --- |

**7-7　绘制齿轮零件图图形**

1. 完成直齿圆柱齿轮的全剖主视图与左视图（轮齿尺寸自定）

2. 完成斜齿圆柱齿轮的局部剖主视图与左视图（轮齿尺寸自定）

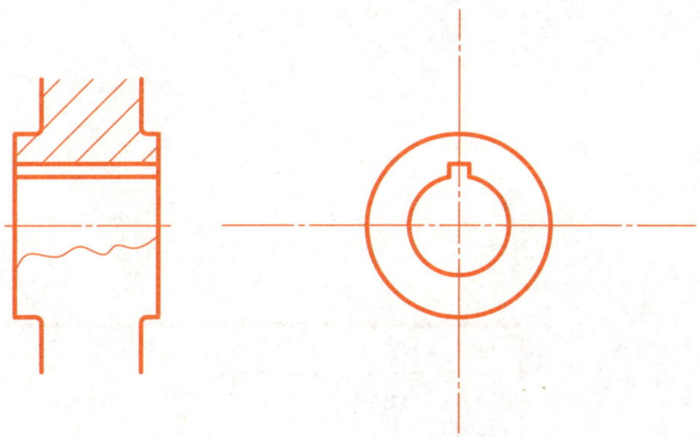

3. 完成直齿锥齿轮的全剖主视图与俯视图（轮齿尺寸自定）

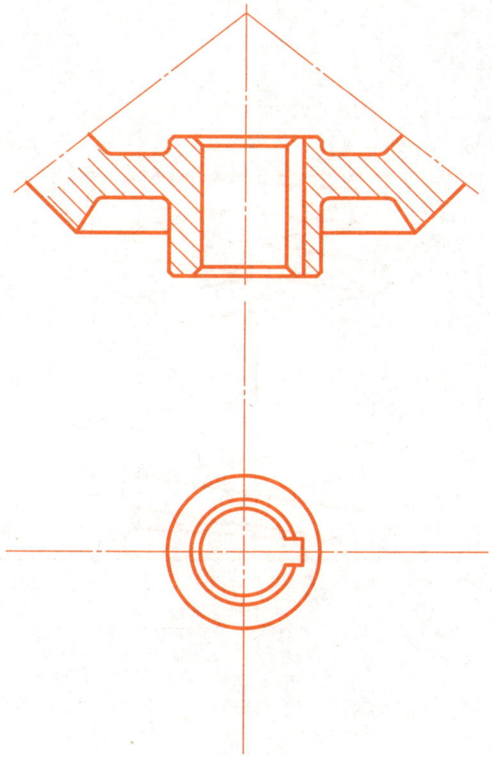

## 7.8　弹簧零件图的绘制

班级：　　姓名：　　学号：　　分数：

### 7-8　绘制弹簧零件图

提示：用 A4 图幅；关注技术要求和参数表的标注方法

| 展开长度 $L$ | 2120 |
| --- | --- |
| 旋向 | 右旋 |
| 有效圈数 $n$ | 18 |
| 总圈数 $n_1$ | 20.5 |

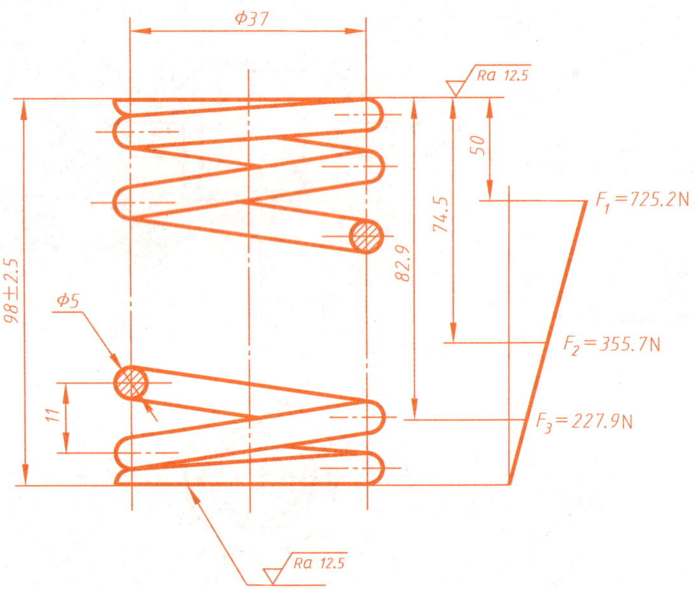


技术要求

1. 经淬火、回火后的硬度为44～52HRC。
2. 表面发黑处理。
3. 进行试验。

| 设计 | (姓名) | (日期) | 材料 | 60Si2Mn | |
| --- | --- | --- | --- | --- | --- |
| 校核 | (姓名) | (日期) | 比例 | 1:1 | 弹簧 |
| 审核 | | | 共　张　第　张 | | |
| 工艺 | | | | | |

| 7.11　零件图的识读 | 班级： | 姓名： | 学号： | 分数： |
|---|---|---|---|---|

**7-9　根据提供的零件图，想象其空间结构，识图填空**

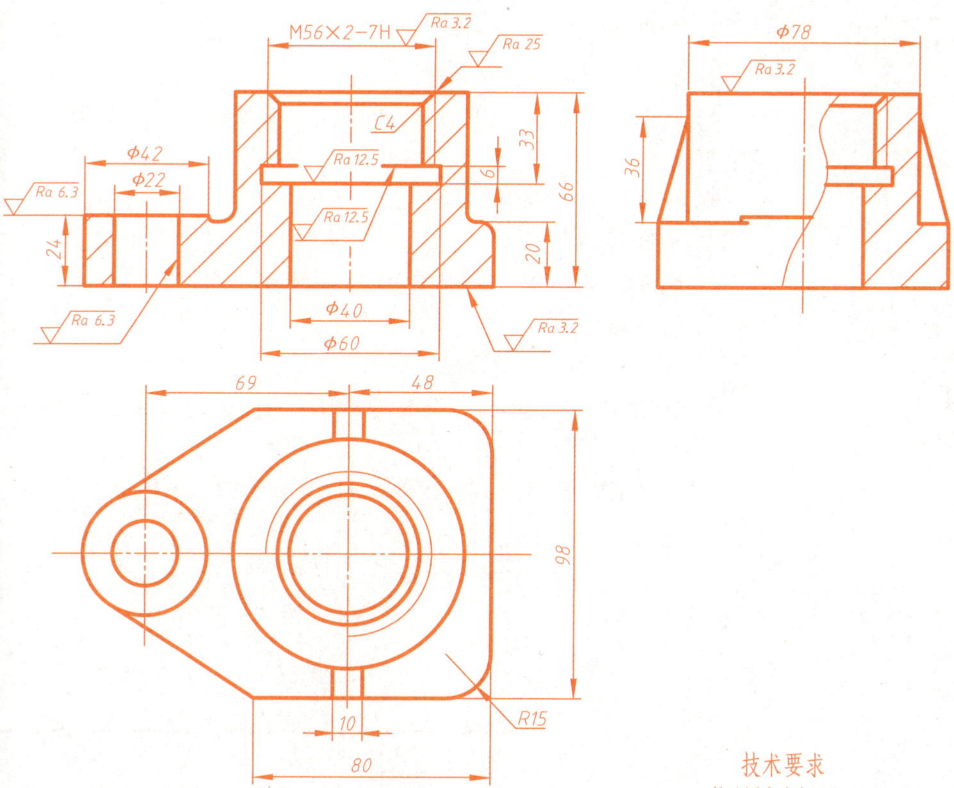


技术要求
铸造圆角半径R5。

| 设计 | (姓名) | (日期) | 材料 | 45 | |
|---|---|---|---|---|---|
| 校核 | (姓名) | (日期) | 比例 | 1:1 | 底座 |
| 审核 | | | | | |
| 工艺 | | | 共　张　第　张 | | |

1. 该零件的名称是______，零件的材料是______。

2. 主视图是______图，左视图是______图（填写：剖视或具体哪种剖视）。

3. 右部分上方外部形状是______（选择：长方体/圆柱/圆锥）；下方外部形状是______（选择：长方体/圆柱/圆锥）。

4. 俯视图左边有两个圆的图形，其中小圆的直径尺寸是______；俯视图右边有三个粗实线圆的图形，其中最大圆的直径尺寸是______。

5. 零件上的螺纹孔是哪类螺纹？______；其公称直径是多少？______。

6. 有__个三角形肋板，是______对称（选择：上下/前后/左右）。

7. 零件总高尺寸是______，总宽尺寸是______。

8. 最上面是____（选择：平面/曲面），表面粗糙度值是____。

9. 表面粗糙度要求最低的代号是_____，要求最高的值是_____。

| 7.11　零件图的识读 | 班级： | 姓名： | 学号： | 分数： |
|---|---|---|---|---|

**7-10　根据提供的零件图，想象其空间结构，识图填空**

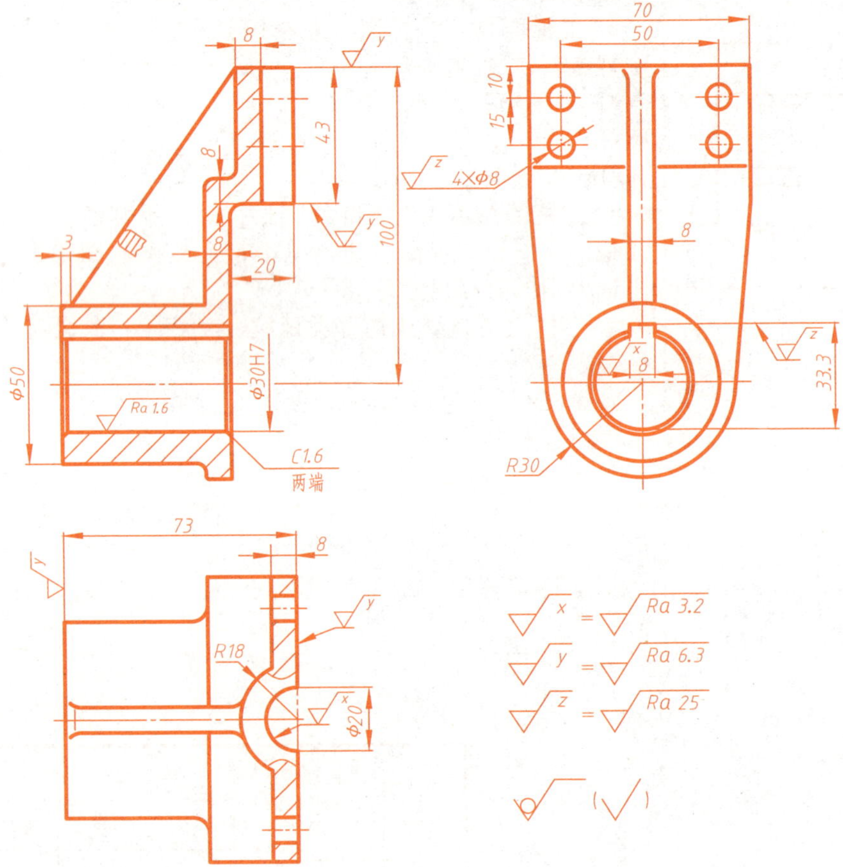


1. 零件的名称是______，零件的材料是______。
2. 主视图用______剖视，俯视图用______剖视；有断面图吗？______。
3. 右上方有______个直径为______的通孔，这些通孔的定位尺寸是______，______，______。
4. 零件上有螺纹孔吗？______；有键槽吗？______。
5. 零件总长尺寸是______，总宽尺寸是______。
6. $\phi$30H7 的公称尺寸为______，基本偏差代号为______。
7. 零件最上面是______（选择：平面/曲面），表面粗糙度值是______。
8. 表面粗糙度要求最低的代号是______，要求最高的值是______。
9. 零件除了机械加工外，还需要进行其他工艺处理吗？__________。

技术要求

1. 未注铸造圆角为 R3～R5。
2. 铸件须经时效处理。

| 设计 | (姓名) | (日期) | 材料 | HT200 | |
|---|---|---|---|---|---|
| 校核 | (姓名) | (日期) | 比例 | 1:1 | 支架 |
| 审核 | | | 共　张　第　张 | | |
| 工艺 | | | | | |

| 7.11　零件图的识读 | 班级： | 姓名： | 学号： | 分数： |
|---|---|---|---|---|

## 7-11　根据提供的零件图，想象其空间结构，识图填空

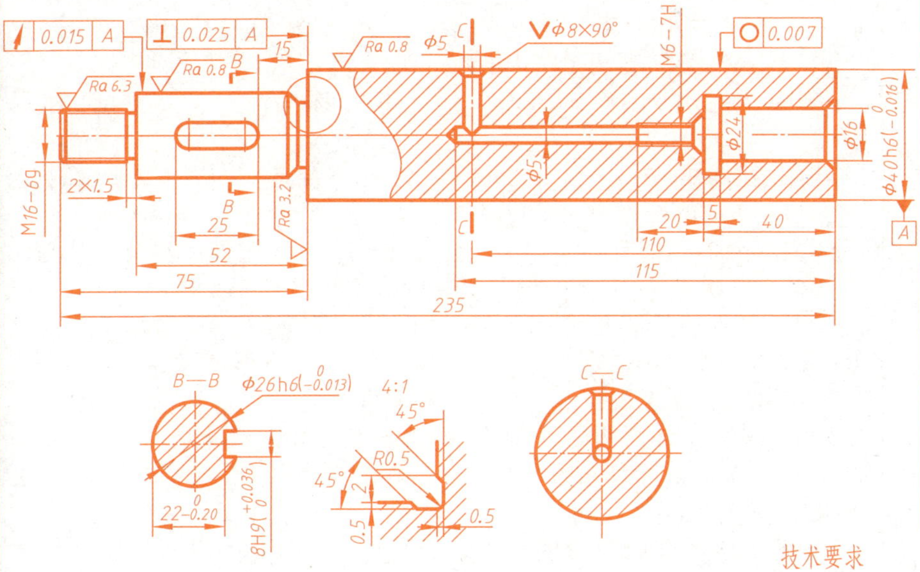


技术要求

1.倒角C1。

2.淬火35～40HRC。

Ra 12.5 (√)

| 设计 | (姓名) | (日期) | 材料 | 45 | |
|---|---|---|---|---|---|
| 校核 | (姓名) | (日期) | 比例 | 1:1 | 主轴 |
| 审核 | | | 共　张　　第　张 | | |
| 工艺 | | | | | |

1. $\phi40h6\left(\begin{smallmatrix}0\\-0.016\end{smallmatrix}\right)$ 表示公称直径是______，公差等级是______，基本偏差是______，上极限偏差是______，下极限偏差是______，公差值是______。

2. 几何公差框格 [↗ 0.015 A] 的被测要素是____________。几何公差框格 [⊥ 0.025 A] 的被测要素是____________。几何公差框格 [◎ 0.007] 的被测要素是____________。

3. 基准 *A* 所指的要素是____________。

4. 表面粗糙度要求的最高值为____________；最低值为________。

5. 断面图有几种？___；*C*—*C* 属于哪种断面图？______；中间圆直径是___。

6. 零件上有外螺纹吗？______；有螺纹孔吗？____；有键槽吗？____。

7. *B*—*B* 视图是什么图？__________；其作用是什么？____________。

8. 主视图上细实线圆表示什么画法？____________。

9. 主视图左下方尺寸“2×1.5”表达什么信息？______________________。

| 7.11　零件图的识读 | 班级： | 姓名： | 学号： | 分数： |
|---|---|---|---|---|

**7-12　根据提供的零件图，想象其空间结构，识图填空**

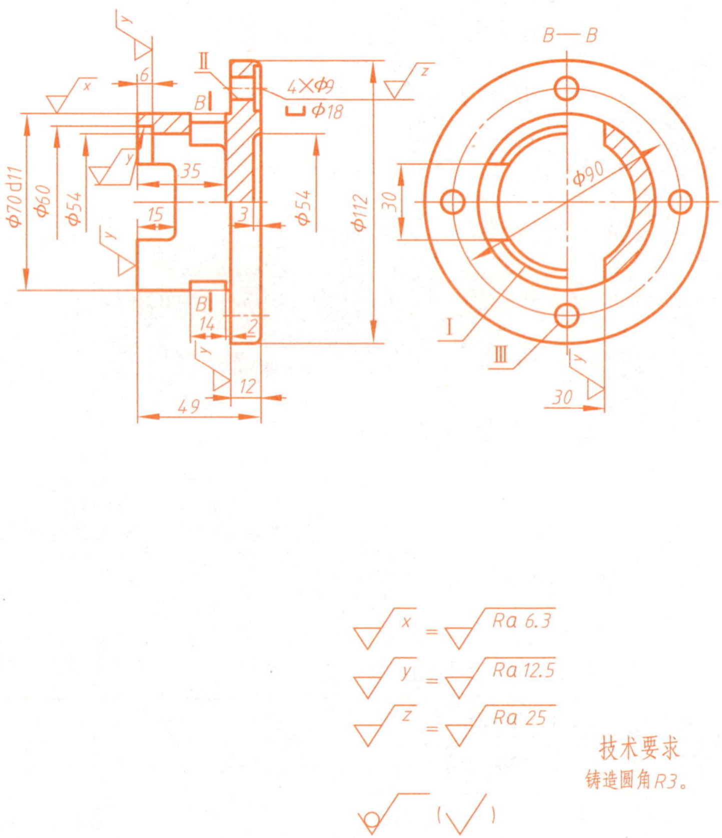


1. 零件的名称是______，零件的材料是______。

2. 零件图采用______个视图表达，分别是______________________。主视图采用什么平面剖切？______；从什么位置剖切？______；画法是三类剖视图中的哪一类？______。左视图采用什么平面剖切？______；画法是三类剖视图中的哪一类？______。

3. 零件左右对称吗？_____，上下对称吗？_____，前后对称吗？_____。

4. 右端面周围有______个阶梯孔，小孔直径是______，大孔直径是______，其定位尺寸为______。

5. 左端面的孔槽有______个，位置在______（选择：左/右/上/下/前/后），形状是______（选择：圆柱孔/方形槽）。

6. *B*—*B* 剖切处的孔槽有______个，位置在______（选择：左/右/上/下/前/后），形状是______（选择：圆柱孔/方形槽）。

7. 零件上有无螺纹孔？______。有无齿形结构？______。

8. *B*—*B* 图上最大圆的直径是______。最主要的尺寸是______。

9. ϕ70d11 的公称尺寸为______，基本偏差代号为______，标准公差等级为______。

10. 表面Ⅰ的表面粗糙度代号为______，表面Ⅱ的表面粗糙度代号为______，表面Ⅲ的表面粗糙度代号为______。

11. 表面粗糙度要求最高的代号是______，最低的是______。

| 设计 | (姓名) | (日期) | 材料 | HT200 | 端盖 |
|---|---|---|---|---|---|
| 校核 | (姓名) | (日期) | 比例 | 1:1 | |
| 审核 | | | 共　张　第　张 | | |
| 工艺 | | | | | |

| 7.11　零件图的识读 | 班级： | 姓名： | 学号： | 分数： |
|---|---|---|---|---|

**7-13　根据提供的零件图，想象其空间结构，识图填空，并绘制右视图**

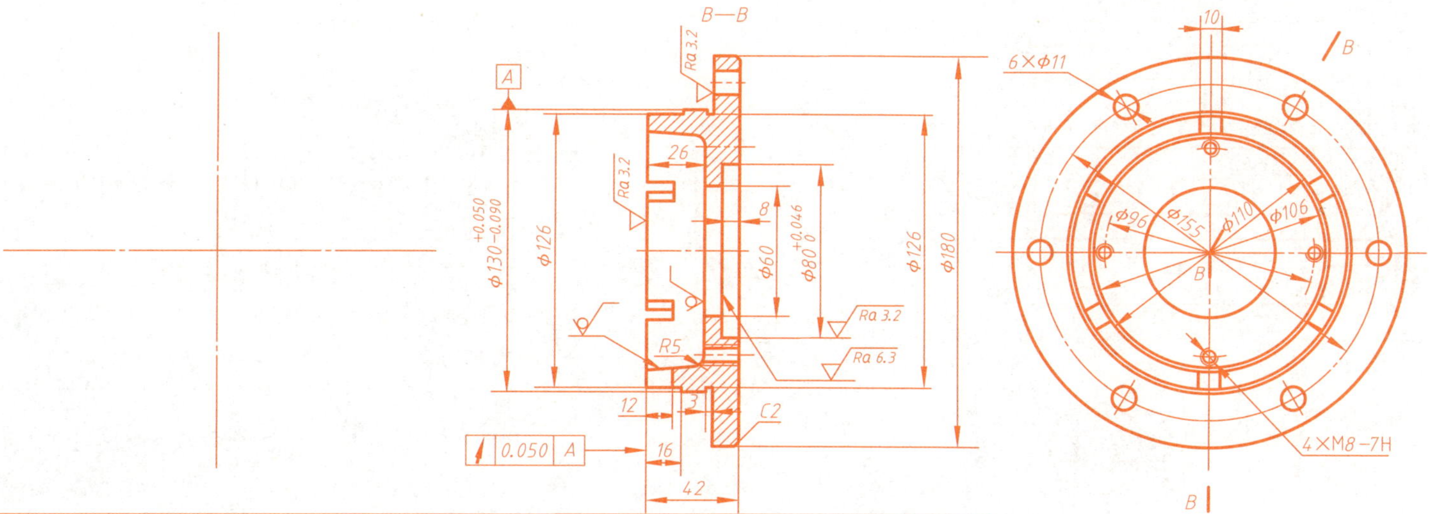


1. 主视图是____个平面剖切的____剖视图。剖切平面是什么位置平面？____。
2. 左端有______个槽，宽度为______，深度为______。
3. 端盖的右端周围均匀分布有______个圆柱光孔，是______（选择：通孔/不通孔），直径为______，定位尺寸为______；有______个螺纹孔，螺纹的类型是______，公称直径是______，螺纹孔是______（选择：通孔/不通孔）。
4. 零件表面要求最高的表面粗糙度代号为______，最低的为______。
5. [↗ | 0.050 | A] 的被测量要素是____________，基准要素是____________。
6. 零件总体尺寸是____________________。
7. 写出两处主要的尺寸：____________________。
8. 所有表面都需要进行机械加工吗？______。

Ra 12.5 ( √ )

| 设计 | (姓名) | (日期) | 材料 | HT200 | |
|---|---|---|---|---|---|
| 校核 | (姓名) | (日期) | 比例 | 1:1 | 端盖 |
| 审核 | | | | | |
| 工艺 | | | 共 张 第 张 | | |

| 7.11　零件图的识读 | 班级： | 姓名： | 学号： | 分数： |
|---|---|---|---|---|

**7-14　根据提供的零件图，想象其空间结构，识图填空，并绘制半剖俯视图**

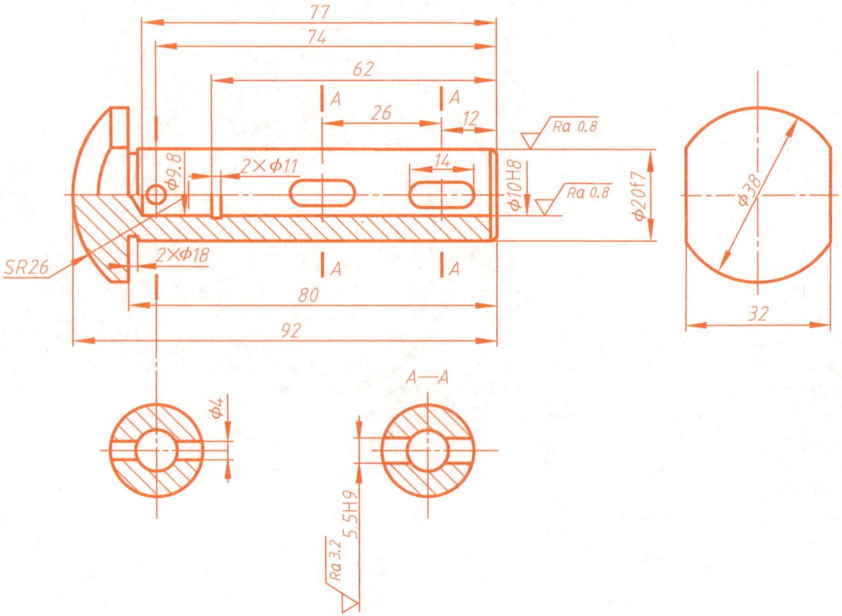


1. 零件的名称是________________。

2. “SR26” 中的 “S” 的含义是什么？_____。

3. 主视图左侧有个小圆，其直径是______________；是通孔吗？________________。

4. A—A 视图上有两个圆，大圆的直径是________，小圆的直径是________。

5. 该零件内部从左到右是通孔吗？____________。

6. 零件的总长尺寸为______、总宽尺寸为______、总高尺寸为______。

技术要求

1. 淬火58～65HRC。

2. 倒角C1。

Ra 6.3 (√)

俯视图绘制处：

| 设计 | (姓名) | (日期) | 材料 | 45 | |
|---|---|---|---|---|---|
| 校核 | (姓名) | (日期) | 比例 | 1:1 | 顶杆 |
| 审核 | | | | | |
| 工艺 | | | 共 张 第 张 | | |

| 7.11　零件图的识读 | 班级： | 姓名： | 学号： | 分数： |
|---|---|---|---|---|

**7-15　根据提供的零件图，想象其空间结构，识图填空，并绘制零件的后视图**

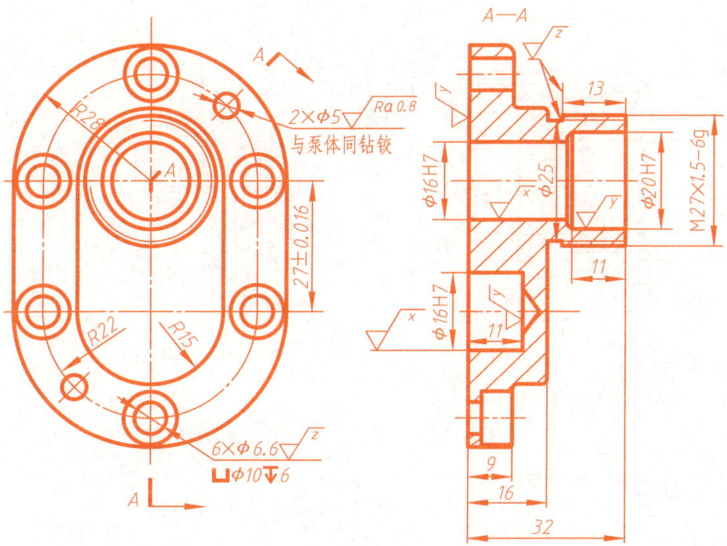


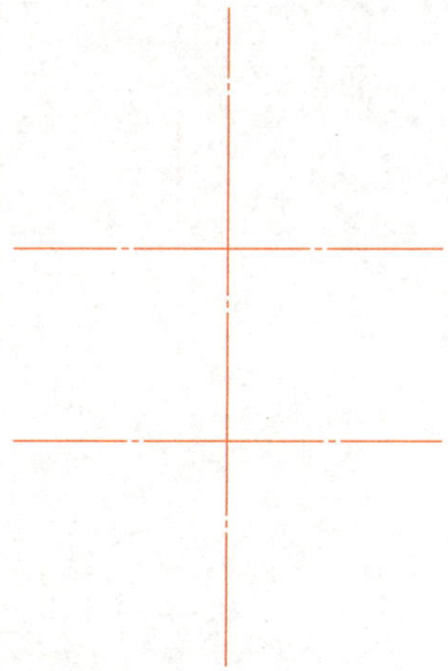

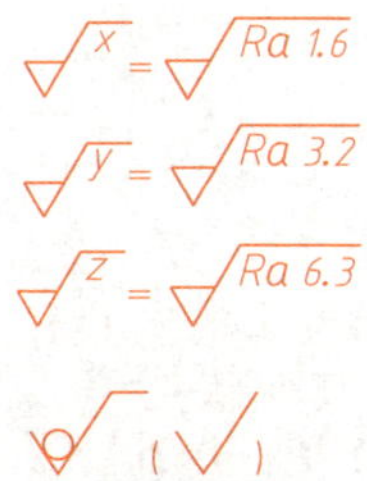


技术要求

1. 不通孔ϕ16H7可先钻孔，再经切削加工制成，但不得钻穿。
2. 未注铸造圆角R1　R3。
3. 未注倒角C1。
4. 铸件应经时效处理。

| 设计 | (姓名) | (日期) | 材料 | HT200 | |
|---|---|---|---|---|---|
| 校核 | (姓名) | (日期) | 比例 | 1:1 | 右端盖 |
| 审核 | | | | | |
| 工艺 | | | 共　张 | 第　张 | |

1. 左视图是________个平面剖切的________剖视图。
2. 零件后端面周围有________个阶梯孔，有________个小圆柱孔。阶梯孔中大圆柱孔直径是________，深度是________；小圆柱孔直径是________，深度是________；阶梯孔定位尺寸是________。
3. 零件上外螺纹的公称直径是________；有无内螺纹？________。
4. 零件上有无销孔？________。外围 ϕ5 的孔什么时候加工？________。
5. 写出一个主要的定位尺寸________。ϕ20H7 孔的深度是________。
6. 不通孔 ϕ16H7 加工时可以用怎样的加工顺序？________。
7. 零件表面粗糙度要求最高的值是________，要求最低的表面粗糙度符号是________。

| 7.11　零件图的识读 | 班级： | 姓名： | 学号： | 分数： |
|---|---|---|---|---|

**7-16　根据提供的零件图，想象其空间结构，识图填空，并绘制 *K* 向局部视图**

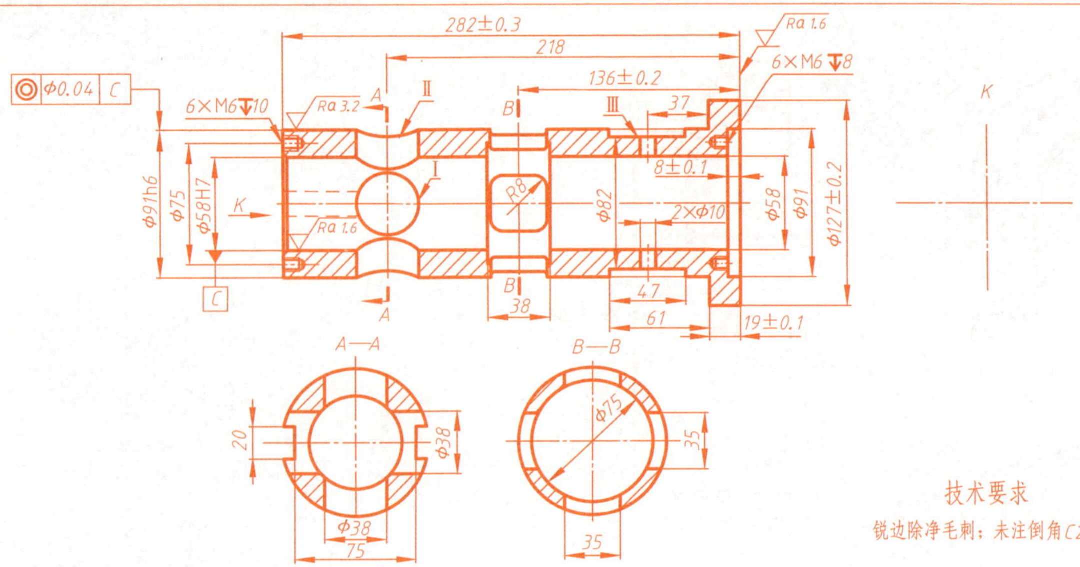


技术要求

锐边除净毛刺；未注倒角C2。

Ra 6.3 （√）

1. 标有Ⅰ的圆直径是________；左边圆筒在 *A—A* 剖切平面处，外部径向有________个孔，其形状是________（选择：长方体孔/圆柱孔/圆锥孔）。

2. 在 *B—B* 剖切平面处，外部径向有________个孔，其形状是________（选择：长方体孔/圆柱孔/圆锥孔）。

3. 主视图中间两条虚线间的距离是________。标有Ⅱ的线是由直径为________与________的两圆形成的相贯线。

4. 标有Ⅲ的面是________面（选择：平/圆柱）。

5. $\phi127\pm0.2$ 的圆最大可加工________，最小可加工________。

6. 左端面有________个螺纹孔，左端面的表面粗糙度符号是________。

7. [◎ ϕ0.04 C] 的被测要素是____________________。

| 设计 | (姓名) | (日期) | 材料 | 45 | |
|---|---|---|---|---|---|
| 校核 | (姓名) | (日期) | 比例 | 1:1 | 套筒 |
| 审核 | | | | | |
| 工艺 | | | 共　张 | 第　张 | |

| 7.11　零件图的识读 | 班级： | 姓名： | 学号： | 分数： |
|---|---|---|---|---|

**7-17　根据提供的零件图，想象其空间结构，识图填空，并绘制零件的右视图**

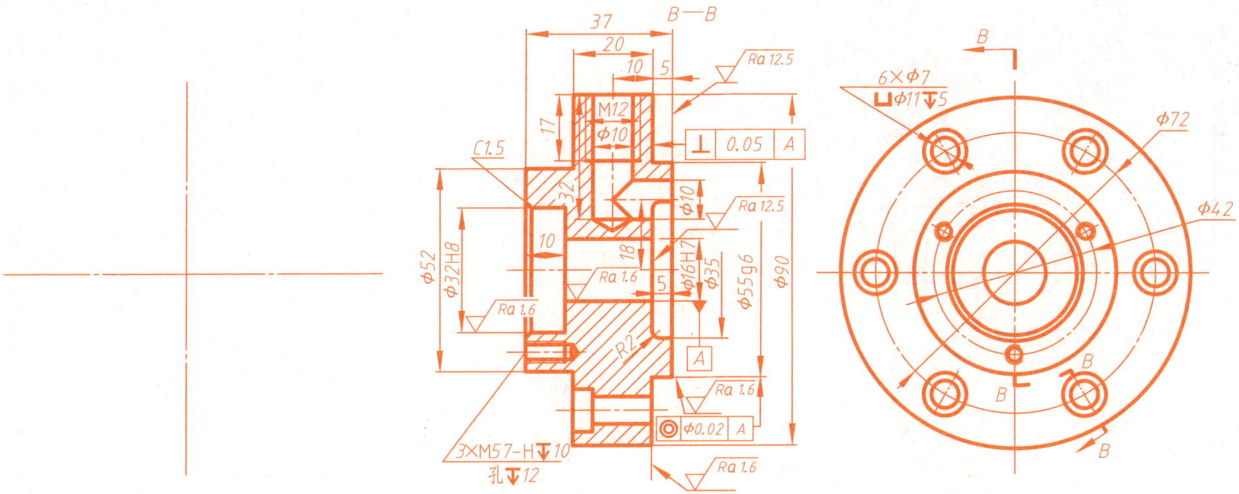


技术要求

1. 铸造要求表面平滑，不许有砂眼等缺陷。
2. 未注铸造圆角R3，未注倒角C1。
3. 未注尺寸公差按IT15级。

Ra 6.3 (√)

1. 零件的名称是________，零件的材料是________。
2. 内部孔主要是由________（选择：长方体/圆柱/圆锥）结构组成；其结构前后对称吗？________；上下对称吗？________。
3. 零件上有几种大小的螺纹孔？________，分别是什么类型的螺纹？________。该零件右端面上有螺纹孔吗？________。
4. 左端面上共有________个螺纹孔，其定位尺寸是________，孔深度为____（选择：通孔/不通孔）。
5. 左视图上有一组由五个圆组成的同心圆（仅粗实线），其中最大圆的直径是________，最小圆的直径是________。
6. 左视图周围有六组阶梯孔同心圆，其最大圆的直径是_____，最小圆的直径是_____。
7. 写出 6×φ7 ⌴ φ11 ↧ 5 的定位尺寸是________。
8. 该零件的总长尺寸是________。

| 设计 | (姓名) | (日期) | 材料 | HT150 | |
|---|---|---|---|---|---|
| 校核 | (姓名) | (日期) | 比例 | 1:1 | 端盖 |
| 审核 | | | | | |
| 工艺 | | | 共 张 | 第 张 | |

| 7.11　零件图的识读 | 班级： | 姓名： | 学号： | 分数： |
|---|---|---|---|---|

**7-18　根据提供的零件图，想象其空间结构，识图填空，并绘制$K$向视图**

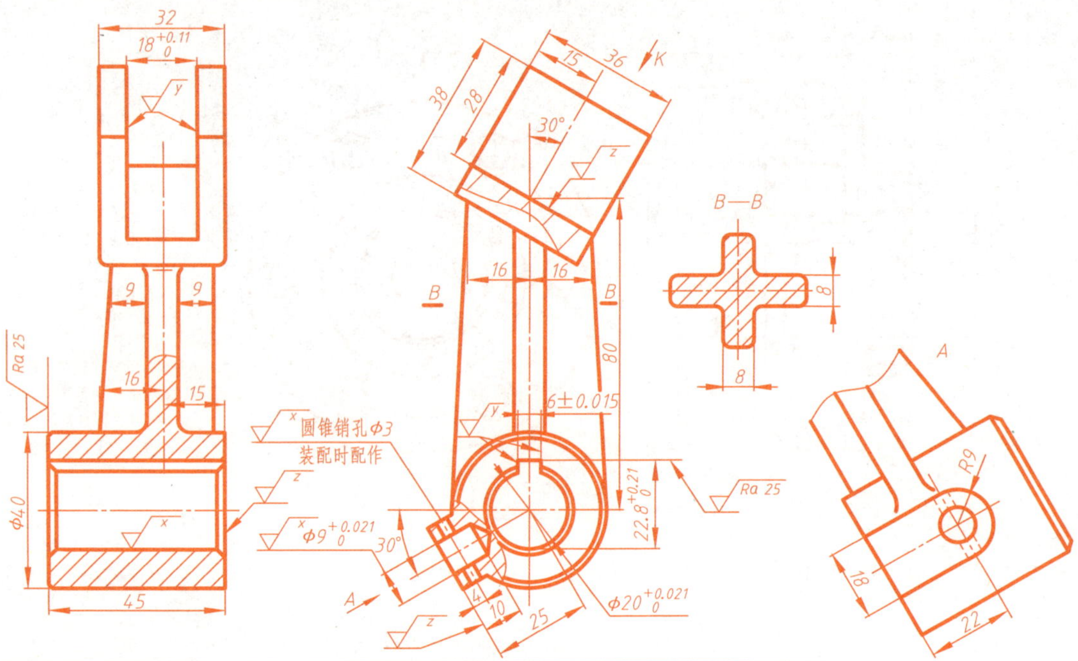


技术要求

1.未注圆角R2～R3。
2.未注倒角C1。

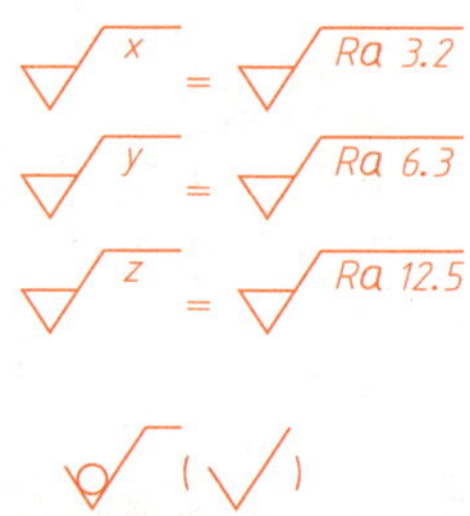


1. 除了主视图、左视图外，还有________图。
2. $A$ 向视图的作用是什么？________________________________。
3. $B$—$B$ 视图的作用是什么？________________________________。
4. 圆锥销孔什么时间加工？________________________________。
5. 左视图中最大圆的直径是__________。$A$ 向视图中圆的直径是__________。
6. 上方倾斜结构的倾斜方向是向__________（选择：前/后/左/右）。
   下方倾斜结构的倾斜方向是向__________（选择：前/后/左/右）。
7. 零件上有螺纹孔吗？____________；有键槽吗？____________。

| 设计 | (姓名) | (日期) | 材料 | HT150 | 拨叉 |
|---|---|---|---|---|---|
| 校核 | (姓名) | (日期) | 比例 | 1:1 | |
| 审核 | | | | | |
| 工艺 | | | 共　张　第　张 | | |

| 7.11　零件图的识读 | 班级： | 姓名： | 学号： | 分数： |
|---|---|---|---|---|

**7-19　根据提供的零件图，想象其空间结构，并识图填空**

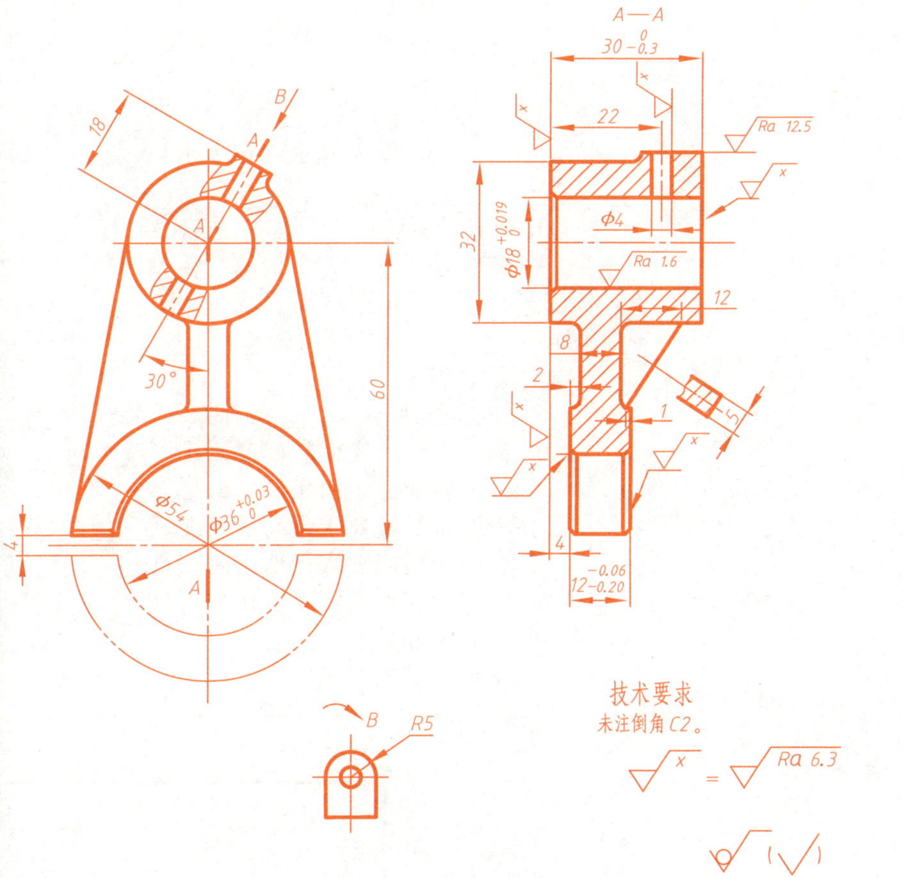


1. A—A 是________视图，B 向视图是________视图。

2. 主视图采用________剖视图。左视图是________个平面剖切的________剖视图。B 向视图表达了________。图上还有一处________图，表达该处肋板厚度为________。

3. 上部凸台的定位尺寸是________。凸台中圆柱孔的直径为________，此圆柱孔是通孔吗？________。

4. 表面粗糙度要求最高的表面是________孔的内表面。$\sqrt{x}$ 代表的表面粗糙度值是________。

5. $\phi 18_{0}^{+0.019}$ 圆柱孔最大尺寸可加工为____________，最小尺寸可加工为____________。

6. 主视图中 60 是____________（选择：定位尺寸/定形尺寸），左视图中上方 22 是____________（选择：定位尺寸/定形尺寸）。

7. 最下方形状是__________（选择：长方体/半圆筒/球体），该处形状的定形尺寸是__________，定位尺寸是__________。

8. 写出 3 个主要的尺寸：____________。

| 设计 | (姓名) | (日期) | 材料 | ZL201 | |
|---|---|---|---|---|---|
| 校核 | (姓名) | (日期) | 比例 | 1:1 | 拨叉 |
| 审核 | | | 共　张　第　张 | | |
| 工艺 | | | | | |

| 7.11　零件图的识读 | 班级： | 姓名： | 学号： | 分数： |
| --- | --- | --- | --- | --- |

**7-20　根据提供的零件图，想象其空间结构，识图填空，并绘制左视图**

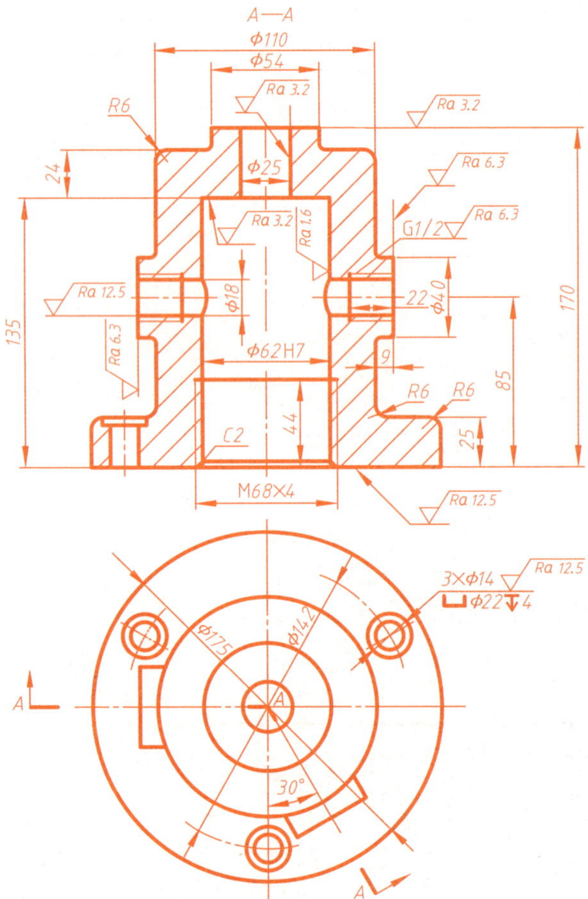


1. 主视图是采用________个平面剖切的________剖视图，剖切面分别是什么位置平面？________。

2. 高度 85mm 平面上有________个孔，是________（选择：光孔/螺纹孔），定位尺寸是________________。

3. 有几种螺纹孔？______，其代号为______。

4. 底部上有______个阶梯孔，小圆柱孔直径为________；大圆柱孔直径为________，深度是________；定位尺寸是________。这些孔是均匀排列的吗？________。

5. 左右对称吗？______；前后对称吗？______。

6. 最上表面的表面粗糙度值是________；
   最下表面的表面粗糙度值是________；
   表面粗糙度要求最高的表面是________；
   表面粗糙度要求最低的表面是________。

7. 所有的表面都需要机械加工吗？______。

8. 总高尺寸是________。

9. 写出一个主要尺寸：________。

技术要求
未注圆角R3。

| 设计 | (姓名) | (日期) | 材料 | HT150 | |
| --- | --- | --- | --- | --- | --- |
| 校核 | (姓名) | (日期) | 比例 | 1:1 | 阀座 |
| 审核 | | | 共 张 第 张 | | |
| 工艺 | | | | | |

| 7.11　零件图的识读 | 班级： | 姓名： | 学号： | 分数： |
|---|---|---|---|---|

**7-21　根据提供的零件图，想象其空间结构，并识图填空**

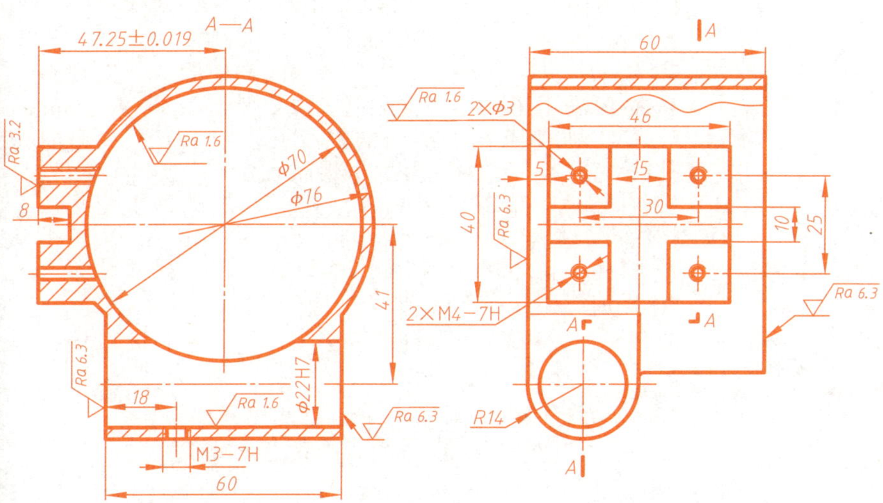


技术要求

1. 铸件应经时效处理，消除内应力。
2. 锐角倒钝，去除毛刺。
3. 未注圆角R1～R3。

1. 主视图是____个平面剖切的____剖视图，剖切面分别是什么位置平面？____。左视图是____个平面剖切的____剖视图。

2. 左部分主体结构是______（选择：圆柱/长方）体；下部分主体结构是______（选择：圆柱/长方）体，下部分结构相对于右上圆筒的位置是______（选择：靠近前方/靠近后方/前后中间）。

3. 有几种螺纹孔？____，其代号为____。

4. 左端面上共有____个螺纹孔，螺纹代号是________，公称直径是________，定位尺寸分别是________。

5. 左视图下方整圆的直径是________。

6. 主视图上 φ70 孔是________（选择：圆柱/方槽）孔，是________（选择：通孔/不通孔）。

7. 主视图中，下列尺寸属哪类尺寸（选择：定形/定位）？41 是________尺寸，φ70 是____尺寸，φ22H7 是____尺寸，18 是____尺寸。

8. 左端面表面粗糙度值是_____；左端面 φ3 圆柱孔内表面的表面粗糙度值是_____。φ76 圆柱外表面的表面粗糙度代号是_____。

9. 主视图上尺寸 47.25±0.019 的公差是____。

10. 写出两个主要尺寸：________、________。

| 设计 | (姓名) | (日期) | 材料 | ZAlSi12 | |
|---|---|---|---|---|---|
| 校核 | (姓名) | (日期) | 比例 | 1:1 | 架体 |
| 审核 | | | | | |
| 工艺 | | | 共　张 | 第　张 | |

| 7.11　零件图的识读 | 班级： | 姓名： | 学号： | 分数： |
|---|---|---|---|---|

## 7-22　根据提供的零件图，想象其空间结构，并识图填空

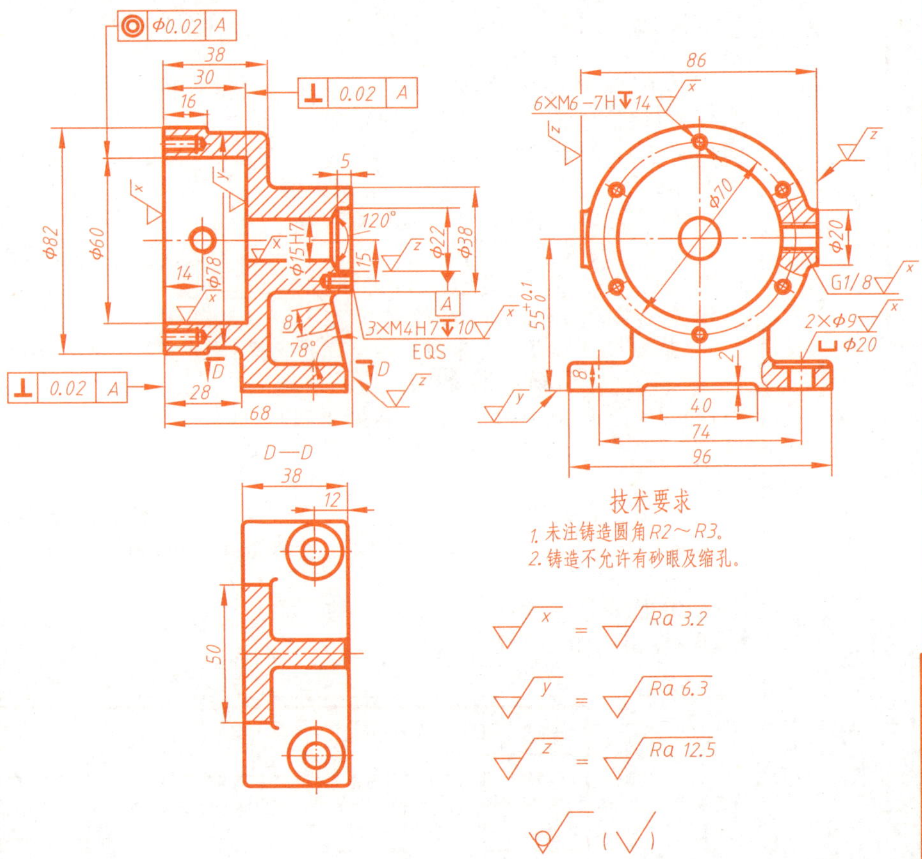


1. 主视图是________个面剖切的________剖视图。
2. 左视图是________视图。
3. *D*—*D* 是____视图，是____个面剖切的____剖视图。
4. 肋板采用了______的表达方法，表达出厚度是 8mm。
5. 有几种直径大小不同的螺纹孔？________，有管螺纹孔吗？______，共有多少个螺纹孔？________。
6. 右端面上有螺纹孔吗？______，左端面上有______个螺纹孔，公称直径是______。定位尺寸是______。
7. 圆柱凸台 $\phi$38 上有___个螺纹孔，定位尺寸是 $\phi$___。
8. 有轴线是正垂线的螺纹孔吗？________。
9. $55^{+0.1}_{0}$ 表示上极限偏差是________，下极限偏差是________，公差值是________。
10. 上方几何公差 ⊥ 0.02 A 的被测要素是______；
    下方几何公差 ⊥ 0.02 A 的被测要素是______；
    几何公差 ◎ Φ0.02 A 的被测要素是________。
11. 基准 *A* 所指的要素是____________________。
12. 毛坯由________方法生产，其转折处小圆角尺寸为________。
13. 轴孔 $\phi$15H7 是重要配合面，其表面粗糙度值为________，其表面性能要求最________（高/低）。

| 设计 | (姓名) | (日期) | 材料 | HT150 | |
|---|---|---|---|---|---|
| 校核 | (姓名) | (日期) | 比例 | 1:1 | 泵体 |
| 审核 | | | 共　张　第　张 | | |
| 工艺 | | | | | |

| 7.11　零件图的识读 | 班级： | 姓名： | 学号： | 分数： |
|---|---|---|---|---|

## 7-23　根据提供的零件图，想象其空间结构，并识图填空

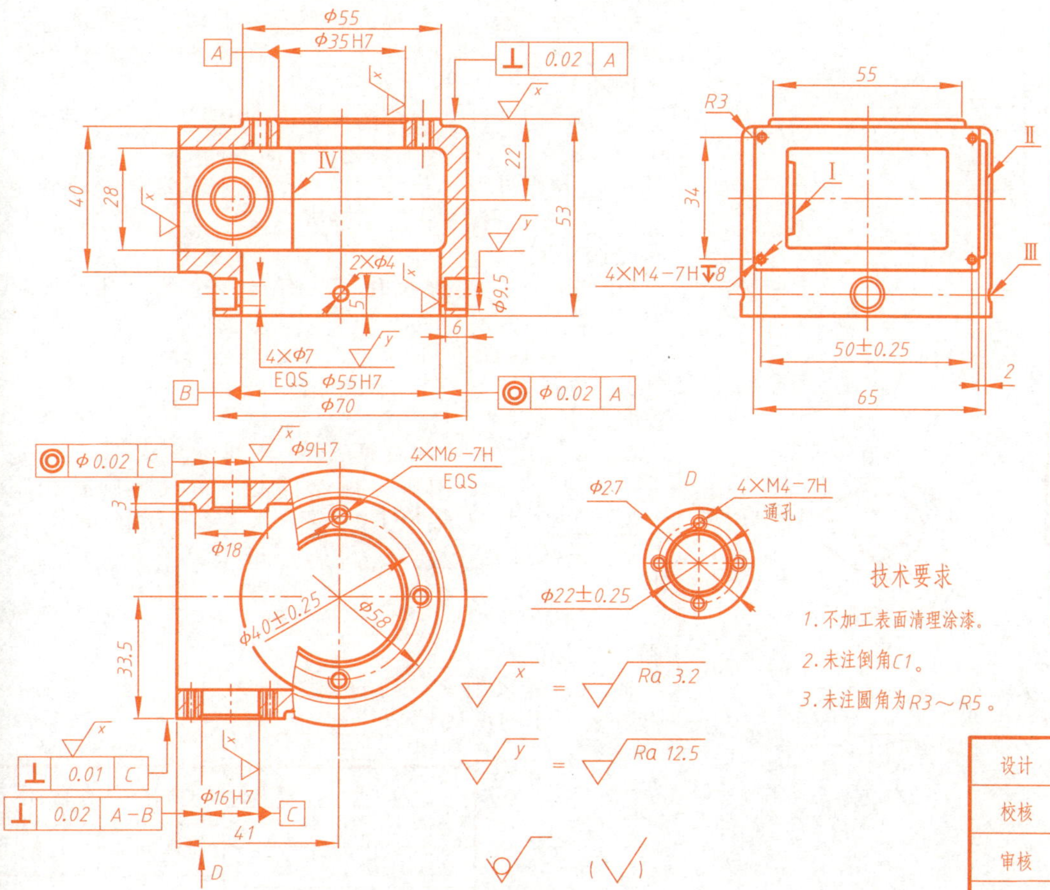


技术要求

1.不加工表面清理涂漆。

2.未注倒角C1。

3.未注圆角为R3～R5。

| 设计 | (姓名) | (日期) | 材料 | HT150 | |
|---|---|---|---|---|---|
| 校核 | (姓名) | (日期) | 比例 | 1:1 | 蜗轮箱 |
| 审核 | | | | | |
| 工艺 | | | 共　张　第　张 | | |

1. 左视图中Ⅰ所指是________形状（选择：圆柱体/长方体），定形尺寸是____________；Ⅱ所指是________形状，定形尺寸是________。

2. 左视图中Ⅲ所指是________线；主视图中Ⅳ直线是________线（选择：平面与平面的交线/平面与曲面的交线/曲面与曲面的交线）。

3. 左端外形形状是________；右端外形形状是________；上方外形形状是________；前方凸台形状是________。

4. *D* 向视图的作用是________。

5. “EQS”的含义是________。

6. 有几个螺纹孔？________，螺纹代号有________。左端面有________个螺纹孔，代号是________，公称直径是________，定位尺寸是________。

7. ◎ Φ0.02 A 所指被测要素是________；
   基准 *B* 所指要素是________；
   基准 *C* 所指要素是________。

8. 有没有需要涂漆的表面？________。

## 7.11　零件图的识读

班级：　　姓名：　　学号：　　分数：

**7-24　根据提供的零件图，想象其空间结构，并识图填空**

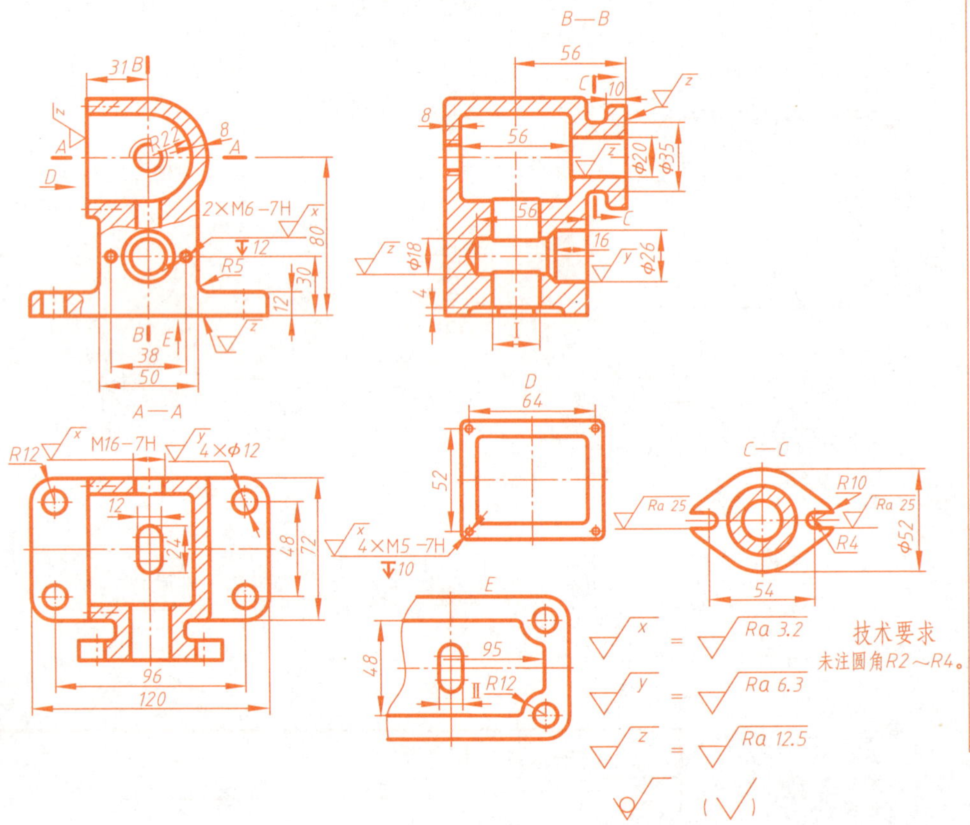


1. 主视图是______视图；俯视图是______视图；左视图是______个面剖切的______剖视图（从表达方法上回答）。

2. *D* 图是________视图；*E* 图是________视图；*C—C* 图是____视图（从观察方向判断）。

3. 上左端外形形状是________；上右端外形形状是________；最上方外形形状是________；前方凸台形状是圆筒吗？________。

4. 共有____类螺纹孔，共有____个螺纹孔，代号有________。

5. 上左端面的孔为________（选择：光孔/螺纹孔）；数量是________；定位尺寸是____、____；定形尺寸是________。

6. 主视图中下方有两个同心圆，其大圆直径是________；*C—C* 图中有两个同心圆，其大圆直径是________，小圆直径是________；*B—B* 图的下方“Ⅰ”的尺寸是________；*E* 图的下方“Ⅱ”的尺寸是________。

7. 下部外形是________，定形尺寸是________，周围孔是通孔吗？________。

8. 表面精度要求最高的表面是________面；要求最低的表面粗糙度代号是________。

| 设计 | (姓名) | (日期) | 材料 | HT200 | |
|---|---|---|---|---|---|
| 校核 | (姓名) | (日期) | 比例 | 1:1 | 阀体 |
| 审核 | | | | | |
| 工艺 | | | 共　张 | 第　张 | |

# 第 7 章　零件图绘制与识读

| 7.11　零件图的识读 | 班级： | 姓名： | 学号： | 分数： |
|---|---|---|---|---|

## 7-25　根据提供的零件图，想象其空间结构，并识图填空 （图在 P194）

1. 主视图是____个面剖切的____________剖视图。左视图是____________个面剖切的____________剖视图。
2. *C* 图是____________图，*D* 图是________图 ，*K* 图是____________图（从观察方向判断）。
3. 零件左右对称吗？____；前后对称吗？____。零件上共有____类螺纹孔，共有____个螺纹孔，代号有____________。
4. 前端面周围有孔，其为________（选择：光孔/螺纹孔）；数量是____；定位尺寸是____、____；定形尺寸是____。
5. 下部外形是____（选择：圆柱体/长方体），定形尺寸是________、____、____。
6. 后方凸台形状是____（选择：圆柱体/长方体，下同），左方凸台形状是____，上方凸台形状是________。
7. *K* 图上有三个同心圆弧，其最大圆弧的半径是________。尺寸“105±0.09”是指什么位置的尺寸？______________。
8. 基准 *A* 是指________________________。

## 7-26　根据提供的零件图，想象其空间结构，并识图填空 （图在 P195）

1. 零件图共有哪些基本视图？____________________。*A*—*A* 图是两个相交平面剖切的剖视图吗？____________。
2. 零件右边盖上有________个阶梯孔，大孔的直径为________；有________个不通孔。
3. 左视图上有两个小圆，其直径是____。主视图上有一个圆，其直径是____。右视图上有四个相同的圆，其直径是____。
4. 俯视图上标注为 $\phi8$ 的两圆柱孔的中心线距离尺寸是____。右视图上标注中心距离为 38 的两个圆，其直径是____。
5. 零件上有螺纹结构吗？________。最右表面的表面粗糙度符号是________；最左表面的表面粗糙度符号是________。

## 7-27　根据提供的零件图，想象其空间结构，并识图填空 （图在 P196）

1. 主视图是____个面剖切的____剖视图。俯视图是____个面剖切的____剖视图（从表达方法回答）。
2. *C* 图是____图；*D* 图是____图；*A*—*A* 图是____图（从观察方向判断）。
3. 有局部放大图吗？____；有移出断面图吗？____；零件左右对称吗？____；前后对称吗？____。
4. 底面盘上有孔，其为____（选择：光孔/螺纹孔）；数量是____；定位尺寸是____；定形尺寸是____；是通孔吗？____。
5. 左端面盘上有孔，其为____（选择：光孔/螺纹孔）；数量是____；定位尺寸是____；定形尺寸是____；是通孔吗？____。
6. 上端面盘与底面盘外部形状是否相同？____，大小是否相同？____；内部形状是否相同？____。
7. 底面盘的厚度尺寸是___；上端面盘的厚度尺寸是___。*A*—*A* 图中间小圆的直径是___；*C* 图中间小圆的直径是___。
8. 左端面盘与右端面盘结构是否相同？________。左右两边有肋板，其板厚度尺寸是________。
9. 表面精度要求最高的表面粗糙度代号是____________；该面的形状是____________（选择：平面/圆柱/圆台面/曲面）。

| 7.11　零件图的识读 | 班级： | 姓名： | 学号： | 分数： |
|---|---|---|---|---|

7-25　根据提供的零件图，想象其空间结构，并识图填空（续）（此页为零件图）

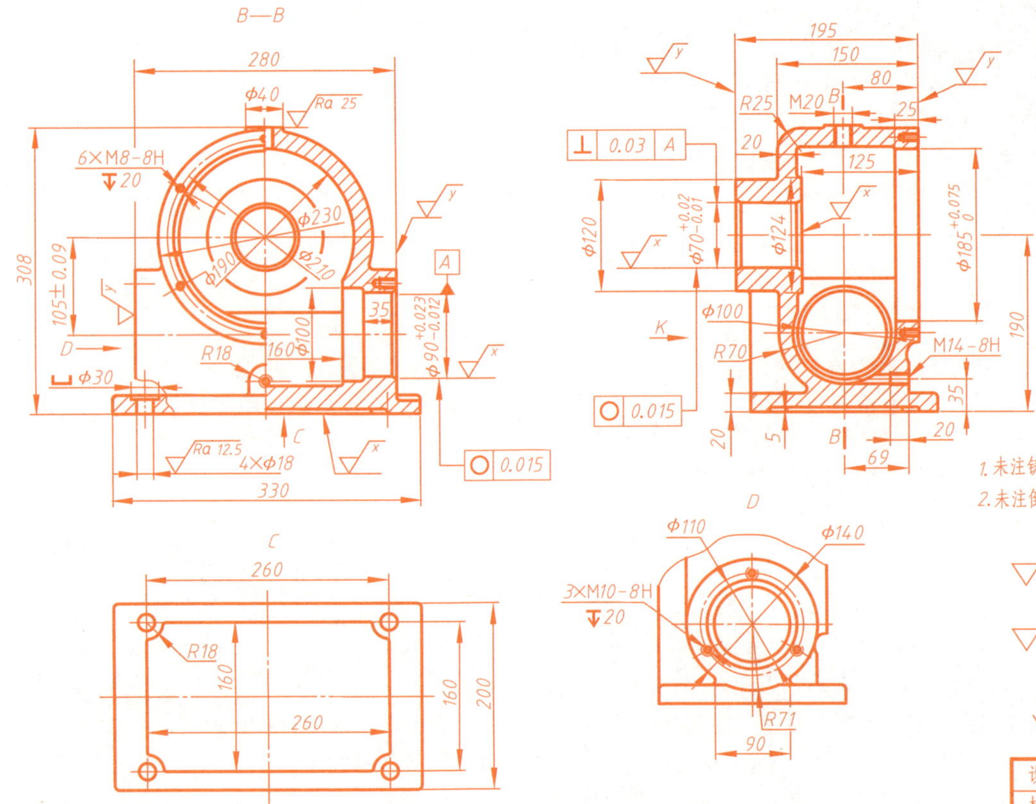

技术要求

1. 未注铸造圆角均为R3～R5。

2. 未注倒角为C2。

x = Ra 3.2

y = Ra 6.3

(√)

| 设计 | (姓名) | (日期) | 材料 | HT200 | |
|---|---|---|---|---|---|
| 校核 | (姓名) | (日期) | 比例 | 1:2 | 蜗轮减速箱 |
| 审核 | | | | | |
| 工艺 | | | 共　张　第　张 | | |

| 7.11　零件图的识读 | 班级： | 姓名： | 学号： | 分数： |
|---|---|---|---|---|

**7-26　根据提供的零件图，想象其空间结构，并识图填空（此页为零件图）**

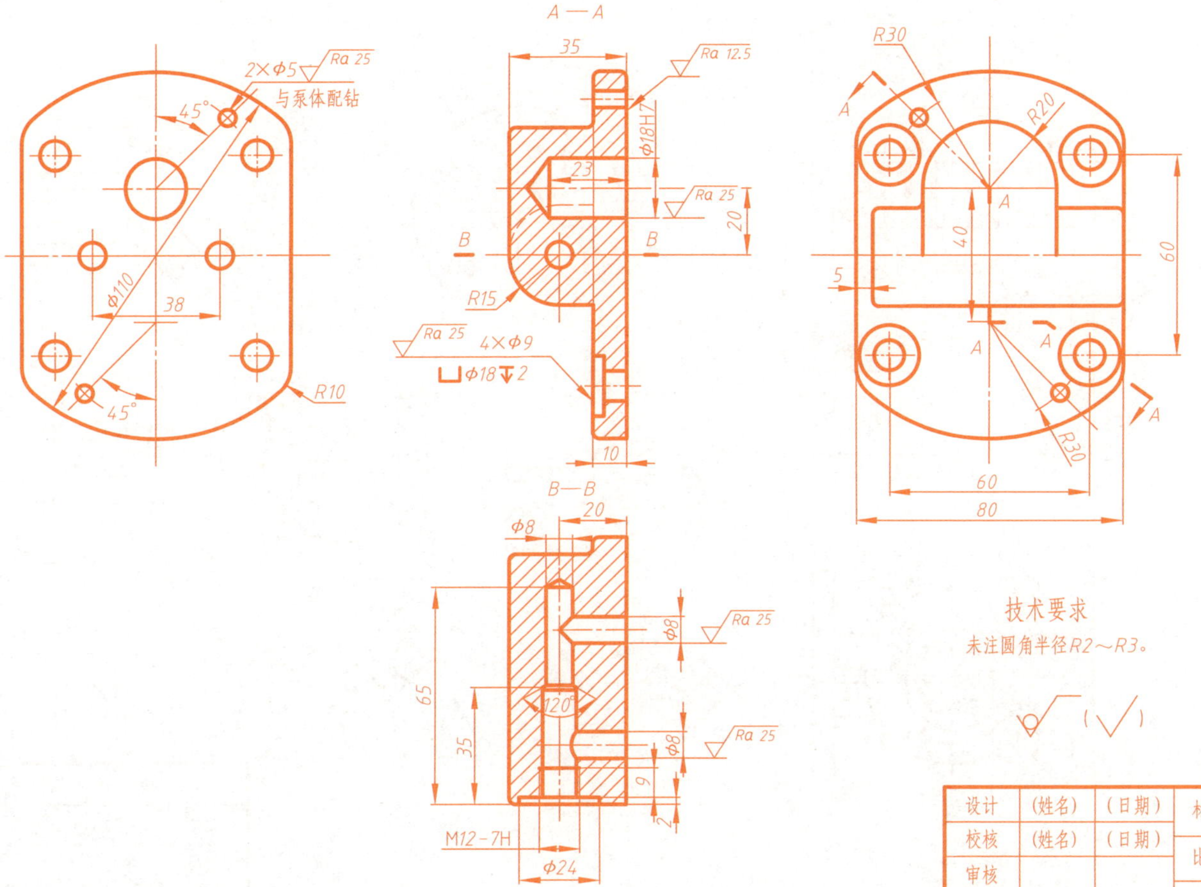


技术要求

未注圆角半径R2～R3。

$\sqrt{}$ ( $\sqrt{}$ )

| 设计 | (姓名) | (日期) | 材料 | HT150 | |
|---|---|---|---|---|---|
| 校核 | (姓名) | (日期) | 比例 | 1:1 | 泵盖 |
| 审核 | | | | | |
| 工艺 | | | 共　张 | 第　张 | |

| 7.11　零件图的识读 | 班级： | 姓名： | 学号： | 分数： |
|---|---|---|---|---|

**7-27　根据提供的零件图，想象其空间结构，并识图填空（此页为零件图）**

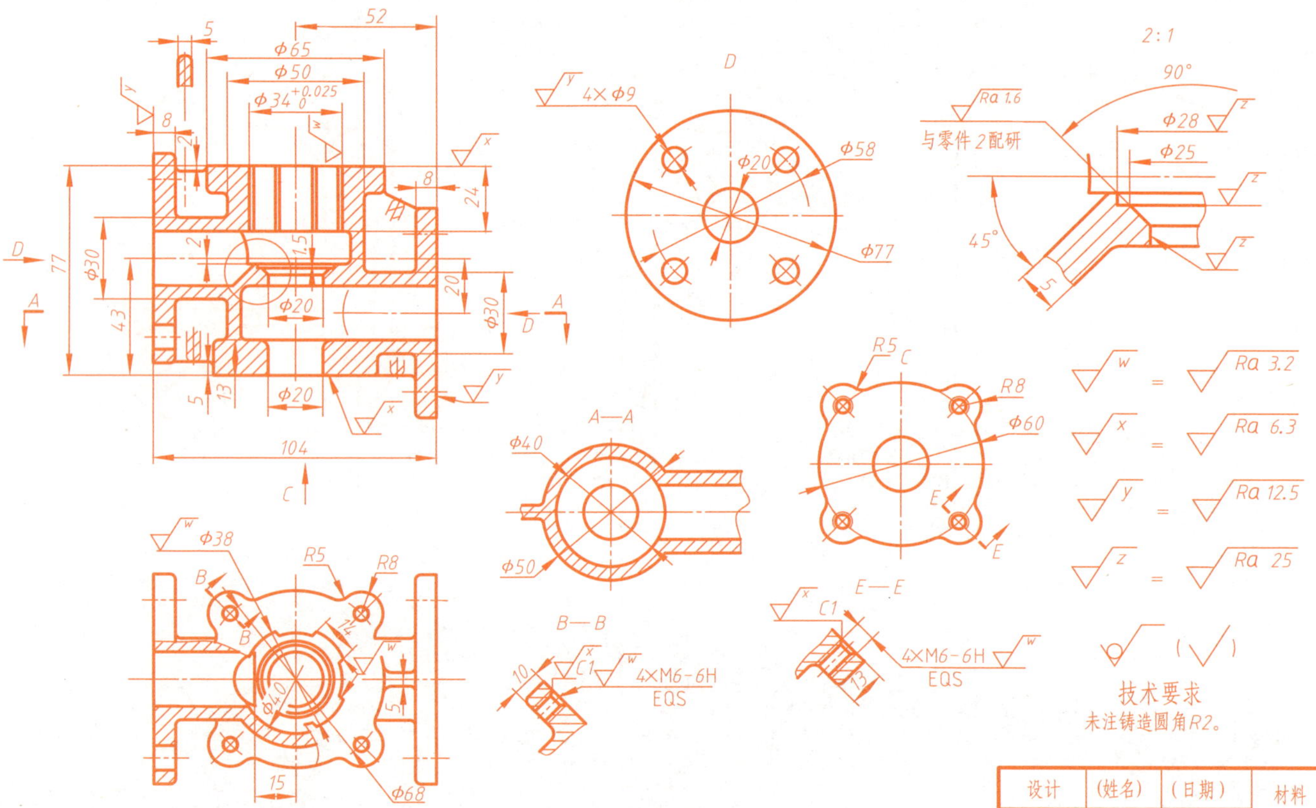


技术要求

未注铸造圆角R2。

| 设计 | （姓名） | （日期） | 材料 | ZL101 | |
|---|---|---|---|---|---|
| 校核 | （姓名） | （日期） | 比例 | 1:1 | 阀体 |
| 审核 | | | 比例 | 1:1 | 阀体 |
| 工艺 | | | 共　张 | 第　张 | |

## 7.11　零件图的识读

| 7.11 零件图的识读 | 班级： | 姓名： | 学号： | 分数： |
|---|---|---|---|---|

**7-28　根据提供的零件图，想象其空间结构，并识图填空**

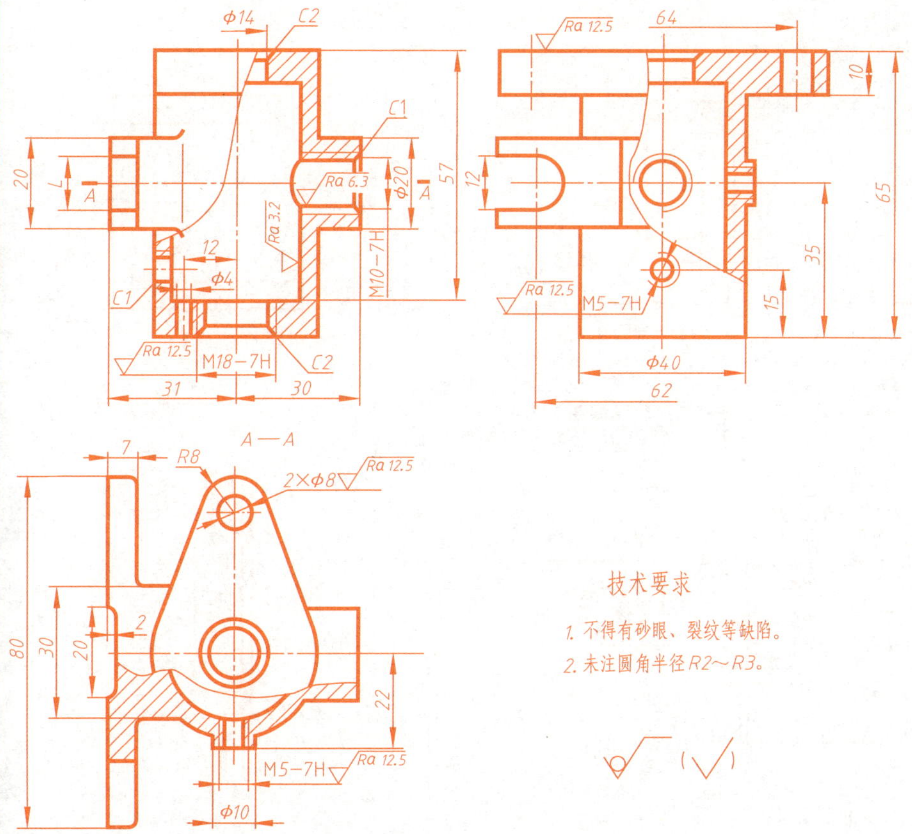


1. 主视图是____剖视图，左视图是____剖视图，俯视图是____剖视图。

2. 共有____类螺纹孔，共有____个螺纹孔，螺纹代号有____________。

3. 前表面上螺纹孔的定位尺寸是________，公称直径是________。左表面上螺纹孔的定位尺寸是________，公称直径是________。

4. 上端有________个 $\phi8$ 的圆柱孔，其定位尺寸是________，是通孔吗？________。

5. 左部凸台外形结构是________（选择：长方体/圆柱体/圆球体），右部凸台外形结构是________（选择：长方体/圆柱体/圆球体）。

6. 主视图左方“$L$”的尺寸是________。俯视图同心圆中，小圆的直径是________。上面板的高度尺寸是________。

7. 内部由最上端到最下端是连通的吗？______。由左部凸台到右部凸台是连通的吗？________。

8. 表面精度最高的表面粗糙度代号是________；表面精度最低的表面粗糙度代号是________。

| 设计 | (姓名) | (日期) | 材料 | HT200 | |
|---|---|---|---|---|---|
| 校核 | (姓名) | (日期) | 比例 | 1:1 | 阀体 |
| 审核 | | | | | |
| 工艺 | | | 共　张　第　张 | | |

# 第 8 章　装配图绘制与识读

| 8.2　装配体的表达方法 | 班级： | 姓名： | 学号： | 分数： |
|---|---|---|---|---|

**8-1　根据轴架和带轮的装配示意图与零件图，绘制其装配图图形**（学习到后面时可补画完成整个装配图）

提示：此装配图可绘制主视图与左视图，左视图用拆卸画法；可用 A4 图幅。螺母、垫圈、键画成视图

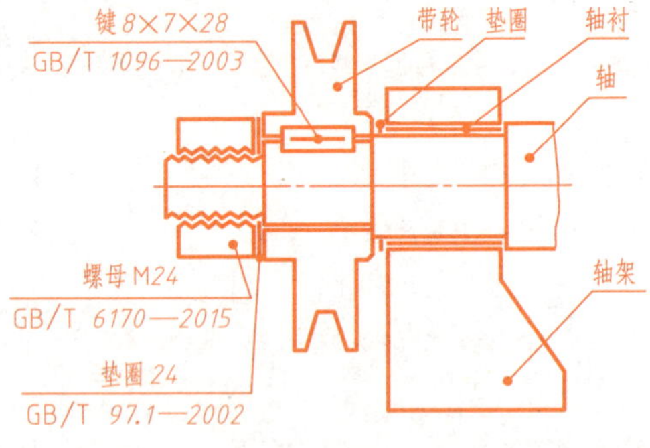

轴架和带轮的装配示意图

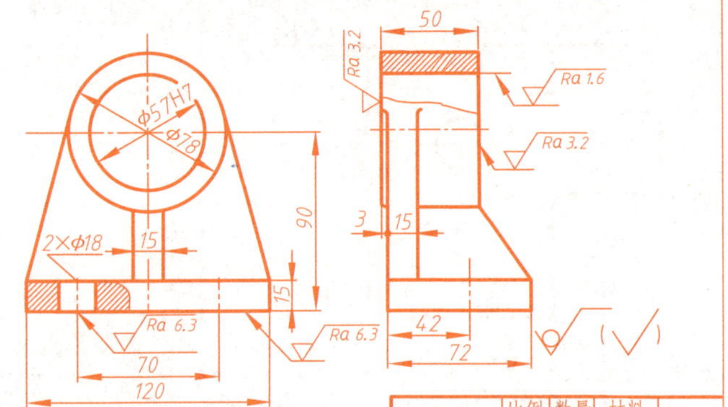


| 轴架 | 比例 | 数量 | 材料 | (图号) |
|---|---|---|---|---|
| | 1:1 | 1 | HT150 | |

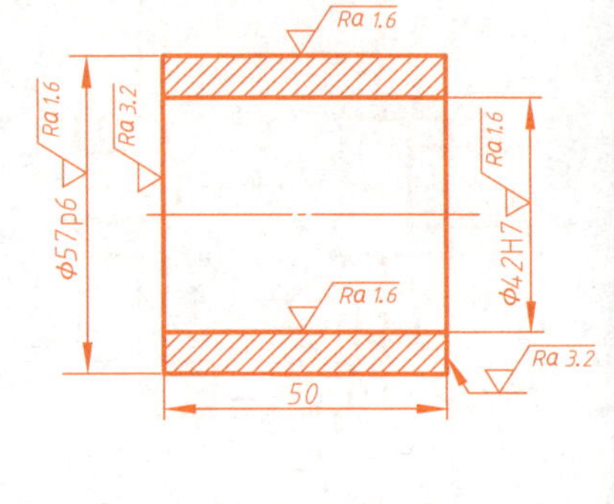


| 轴衬 | 比例 | 数量 | 材料 | (图号) |
|---|---|---|---|---|
| | 2:1 | 1 | ZCuAL9Mn2 | |

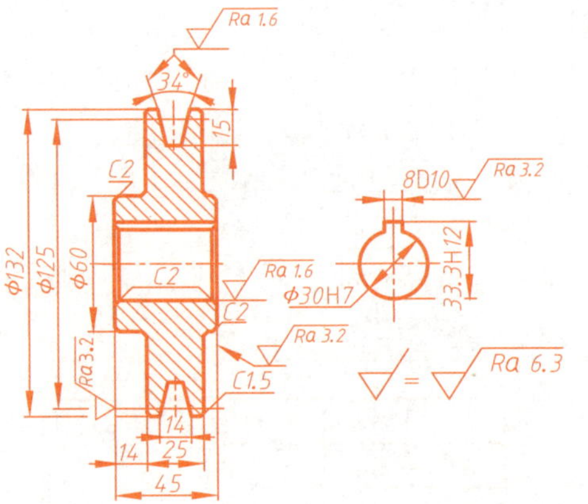


| 带轮 | 比例 | 数量 | 材料 | (图号) |
|---|---|---|---|---|
| | 1:1 | 1 | HT250 | |

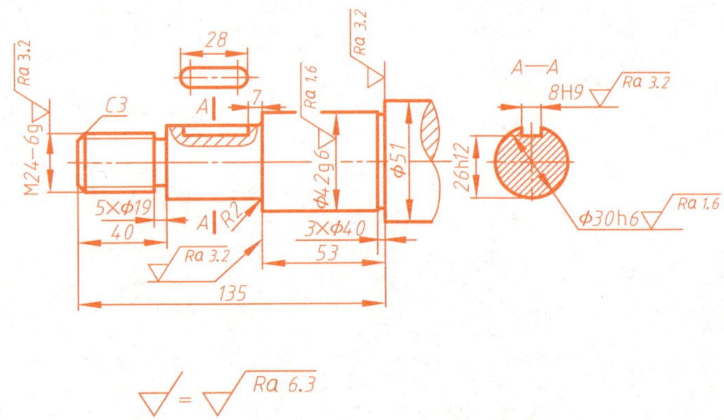


| 轴 | 比例 | 数量 | 材料 | (图号) |
|---|---|---|---|---|
| | 1:1 | 1 | 30 | |

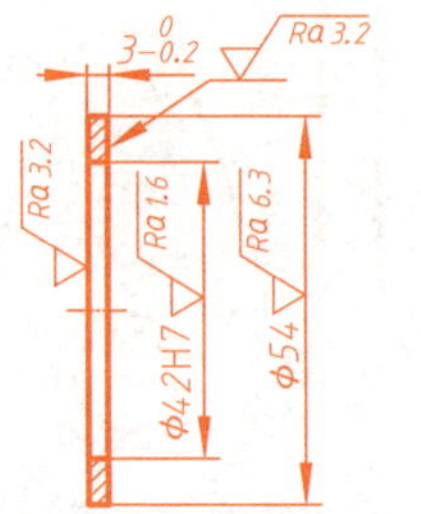


| 垫圈 | 比例 | 数量 | 材料 | (图号) |
|---|---|---|---|---|
| | 2:1 | 1 | Q235A | |

| 8.3　常用结构在装配图上的画法 | 班级： | 姓名： | 学号： | 分数： |
|---|---|---|---|---|

## 8-2　绘图完成螺纹连接图

1. 螺杆与螺纹孔旋合（通孔）

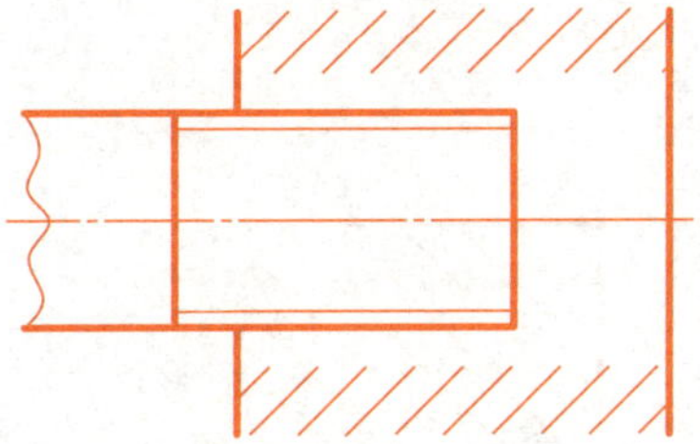

2. 空心螺杆与螺纹孔旋合（通孔）

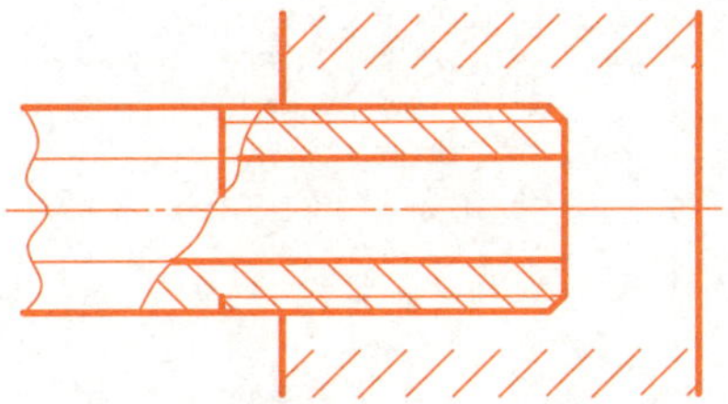

3. 螺杆与螺纹孔旋合（不通孔）

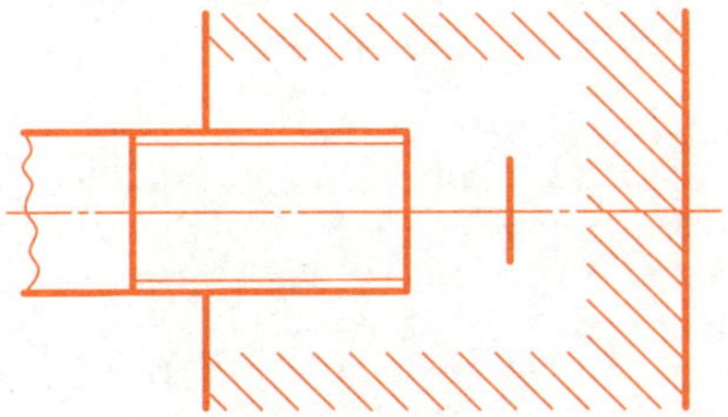

## 8-3　绘图完成齿轮啮合图

提示：补全一对啮合的直齿圆柱齿轮图中啮合部分

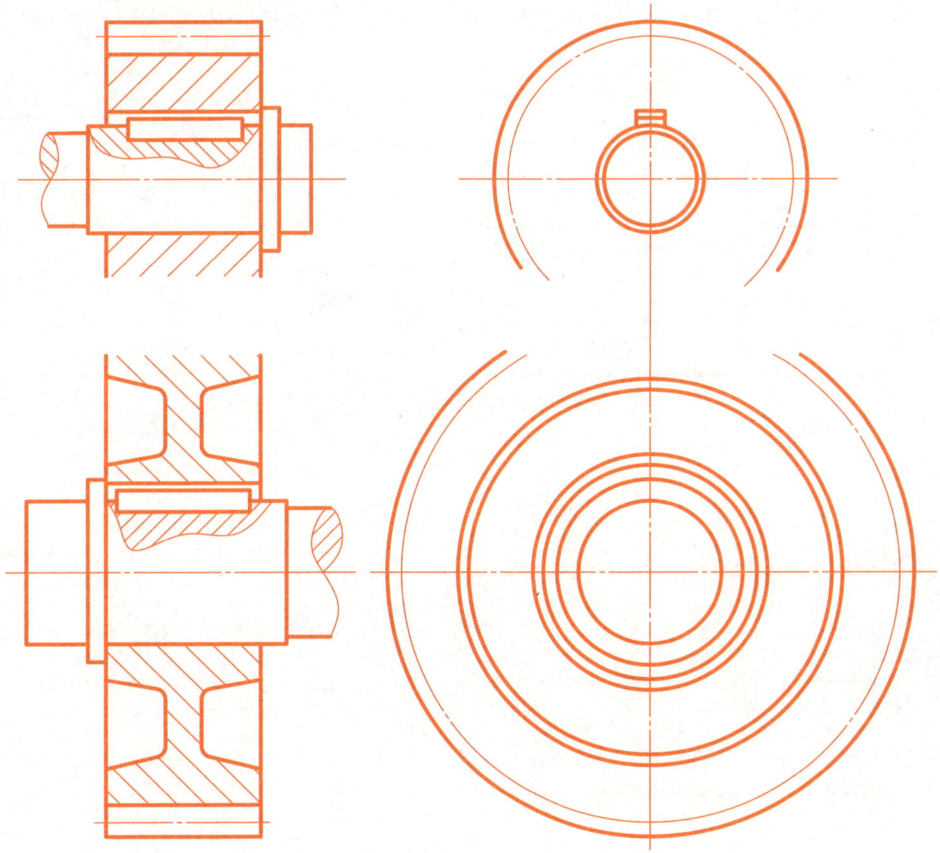

# 第 8 章　装配图绘制与识读

| 8.4　标准件在装配图上的画法 | 班级： | 姓名： | 学号： | 分数： |
|---|---|---|---|---|

**8-4　根据给定的螺纹紧固件，用近似法画出其连接后的主视图与俯视图**

1. 已知六角头螺栓 GB/T 5782—2016 M12×60，螺母 GB/T 6170—2015 M12，平垫圈 GB/T 97.1—2002 12

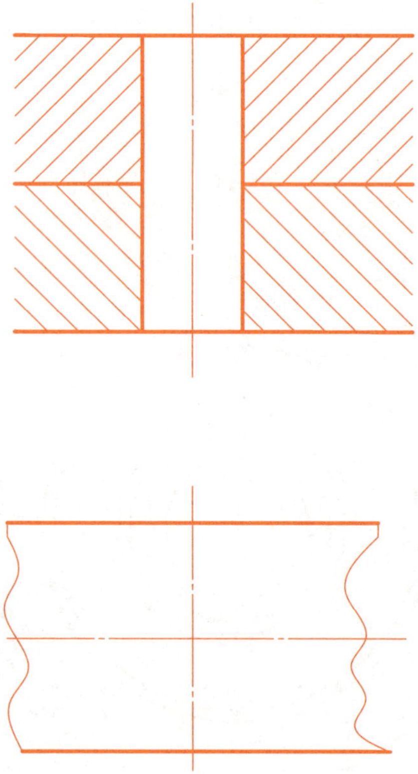

2. 已知双头螺柱 GB/T 897—1988 M12×50，螺母 GB/T 6170—2015 M12，平垫圈 GB/T 97.1—2002 12

# 第 8 章　装配图绘制与识读

| 8.4　标准件在装配图上的画法 | 班级： | 姓名： | 学号： | 分数： |
| --- | --- | --- | --- | --- |

**8-5　按要求绘图**

1. 完成平键连接图

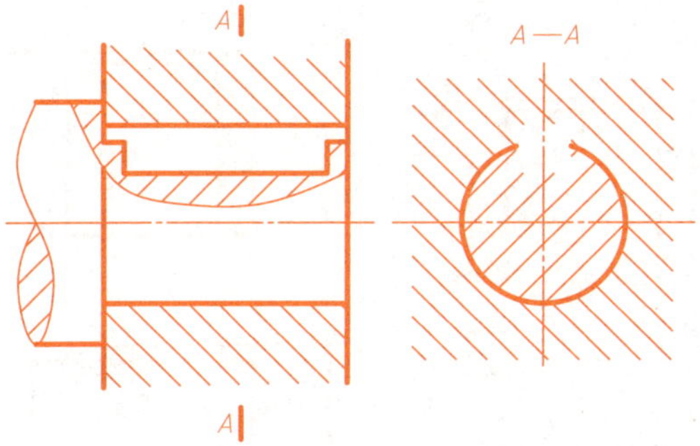


3. 完成圆柱销连接图

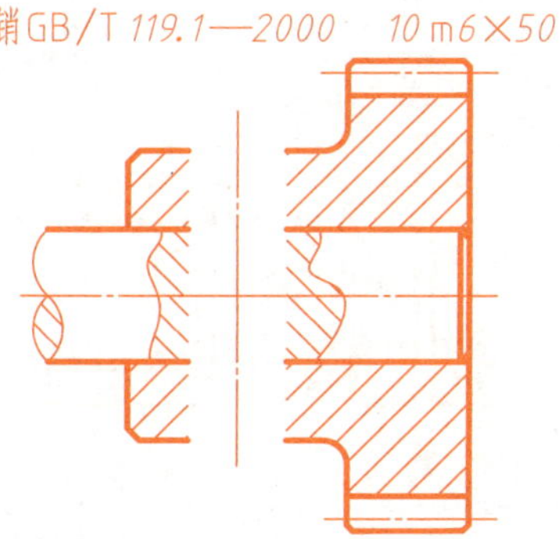


2. 根据提供的齿轮、轴、键立体图与齿轮啮合、键传动示意图，绘制齿轮啮合与键传动装配图图形的主视图和左视图（提示：主视图采用全剖视图，左视图采用视图；尺寸自定，比例自定，不需测定原图尺寸，不需标注尺寸）

# 第 8 章　装配图绘制与识读

| 8.5　装配图的尺寸、技术要求与序号 | 班级： | 姓名： | 学号： | 分数： |
|---|---|---|---|---|

## 8-6　标注与识读装配图的配合尺寸

1. 根据零件图（1）、（2）、（3），在装配图（4）上标注配合尺寸

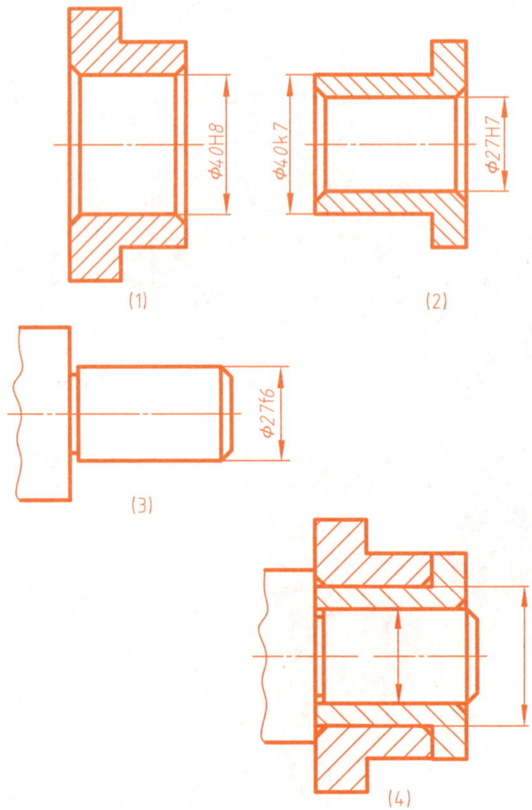


2. 根据装配图配合尺寸，标出零件图尺寸（含公差带代号）

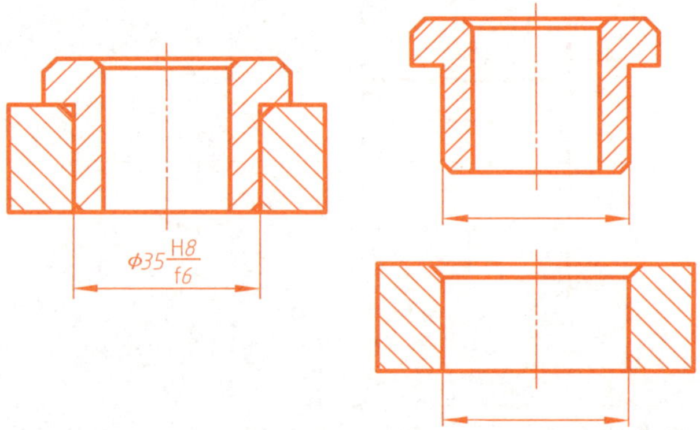


3. 根据配合尺寸标出轴和轴承孔尺寸（含公差带代号）

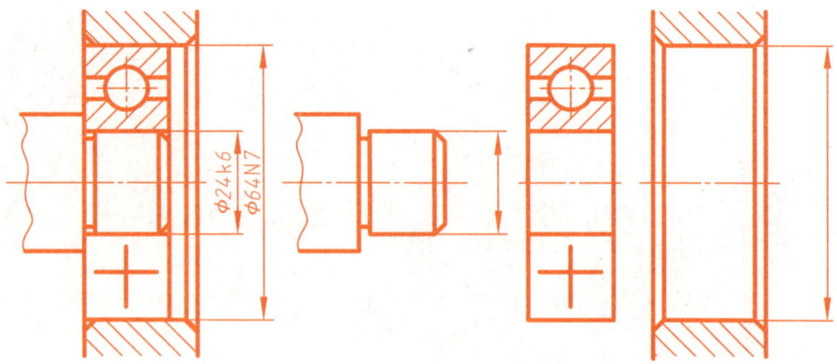

| 8.6　装配图绘制示例 | 班级： | 姓名： | 学号： | 分数： |
| --- | --- | --- | --- | --- |

**8-7　根据千斤顶轴测图和零件图，拼画其装配图**

提示：装配图图形可只画全剖主视图。装配图需标尺寸，绘制序号和明细栏，即装配图所有内容

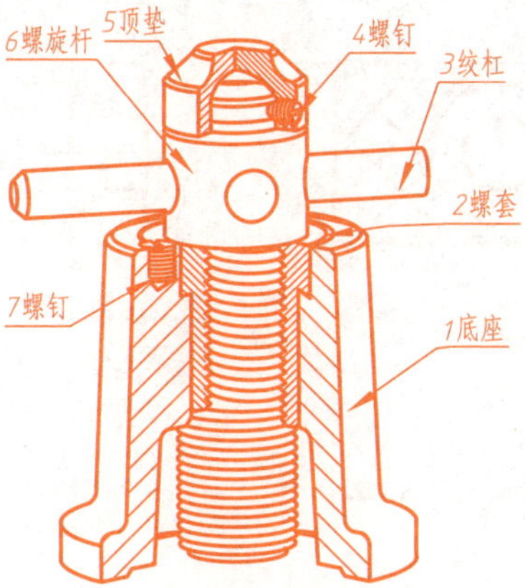


工作原理：千斤顶是利用螺旋转动来顶举重物的一种起重或顶压工具。工作时，重物压于顶垫之上，将绞杠穿入螺旋杆上部孔中，旋动绞杠，因底座及螺套不动，则螺旋杆做圆周运动的同时，靠螺纹配合做上、下移动，从而顶起或放下重物。螺套镶在底座里，用螺钉定位，磨损后便于更换；顶垫套在螺旋杆顶部，其球面形成传递承重之配合面，由螺钉锁定，使顶垫不至脱落且能与螺旋杆相对转动。

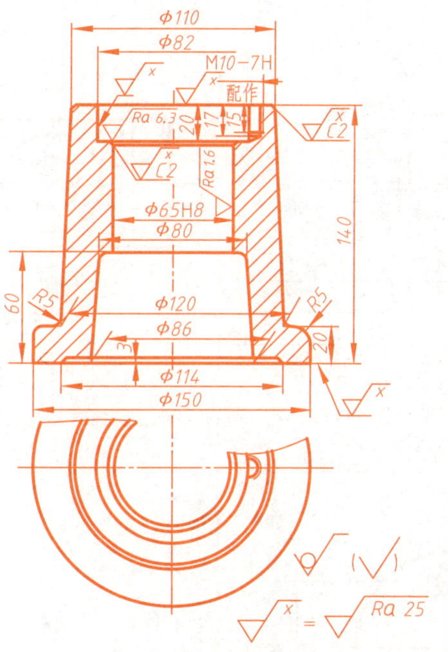

| 名称 | 底　座 | 序号 | 1 |
| --- | --- | --- | --- |
| 数量 | 1 | 材料 | HT200 |

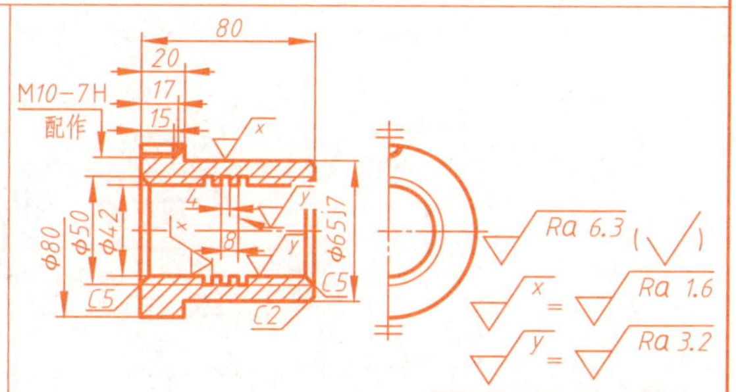

| 名称 | 螺　套 | 序号 | 2 |
| --- | --- | --- | --- |
| 数量 | 1 | 材料 | ZCuAl10Fe3Mn2 |

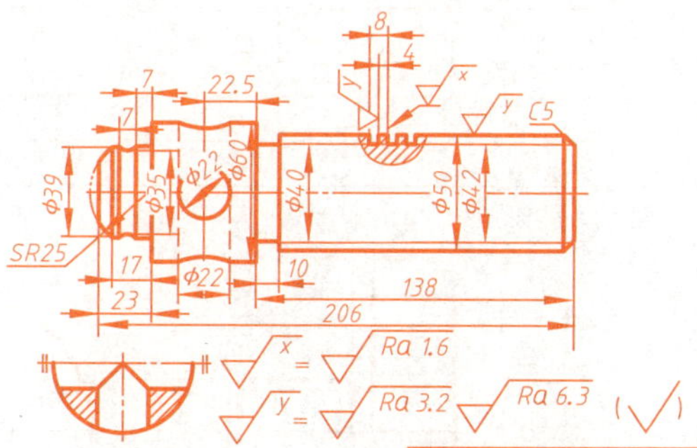

| 名称 | 螺旋杆 | 序号 | 6 |
| --- | --- | --- | --- |
| 数量 | 1 | 材料 | Q275 |

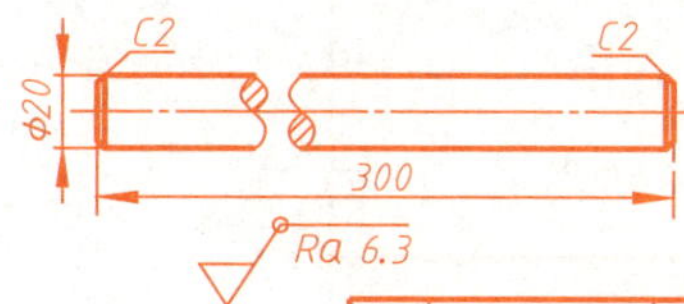

| 名称 | 绞　杠 | 序号 | 3 |
| --- | --- | --- | --- |
| 数量 | 1 | 材料 | Q215 |

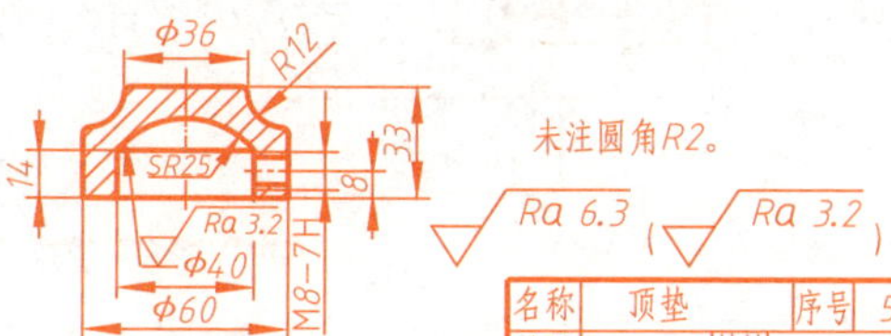


| 名称 | 顶垫 | 序号 | 5 |
| --- | --- | --- | --- |
| 数量 | 1 | 材料 | Q275 |

| 8.6 装配图绘制示例 | 班级： | 姓名： | 学号： | 分数： |
|---|---|---|---|---|

**8-8 根据机用虎钳装配示意图和零件图，拼画其装配图**

机用虎钳装配示意图

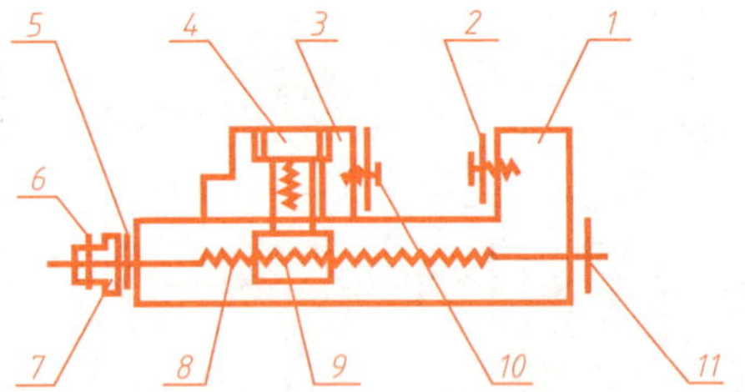


| 11 | 垫圈 | 1 | Q235A | | 5 | 垫圈B12 | 1 | Q235A | GB/T 97.2—2002 |
|---|---|---|---|---|---|---|---|---|---|
| 10 | 螺钉M8×16 | 4 | Q235A | GB/T 68—2016 | 4 | 螺钉 | 1 | Q235A | |
| 9 | 螺母 | 1 | 35 | | 3 | 活动钳身 | 1 | HT200 | |
| 8 | 螺杆 | 1 | 45 | | 2 | 护口板 | 2 | 45 | |
| 7 | 圆环 | 1 | Q235A | | 1 | 固定钳身 | 1 | HT200 | |
| 6 | 销4×25 | 1 | Q235A | GB/T 117—2000 | 序号 | 零件名称 | 件数 | 材料 | 备 注 |

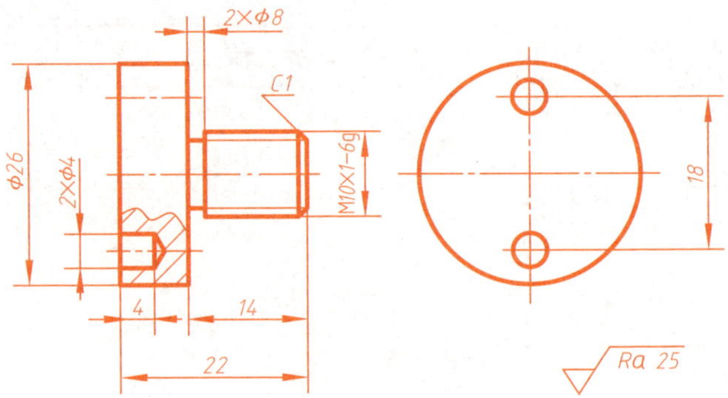


| 4 | 螺钉 | 1 | Q235A | |
|---|---|---|---|---|
| 序号 | 零件名称 | 件数 | 材料 | 备 注 |

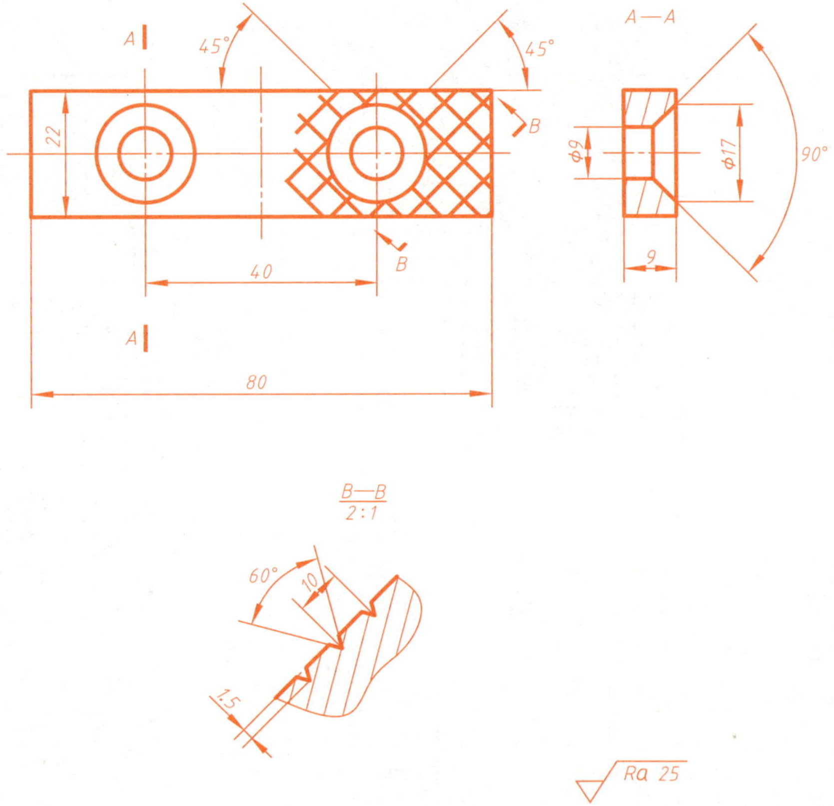


| 2 | 护口板 | 2 | 45 | |
|---|---|---|---|---|
| 序号 | 零件名称 | 件数 | 材料 | 备 注 |

| 8.6　装配图绘制示例 | 班级： | 姓名： | 学号： | 分数： |
|---|---|---|---|---|

**8-8　根据机用虎钳装配示意图和零件图，拼画其装配图（续）**

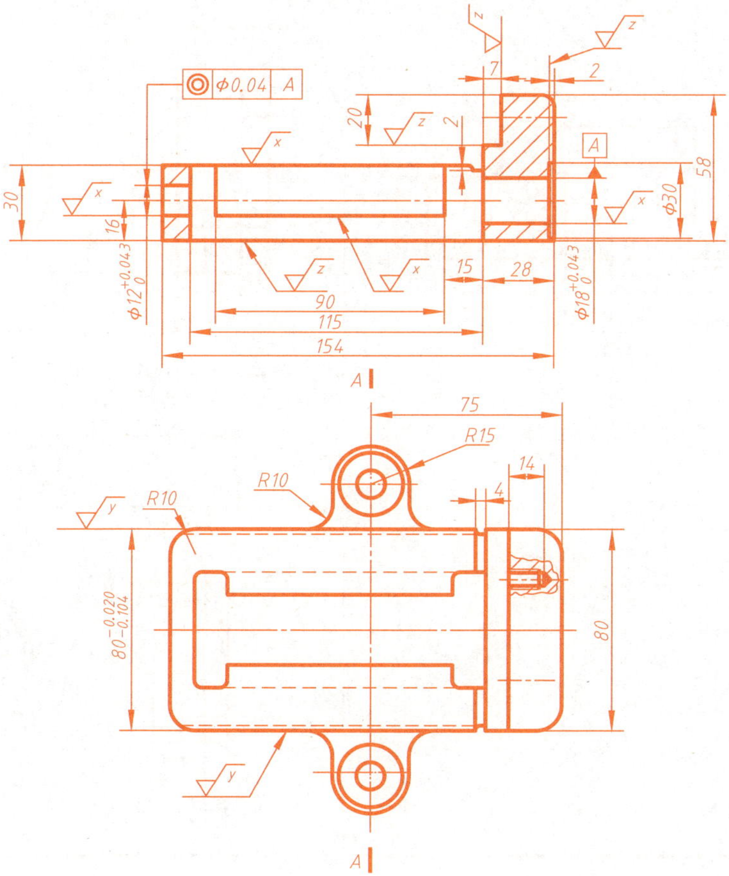


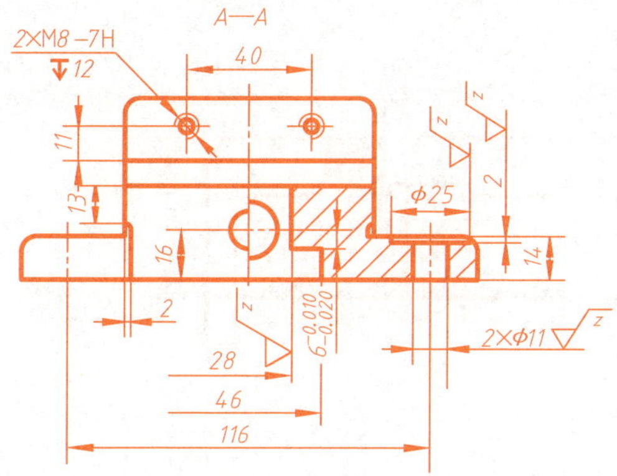


技术要求

1.未注铸造圆角R5。

2.不允许有缩松、裂纹等铸造缺陷。

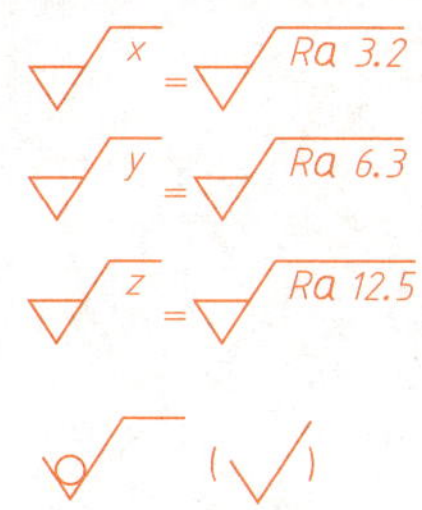


| 1 | 固定钳身 | 1 | HT200 | |
|---|---|---|---|---|
| 序号 | 零件名称 | 件数 | 材料 | 备　注 |

| 8.6　装配图绘制示例 | 班级： | 姓名： | 学号： | 分数： |
|---|---|---|---|---|

**8-8　根据机用虎钳装配示意图和零件图，拼画其装配图（续）**

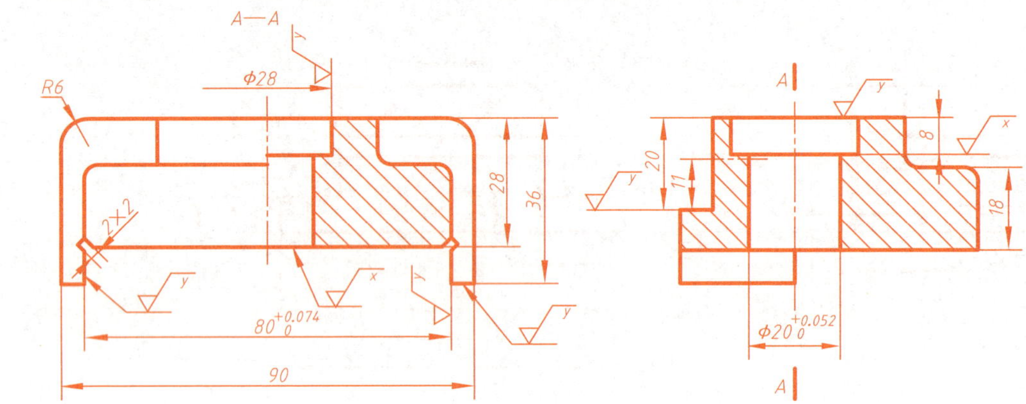


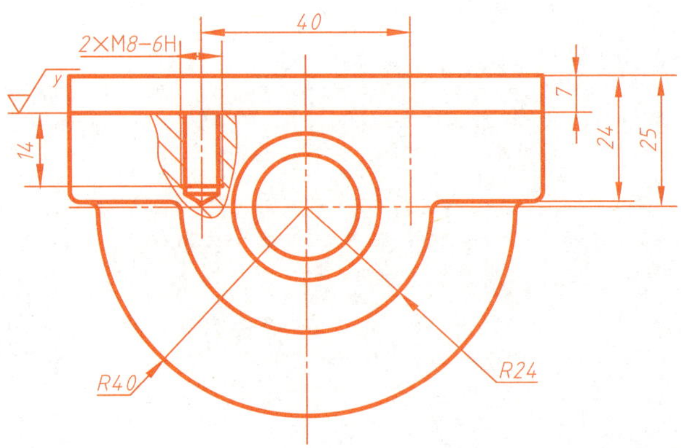


技术要求
未注圆角R3～R5。

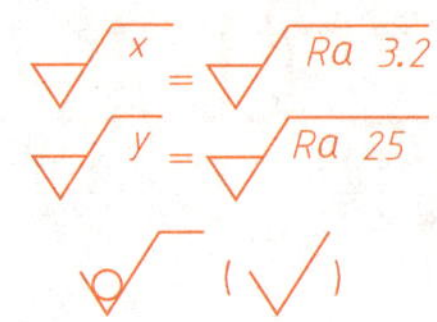


| 3 | 活动钳身 | 1 | HT200 | |
|---|---|---|---|---|
| 序　号 | 零件名称 | 件　数 | 材　料 | 备　注 |

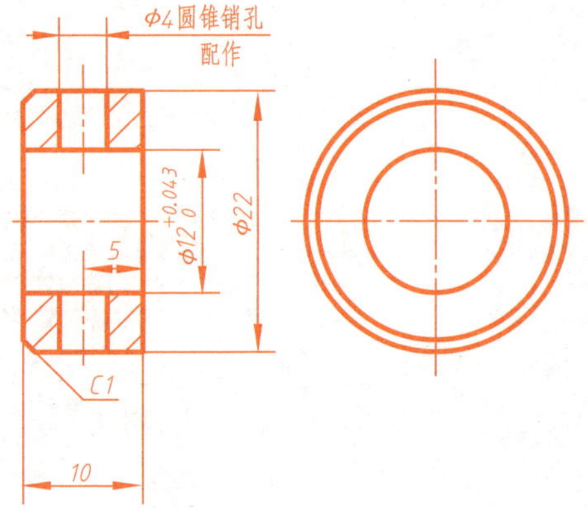


| 7 | 圆　环 | 1 | Q235A | |
|---|---|---|---|---|
| 序 号 | 零件名称 | 件数 | 材　料 | 备　注 |

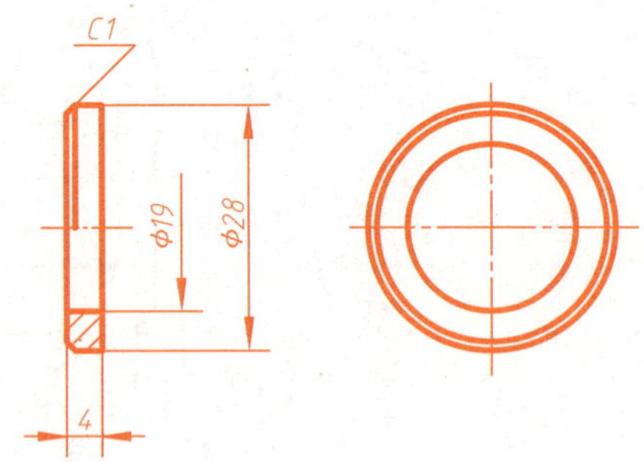


| 11 | 垫　圈 | 1 | Q235A | |
|---|---|---|---|---|
| 序 号 | 零件名称 | 件数 | 材　料 | 备　注 |

| 8.6 装配图绘制示例 | 班级: | 姓名: | 学号: | 分数: |
|---|---|---|---|---|

8-8 根据机用虎钳装配示意图和零件图，拼画其装配图（续）

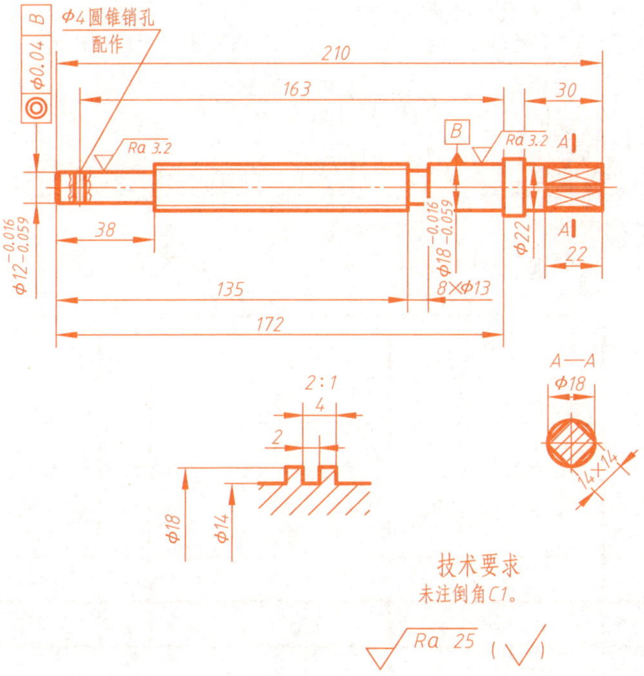


| 8 | 螺 杆 | 1 | 45 | |
|---|---|---|---|---|
| 序 号 | 零件名称 | 件数 | 材 料 | 备 注 |

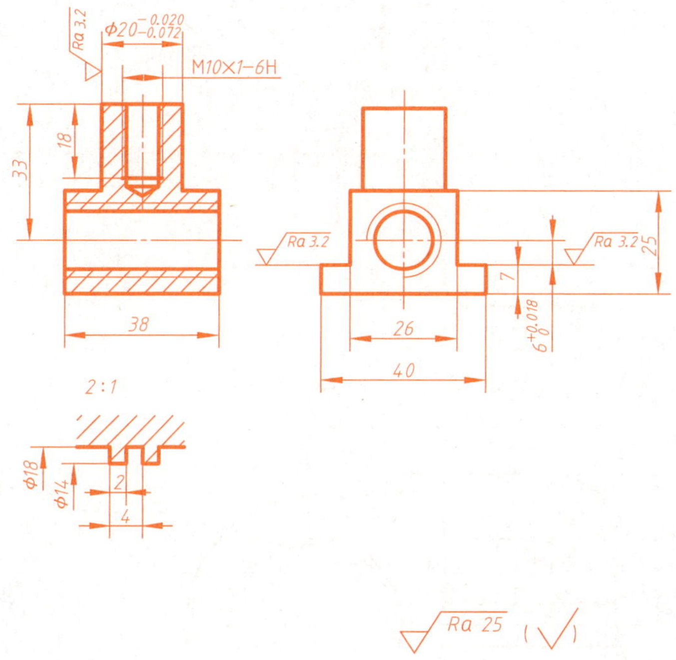


| 9 | 螺 母 | 1 | 35 | |
|---|---|---|---|---|
| 序 号 | 零件名称 | 件 数 | 材 料 | 备 注 |

# 第 8 章　装配图绘制与识读

| 8.7　装配图的识读 | 班级： | 姓名： | 学号： | 分数： |
|---|---|---|---|---|

**8-9　根据提供的装配图，想象空间结构，了解工作原理，并读图填空**

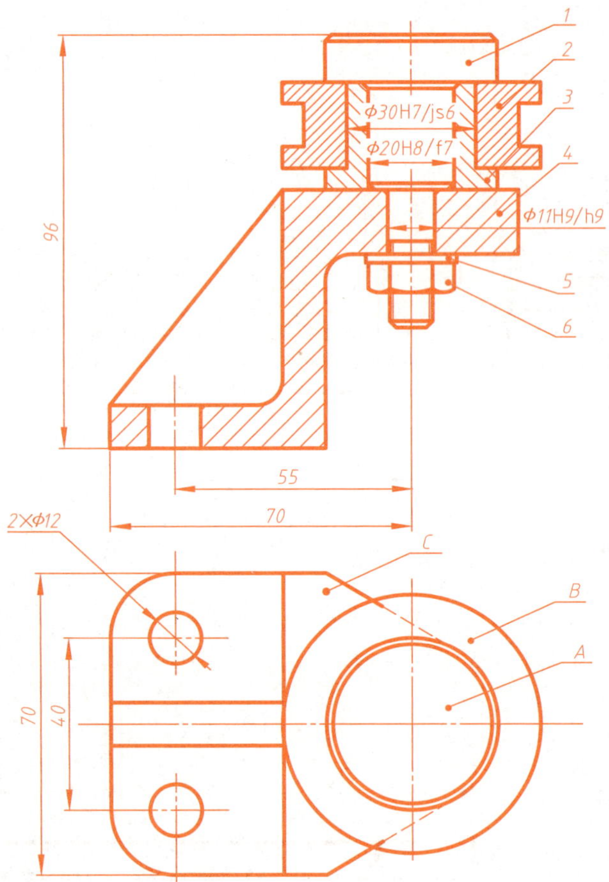


1. 装配体的名称为____，由____个零件组成，其中标准件有____个。
2. 零件 1 的名称是________，零件上有螺纹吗？________。
3. 零件 4 的材料是________，零件上有螺纹孔吗？________。
4. 零件 4 上有________个孔，定位尺寸是________。
5. ϕ11H9/h9 为________尺寸，表示零件______和零件______配合，轴的直径是________。
6. ϕ30H7/js6 为________尺寸，表示零件______和零件______配合，公称尺寸为________，孔的直径是________。
7. 俯视图中的 *A* 是零件______，其材料为________；*B* 是零件______，*C* 是零件______。
8. 装配体的总体宽度为________，总体高度为________。
9. 工作时，零件 1 能做圆周运动吗？________；零件 2 能做圆周运动吗？________。

| 序号 | 代　号 | 名　称 | 数量 | 材料 | 备注 |
|---|---|---|---|---|---|
| 6 | GB/T 6170—2015 | 螺母 | 1 | | |
| 5 | GB/T 97.1—2002 | 垫圈 | 1 | | |
| 4 | | 托架 | 1 | HT200 | |
| 3 | | 衬套 | 1 | ZCuSn10Zn2 | |
| 2 | | 滑轮 | 1 | 2A13 | |
| 1 | | 心轴 | 1 | 45 | |

| 设 计 | (姓名) | (日期) | 重 量 | | |
|---|---|---|---|---|---|
| 校 核 | (姓名) | (日期) | 比 例 | 1:2 | 滑轮装置 |
| 审 核 | | | | | |
| 工 艺 | | | 共 张 第 张 | | 01—00 |

# 第 8 章　装配图绘制与识读

| 8.7　装配图的识读 | 班级： | 姓名： | 学号： | 分数： |
|---|---|---|---|---|

**8-10　根据提供的装配图，想象空间结构，了解工作原理，并读图填空**

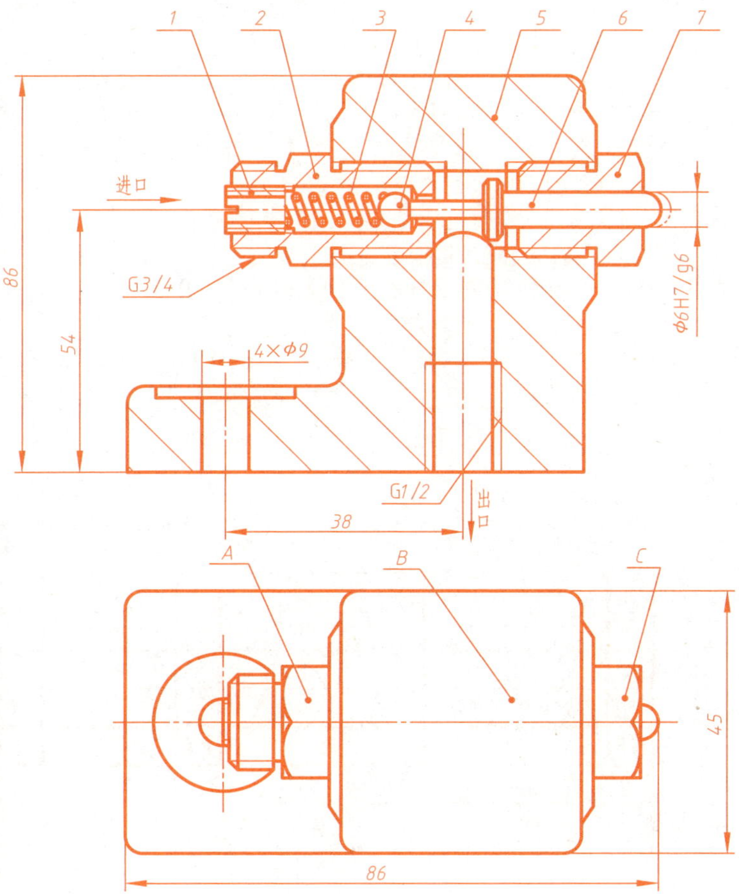


1. 装配体的名称为________，由________个零件组成。
2. 零件 2 的材料是________，零件上有螺纹结构吗？________。
3. 零件 5 的名称是________，零件上有螺纹结构吗？________。
4. 主视图采用的是________剖视。
5. 零件 1 与零件 2 之间是什么连接方式？________（选择：齿轮传动/螺纹连接/液压传动/键传动）；零件 2 与零件 5 之间是什么连接方式？________。
6. 俯视图中 *A* 代表零件____，其材料是____，零件上____（填：有或没有）螺纹孔。*B* 代表零件____，*C* 代表零件____。
7. 零件 4 能运动吗？________，零件 6 能运动吗？________。
8. 零件 3 的作用是________。
9. 装配体的总长是______，总宽是______，总高是______。
10. $\phi 6H7/g6$ 表示零件________与零件________的配合，其公称尺寸为________，轴的直径是________。
11. 装配体的工作原理是________。

| 序号 | 代号 | 名称 | 数量 | 材料 | 备注 |
|---|---|---|---|---|---|
| 7 | | 阀杆套 | 1 | 35 | |
| 6 | | 阀杆 | 1 | 35 | |
| 5 | | 阀座 | 1 | HT200 | |
| 4 | | 钢球 | 1 | 45 | |
| 3 | | 弹簧 | 1 | 60Si2Mn | |
| 2 | | 阀套 | 1 | Q235A | |
| 1 | | 调整螺套 | 1 | Q235A | |

| 设计 | (姓名) | (日期) | 重量 | | |
|---|---|---|---|---|---|
| 校核 | (姓名) | (日期) | 比例 | 1:2 | 泄气阀 |
| 审核 | | | | | |
| 工艺 | | | 共 张 第 张 | | 01-00 |

# 第 8 章　装配图绘制与识读

| 8.7　装配图的识读 | 班级： | 姓名： | 学号： | 分数： |
|---|---|---|---|---|

**8-11　根据提供的装配图，想象空间结构，了解工作原理，并读图填空**

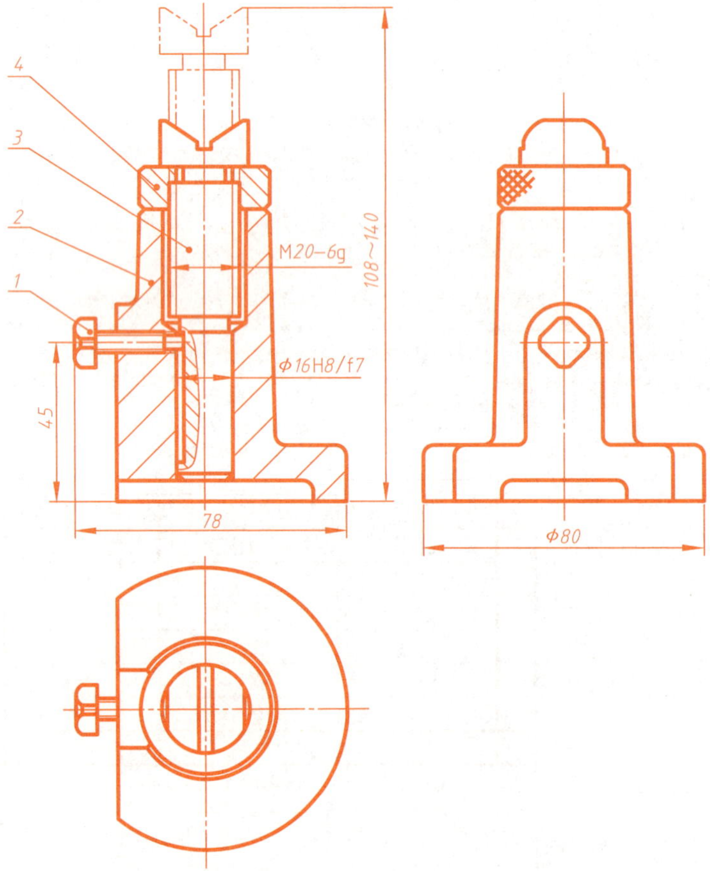


1. 零件 2 的名称是________，材料是________，零件上有螺纹结构吗？________。零件 4 外部主要结构是六棱柱吗？________。
2. 零件 3 与零件 4 之间是什么连接方式？________（选择：齿轮传动/螺纹连接/液压传动/键传动）。
3. 零件 3 能做什么方向的运动？________（选择：圆周运动/上下直线运动/左右直线运动）。
4. $\phi$16H8/f7 是________尺寸，孔的公称尺寸是________，公差带代号是________，轴的直径尺寸是________。
5. 主视图上的细双点画线表示什么画法？________。
6. 左视图上的网格线表示什么含义？________。
7. 零件 1 的作用是________________________。
8. 装配体的工作原理是________________________。

| 序号 | 代　号 | 名　称 | 数量 | 材料 | 备注 |
|---|---|---|---|---|---|
| 4 | | 螺母 | 1 | 35 | |
| 3 | | 螺杆 | 1 | 45 | |
| 2 | | 支座 | 1 | HT150 | |
| 1 | GB/T 86—1988 | 螺钉M6×25 | 1 | 35 | |

| 设 计 | (姓名) | (日期) | 重 量 | | |
|---|---|---|---|---|---|
| 校 核 | (姓名) | (日期) | 比 例 | 1:2 | 千斤顶 |
| 审 核 | | | | | |
| 工 艺 | | | 共　张 第　张 | | 01−00 |

| 8.7 装配图的识读 | 班级： | 姓名： | 学号： | 分数： |
|---|---|---|---|---|

**8-12 根据提供的装配图，想象空间结构，识图填空，并读图填空**

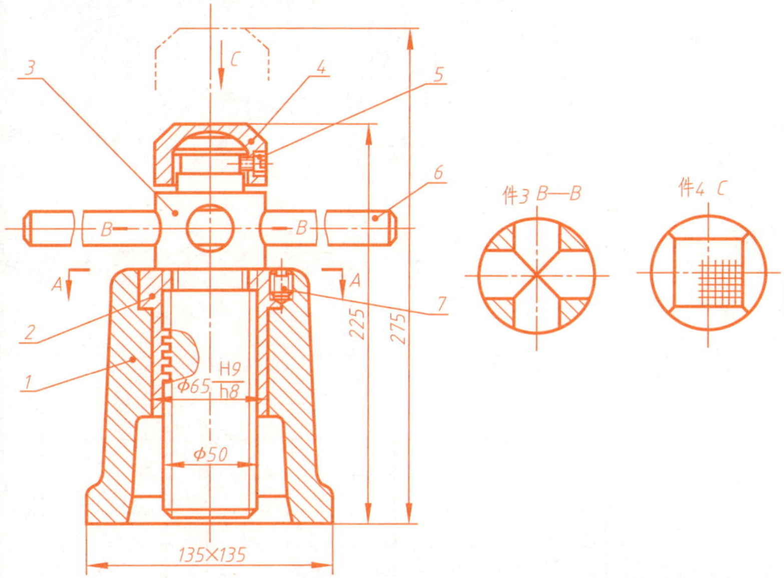


1. 装配体名称为________，______个零件组成，标准件有______个。
2. 零件 2 的名称是________，零件上有螺纹吗？________。
3. 零件 3 的材料是________，零件上有螺纹吗？______；有____个孔。
4. 零件 1 上有螺纹吗？________，其下部分外形结构是________（选择：圆柱体/长方体）。
5. $\phi65H9/h8$ 为________尺寸，表示零件______和零件______配合，轴的直径是________。
6. 零件 5 的作用是________________________________________。
7. 零件 7 的作用是________________________________________。
8. 零件 2 能做圆周运动吗？___。零件 3 能做圆周运动吗？___。
9. 装配体的工作原理是________________________________________。

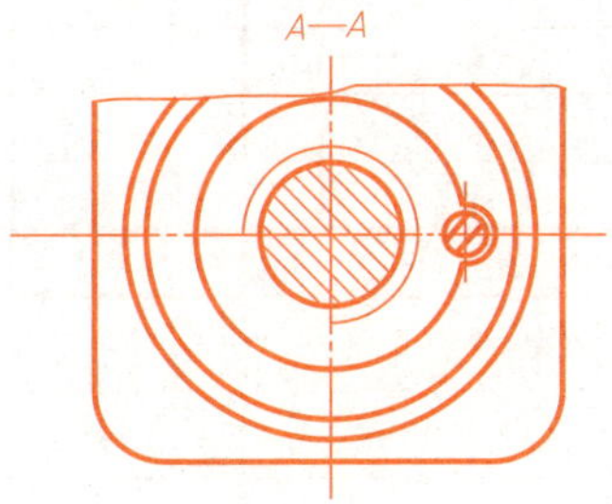


技术要求

1. 本产品的顶举高度为50mm，顶举重力为10000N。
2. 螺杆与底座的垂直度公差为0.1mm。
3. 螺钉（件7）的螺钉孔在装配时加工。

| 序号 | 代号 | 名称 | 数量 | 材料 | 备注 |
|---|---|---|---|---|---|
| 7 | GB/T 73—2017 | 螺钉M12×16 | 1 | 35 | |
| 6 | | 横杠 | 1 | 45 | |
| 5 | GB/T 73—2017 | 螺钉M12×14 | 1 | 35 | |
| 4 | | 顶垫 | 1 | Q235 | |
| 3 | 矩50×8 | 螺杆 | 1 | 45 | |
| 2 | | 螺套 | 1 | HT200 | |
| 1 | | 底座 | 1 | HT150 | |

| 设计 | （姓名） | （日期） | 重量 | | |
|---|---|---|---|---|---|
| 校核 | （姓名） | （日期） | 比例 | 1:2 | 螺旋千斤顶 |
| 审核 | | | 共 张 第 张 | | TZ-02 |
| 工艺 | | | | | |

# 第 8 章　装配图绘制与识读

| 8.7　装配图的识读 | 班级： | 姓名： | 学号： | 分数： |
|---|---|---|---|---|

**8-13　根据提供的装配图，想象空间结构，了解工作原理，并读图填空**

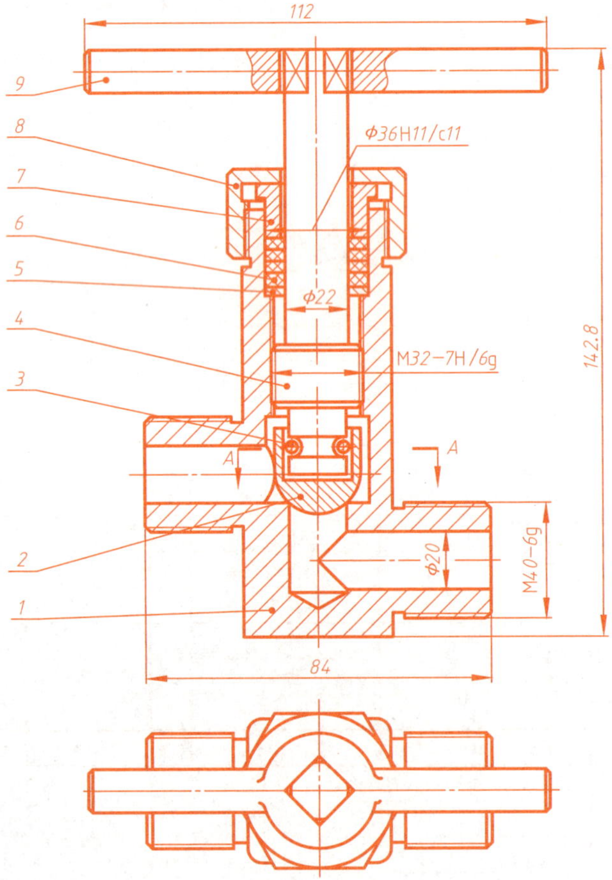


1. 零件 1 的名称是____，零件上有外螺纹吗？____，有螺纹孔吗？____。
2. 零件 8 的材料是________，零件上有螺纹孔吗？________。
3. 零件 9 上有螺纹孔吗？________，有方槽孔吗？________。
4. $A$—$A$ 图中Ⅰ是____号零件，Ⅱ是____号零件，Ⅲ是____号零件。
5. 零件 1 与零件 4 之间是什么连接方式？____________（选择：齿轮传动/螺纹连接/销连接/键传动）。零件 1 与零件 8 之间是什么连接方式？________。零件 2 与零件 4 之间是什么连接方式？________。
6. 零件 2 能做圆周运动吗？________，零件 4 能做圆周运动吗？________。
7. $\phi$36H11/c11 为________尺寸，表示零件______和零件______配合；孔的公差等级是________，直径是______；轴的公差等级是______，直径是______。
8. 装配体的工作原理是__________________________________________。

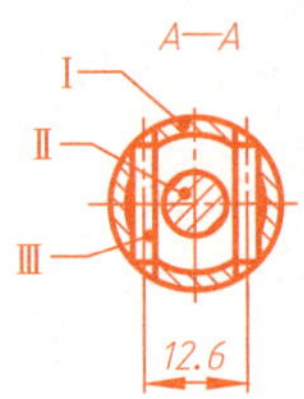


| 序号 | 代号 | 名称 | 数量 | 材料 | 备注 |
|---|---|---|---|---|---|
| 9 | | 手柄 | 1 | HT200 | |
| 8 | GB/T 6170—2015 | 螺母 | 1 | HT200 | |
| 7 | | 后盖 | 1 | HT200 | |
| 6 | | 填料 | 1 | 石棉绳 | |
| 5 | GB/T 97.1—2002 | 垫圈 | 1 | Q235 | |
| 4 | | 轴 | 2 | 45 | |
| 3 | GB/T 119.1—2000 | 圆柱销 | 2 | 45 | |
| 2 | | 活门 | 1 | 45 | |
| 1 | | 阀体 | 1 | HT200 | |

| 设计 | (姓名) | (日期) | 重量 | | |
|---|---|---|---|---|---|
| 校核 | (姓名) | (日期) | 比例 | 1:2 | 阀门 |
| 审核 | | | | | |
| 工艺 | | | 共　张　第　张 | | 01−00 |

| 8.7 装配图的识读 | 班级： | 姓名： | 学号： | 分数： |
|---|---|---|---|---|

**8-14 根据提供的装配图，想象空间结构，了解其工作原理，并读图填空**

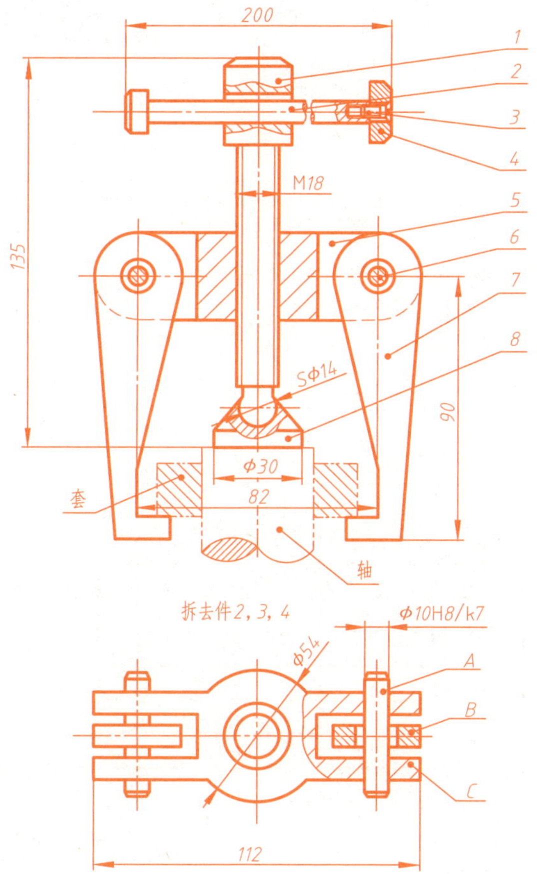


1. 装配体是由______种共______个零件组成。
2. 零件 1 的名称是_____，零件上有螺纹吗？_____，有通孔吗？______。
3. 零件 5 的名称是_____，零件上有螺纹吗？_____，有光孔吗？______。
4. 共有________个 10×60 的销。$S\phi14$ 表示是________形体结构。
5. 俯视图是________剖视图，俯视图用了装配图的________画法。
6. 主视图图中细双点画线用了装配图的________画法，表示________零件。零件 2 用了________画法，长度为________。
7. 零件 1 能做圆周运动吗？________，能做直线运动吗？________。
8. 零件 5 能做圆周运动吗？________，能做直线运动吗？________。
9. $\phi10H8/k7$ 为________尺寸，表示零件______和零件______配合，其公称尺寸为______，孔的直径是________。
10. 俯视图中 *A* 是零件______，*B* 是零件______，*C* 是零件______。

工作原理：________________________

________________________________

________________________________

________________________________

________________________________

________________________________

________________________________

________________________________

________________________________

| 序号 | 代号 | 名称 | 数量 | 材料 | 备注 |
|---|---|---|---|---|---|
| 8 | | 压紧垫 | 1 | 45 | |
| 7 | | 爪子 | 2 | 45 | |
| 6 | GB/T 119.1—2000 | 销10×60 | 2 | 35 | |
| 5 | | 横梁 | 1 | Q235A | |
| 4 | | 垫圈 | 1 | Q235A | |
| 3 | GB/T 68—2016 | 螺钉M5×8 | 1 | Q235A | |
| 2 | | 把手 | 1 | Q235A | |
| 1 | | 压紧螺杆 | 1 | 45 | |

| 设计 | (姓名) | (日期) | 重量 | | |
|---|---|---|---|---|---|
| 校核 | (姓名) | (日期) | 比例 | 1:2 | 顶拔器 |
| 审核 | | | | | |
| 工艺 | | | 共 张 第 张 | | 01-00 |

| 8.7　装配图的识读 | 班级： | 姓名： | 学号： | 分数： |
|---|---|---|---|---|

**8-15　根据提供的装配图，想象空间结构，了解工作原理，并读图填空**

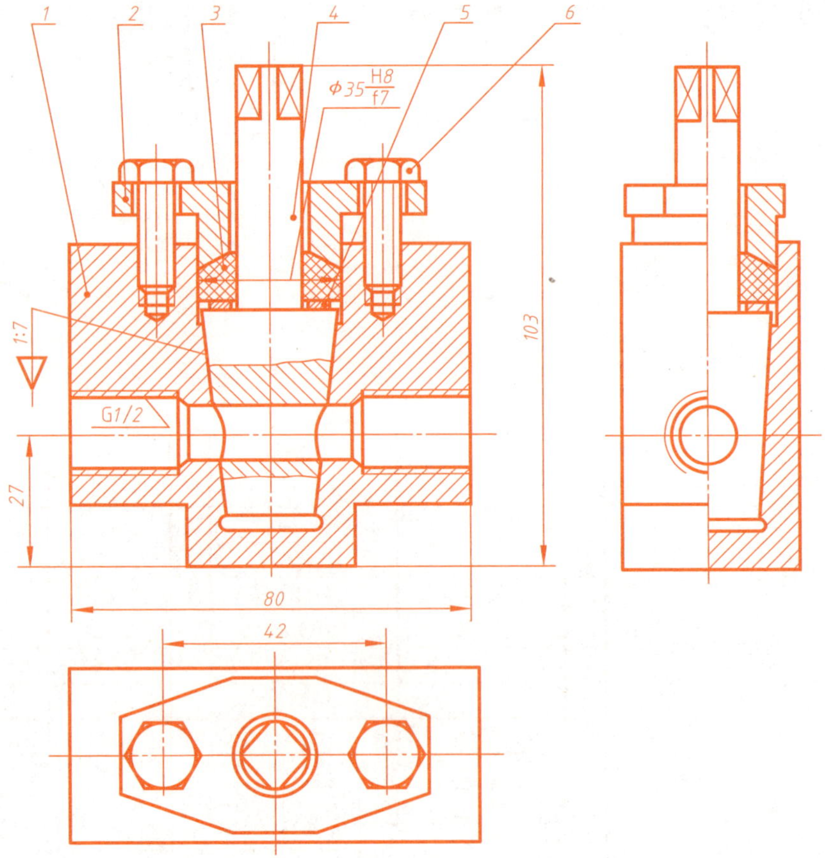


1. 零件 1 的名称是________，零件上有螺纹孔吗？________，有管螺纹吗？________，其外形结构是________（选择：圆柱体/长方体）。

2. 零件 4 的材料是________，零件上有通孔吗？________。最上部外形结构可近似为是________（选择：圆柱体/长方体）。

3. $\phi$35H8/f7 表示零件______和零件______配合，轴的直径是________。

4. 零件 1 与零件 4 之间有接触面吗？________。

5. 零件 4 能做圆周运动吗？________。零件 2 能做圆周运动吗？________。

6. 零件 6 的作用是____________________。

7. 装配体的工作原理是____________________。

| 序号 | 代号 | 名称 | 数量 | 材料 | 备注 |
|---|---|---|---|---|---|
| 6 | GB/T 86—1988 | 螺钉M10×40 | 2 | | |
| 5 | GB/T 97.1—2002 | 垫圈10 | 1 | | |
| 4 | | 阀杆 | 1 | 35 | |
| 3 | | 填料 | 1 | 石棉绳 | |
| 2 | | 填料压盖 | 1 | 35 | |
| 1 | | 阀体 | 1 | 35 | |

| 设计 | （姓名） | （日期） | 重量 | | |
|---|---|---|---|---|---|
| 校核 | （姓名） | （日期） | 比例 | 1:1 | 旋阀 |
| 审核 | | | | | |
| 工艺 | | | 共　张 第　张 | | 7-01 |

# 第 8 章　装配图绘制与识读

| 8.7　装配图的识读 | 班级： | 姓名： | 学号： | 分数： |
| --- | --- | --- | --- | --- |

## 8-16　根据提供的装配图，想象空间结构，了解其工作原理，并读图填空（图在 P216）

1. 零件 1 的名称是______，材料是金属材料吗？______；零件上有螺纹孔吗？______，外形主体结构是圆柱体吗？______。
2. *A—A* 图是________视图，*B—B* 图是________视图，*C—C* 是________视图（按观察方向）。*A—A* 图是________剖视图，*C—C* 图是________剖视图（按表达方法）。
3. 零件 6 上有螺纹吗？________。零件 10 上有________处螺纹孔。转动零件 1，通过零件________带动零件 6 做圆周运动，同时能带动零件 5 也做圆周运动吗？________。零件 6 圆周运动时通过________连接带动零件 10 做直线运动。
4. $\phi30H8/k7$ 表示零件________与零件________配合。$\phi20H8/f7$ 表示零件________与零件________配合。

## 8-17　根据提供的装配图，想象空间结构，了解其工作原理，并读图填空（图在 P217）

1. 主视图是_____剖视图，左视图是_____剖视图。细双点画线处表示_____零件，零件上有_____处需要钻孔。
2. 零件 3 上共有____个孔。零件上有螺纹吗？______。零件 6 的外部结构是完整的圆柱吗？____，外表面有网格结构吗？____。
3. $\phi26H7/n6$ 表示零件______与零件______配合，其公称尺寸为______。$\phi14H7/n6$ 表示零件______与零件____的配合，其公称尺寸为______。
4. 装配体的总体尺寸有____________。零件 9 的作用是确定零件______与零件______的相对位置。

## 8-18　根据提供的装配图，想象空间结构，了解其工作原理，并读图填空（图在 P218）

1. 主视图是____剖视图，两相交细实线“×”是平面符号，代表零件________上有平面，共有____处，由____视图表达清楚形状。零件 4 能做圆周运动吗？____。零件 4 与零件 2 之间有接触面吗？____。
2. *A—A* 图中 *D* 是零件______，*E* 是零件______；*A—A* 图的作用是________________________。
3. 图示位置是接通还是关闭？______。当手柄逆时针方向转______度时，管路Ⅰ、Ⅱ接通。手柄是靠零件____和零件____在阀体顶面的______中定位。装配体的外形尺寸有____________，安装尺寸有____________。

## 8-19　根据提供的装配图，想象空间结构，了解其工作原理，并读图填空（图在 P219）

1. 主视图是________个平面剖切的________剖视图。零件 3 上有____个通孔，零件 11 上有____个通孔。零件 5 上有____个通孔。
2. 左视图中Ⅰ的结构形状为________（选择：凸台/凹坑/U 形槽），此零件上共有________处这种结构。
3. 零件 8 能运动吗？（选择：不能运动/左右直线运动/圆周运动）________。零件 1 与零件 3 的配合尺寸是____________。
4. 主视图中有三个 $\phi50H8/h8$，最左边 $\phi50H8/h8$ 是哪两个零件的配合尺寸？____________（填写零件编号即可）；最右边 $\phi50H8/h8$ 是哪两个零件的配合尺寸？____________；中间 $\phi50H8/h8$ 是哪两个零件的配合尺寸？____________。
5. 主视图中Ⅱ处所指是前盖上的 Rc1/4 孔，它位于前盖的________（选择：前上/后上/右上/左上）方，是螺纹孔，________向视图表达了它的端部投影。零件 4 的作用是________。

| 8.7　装配图的识读 | 班级： | 姓名： | 学号： | 分数： |
|---|---|---|---|---|

**8-16　根据提供的装配图，想象空间结构，了解其工作原理，并读图填空**（提供的装配图）

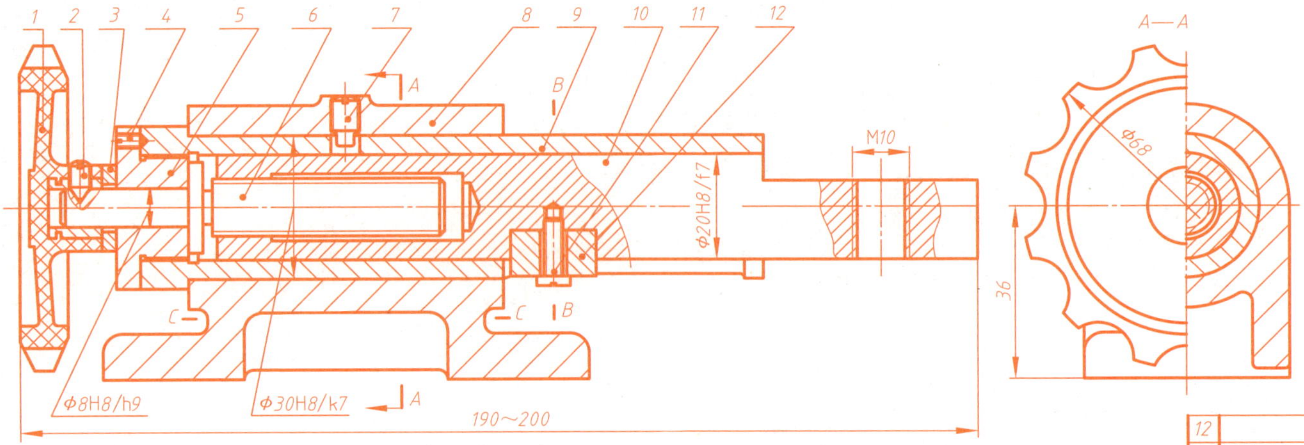


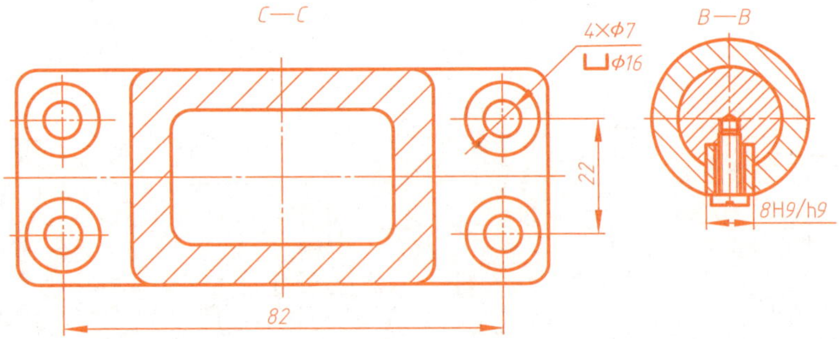


| 序号 | 代　号 | 名称 | 数量 | 材料 | 备注 |
|---|---|---|---|---|---|
| 12 | | 键8×16 | 1 | 45 | |
| 11 | GB/T 65—2016 | 螺钉M3×4 | 1 | Q235 | |
| 10 | | 导杆 | 1 | 45 | |
| 9 | | 导套 | 1 | 45 | |
| 8 | | 支座 | 1 | ZL103 | |
| 7 | GB/T 75—1985 | 紧定螺钉M6×12 | 1 | Q235 | |
| 6 | | 螺杆 | 1 | 45 | |
| 5 | | 轴套 | 1 | 45 | |
| 4 | GB/T 73—2017 | 紧定螺钉M3×8 | 1 | Q235 | |
| 3 | GB/T97.1—2002 | 垫圈 | 1 | Q235 | |
| 2 | GB/T 71—1985 | 紧定螺钉M5×8 | 1 | Q235 | |
| 1 | | 手轮 | 1 | 酚醛塑料 | |
| 设计 | (姓名) | (日期) | 重量 | | |
| 校核 | (姓名) | (日期) | 比例 | 1:1 | 微动机构 |
| 审核 | | | | | |
| 工艺 | | | 共　张　第　张 | | |

工作原理：转动手轮 1，可使导杆 10 左右移动，实现微动调整。

| 8.7　装配图的识读 | 班级： | 姓名： | 学号： | 分数： |
|---|---|---|---|---|

**8-17**　根据提供的装配图，想象空间结构，了解其工作原理，并读图填空（提供的装配图）

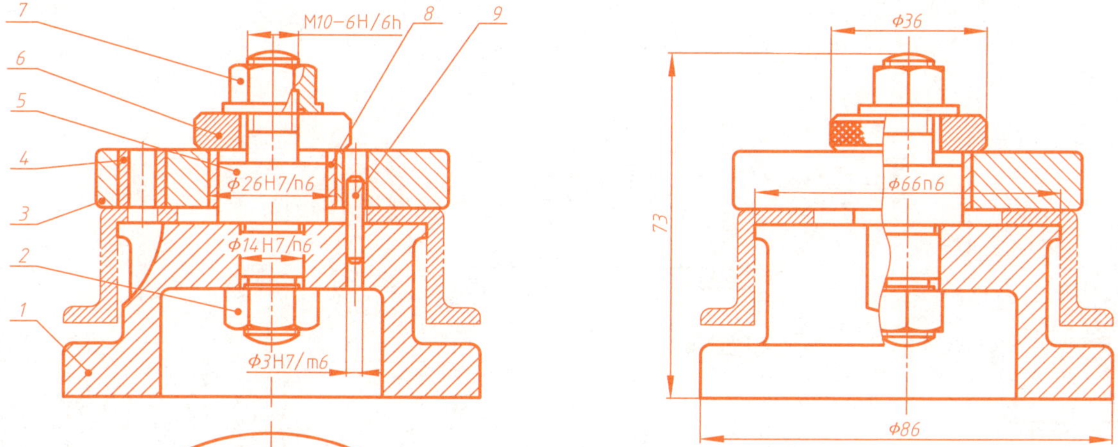


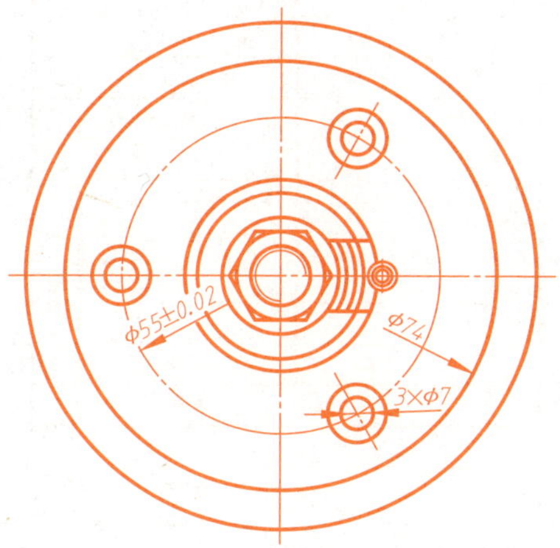


| 序号 | 代号 | 名称 | 数量 | 材料 | 备注 |
|---|---|---|---|---|---|
| 9 | GB/T 119.1—2000 | 销 3m6×28 | 1 | 40 | |
| 8 | | 衬套 | 1 | 45 | |
| 7 | | 特制螺母 | 1 | 35 | |
| 6 | | 开口垫圈 | 1 | 40 | |
| 5 | | 轴 | 1 | 40 | |
| 4 | | 钻套 | 3 | 18 | |
| 3 | | 钻模板 | 1 | 40 | |
| 2 | GB/T 6170—2015 | 螺母 M10 | 1 | 40 | |
| 1 | | 底座 | 1 | HT200 | |

| | | | | | |
|---|---|---|---|---|---|
| 设计 | (姓名) | (日期) | 重量 | | |
| 校核 | (姓名) | (日期) | 比例 | 1:2 | 钻模 |
| 审核 | | | | | |
| 工艺 | | | 共　张　第　张 | | 01−00 |

| 8.7. 装配图的识读 | 班级： | 姓名： | 学号： | 分数： |
|---|---|---|---|---|

**8-18**　根据提供的装配图，想象空间结构，了解其工作原理，并读图填空（提供的装配图）

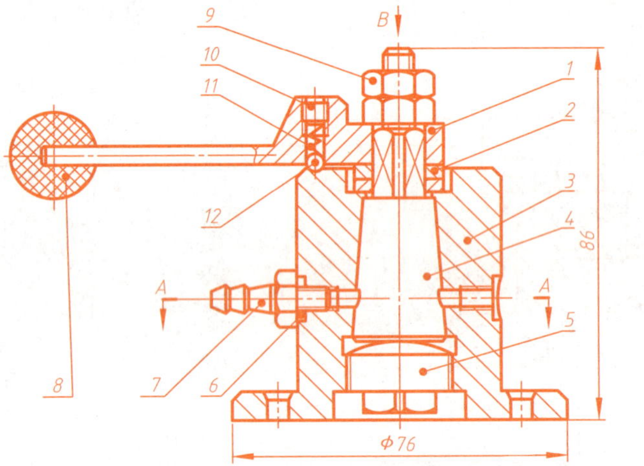


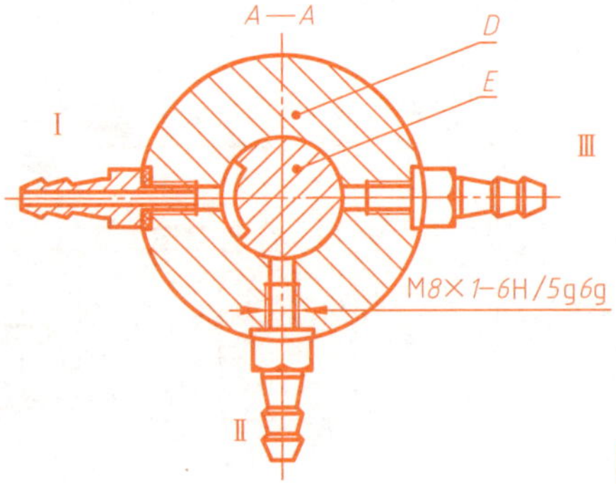


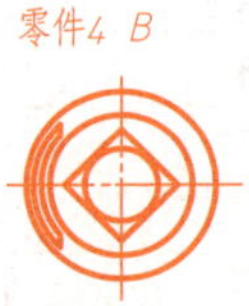


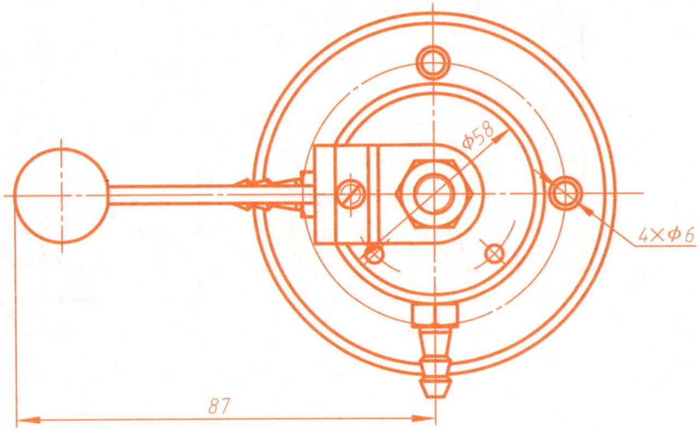


工作原理：气动阀是用于将气体或液体分别通入孔Ⅰ、Ⅱ、Ⅲ以达到换位的输送装置。柱塞4上的沟槽仅能同时接通两个孔，关闭第三个孔，或同时关闭三个孔。气动装置的柱塞靠手柄1拨转，手柄的位置由弹簧11和位于锥形凹坑中的钢球12定位。

| 序号 | 代号 | 名称 | 数量 | 材料 | 备注 |
|---|---|---|---|---|---|
| 12 | GB/T 308.1—2013 | 钢球Φ4 | 1 | GCr6 | |
| 11 | | 弹簧 | 1 | 65Mn | |
| 10 | GB/T 73—2017 | 螺钉M6×6 | 1 | Q235 | |
| 9 | GB/T 41—2016 | 螺母M8 | 2 | Q235 | |
| 8 | | 手柄球 | 1 | 胶木 | |
| 7 | | 接头 | 3 | HAl60-1-1 | |
| 6 | | 密封环 | 3 | 橡胶 | |
| 5 | | 旋塞 | 1 | Q235 | |
| 4 | | 柱塞 | 1 | HAl60-1-1 | |
| 3 | | 阀体 | 1 | HT200 | |
| 2 | | 垫圈 | 2 | Q235 | |
| 1 | | 手柄 | 1 | Q235 | |

| 设计 | (姓名) | (日期) | 重量 | | |
|---|---|---|---|---|---|
| 校核 | (姓名) | (日期) | 比例 | 1:2 | 气动阀 |
| 审核 | | | | | |
| 工艺 | | | 共 张 第 张 | | 01-00 |

| 8.7　装配图的识读 | 班级： | 姓名： | 学号： | 分数： |
| --- | --- | --- | --- | --- |

**8-19**　根据提供的装配图，想象空间结构，了解其工作原理，并读图填空（提供的装配图）

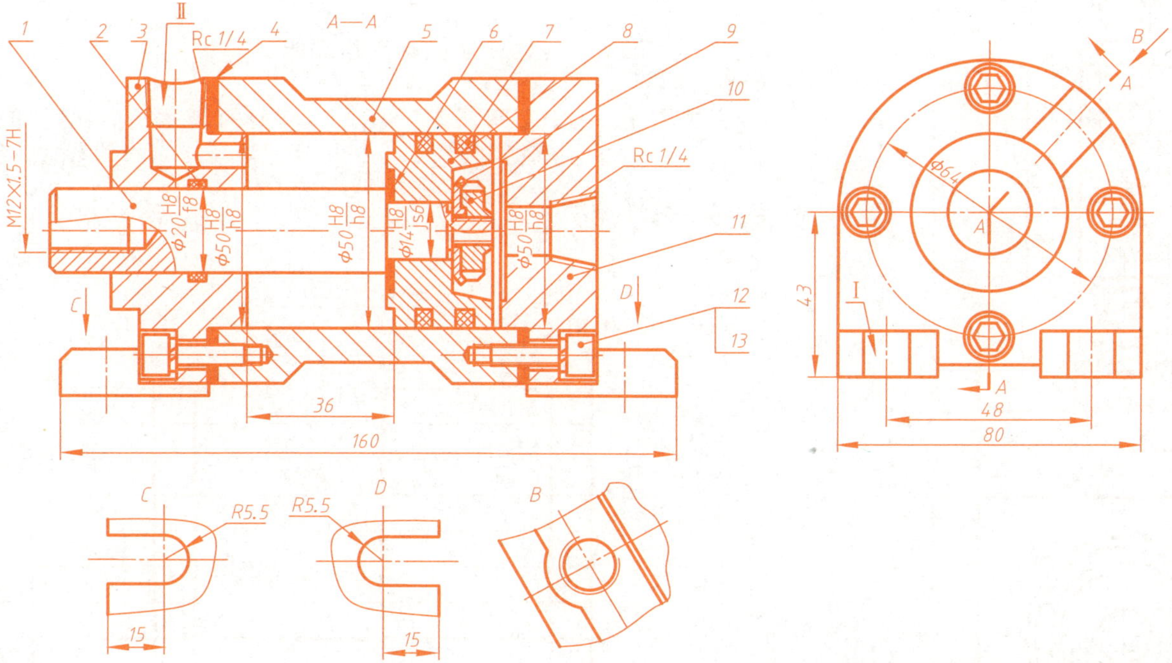


| 序号 | 代号 | 名称 | 数量 | 材料 | 备注 |
| --- | --- | --- | --- | --- | --- |
| 13 | GB/T 93—1987 | 垫圈6 | 8 | | |
| 12 | GB/T 70.1—2008 | 螺钉M6×20 | 8 | | |
| 11 | | 后盖 | 1 | HT150 | |
| 10 | GB/T 812—1988 | 螺母M12×1.25 | 1 | | |
| 9 | GB/T 858—1988 | 垫圈12 | 1 | | |
| 8 | | 活塞 | 1 | ZAlSi12 | |
| 7 | | 密封圈 | 2 | 橡胶 | |
| 6 | | 垫片 | 1 | 橡胶石棉板 | |
| 5 | | 缸筒 | 1 | HT200 | |
| 4 | | 垫片 | 2 | 橡胶石棉板 | |
| 3 | | 前盖 | 1 | HT150 | |
| 2 | | 密封圈 | 1 | 橡胶 | |
| 1 | | 活塞杆 | 1 | 45 | |

| | | | | | |
| --- | --- | --- | --- | --- | --- |
| 设计 | (姓名) | (日期) | 重量 | | |
| 校核 | (姓名) | (日期) | | | |
| 审核 | | | 比例 | 1:2 | 气缸 |
| 工艺 | | | 共 张 第 张 | | 01—00 |

| 8.7　装配图的识读 | 班级： | 姓名： | 学号： | 分数： |
|---|---|---|---|---|

**8-20　根据提供的装配图，想象空间结构，识读填空，拆画零件 1 的零件图图形**

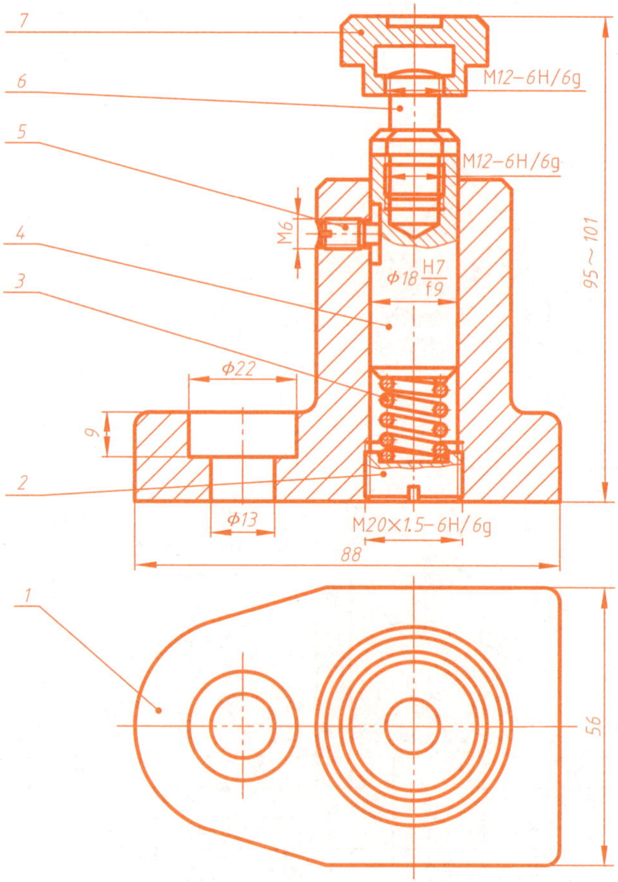


1. 装配体的名称是________，共有________种零件组成。零件 6 的名称是________，数量是________。零件 2 的材料是________。
2. 主视图采用________剖视图。
3. 装配完工后，零件 4 能做圆周运动吗？________。装配体上有标准件吗？________。
4. 主视图上 $\phi$18H7/f9 属于________类型的尺寸，由此可知，零件________的孔直径是________；零件________的轴直径是________。
5. 哪几个零件上没有螺纹结构？________。装配体上有几处螺纹连接？________。
6. 零件 3 的作用是________________。
7. 零件 5 的作用是________________。

| 序号 | 代号 | 名称 | 数量 | 材料 | 备注 |
|---|---|---|---|---|---|
| 7 | | 支承帽 | 1 | 45 | |
| 6 | | 顶丝 | 1 | 45 | |
| 5 | GB/T 75—1985 | 螺钉 M6×12 | 1 | | |
| 4 | | 支承柱 | 1 | 45 | |
| 3 | | 弹簧 | 1 | 65Mn | |
| 2 | | 调节螺钉 | 1 | 35 | |
| 1 | | 底座 | 1 | HT200 | |

| 设计 | (姓名) | (日期) | 重量 | | |
|---|---|---|---|---|---|
| 校核 | (姓名) | (日期) | 比例 | 1:2 | 弹性辅助支承 |
| 审核 | | | | | |
| 工艺 | | | 共　张　第　张 | | 01−00 |

| 8.7　装配图的识读 | 班级： | 姓名： | 学号： | 分数： |
|---|---|---|---|---|

**8-21　根据提供的装配图，想象空间结构，识图填空，并拆画零件 1 的零件图图形**

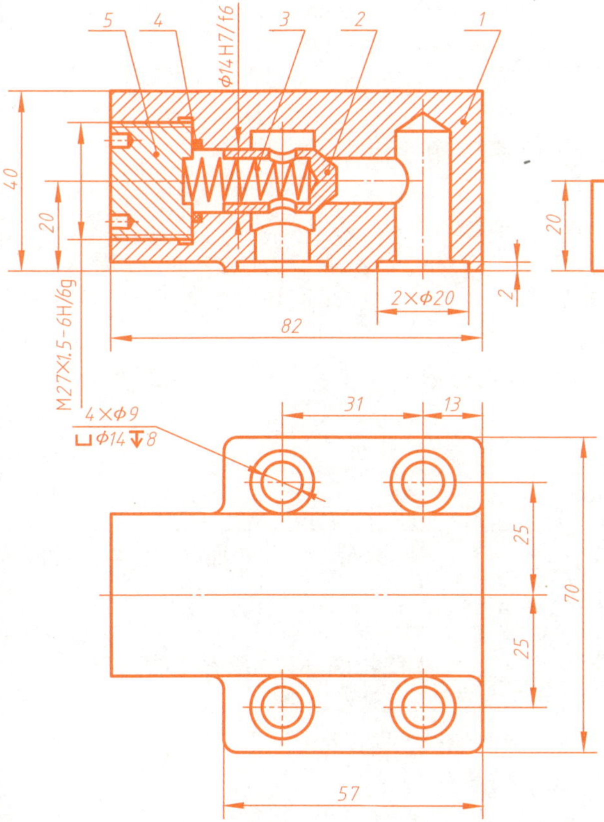

1. 零件 2 上径向有____个孔；外表面有螺纹吗？____。
2. 零件 5 上径向有____个孔；外表面有螺纹吗？____。
3. 零件 2 在零件 1 中能左右移动吗？________。
4. ϕ14H7/f6 表示零件________与零件________配合，其公称尺寸为________。
5. 零件 1 上有_____个安装孔，其定形尺寸是_____。
6. 装配体的总体尺寸是______、______和______。
7. 零件 4 的作用是________________________________。
8. 零件 3 的作用是________________________________。

工作原理：单向阀底部带沉孔的左右两孔与油路接通后，由于阀 2 有弹簧力的作用向右关闭阀体孔，如右孔有压力油注入，当油压超过弹簧力时，阀被推开，则油流入左空腔经左孔输出。

如果油反向流动，则油的压力与弹簧力同时使阀 2 压往阀体孔，使油路关闭断开。油只能单向流经该阀，故称单向阀。

螺盖 5 底部装有外径为 ϕ20mm 的密封圈，起密封作用。

| 序号 | 代　号 | 名　称 | 数量 | 材料 | 备注 |
|---|---|---|---|---|---|
| 5 | | 螺盖 | 1 | 35 | M26×1.5 |
| 4 | | 矩形密封圈 | 1 | 耐油橡胶 | |
| 3 | | 弹簧 | 1 | 弹簧钢丝 | ϕ0.8mm |
| 2 | | 阀 | 1 | 40Cr | |
| 1 | | 阀体 | 1 | HT200 | |

| | | | | | |
|---|---|---|---|---|---|
| 设计 | （姓名） | （日期） | 重量 | | |
| 校核 | （姓名） | （日期） | 比例 | 1:2 | 单向阀 |
| 审核 | | | | | |
| 工艺 | | | 共　张　第　张 | | 01-00 |

# 第 8 章　装配图绘制与识读

| 8.7　装配图的识读 | 班级： | 姓名： | 学号： | 分数： |
|---|---|---|---|---|

***8-22　根据提供的装配图，想象空间结构，识图填空，并拆画 1 号零件图图形**（图在 P223）

1. 装配体的名称是__________；零件 17 的名称是__________；材料是__________。
2. 主视图是____个平面剖切的________剖视图；左视图是________剖视图；俯视图用了装配图的________画法。
3. *B—B* 图中 Ⅰ 是零件________。*A—A* 图中 Ⅱ 是零件________；Ⅲ 是零件________；Ⅳ 是零件________；Ⅴ 是零件________；Ⅵ 是零件________。俯视图中 Ⅶ 是零件________。
4. 零件 1 上有螺纹孔吗？____；零件 2 上有螺纹孔吗？____；零件 8 上有螺纹吗？____；零件 10 上有螺纹吗？____。
5. 零件 17 做圆周运动时，可以带动零件________运动。零件 4 向左移动是零件__________带动的。
6. 零件 6 可以做运动吗？若可以，是做什么方向的运动？__________（选择：不可以/直线方向/圆周方向）。
7. 装配体在完成顶紧工件时，零件 2 可以做运动吗？若可以，是做什么方向的运动？______（选择：不可以/直线方向/圆周方向）。
8. 装配体在完成夹紧任务时，零件 22 可以做上下运动吗？若可以，是怎样完成运动的？__________（选择：不可以/齿轮传动/螺纹传动/液压传动）。
9. 俯视图上 $\phi14H6/h6$ 是哪两个零件的配合尺寸？________（填写零件号码）；其中，零件内孔直径是________（完整尺寸）。
10. 零件 1 上方部分是圆筒，其内孔直径是__________（完整尺寸）。
11. 零件 18 的作用是什么？________________。

**8-23　根据提供的装配图，想象空间结构，识图填空**（图在 P224）

1. 装配体的名称是__________；零件 1 的名称是__________；材料是__________。主视图是两个平面剖切的剖视图吗？________。
2. 零件 1 上有螺纹孔吗？____；零件 2 上有螺纹孔吗？____；零件 8 上有螺纹吗？____；零件 10 上有螺纹吗？____。
3. 零件 1 上左部分凸台是________（选择：圆柱体/长方体/花形柱）；右部分凸台是________（选择：圆柱体/长方体/花形柱）；上部分凸台是__________（选择：圆柱体/长方体/花形柱）。
4. 零件 1 上左部分凸台上有________个通孔；右部分凸台上有________个通孔；上部分凸台上有________个通孔。
5. $\phi34H7/g6$ 是哪两个零件的配合尺寸？__________（填写零件号码）；其中，零件内孔直径是__________（完整尺寸）。
6. 零件 1 与零件 2 之间有接触面吗？____；零件 1 与零件 5 之间有接触面吗？____；零件 1 与零件 9 之间有接触面吗？____。
7. 零件 1 与零件 13 之间是__________连接（选择：螺纹连接/键连接/销连接）。
8. 装配体的总长尺寸是____；总宽尺寸是____。

| 8.7　装配图的识读 | 班级： | 姓名： | 学号： | 分数： |
|---|---|---|---|---|

*8-22　根据提供的装配图，想象空间结构，识图填空，并拆画 1 号零件图图形（提供的装配图）

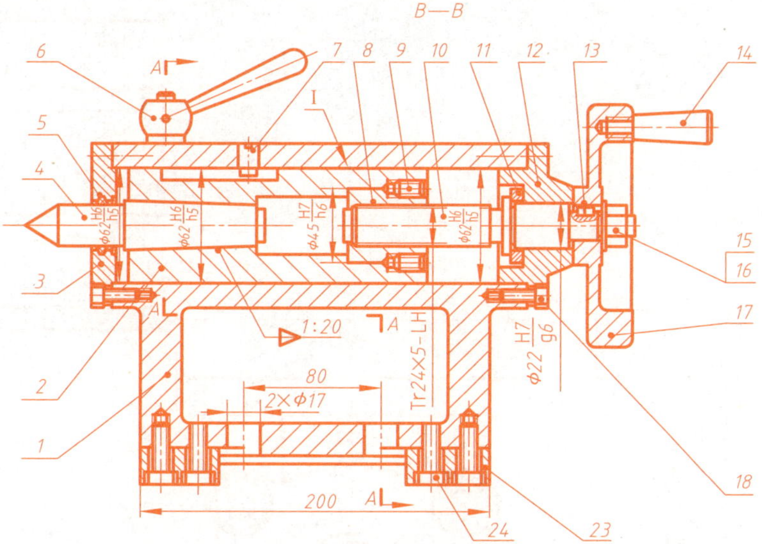


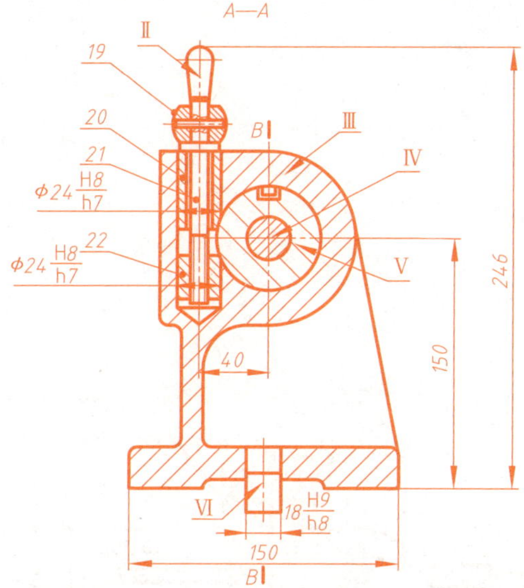


拆去件14、15、16、17等

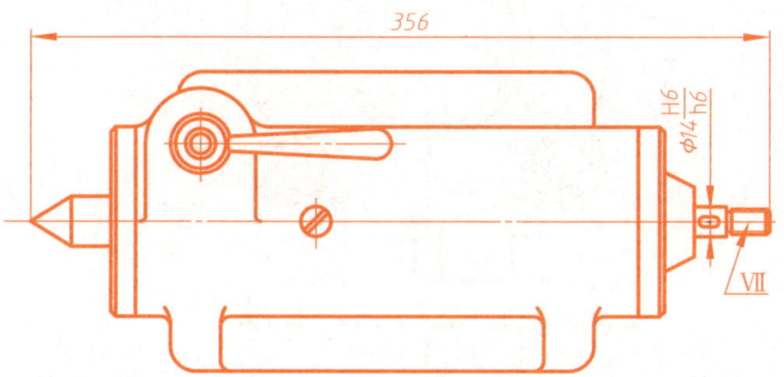


| 序号 | 代　号 | 名　称 | 数量 | 材料 | 备注 |
|---|---|---|---|---|---|
| 24 | GB/T 70.1—2008 | 螺钉 M10×25 | 4 | | |
| 23 | | 定位键 | 2 | 45 | |
| 22 | | 夹紧套 | 1 | Q235A | |
| 21 | | 螺杆 | 1 | Q235A | |
| 20 | | 夹紧套 | 1 | Q235A | |
| 19 | GB/T 119.1—2000 | 销4 m6×25 | 1 | | |
| 18 | GB/T 70.1—2008 | 螺钉M8×20 | 8 | | |
| 17 | | 手轮 | 1 | HT150 | |
| 16 | GB/T 97.1—2002 | 垫圈12 | 1 | | |
| 15 | GB/T 6170—2015 | 螺母M12 | 1 | | |
| 14 | | 手把 | 1 | Q235A | |
| 13 | GB/T 1096—2003 | 键 5×5×10 | 1 | | |
| 12 | | 后端盖 | 1 | HT150 | |
| 11 | | 垫圈 | 1 | Q235A | |
| 10 | | 螺杆 | 1 | 45 | |
| 9 | GB/T 75—1985 | 螺钉M8×16 | 2 | | |
| 8 | | 螺母 | 1 | ZCuSn10Zn2 | |
| 7 | GB/T 75—1985 | 螺钉M10×22 | 1 | | |
| 6 | | 手柄 | 1 | 45 | |
| 5 | | 密封毡 | 1 | 毛毡22 | |
| 4 | | 顶尖 | 1 | T12A | |
| 3 | | 前端盖 | 1 | HT150 | |
| 2 | | 轴套 | 1 | 45 | |
| 1 | | 尾座体 | 1 | HT200 | |

| | | | | | |
|---|---|---|---|---|---|
| 设计 | (姓名) | (日期) | 重量 | | |
| 校核 | (姓名) | (日期) | 比例 | 1:2 | 仪表车床尾座 |
| 审核 | | | | | |
| 工艺 | | | 共 张 第 张 | | 01-00 |

## 8.7 装配图的识读

班级： 姓名： 学号： 分数：

**8-23** 根据提供的装配图，想象空间结构，识图填空（提供的装配图）

| 序号 | 代号 | 名称 | 数量 | 材料 | 备注 |
|---|---|---|---|---|---|
| 13 | GB/T 899—1988 | 螺柱 M6×16 | 4 | Q235 | |
| 12 | GB/T 97.1—2002 | 垫圈 6 | 4 | Q235 | |
| 11 | GB/T 6170—2015 | 螺母 M6 | 4 | Q235 | |
| 10 | | 阀帽 | 1 | ZAlCu5Mn | |
| 9 | GB/T 6170—2015 | 螺母 M10 | 1 | Q235 | |
| 8 | | 螺杆 | 1 | Q235 | |
| 7 | GB/T 75—1985 | 紧定螺钉 M5×8 | 1 | Q235 | |
| 6 | | 托盘 | 1 | H62 | |
| 5 | | 阀盖 | 1 | ZL2 | |
| 4 | | 垫片 | 1 | 工业用纸 | |
| 3 | | 弹簧 | 1 | 65Mn | |
| 2 | | 阀门 | 1 | H62 | |
| 1 | | 阀体 | 1 | ZAlCu5Mn | |

| | | | | | |
|---|---|---|---|---|---|
| 设计 | (姓名) | (日期) | 重量 | | 安全阀 |
| 校核 | (姓名) | (日期) | 比例 | 1:1 | |
| 审核 | | | 共 张 第 张 | | 01-00 |
| 工艺 | | | | | |

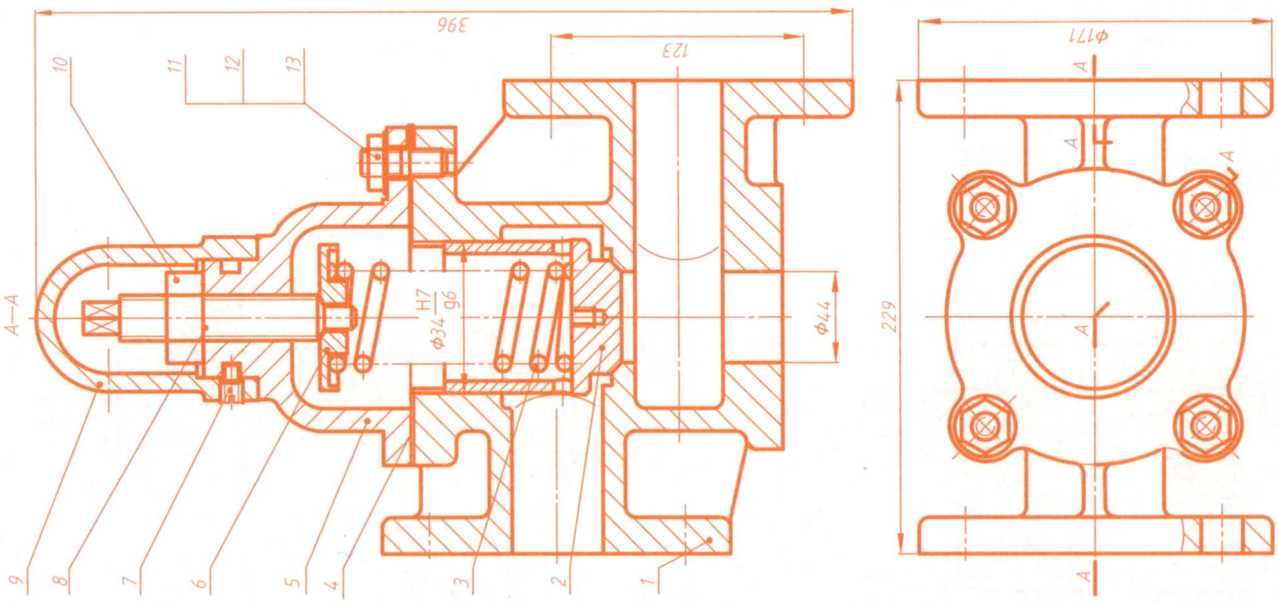

# 参考文献


[1] 李奉香. 工程制图与识图基础习题册 [M]. 北京: 机械工业出版社, 2019.

[2] 杨老记, 高英敏. 机械制图习题集 [M]. 4 版. 北京: 机械工业出版社, 2021.

[3] 胡建生. 机械制图习题集 (多学时) [M]. 5 版. 北京: 机械工业出版社, 2023.

[4] 陆学斌. 工程图学基础习题集 [M]. 2 版. 上海: 同济大学出版社, 2022.

[5] 奚旗文. 工程图的识读与绘制习题集 [M]. 2 版. 北京: 电子工业出版社, 2016.

[6] 杨裕根. 现代工程图学习题集 [M]. 5 版. 北京: 北京邮电大学出版社, 2022.